**国家出版基金资助项目**
现代数学中的著名定理纵横谈丛书
丛书主编　王梓坤

LAGRANGE'S INTERPOLATION FORMULA

# Lagrange 内插公式

刘培杰数学工作室 编著

哈尔滨工业大学出版社
HARBIN INSTITUTE OF TECHNOLOGY PRESS

## 内容简介

本书共分10章,详细介绍了拉格朗日内插公式的概念及多种内插方法.讲述了插值法和数值微分、插值的误差估计、反内插法、多变量函数的内插法、分片拉格朗日多项式等内容.

本书适合高等数学研究人员、数学爱好者、数学专业教师及学生研读.

### 图书在版编目(CIP)数据

Lagrange 内插公式/刘培杰数学工作室编著. —哈尔滨:哈尔滨工业大学出版社,2017.7
(现代数学中的著名定理纵横谈丛书)
ISBN 978-7-5603-6796-5

Ⅰ.①L… Ⅱ.①刘… Ⅲ.①拉格朗日多项式-插值 Ⅳ.①O174.21

中国版本图书馆 CIP 数据核字(2017)第 179410 号

| | |
|---|---|
| 策划编辑 | 刘培杰 张永芹 |
| 责任编辑 | 刘春雷 |
| 封面设计 | 孙茵艾 |
| 出版发行 | 哈尔滨工业大学出版社 |
| 社　　址 | 哈尔滨市南岗区复华四道街10号　邮编150006 |
| 传　　真 | 0451-86414749 |
| 网　　址 | http://hitpress.hit.edu.cn |
| 印　　刷 | 牡丹江邮电印务有限公司 |
| 开　　本 | 787mm×960mm 1/16 印张29.75 字数306千字 |
| 版　　次 | 2017年7月第1版　2017年7月第1次印刷 |
| 书　　号 | ISBN 978-7-5603-6796-5 |
| 定　　价 | 98.00元 |

(如因印装质量问题影响阅读,我社负责调换)

代序

## 读书的乐趣

你最喜爱什么——书籍.

你经常去哪里——书店.

你最大的乐趣是什么——读书.

这是友人提出的问题和我的回答.真的,我这一辈子算是和书籍,特别是好书结下了不解之缘.有人说,读书要费那么大的劲,又发不了财,读它做什么?我却至今不悔,不仅不悔,反而情趣越来越浓.想当年,我也曾爱打球,也曾爱下棋,对操琴也有兴趣,还登台伴奏过.但后来却都一一断交,"终身不复鼓琴".那原因便是怕花费时间,玩物丧志,误了我的大事——求学.这当然过激了一些.剩下来唯有读书一事,自幼至今,无日少废,谓之书痴也可,谓之书橱也可,管它呢,人各有志,不可相强.我的一生大志,便是教书,而当教师,不多读书是不行的.

读好书是一种乐趣,一种情操;一种向全世界古往今来的伟人和名人求教的方法,一种和他们展开讨论的方式;一封出席各种活动、体验各种生活、结识各种人物的邀请信;一张迈进科学宫殿和未知世界的入场券;一股改造自己、丰富自己的强大力量.书籍是全人类有史以来共同创造的财富,是永不枯竭的智慧的源泉.失意时读书,可以使人重整旗鼓;得意时读书,可以使人头脑清醒;疑难时读书,可以得到解答或启示;年轻人读书,可明奋进之道;年老人读书,能知健神之理.浩浩乎!洋洋乎!如临大海,或波涛汹涌,或清风微拂,取之不尽,用之不竭.吾于读书,无疑义矣,三日不读,则头脑麻木,心摇摇无主.

## 潜能需要激发

我和书籍结缘,开始于一次非常偶然的机会.大概是八九岁吧,家里穷得揭不开锅,我每天从早到晚都要去田园里帮工.一天,偶然从旧木柜阴湿的角落里,找到一本蜡光纸的小书,自然很破了.屋内光线暗淡,又是黄昏时分,只好拿到大门外去看.封面已经脱落,扉页上写的是《薛仁贵征东》.管它呢,且往下看.第一回的标题已忘记,只是那首开卷诗不知为什么至今仍记忆犹新:

日出遥遥一点红,飘飘四海影无踪.

三岁孩童千两价,保主跨海去征东.

第一句指山东,二、三两句分别点出薛仁贵(雪、人贵).那时识字很少,半看半猜,居然引起了我极大的兴趣,同时也教我认识了许多生字.这是我有生以来独立看的第一本书.尝到甜头以后,我便千方百计去找书,向小朋友借,到亲友家找,居然断断续续看了《薛丁山征西》《彭公案》《二度梅》等,樊梨花便成了我心中的女英雄.我真入迷了.从此,放牛也罢,车水也罢,我总要带一本书,还练出了边走田间小路边读书的本领,读得津津有味,不知人间别有他事.

当我们安静下来回想往事时,往往会发现一些偶然的小事却影响了自己的一生.如果不是找到那本《薛仁贵征东》,我的好学心也许激发不起来.我这一生,也许会走另一条路.人的潜能,好比一座汽油库,星星之火,可以使它雷声隆隆、光照天地;但若少了这粒火星,它便会成为一潭死水,永归沉寂.

### 抄,总抄得起

好不容易上了中学,做完功课还有点时间,便常光顾图书馆.好书借了实在舍不得还,但买不到也买不起,便下决心动手抄书.抄,总抄得起.我抄过林语堂写的《高级英文法》,抄过英文的《英文典大全》,还抄过《孙子兵法》,这本书实在爱得狠了,竟一口气抄了两份.人们虽知抄书之苦,未知抄书之益,抄完毫末俱见,一览无余,胜读十遍.

### 始于精于一,返于精于博

关于康有为的教学法,他的弟子梁启超说:"康先生之教,专标专精、涉猎二条,无专精则不能成,无涉猎则不能通也."可见康有为强烈要求学生把专精和广博(即"涉猎")相结合.

在先后次序上,我认为要从精于一开始.首先应集中精力学好专业,并在专业的科研中做出成绩,然后逐步扩大领域,力求多方面的精.年轻时,我曾精读杜布(J. L. Doob)的《随机过程论》,哈尔莫斯(P. R. Halmos)的《测度论》等世界数学名著,使我终身受益.简言之,即"始于精于一,返于精于博".正如中国革命一样,必须先有一块根据地,站稳后再开创几块,最后连成一片.

**丰富我文采,澡雪我精神**

辛苦了一周,人相当疲劳了,每到星期六,我便到旧书店走走,这已成为生活中的一部分,多年如此.一次,偶然看到一套《纲鉴易知录》,编者之一便是选编《古文观止》的吴楚材.这部书提纲挈领地讲中国历史,上自盘古氏,直到明末,记事简明,文字古雅,又富于故事性,便把这部书从头到尾读了一遍.从此启发了我读史书的兴趣.

我爱读中国的古典小说,例如《三国演义》和《东周列国志》.我常对人说,这两部书简直是世界上政治阴谋诡计大全.即以近年来极时髦的人质问题(伊朗人质、劫机人质等),这些书中早就有了,秦始皇的父亲便是受害者,堪称"人质之父".

《庄子》超尘绝俗,不屑于名利.其中"秋水""解牛"诸篇,诚绝唱也.《论语》束身严谨,勇于面世,"己所不欲,勿施于人",有长者之风.司马迁的《报任少卿书》,读之我心两伤,既伤少卿,又伤司马;我不知道少卿是否收到这封信,希望有人做点研究.我也爱读鲁迅的杂文,果戈理、梅里美的小说.我非常敬重文天祥、秋瑾的人品,常记他们的诗句:"人生自古谁无死,留取丹心照汗青""休言女子非英物,夜夜龙泉壁上鸣".唐诗、宋词、《西厢记》《牡丹亭》,丰富我文采,澡雪我精神,其中精粹,实是人间神品.

读了邓拓的《燕山夜话》,既叹服其广博,也使我动了写《科学发现纵横谈》的心.不料这本小册子竟给我招来了上千封鼓励信.以后人们便写出了许许多多的"纵横谈".

从学生时代起,我就喜读方法论方面的论著.我想,做什么事情都要讲究方法,追求效率、效果和效益,方法好能事半而功倍.我很留心一些著名科学家、文学家写的心得体会和经验.我曾惊讶为什么巴尔扎克在51年短短的一生中能写出上百本书,并从他的传记中去寻找答案.文史哲和科学的海洋无边无际,先哲们的明智之光沐浴着人们的心灵,我衷心感谢他们的恩惠.

### 读书的另一面

以上我谈了读书的好处,现在要回过头来说说事情的另一面.

读书要选择.世上有各种各样的书:有的不值一看,有的只值看20分钟,有的可看5年,有的可保存一辈子,有的将永远不朽.即使是不朽的超级名著,由于我们的精力与时间有限,也必须加以选择.决不要看坏书,对一般书,要学会速读.

读书要多思考.应该想想,作者说得对吗?完全吗?适合今天的情况吗?从书本中迅速获得效果的好办法是有的放矢地读书,带着问题去读,或偏重某一方面去读.这时我们的思维处于主动寻找的地位,就像猎人追找猎物一样主动,很快就能找到答案,或者发现书中的问题.

有的书浏览即止,有的要读出声来,有的要心头记住,有的要笔头记录.对重要的专业书或名著,要勤做笔记,"不动笔墨不读书".动脑加动手,手脑并用,既可加深理解,又可避忘备查,特别是自己的灵感,更要及时抓住.清代章学诚在《文史通义》中说:"札记之功必不可少,如不札记,则无穷妙绪如雨珠落大海矣."

许多大事业、大作品，都是长期积累和短期突击相结合的产物。涓涓不息，将成江河；无此涓涓，何来江河？

爱好读书是许多伟人的共同特性，不仅学者专家如此，一些大政治家、大军事家也如此。曹操、康熙、拿破仑、毛泽东都是手不释卷，嗜书如命的人。他们的巨大成就与毕生刻苦自学密切相关。

王梓坤

# 目录

## 第1章 拉格朗日内插公式概述 //1

- §1 引言 //1
- §2 内插的目的 //23
- §3 对于自变量的不等区间的牛顿公式 //29
- §4 对于自变量的等距离值的牛顿公式 //33
- §5 以首二次的多项式的逼近 //38
- §6 对于复变函数的牛顿公式 //39
- §7 拉格朗日内插公式 //42
- §8 内插过程的收敛 //44
- §9 取决于节的分布的逼近性质 //50
- §10 新的内插公式 //51
- §11 高斯内插公式 //56
- §12 斯特林内插公式 //62

§13 贝塞尔公式 //65

§14 埃弗雷特公式 //69

§15 另一些内插公式 //71

§16 关于谢巴尔德规则的意见 //74

§17 一些实用的指示 //77

§18 关于内插公式的误差 //79

§19 对剩余项的估计 //82

§20 对于以多项式逼近的某些说明 //87

§21 欧特肯的线性内插方法 //88

§22 纳维利的线性内插方法 //92

§23 在自变量的重复值的情形下的线性内插方法 //94

§24 函数借助于连分式的内插 //97

§25 带自变量重复值以反差商的内插 //101

§26 三角内插 //103

§27 关于三角内插多项式的收敛性 //107

§28 带重节的内插 //115

§29 一般内插公式 //117

§30 一般内插公式的剩余项 //120

§31 带重节的另一些内插公式 //123

§32 借助连续各阶导数的内插 //125

§33 费耶尔内插方法 //127

# 第 2 章 插值法和数值微分 //130

§1 插值的目的 //130

§2 拉格朗日公式 //131

§3 三角插值 //134

§4 差商及其性质 //136

§5 牛顿基本插值公式 //138

§6 有限差分与差分表 //141

§7 关于有限差分的一些定理 //142

§ 8　差分表中误差分布的规律　//143
§ 9　一些插值公式　//145
§ 10　插值公式的应用　//154
§ 11　数值微分　//155

## 第 3 章　拉格朗日多项式插值的误差估计　//157

§ 1　拉格朗日插值的误差估计　//157
§ 2　最佳逼近与推广的误差估计　//163
§ 3　分段拉格朗日插值　//168

## 第 4 章　反内插法　//175

§ 1　反内插问题　//175
§ 2　借助于逐步逼近的反内插　//176
§ 3　级数的转换　//178
§ 4　反内插公式　//180
§ 5　拉格朗日和布尤尔曼公式　//182
§ 6　泰勒公式的应用　//186

## 第 5 章　记号演算　//193

§ 1　记号多项式　//193
§ 2　移位算子　//194
§ 3　算子的无穷级数　//195
§ 4　算子演算的应用　//197
§ 5　差分算子与微分算子间的联系　//198
§ 6　通论　//199

## 第 6 章　多变量函数的内插法　//200

§ 1　二变量函数的内插法　//200
§ 2　二重差分　//203
§ 3　带自变量的等距离值的二重差分　//205

§4　带差商的内插公式 //208
　　　§5　带两个变量的拉格朗日内插公式 //213
　　　§6　三个或多个变量的函数的内插公式 //215
　　　§7　带差分的内插公式 //217

第7章　分片拉格朗日多项式 //229
　　　§1　分片拉格朗日多项式的多种逼近 //229
　　　§2　张量乘积 //235
　　　§3　三角形网格上的逼近函数 //237
　　　§4　自动网格形成与等参数变换 //256
　　　§5　混合插值和曲面拟合 //268

第8章　拉格朗日插值公式与辛普生公式 //273
　　　§1　拉格朗日插值公式 //273
　　　§2　泰勒定理和泰勒级数 //277
　　　§3　用拉格朗日多项式近似表示积分和导函数 //280

第9章　两类插值多项式 //284
　　　§1　拉格朗日插值多项式 //284
　　　§2　埃尔米特插值多项式 //290

第10章　拉格朗日多项式与特殊多项式 //293
　　　§1　三个问题的解答 //293
　　　§2　切比雪夫多项式在求最小二乘解中的应用 //297
　　　§3　连续函数的多项式逼近 //303
　　　§4　魏尔斯特拉斯定理与Бернштейн多项式 //305
　　　§5　佩亚诺定理 //308
　　　§6　拉格朗日插值多项式及其不稳定性 //310
　　　§7　关于埃尔米特多项式的微分方程 //314
　　　§8　用正交条件定义埃尔米特多项式 //320

§9 埃尔米特多项式的生成函数 //326

§10 勒让德多项式 //332

附录 I 拉格朗日评传 //341

附录 II 拉格朗日线性插值公式与梯形公式 //363

附录 III 一类含中介值定积分等式证明题的
构造 //378

附录 IV Some Pál Type Interpolation Problems //391

附录 V ERROR ANALYSIS OF RECURRENCE
TECHNIQUE FOR THE CALCULATION
OF BESSEL FUNCTION $I_\nu(x)$ //404

附录 VI 拉格朗日多项式在用直线法计算
超音速区的流动中的应用 //420

附录 VII 利用拉格朗日插值法求奇异积分
方程的数值解 //429

Lagrange's Interpolation Formula

# 拉格朗日内插公式概述

## 第 1 章

### §1 引 言

美国数学奥林匹克(USAMO)始于1972年.1971年,纽约州立大学的一位教授特尔勒女士(N. D. Turner)在美国数学会的刊物《美国数学月刊》上发表一篇文章.大声疾呼:"为什么我们不能搞美国数学奥林匹克?"她提出美国应当搞水平相当于 IMO 的美国数学奥林匹克,并进而参加 IMO. USAMO 于是在1972年开场,接着美国于1974年参加了IMO 并取得了第 2 名.第 24 届 USAMO中有一道试题为:

**题目 1.1** 设 $q_0, q_1, q_2, \cdots$ 是满足下列两个条件的无限整数数列:

## Lagrange 内插公式

(1) 对所有的 $m > n \geq 0$, $m - n$ 整除 $q_m - q_n$.
(2) 对所有 $n$ 存在多项式 $p$, 使得 $|q_n| < p(n)$.
证明:存在多项式 $Q$, 对所有的 $n$ 有 $q_n = Q(n)$.

**证明** 设 $d$ 是多项式 $p$ 的次数,一次数不超过 $d$ 的多项式

$$Q(x) = \sum_{i=0}^{d} q_i \prod_{\substack{0 \leq j \leq d \\ j \neq i}} \frac{x-j}{i-j}$$

满足 $Q(i) = q_i (i = 0, 1, 2, \cdots, d)$,这个多项式称为拉格朗日(Lagrange)插值多项式,我们将证明:对所有的 $n \geq 0$,有 $q_n = Q(n)$.

多项式 $Q$ 的系数显然都是有理数,设 $k \geq 1$ 是 $Q$ 的所有系数的公分母. 令 $r_n = K(Q(n) - q_n)$,则 $r_i = 0$,对 $i = 0, 1, \cdots, d$ 成立. 因为对任一整系数多项式 $L(x)$ 和任意两个不相同的整数 $m, n, m - n$ 整除 $L(m) - L(n)$,又已知 $m - n$ 整除 $q_m - q_n$,所以 $m - n$ 整除 $r_m - r_n$,对所有 $m > n \geq 0$ 成立.

因为 $|r_n| \leq K(|Q(n)| + |q_n|) < K(|Q(n)| + p(n))$,所以存在充分大的正数 $a, b$,使得对 $n \geq 0$ 有

$$|r_n| < an^d + b \qquad (1.1)$$

另外,对任意 $n > d$ 与 $0 \leq i \leq d$, $n - i$ 整除 $r_n - r_i = r_n$,所以 $n, n-1, \cdots, n-d$ 的最小公倍数 $M_n$ 整除 $r_n$. 由于最大公约数 $(n-i, n-j) = (n-i, j-i)$ 整除 $j - i (0 \leq i \leq j \leq d)$,所以

$$\prod_{0 \leq i < j \leq d} (n-i, n-j) \leq \prod_{0 \leq i < j \leq d} (j-i) = A$$

$A$ 是仅与 $d$ 有关的常数. 易知 $M_n > \dfrac{n(n-1)\cdots(n-d)}{\prod_{0 \leq i < j \leq d}(n-i, n-j)}$ (设一素因数 $p$ 在 $n, n-1, \cdots, n-$

$d$ 中次数分别为 $a_0, a_1, \cdots, a_d, a_t = \max_{0 \leqslant i \leqslant d} a_i$,则 $a_t = a_0 + a_1 + \cdots + a_d - \sum_{i \neq t} \min(a_t, a_i)$,$a_t$ 是 $p$ 在 $M_n$ 中的次数,而 $a_0 + a_1 + \cdots + a_d$ 是 $p$ 在 $n(n-1)\cdots(n-d)$ 中的次数,$\sum_{i \neq t} \min(a_t, a_i)$ 小于 $p$ 在 $\prod_{0 \leqslant i < j \leqslant d}(n-i, n-j)$ 中的次数),所以 $M_n > \dfrac{n(n-1)\cdots(n-d)}{A}$. 由于 $n(n-1)\cdots(n-d)$ 是 $n$ 的 $d+1$ 次多项式,所以 $n \geqslant N$,$N$ 充分大时 $M_n > an^d + b$. 结合不等式(1.1)及 $M_n$ 整除 $r_n$ 便得 $n \geqslant N$ 时 $r_n = 0$.

对 $N > n > d$,取 $m \geqslant N$,则 $r_m - r_n = -r_n$. $m - n$ 整除 $r_m - r_n$,所以 $m - n$ 整除 $r_n$. 由于 $m$ 可任意大,所以此时亦有 $r_n = 0$.

于是,一切 $r_n = 0 (n \geqslant 0)$,即对所有 $n$,$Q(n) = q_n$.

无独有偶,下面我们再举一个 2014 年清华大学金秋数学体验营试题的例子.

**题目 1.2** 记 $f(x, y, z) = x^l y^m z^n + \sum_{s=1}^{t} A_s x^{p_s} y^{q_s} z^{r_s}$,其中 $l, m, n$ 是正整数,$A_s$ 是实数,$p_s, q_s, r_s$ 是非负整数,且 $\min\{p_s - l, q_s - m, r_s - n\} < 0, \forall l \leqslant s \leqslant t$. 给定三组实数 $a_0 < a_1 < \cdots < a_l, b_0 < b_1 < \cdots < b_m, c_0 < c_1 < \cdots < c_n$. 令

$$N(a_i, b_j, c_k) = \prod_{\substack{0 \leqslant i' \leqslant l \\ i' \neq i}}(a_i - a_{i'}) \prod_{\substack{0 \leqslant j' \leqslant m \\ j' \neq j}}(b_j - b_{j'}) \cdot \prod_{\substack{0 \leqslant k' \leqslant n \\ k' \neq k}}(c_k - c_{k'})$$

求

## Lagrange 内插公式

$$\sum_{\substack{0 \leqslant i \leqslant l \\ 0 \leqslant j \leqslant m \\ 0 \leqslant k \leqslant n}} \frac{f(a_i, b_j, c_k)}{N(a_i, b_j, c_k)}$$

**证明** 我们先证明如下引理：对任意 $a_0 < a_1 < \cdots < a_l$，有

$$\sum_{0 \leqslant i \leqslant l} \frac{a_i^u}{\prod_{\substack{0 \leqslant i' \leqslant l \\ i' \neq i}} (a_i - a_{i'})} = \begin{cases} 0, \text{若 } 0 \leqslant u \leqslant l-1, u \text{ 为整数} \\ 1, \text{若 } u = l \end{cases}$$

我们对 $x^u$ 关于点 $a_0, a_1, \cdots, a_l$ 进行拉格朗日插值，得到

$$x^u \equiv \sum_{0 \leqslant i \leqslant l} \frac{a_i^u \prod_{\substack{0 \leqslant i' \leqslant l \\ i' \neq i}} (x - a_{i'})}{\prod_{\substack{0 \leqslant i' \leqslant l \\ i' \neq i}} (a_i - a_{i'})}$$

比较两边的 $x^l$ 的系数，即可得上述引理成立.

下面我们回到原题. 记 $f_0(x,y,z) = x^l y^m z^n$，$f_s(x,y,z) = A_s x^{p_s} y^{q_s} z^{r_s}, 1 \leqslant s \leqslant t$，且记

$$T_s = \sum_{\substack{0 \leqslant i \leqslant l \\ 0 \leqslant j \leqslant m \\ 0 \leqslant k \leqslant n}} \frac{f_s(a_i, b_j, c_k)}{N(a_i, b_j, c_k)}, \forall 0 \leqslant s \leqslant t$$

则所求的表达式为 $T = T_0 + T_1 + \cdots + T_t$. 下面我们证明：$T_s = 0 (1 \leqslant s \leqslant t)$ 以及 $T_0 = 1$.

因 $\min\{p_s - l, q_s - m, r_s - n\} < 0$，不妨设 $p_s < l$，则由引理可得

$$T_s = \sum_{\substack{0 \leqslant i \leqslant l \\ 0 \leqslant j \leqslant m \\ 0 \leqslant k \leqslant n}} \frac{a_l^{p_s} b_j^{q_s} c_k^{r_s}}{\prod_{\substack{0 \leqslant i' \leqslant l \\ i' \neq i}} (a_i - a_{i'})} \prod_{\substack{0 \leqslant j' \leqslant m \\ j' \neq j}} (b_j - b_{j'}) \cdot \prod_{\substack{0 \leqslant k' \leqslant m \\ k' \neq k}} (c_k - c_{k'}) =$$

## Lagrange's Interpolation Formula

$$A_s \left( \sum_{0 \leq i \leq l} \frac{a_i^{p_s}}{\prod_{\substack{0 \leq i' \leq l \\ i' \neq i}} (a_i - a_{i'})} \right) \left( \sum_{0 \leq j \leq m} \frac{b_j^{q_s}}{\prod_{\substack{0 \leq j' \leq m \\ j' \neq j}} (b_j - b_{j'})} \right) \cdot$$

$$\left( \sum_{0 \leq k \leq n} \frac{c_k^{r_s}}{\prod_{\substack{0 \leq k' \leq n \\ k' \neq k}} (c_k - c_{k'})} \right) = 0$$

根据引理,类似可得

$$T_0 = \left( \sum_{0 \leq i \leq l} \frac{a_i^l}{\prod_{\substack{0 \leq i' \leq l \\ i' \neq i}} (a_i - a_{i'})} \right) \left( \sum_{0 \leq j \leq m} \frac{b_j^m}{\prod_{\substack{0 \leq j' \leq m \\ j' \neq j}} (b_j - b_{j'})} \right) \cdot$$

$$\left( \sum_{0 \leq k \leq n} \frac{c_k^n}{\prod_{\substack{0 \leq k' \leq n \\ k' \neq k}} (c_k - c_{k'})} \right) = 1$$

故 $T = T_0 + T_1 + \cdots + T_s = 1$.

当然有些试题如果不用拉格朗日插值公式也是完全可解的. 但这样远不如使用拉格朗日插值公式来得简洁. 如下例第二届美国数学邀请赛试题:

**题目 1.3** 若

$$\frac{x^2}{2^2-1^2} + \frac{y^2}{2^2-3^2} + \frac{z^2}{2^2-5^2} + \frac{w^2}{2^2-7^2} = 1$$

$$\frac{x^2}{4^2-1^2} + \frac{y^2}{4^2-3^2} + \frac{z^2}{4^2-5^2} + \frac{w^2}{4^2-7^2} = 1$$

$$\frac{x^2}{6^2-1^2} + \frac{y^2}{6^2-3^2} + \frac{z^2}{6^2-5^2} + \frac{w^2}{6^2-7^2} = 1$$

$$\frac{x^2}{8^2-1^2} + \frac{y^2}{8^2-3^2} + \frac{z^2}{8^2-5^2} + \frac{w^2}{8^2-7^2} = 1$$

试确定 $x^2 + y^2 + z^2 + w^2$ 的值.

**解法 1** $x, y, z, w$ 能满足给定的方程组等价于 $t = 4, 16, 36, 64$ 满足方程

Lagrange 内插公式

$$\frac{x^2}{t-1} + \frac{y^2}{t-9} + \frac{z^2}{t-25} + \frac{w^2}{t-49} = 1 \quad (1.2)$$

以 $(t-1)(t-9)(t-25)(t-49)$ 乘方程(1.2)的两边,可知,对于有意义的 $t$ 来说(即 $t \neq 1,9,25,49$),式(1.2)等价于方程

$$(t-1)(t-9)(t-25)(t-49) - $$
$$x^2(t-9)(t-25)(t-49) - $$
$$y^2(t-1)(t-25)(t-49) - $$
$$z^2(t-1)(t-9)(t-49) - $$
$$w^2(t-1)(t-9)(t-25) = 0 \quad (1.3)$$

方程(1.3)是关于 $t$ 的四次方程,$t = 4, 16, 36, 64$ 是这个方程的四个已知根,而四次方程至多有四个根,所以这四个根就是方程(1.3)的全部根,于是方程(1.3)等价于方程

$$(t-4)(t-16)(t-36)(t-64) = 0 \quad (1.4)$$

由于方程(1.3)和(1.4)中的 $t^4$ 的系数都是1,所以 $t$ 的其他各次幂的系数也应该对应相等. 特别地,两方程中 $t^3$ 的系数相等,比较方程(1.3)和(1.4)的 $t^3$ 的系数得

$$1 + 9 + 25 + 49 + x^2 + y^2 + z^2 + w^2 = $$
$$4 + 16 + 36 + 64$$

由此求出 $x^2 + y^2 + z^2 + w^2 = 36$.

**解法 2** 根据解法1,可知方程(1.3)和(1.4)表示同一方程,所以方程(1.3)和(1.4)的左边相等.

当 $t = 1$ 时,得 $x^2 = \frac{11\,025}{1\,024}$;$t = 9$ 时,得 $y^2 = \frac{10\,395}{1\,024}$;$t = 25$ 时,得 $z^2 = \frac{9\,009}{1\,024}$;$t = 49$ 时,得 $w^2 = \frac{6\,435}{1\,024}$.

显然这些值确实满足原方程组,且

$$x^2 + y^2 + z^2 + w^2 = 36$$

如利用拉格朗日插值多项式可得下述解法：

**解法 3**  令 $1^2 = a_1, 3^2 = a_2, 5^2 = a_3, 7^2 = a_4, 2^2 = \lambda_1, 4^2 = \lambda_2, 6^2 = \lambda_3, 8^2 = \lambda_4$. 构造

$$f(x) = \prod_{i=1}^{4}(x - a_i) - \prod_{i=1}^{4}(x - \lambda_i) = [\sum_{i=1}^{4}(\lambda_i - a_i)]x^3 + \cdots \quad (1.5)$$

则

$$f(\lambda_k) = \prod_{i=1}^{4}(\lambda_i - a_i)$$

又由拉格朗日公式,得

$$f(x) = \sum_{j=1}^{4} \prod_{\substack{i \neq j \\ 1 \leq i \leq 4}} \frac{x - a_i}{a_j - a_i} \cdot f(a_j)$$

在上式中令 $x = \lambda_k$,两边同除以 $f(\lambda_k)$ 得

$$\frac{A_1}{\lambda_k - a_1} + \frac{A_2}{\lambda_k - a_2} + \frac{A_3}{\lambda_k - a_3} + \frac{A_4}{\lambda_k - a_4} = 1 \quad (1.6)$$

其中 $A_j = \dfrac{f(a_j)}{\prod\limits_{\substack{i \neq j \\ 1 \leq i \leq 4}}(a_j - a_i)}, j, k = 1, 2, 3, 4$,且方程组

(1.6) 有唯一解.

比较式(1.5)与(1.6)中 $x^3$ 项的系数,得 $\sum\limits_{j=1}^{4} A_j = \sum\limits_{i=1}^{4}(\lambda_i - a_i)$,而 $x^2, y^2, z^2, w^2$ 是已知方程组的解,则

$$x^2 + y^2 + z^2 + w^2 = \sum_{j=1}^{4} A_j = \sum_{i=1}^{4} \lambda_i - \sum_{i=1}^{4} a_i = (2^2 + 4^2 + 6^2 + 8^2) - (1^2 + 3^2 + 5^2 + 7^2) = 36$$

**Lagrange 内插公式**

在一本哈尔莫斯(P. R. Halmos,1916— )主编的问题集中有如下一个问题:

**题目1.4** 给定相异的数 $a_0, a_1, a_2, \cdots$ 之集(其中当 $j \neq k$ 时,$a_j \neq a_k$),证明:对所有的正整数 $n$,有

$$\sum_{j=0}^{n} \prod_{k=0, k \neq j}^{n} \frac{a_k - a_{n+1}}{a_k - a_j} = 1$$

书中给出的证法如下:

**证明** 令

$$L_j(x) = \prod_{k=0, k \neq j}^{n} \frac{a_k - x}{a_k - a_j}$$

显然,$L_j(a_j) = 1$,而对 $0 \leq k \leq n, k \neq j$,有 $L_j(a_k) = 0$. 因此,对 $x = a_0, a_1, a_2, \cdots, a_n$,有

$$\sum_{j=0}^{n} L_j(x) = 1$$

但 $\sum_{j=0}^{n} L_j(x)$ 是次数不大于 $n$ 的多项式,对 $n+1$ 个不同的 $x$ 值,这个多项式等于1. 因此

$$\sum_{j=0}^{n} L_j(x) = 1$$

是个恒等式.

从此解法中我们感到有点不解的是,本来是一道数的问题却要引入多项式来解,这个多项式是怎么想到的? 我们再看一个例子.

**题目1.5** 设

$$f(x) = ax^2 + bx + c \quad (|a| > 2)$$

证明:集合 $\{|x| - 1 \leq f(x) \leq 1\}$ 中至多包含两个整数.

**证明** 假设存在三个不同的整数 $x_1, x_2, x_3$,使得

$$|f(x_i)| \leq 1 \quad (i = 1, 2, 3)$$

由拉格朗日插值公式,得
$$f(x) = \sum_{i=1}^{3} \left( \prod_{j \neq i} \frac{x - x_j}{x_j - x_i} f(x_i) \right)$$
比较上式两边二次项系数,得
$$|a| = \left| \sum_{i=1}^{3} \frac{f(x_i)}{\prod_{j \neq i}(x_j - x_i)} \right| \leq \sum_{i=1}^{3} \left| \frac{f(x_i)}{\prod_{j \neq i}(x_j - x_i)} \right| \leq \sum_{i=1}^{3} \left| \frac{1}{\prod_{j \neq i}(x_j - x_i)} \right|$$

又 $x_1, x_2, x_3$ 为两两不同的整数,故
$$\sum_{i=1}^{3} \left| \frac{1}{\prod_{j \neq i}(x_j - x_i)} \right| \leq \frac{1}{1 \times 1} + \frac{1}{1 \times 2} + \frac{1}{1 \times 2} = 2$$
即 $|a| \leq 2$,与题设矛盾.

因此,集合 $\{x \mid -1 \leq f(x) \leq 1\}$ 中至多包含两个整数.

从此解法中我们终于发现原来就是著名的拉格朗日多项式在起关键作用.

在同一问题存在多种解法时,用拉格朗日多项式来解一般来说都是最优的.

**题目 1.6** 给定函数 $f(x)$,它在任何整数 $x$ 处的值都是整数. 今知,对任何质数 $p$,都存在一个次数不大于 2 013 的整系数多项式 $Q_p(x)$,使得对任何整数 $n$,差值 $f(n) - Q_p(n)$ 都可被 $p$ 整除. 试问,是否存在一个实系数多项式 $g(x)$,使得对任何整数 $n$,都有 $g(n) = f(n)$?

**解法 1** 我们通过对 $k$ 归纳,证明一个更为广泛的命题:若对任何质数 $p$,满足题中条件的多项式 $Q_p(x)$ 的次数都不大于 $k$,则函数 $f(x)$ 在所有整点上的值都

## Lagrange 内插公式

与某个次数不大于 $k$ 的多项式的值相等.

当 $k=0$ 时,对于每个质数 $p$,都存在一个常数 $Q_p$,使得对任何整数 $x$,差值 $f(x) - Q_p$ 都可被 $p$ 整除. 从而对任何 $x,y$ 和任何质数 $p$,差值
$$(f(x) - Q_p) - (f(y) - Q_p) = f(x) - f(y)$$
都可被 $p$ 整除. 而这只有当 $f(x) = f(y)$ 时才有可能成立,意即 $f(x)$ 在整点上为一常值,故结论对 $k=0$ 成立.

为从 $k$ 向 $k+1$ 过渡,需要两个引理.

对于函数 $h(x)$,我们用 $\Delta h(x)$ 表示 $h(x+1) - h(x)$.

**引理 1.1** 如果 $h(x)$ 是次数不高于 $m$ 的多项式,则 $\Delta h(x)$ 是次数不高于 $m-1$ 的多项式①.

**引理 1.1 之证** $h(x+1)$ 与 $h(x)$ 是次数相同的多项式,且首项系数相等,所以 $\Delta h(x)$,即 $h(x+1) - h(x)$ 的次数低于 $h(x)$ 的次数. 引理 1.1 证毕.

**引理 1.2** 如果 $\Delta h(x)$ 在所有整点上的值重合于某个次数不高于 $m-1$ 的多项式的值,则 $h(x)$ 在所有整点上的值重合于一个次数不高于 $m$ 的多项式的值.

**引理 1.2 之证** 我们来对 $m$ 归纳. 当 $m=1$ 时,$\Delta h(x)$ 在所有整点上的值都等于一个常数 $c$,于是对于任何整数 $x$,都有 $h(x) = h(0) + cx$. 假设结论已对 $m$ 成立,我们来向 $m+1$ 过渡. 假设 $\Delta h(x)$ 在所有整点上的值都与某个次数不高于 $m$ 的多项式的值相同,设该多项式的 $x^m$ 项的系数等于 $a$($a$ 可能为 $0$). 我们令
$$h_0(x) = h(x) - \frac{a}{m+1} x(x-1)(x-2) \cdot \cdots \cdot$$

---

① 事实上,$h(x)$ 是刚好比 $\Delta h(x)$ 高 1 次的多项式.

## Lagrange's Interpolation Formula

$$(x - m + 1)(x - m)$$

则有

$$\Delta h_0(x) = h_0(x + 1) - h_0(x) =$$
$$\Delta h(x) - ax(x - 1)(x - 2) \cdots \cdot$$
$$(x - m + 1)$$

且其在所有整点上的值与某个次数不高于 $m - 1$ 的多项式的值相同. 因此, 根据归纳假设, $h_0(x)$ 在所有整点上的值与一个次数不高于 $m$ 的多项式的值相同. 由于 $h(x) - h_0(x)$ 是一个次数不高于 $m + 1$ 的多项式, 所以 $h(x)$ 是次数不高于 $m + 1$ 的多项式. 归纳过渡完成, 引理 1.2 证毕.

现在来实现主干证明中的归纳过渡. 不难看出, 函数 $\Delta f(x)$ 满足归纳假设条件, 因为 $\Delta f(x) - \Delta Q_p(x)$ 在任何整数 $x$ 处都可被 $p$ 整除, 而根据引理 1.1, $\Delta Q_p(x)$ 是次数不高于 $k - 1$ 的多项式. 因此, $\Delta f(x)$ 在整点处的值都与某个次数不高于 $k - 1$ 的多项式的值相同. 由此即可根据引理 1.2 得知, $f(x)$ 在整点处的值都与某个次数不高于 $k$ 的多项式的值相同. 归纳过渡完成.

**解法 2** 我们来尝试接近题目的解答: 寻找一个次数不高于 2 013 的多项式 $f_0(x)$, 使得它在点 1, 2, $\cdots$, 2 014 处的值都与 $f(x)$ 的值相同. 这种多项式就是拉格朗日插值多项式, 在我们的问题中, 它的形式为
$$f_0(x) =$$
$$f(1) \cdot \frac{(x - 2)(x - 3) \cdots (x - 2\,014)}{(1 - 2)(1 - 3) \cdots (1 - 2\,014)} +$$
$$f(2) \cdot \frac{(x - 1)(x - 3)(x - 4) \cdots (x - 2\,014)}{(2 - 1)(2 - 3)(2 - 4) \cdots (2 - 2\,014)} + \cdots +$$
$$f(i) \cdot \frac{(x - 1) \cdots (x - (i - 1))(x - (i + 1)) \cdots (x - 2\,014)}{(i - 1) \cdots (i - (i - 1))(i - (i + 1)) \cdots (i - 2\,014)} + \cdots +$$

## Lagrange 内插公式

$$f(2\,014) \cdot \frac{(x-1)(x-2)\cdots(x-2\,013)}{(2\,014-1)(2\,014-2)\cdots(2\,014-2\,013)}$$

可以看出,对于 $f_0(i)$,除了第 $i$ 项外,其余各项都等于 0,而第 $i$ 项的值刚好就是 $f(i)$,所以 $f_0(x)$ 满足我们的愿望.

为简单起见,我们记 $c = (2\,013!)^2$. 易见 $cf_0(x)$ 的各项系数都是整数. 设 $p$ 是大于 $c$ 的质数,则 $cQ_p(x) - cf_0(x)$ 的次数不高于 2 013,且依模 $p$ 有 2 014 个互不相同的根,这些根就是 $1,2,\cdots,2\,014$,因此对于 $i = 1,2,\cdots,2\,014$,都有

$$cQ_p(i) - cf_0(i) = c(Q_p(i) - f(i)) = 0$$

所以该多项式模 $p$ 恒等于 0. 这就意味着

$$c(f(x) - Q_p(x)) + c(Q_p(x) - f_0(x)) = cf(x) - cf_0(x)$$

在任何整点 $x$ 处都能被足够大的质数 $p$ 整除,意即在任何整点 $x$ 处,都有 $f(x) = f_0(x)$.

江西科技师范大学数学与计算机科学学院的陶平生教授曾撰文指出:

数学命题往往是"无巧不成题". 而这种"巧"却是借助于挖掘和发现原本就存乎天地之间的数与形结构自然的巧合,是为"巧夺天工".

他通过下面两个题目,谈了他编制试题的一些体会.

**题目 1.7** 设 $n \geq 2$. 对于 $n$ 元复数集

$$A = \{a_1, a_2, \cdots, a_n\}, B = \{b_1, b_2, \cdots, b_n\}$$

证明:$\displaystyle\sum_{k=1}^{n} \frac{\prod\limits_{i=1}^{n}(a_k + b_i)}{\prod\limits_{\substack{i=1\\i \neq k}}^{n}(a_k - a_i)} = \sum_{k=1}^{n} \frac{\prod\limits_{i=1}^{n}(b_k + a_i)}{\prod\limits_{\substack{i=1\\i \neq k}}^{n}(b_k - b_i)}.$

此题是陶教授 2005 年为国家队集训命制的一道训练题.

乍一看,本题的结构有点吓人,其实,此题的编制是从构造和求解一类特殊的 $n$ 元线性方程组的克莱姆(Cramer,1704—1752)法则过渡而来的,用的是 $n$ 阶行列式与其转置行列式等值.

**证法 1** 线性代数解法.

分两种情形考虑.

(1) 若对任意 $l,j \in \{1,2,\cdots,n\}$,均有 $a_l + b_j \neq 0$,此时,构造如下两个 $n$ 元线性方程组

$$\begin{cases} \dfrac{x_1}{a_1+b_1} + \dfrac{x_2}{a_1+b_2} + \cdots + \dfrac{x_n}{a_1+b_n} = 1 \\ \dfrac{x_1}{a_2+b_1} + \dfrac{x_2}{a_2+b_2} + \cdots + \dfrac{x_n}{a_2+b_n} = 1 \\ \vdots \\ \dfrac{x_1}{a_n+b_1} + \dfrac{x_2}{a_n+b_2} + \cdots + \dfrac{x_n}{a_n+b_n} = 1 \end{cases} \quad (1.7)$$

$$\begin{cases} \dfrac{y_1}{b_1+a_1} + \dfrac{y_2}{b_1+a_2} + \cdots + \dfrac{y_n}{b_1+a_n} = 1 \\ \dfrac{y_1}{b_2+a_1} + \dfrac{y_2}{b_2+a_2} + \cdots + \dfrac{y_n}{b_2+a_n} = 1 \\ \vdots \\ \dfrac{y_1}{b_n+a_1} + \dfrac{y_2}{b_n+a_2} + \cdots + \dfrac{y_n}{b_n+a_n} = 1 \end{cases} \quad (1.8)$$

记方程组(1.7)的系数行列式为 $D_n$.

先说明 $D_n \neq 0$.

注意到

## Lagrange 内插公式

$$D_n = \begin{vmatrix} \dfrac{1}{a_1+b_1} & \dfrac{1}{a_1+b_2} & \cdots & \dfrac{1}{a_1+b_n} \\ \dfrac{1}{a_2+b_1} & \dfrac{1}{a_2+b_2} & \cdots & \dfrac{1}{a_2+b_n} \\ \vdots & \vdots & & \vdots \\ \dfrac{1}{a_n+b_1} & \dfrac{1}{a_n+b_2} & \cdots & \dfrac{1}{a_n+b_n} \end{vmatrix}$$

将上面各列分别减去第 $n$ 列,再先按行、后按列分别提取公因式得

$$D_n = \frac{\prod\limits_{i=1}^{n-1}(b_n-b_i)}{\prod\limits_{i=1}^{n}(b_n+a_i)} \cdot$$

$$\begin{vmatrix} \dfrac{1}{a_1+b_1} & \dfrac{1}{a_1+b_2} & \cdots & \dfrac{1}{a_1+b_{n-1}} & 1 \\ \dfrac{1}{a_2+b_1} & \dfrac{1}{a_2+b_2} & \cdots & \dfrac{1}{a_2+b_{n-1}} & 1 \\ \vdots & \vdots & & \vdots & \vdots \\ \dfrac{1}{a_n+b_1} & \dfrac{1}{a_n+b_2} & \cdots & \dfrac{1}{a_n+b_{n-1}} & 1 \end{vmatrix}$$

将上面各行分别减去第 $n$ 行,再先按行、后按列分别提取公因式得

$$D_n = \frac{\prod\limits_{i=1}^{n-1}(b_n-b_i)}{\prod\limits_{i=1}^{n}(b_n+a_i)} \cdot \frac{\prod\limits_{i=1}^{n-1}(a_n-a_i)}{\prod\limits_{i=1}^{n-1}(a_n+b_i)} \cdot$$

Lagrange's Interpolation Formula

$$\begin{vmatrix} \dfrac{1}{a_1+b_1} & \dfrac{1}{a_1+b_2} & \cdots & \dfrac{1}{a_1+b_{n-1}} & 0 \\ \dfrac{1}{a_2+b_1} & \dfrac{1}{a_2+b_2} & \cdots & \dfrac{1}{a_2+b_{n-1}} & 0 \\ \vdots & \vdots & & \vdots & \vdots \\ \dfrac{1}{a_{n-1}+b_1} & \dfrac{1}{a_{n-1}+b_2} & \cdots & \dfrac{1}{a_{n-1}+b_{n-1}} & 0 \\ 1 & 1 & \cdots & 1 & 1 \end{vmatrix} =$$

$$\dfrac{1}{a_n+b_n}\Big[\prod_{i=1}^{n-1} \dfrac{(a_n-a_i)(b_n-b_i)}{(a_n+b_i)(b_n+a_i)}\Big]D_{n-1}$$

据这一递推关系以及 $D_1 = \dfrac{1}{a_1+b_1}$,且由 $a_l+b_j \neq 0(l,j \in \{1,2,\cdots,n\})$,得 $D_n \neq 0$.

从而,方程组(1.7)有唯一的一组解 $x_1,x_2,\cdots,x_n$. 代入方程组(1.7)后,便得到 $n$ 个等式. 由这组等式,知关于 $t$ 的方程

$$\dfrac{x_1}{t+b_1}+\dfrac{x_2}{t+b_2}+\cdots+\dfrac{x_n}{t+b_n}=1 \quad (1.9)$$

有 $n$ 个根 $t=a_1,a_2,\cdots,a_n$.

将式(1.9)整理为

$$t^n+\Big(\sum_{i=1}^{n}b_i-\sum_{i=1}^{n}x_i\Big)t^{n-1}+\cdots=0$$

由根与系数关系,得

$$\sum_{i=1}^{n}a_i=-\Big(\sum_{i=1}^{n}b_i-\sum_{i=1}^{n}x_i\Big) \Rightarrow \sum_{i=1}^{n}x_i=\sum_{i=1}^{n}a_i+\sum_{i=1}^{n}b_i$$

又因方程组(1.8)的系数行列式恰为 $D_n$ 的转置,其值也不为 0,所以,方程组(1.8)有唯一的解 $y_1,y_2,\cdots,y_n$.

类似地,求得

Lagrange 内插公式

$$\sum_{i=1}^{n} y_i = \sum_{i=1}^{n} a_i + \sum_{i=1}^{n} b_i$$

故

$$\sum_{i=1}^{n} y_i = \sum_{i=1}^{n} x_i \qquad (1.10)$$

下面直接由方程组(1.7)和(1.8)计算 $x_k, y_k (k = 1, 2, \cdots, n)$.

注意到

$$D_{x_k} = \begin{vmatrix} \dfrac{1}{a_1+b_1} & \dfrac{1}{a_1+b_2} & \cdots & \dfrac{1}{a_1+b_{k-1}} & 1 & \dfrac{1}{a_1+b_{k+1}} & \cdots & \dfrac{1}{a_1+b_n} \\ \dfrac{1}{a_2+b_1} & \dfrac{1}{a_2+b_2} & \cdots & \dfrac{1}{a_2+b_{k-1}} & 1 & \dfrac{1}{a_2+b_{k+1}} & \cdots & \dfrac{1}{a_2+b_n} \\ \vdots & \vdots & & \vdots & & \vdots & & \vdots \\ \dfrac{1}{a_n+b_1} & \dfrac{1}{a_n+b_2} & \cdots & \dfrac{1}{a_n+b_{k-1}} & 1 & \dfrac{1}{a_n+b_{k+1}} & \cdots & \dfrac{1}{a_n+b_n} \end{vmatrix}$$

对系数行列式 $D_n$ 变换,保留第 $k$ 列,其余诸列各减去第 $k$ 列,再先按行、后按列分别提取公因式得

$$D_n = \dfrac{\prod\limits_{\substack{i=1\\i\neq k}}^{n}(b_k - b_i)}{\prod\limits_{i=1}^{n}(b_k + a_i)} \cdot$$

$$\begin{vmatrix} \dfrac{1}{a_1+b_1} & \dfrac{1}{a_1+b_2} & \cdots & \dfrac{1}{a_1+b_{k-1}} & 1 & \dfrac{1}{a_1+b_{k+1}} & \cdots & \dfrac{1}{a_1+b_n} \\ \dfrac{1}{a_2+b_1} & \dfrac{1}{a_2+b_2} & \cdots & \dfrac{1}{a_2+b_{k-1}} & 1 & \dfrac{1}{a_2+b_{k+1}} & \cdots & \dfrac{1}{a_2+b_n} \\ \vdots & \vdots & & \vdots & & \vdots & & \vdots \\ \dfrac{1}{a_n+b_1} & \dfrac{1}{a_n+b_2} & \cdots & \dfrac{1}{a_n+b_{k-1}} & 1 & \dfrac{1}{a_n+b_{k+1}} & \cdots & \dfrac{1}{a_n+b_n} \end{vmatrix} =$$

$$\frac{\prod\limits_{\substack{i=1\\i\neq k}}^{n}(b_k - b_i)}{\prod\limits_{i=1}^{n}(b_k + a_i)} D_{x_k}$$

故由克莱姆法则,得

$$x_k = \frac{D_{x_k}}{D_n} = \frac{\prod\limits_{i=1}^{n}(b_k + a_i)}{\prod\limits_{\substack{i=1\\i\neq k}}^{n}(b_k - b_i)}$$

类似地

$$y_k = \frac{\prod\limits_{i=1}^{n}(a_k + b_i)}{\prod\limits_{\substack{i=1\\i\neq k}}^{n}(a_k - a_i)}$$

将 $x_k, y_k (k=1,2,\cdots,n)$ 一起代入式(1.10),得

$$\sum_{k=1}^{n}\frac{\prod\limits_{i=1}^{n}(a_k + b_i)}{\prod\limits_{\substack{i=1\\i\neq k}}^{n}(a_k - a_i)} = \sum_{k=1}^{n}\frac{\prod\limits_{i=1}^{n}(b_k + a_i)}{\prod\limits_{\substack{i=1\\i\neq k}}^{n}(b_k - b_i)}$$

(2)当存在 $l, j \in \{1,2,\cdots,n\}$,使 $a_l + b_j = 0$ 时,则被证式左、右两端均有一个加项为0.

此时,变换编号,令

$$a'_n = a_l, a'_l = a_n, a'_i = a_i \quad (当 i \neq l, n)$$
$$b'_n = b_j, b'_j = b_n, b'_i = b_i \quad (当 i \neq j, n)$$

则

**Lagrange 内插公式**

$$\sum_{k=1}^{n}\frac{\prod_{i=1}^{n}(a_k+b_i)}{\prod_{\substack{i=1\\i\neq k}}^{n}(a_k-a_i)}-\sum_{k=1}^{n}\frac{\prod_{i=1}^{n}(b_k+a_i)}{\prod_{\substack{i=1\\i\neq k}}^{n}(b_k-b_i)}=$$

$$\sum_{k=1}^{n-1}\frac{\prod_{i=1}^{n-1}(a'_k+b'_i)}{\prod_{\substack{i=1\\i\neq k}}^{n-1}(a'_k-a'_i)}-\sum_{k=1}^{n-1}\frac{\prod_{i=1}^{n-1}(b'_k+a'_i)}{\prod_{\substack{i=1\\i\neq k}}^{n-1}(b'_k-b'_i)}$$

(1.11)

假若式(1.11)右边仍有 $a'_{l'}, b'_{j'}$,使 $a'_{l'}+b'_{j'}=0$,则可继续按上述方法替换下去,直到任一形如 $\tilde{a}_s+\tilde{b}_r$ 的和式皆不为0. 于是,式(1.11)右边最终化为

$$\sum_{k=1}^{m}\frac{\prod_{i=1}^{m}(\tilde{a}_k+\tilde{b}_i)}{\prod_{\substack{i=1\\i\neq k}}^{m}(\tilde{a}_k-\tilde{a}_i)}-\sum_{k=1}^{m}\frac{\prod_{i=1}^{m}(\tilde{b}_k+\tilde{a}_i)}{\prod_{\substack{i=1\\i\neq k}}^{m}(\tilde{b}_k-\tilde{b}_i)}$$

其中,$2\leq m\leq n$. 则与情形(1)中的和式本质上没有区别.

由情形(1)的结果,知其值为0.

这表明

$$\sum_{k=1}^{n}\frac{\prod_{i=1}^{n}(a_k+b_i)}{\prod_{\substack{i=1\\i\neq k}}^{n}(a_k-a_i)}=\sum_{k=1}^{n}\frac{\prod_{i=1}^{n}(b_k+a_i)}{\prod_{\substack{i=1\\i\neq k}}^{n}(b_k-b_i)}$$

由以上两步讨论,便证得本题结论.

**注** 式(1.11)中,当 $a_l+b_j=0$ 时
$a'_n+b'_n=0\Rightarrow b'_n=-a'_n\Rightarrow a'_k+b'_n=a'_k-a'_n$
而

$$\sum_{k=1}^{n} \frac{\prod_{\substack{i=1}}^{n}(a_k+b_i)}{\prod_{\substack{i=1\\i\neq k}}^{n}(a_k-a_i)} = \sum_{k=1}^{n} \frac{\prod_{\substack{i=1}}^{n}(a'_k+b'_i)}{\prod_{\substack{i=1\\i\neq k}}^{n}(a'_k-a'_i)} =$$

$$\sum_{k=1}^{n} \frac{(a'_k+b'_n)\prod_{\substack{i=1}}^{n-1}(a'_k+b'_i)}{(a'_k-a'_n)\prod_{\substack{i=1\\i\neq k}}^{n-1}(a'_k-a'_i)} =$$

$$\sum_{k=1}^{n} \frac{\prod_{\substack{i=1}}^{n-1}(a'_k+b'_i)}{\prod_{\substack{i=1\\i\neq k}}^{n-1}(a'_k-a'_i)}$$

类似地

$$\sum_{k=1}^{n} \frac{\prod_{\substack{i=1}}^{n}(b_k+a_i)}{\prod_{\substack{i=1\\i\neq k}}^{n}(b_k-b_i)} = \sum_{k=1}^{n} \frac{\prod_{\substack{i=1}}^{n-1}(b'_k+a'_i)}{\prod_{\substack{i=1\\i\neq k}}^{n-1}(b'_k-b'_i)}$$

而本题实际考查目的是让同学使用拉格朗日插值公式,从另一途径直接解决问题.

**证法 2** 需要用到拉格朗日插值公式:

若$f(x)$为$n$次多项式,$a_1,a_2,\cdots,a_{n+1}$为任意$n+1$个两两不等的数,则

$$f(x) \equiv$$
$$f(a_1)\frac{(x-a_2)(x-a_3)\cdots(x-a_{n+1})}{(a_1-a_2)(a_1-a_3)\cdots(a_1-a_{n+1})} +$$
$$f(a_2)\frac{(x-a_1)(x-a_3)\cdots(x-a_{n+1})}{(a_2-a_1)(a_2-a_3)\cdots(a_2-a_{n+1})} + \cdots +$$

**Lagrange 内插公式**

$$f(a_{n+1})\frac{(x-a_1)(x-a_2)\cdots(x-a_n)}{(a_{n+1}-a_1)(a_{n+1}-a_2)\cdots(a_{n+1}-a_n)}$$

下面证明本题.

构造 $n-1$ 次多项式

$$f(x) = \prod_{i=1}^{n}(x+a_i) - \prod_{i=1}^{n}(x-b_i)$$

对于 $n$ 元集

$$-A = \{-a_1, -a_2, \cdots, -a_n\}$$
$$B = \{b_1, b_2, \cdots, b_n\}$$

有

$$f(-a_k) = (-1)^{n+1}\prod_{i=1}^{n}(a_k+b_i)$$

$$f(b_k) = \prod_{i=1}^{n}(b_k+a_i)$$

由拉格朗日插值公式,知对于集 $-A$,有

$$f(x) = \sum_{k=1}^{n} f(-a_k) \frac{\prod_{\substack{1\leq i\leq n \\ i\neq k}}(x+a_i)}{\prod_{\substack{1\leq i\leq n \\ i\neq k}}(-a_k+a_i)} =$$

$$\sum_{k=1}^{n}\left[(-1)^{n+1}\prod_{1\leq i\leq n}(a_k+b_i)\right] \cdot$$

$$\frac{\prod_{\substack{1\leq i\leq n \\ i\neq k}}(x+a_i)}{(-1)^{n-1}\prod_{\substack{1\leq i\leq n \\ i\neq k}}(a_k-a_i)} =$$

$$\sum_{k=1}^{n}\left(\frac{\prod_{1\leq i\leq n}(a_k+b_i)}{\prod_{\substack{1\leq i\leq n \\ i\neq k}}(a_k-a_i)}\prod_{\substack{1\leq i\leq n \\ i\neq k}}(x+a_i)\right)$$

类似地,对于集 $B$,有

## Lagrange's Interpolation Formula

$$f(x) = \sum_{k=1}^{n}\left(\frac{\prod_{\substack{1\leq i\leq n}}(b_k+a_i)}{\prod_{\substack{1\leq i\leq n\\i\neq k}}(b_k-b_i)}\prod_{\substack{1\leq i\leq n\\i\neq k}}(x-b_i)\right)$$

比较两个表达式中 $f(x)$ 的 $x^{n-1}$ 的系数,即有

$$\sum_{k=1}^{n}\frac{\prod_{\substack{1\leq i\leq n}}(a_k+b_i)}{\prod_{\substack{1\leq i\leq n\\i\neq k}}(a_k-a_i)} = \sum_{k=1}^{n}\frac{\prod_{\substack{1\leq i\leq n}}(b_k+a_i)}{\prod_{\substack{1\leq i\leq n\\i\neq k}}(b_k-b_i)}$$

我们再介绍一下拉格朗日其人,拉格朗日是法国数学家、力学家、天文学家. 1736 年 1 月 25 日生于意大利都灵,1813 年 4 月 10 日卒于巴黎. 少年时读到哈雷介绍牛顿有关微积分的短文,对分析学产生兴趣. 后上了都灵大学. 18 岁时研究"等周问题",用纯分析的方法发展了欧拉开创的变分法. 19 岁(1755 年)时当上了都灵炮兵学校的数学教授,不久成为柏林科学院通讯院士. 1757 年参与创建都灵科学协会,在协会出版的科技会刊上发表大量论文,内容涉及变分法、概率论、微分方程、弦振动、最小作用原理等. 1764 年用万有引力解释月球天平动问题获巴黎科学院奖金,1766 年又用微分方程理论和近似解法研究六体问题再度获奖,成为欧洲极有声望的数学家. 1766 年接受普鲁士王腓特烈大帝邀请到柏林科学院工作,1787 年定居巴黎,历任法国度量衡委员会主任、巴黎高等师范学校和巴黎多科工艺学校数学教授. 他的主要贡献有:在《关于方程的代数解法的思考》(1771 年)等论文中,发现置换对解的影响,指出五次方程不可能有根式解,蕴含群论思想的萌芽;在《分析力学》(1788 年)中用分析学理论建立起完整和谐的力学体系,使力学分析化,是

**Lagrange 内插公式**

自牛顿(Newton)之后最重要的经典力学著作;在《解析函数论》(1797年)和《函数讲义》(1801年)两大分析巨著中尝试重建微积分的基础,采用新的微分符号,成为函数论的起点. 他还在数论中得到一系列重要结果,在微分方程理论中作出奇解是积分曲线族的包络的几何解释,提出线性代换的特征值概念等.

拉格朗日还是分析力学的奠基人. 他在所著《分析力学》(1788年)中,吸收并发展了欧拉、达朗贝尔(D'Alembert)等人的研究成果,应用数学分析解决质点和质点系(包括刚体、流体)的力学问题. 他在总结静力学的各种原理,包括他1764年建立的虚速度原理的基础上提出分析静力学的一般原理,即虚功原理,并同达朗贝尔原理结合而得到动力学普遍方程. 对于有约束的力学系统,他采用适当的变换,引入广义坐标,得到一般的运动方程,即第一类和第二类拉格朗日方程. 全书用数学分析形式写成,没有一幅图,故名《分析力学》. 书中还给出多自由度系统平衡位置附近微振动的基本理论,但对振动特征方程有重根情况说得不确切,这个错误直到19世纪中叶才分别由魏尔斯特拉斯(K. Weierstrass)(1858年)和索莫夫(O.I. Somov)(1859年)作了改正. 拉格朗日继欧拉之后研究过理想流体运动方程,并最先提出速度势和流函数的概念,成为流体无旋运动理论的基础. 他在《分析力学》中从动力学普遍方程导出的流体运动方程,着眼于流体质点,描述每个流体质点自始至终的运动过程. 这种方法现在称为拉格朗日方法,以区别着眼于空间点的欧拉方法,但实际上这种方法欧拉也应用过. 拉格朗日研究过重刚体定点转动并对刚体的惯性椭球是旋

转椭球且重心在对称轴上的情况作过详细的分析. 这种情况称为重刚体的拉格朗日情况. 这一研究在他生前未发表,后经比奈(J. Binet)整理,收在《分析力学》第二版(1815 年)的附录中. 在此以前,泊松(S. D. Poisson)在 1811 年曾独立得到同样的结果. 拉格朗日在 1811 年还导得弹性薄板的平衡方程. 1764 年 ~ 1778 年,他因研究月球平动等天体力学问题曾五次获法国科学院奖. 拉格朗日的《分析力学》第三版由 J. 贝特朗负责编辑,他的全部著作由 A. 塞雷、G. 达布整理为文集,共 14 卷,1867 年 ~ 1892 年出版.

拉格朗日与勒让德(Legendre)和拉普拉斯(Laplace)一起被称为法国数学三 L.

下面我们将详细介绍什么是插值? 为什么要插值? 怎样插值? 都有哪些插值? 插值有什么用?

## §2 内插的目的

设 $y = f(x)$ 为实变量 $x$ 的任一实的单值函数,在有限区间 $[a,b]$ 内连续,在不同的点 $a \leq x_0, x_1, \cdots, x_{n-1}, x_n \leq b$ 处分别取值 $y_0, y_1, \cdots, y_{n-1}, y_n$. 假定函数 $f(x)$ 的解析表达式是不知道的.

内插的目的就是去求最简单的连续函数 $\varphi(x)$,使它在 $n+1$ 个给定点 $a \leq x_0 < x_1 < \cdots < x_n \leq b$ 处取给定值 $f(x_v) = \varphi(x_v)$ $(v = 0, 1, \cdots, n)$ 而在其他点处,准确地或近似地表示 $f(x)$.

给定的点 $x_0, x_1, \cdots, x_n$ 叫作内插点或节. 函数 $\varphi(x)$ 叫作(函数 $f(x)$ 对于点 $x_0, x_1, \cdots, x_n$ 的)内插函

## Lagrange 内插公式

数,而函数 $f(x)$ 叫作被内插函数. 两个端节所界定的区间叫作内插区间.

在研究时,时常会遇到多少有些复杂的函数,由于某些原因,它们用起来很困难. 显然,在这些情形下,如先计算出若干个值 $f(x_v)(v=0,1,\cdots,n)$ 并按照它们作出简单的内插函数 $\varphi(x)$ 就可使 $f(x)$ 在不与给定点重合的点 $x$ 处的值的近似计算变得容易些.

因此,在一般的基础上,内插问题可叙述为:对于 $x$ 的离散值,给定对应的 $y$,寻求 $x$ 和 $y$ 之间的近似函数关系. 如果对于内插区间的任一 $x$,都有

$$|f(x)-\varphi(x)|<\varepsilon$$

其中 $\varepsilon$ 是可允许的界限绝对误差(即对于内插区间的所有 $x$ 值,差 $f(x)-\varphi(x)$ 的绝对值都应该小于它的最小正数),那么所求出的函数关系就应认为是合于要求的.

我们也要注意,有时,"内插"一词是在较狭的意义下来理解的;当在给定的点 $x_0,x_1,\cdots,x_n$ 处,对应的 $y$ 值为已知,而要求在不与给定点重合的点 $x$ 处的 $y$ 值时的情形就是如此.

对区间 $[a,b]$ 所做的内插函数也可用于外推,即可用以按 $f(x)$ 在 $(a,b)$ 的内点处所列出的已知值去计算函数 $f(x)$ 在位于区间 $(a,b)$ 外的点 $x$ 处的值. 但由此所得的结果,一般说来,很不可靠.

今在平面上考虑两个正交轴 $Ox$ 和 $Oy$ 并记点 $M_v(x_v,y_v=f(x_v))(v=0,1,\cdots,n)$. 于是对应方程 $y=f(x)$ 便有某一条经过所标记的点 $M_v$ 的曲线(图 1.1).

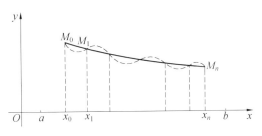

图 1.1

如经过所记的点 $M_v(v=0,1,\cdots,n)$ 引内插曲线,则内插也可在图形上来做. 在图 1.1 上以虚线画出一条这样的可能的曲线. 对于某一给定的区间值 $x$,如从虚曲线上取下 $y$ 值,则一般说来,我们得到在点 $x$ 处被内插函数 $f(x)$ 的粗略近似值. 由这一段的论证便可说到关于在一般情形下内插问题的不定性.

今设点 $x$ 位于内插区间之外. 对于此点,也可计算 $y$ 的值(即能由图形来解外推问题),这只要按需要从点 $M_0$ 往左或从点 $M_n$ 往右延长虚曲线. 显然,外推的结果是更不可靠.

今以 $R(x)$ 表示 $f(x)$ 和它的内插函数 $\varphi(x)$ 之间的差

$$f(x) - \varphi(x) = R(x)$$

这个差叫作内插的剩余项. 它刻画出函数 $\varphi(x)$ 在内插区间的每一点处逼近于 $f(x)$ 的程度. 现在,最迫切的问题就是实际去作出内插函数并估计内插的误差.

实际上,在内插时,我们采用的是多项式. 利用多项式来得特别方便,这不仅仅因为它们是最简单的函数,而且因为,在个别的情形下,函数 $f(x)$ 容易用多项式以任意精确度来逼近. 此外,用多项式作内插可使我们能很简单地且满意地解决一系列有实际应用性质的

**Lagrange 内插公式**

重要问题,其中特别要紧的就是数值积分和数值微分的问题.

为了满意地估计 $\varphi(x)$ 在内插区间内逼近于 $f(x)$ 的程度,在今后,我们往往不特别说出来,就将 $f(x)$ 理解为这样的实变量 $x$ 的单值函数,它在内插区间内有各阶的导数直到对于推导所需要的公式所用到的那一阶.

这样的函数 $f(x)$ 可使我们相当完备地来研究内插的剩余项. 在 $R(x)$ 的表达式中(考虑着本章内插公式的剩余项)将出现在内插的节处为消失的多项式与 $f(x)$ 的(一般来说是)相当高阶的导数的乘积.

如果节的选择(它的个数是固定的)是取决于我们,那么可将它们如此安排,使 $|R(x)|$ 的在内插区间中的最大值变为尽可能小. 将节的个数增多,就可能使 $|R(x)|$ 变小,但并非总是如此.

在本章中,我们将较详尽地研究作出次数比内插节的个数少1的内插多项式问题. 如果在节中间没有相重的,那么如以下将证明的,这样的多项式只存在一个.

如果在 $x$ 和 $y$ 之间的函数关系使我们对于任一 $x$ 都可求得对应的 $y$(例如,$y$ 是 $x$ 的解析函数),那么节的个数可任意增多. 这能使我们作出幂次递增的内插多项式序列,它们在极限时给出内插级数.

设此级数对于区间 $(\alpha,\beta)$ 的每一 $x$ 值收敛而对其余的 $x$ 值发散. 如果区间 $(\alpha,\beta)$ 是内插区间 $(a,b)$ 的部分,那么可找出这样的一组节使 $|R(x)|$ 对于 $(a,\alpha)$ 和 $(\beta,b)$ 的任一 $x$,在节的个数增加时,无限增大.

求内插级数收敛区间的问题是一个非常困难的问

题. 对于牛顿的内插级数,当 $f(x) = \dfrac{1}{1+x^2}$ 时,收敛区间是 $\pm 3.63\cdots$,它是由龙格(Runge)确定的.

这样,节的个数无论增加多少,牛顿内插公式在区间 $(-5, +5)$ 的所有点处已不能表示,甚至像 $\dfrac{1}{1+x^2}$ 这样的在解析意义下是如此良好的函数,虽然我们能以多项式在任一区间上以任意精确程度去逼近它.

如以上所指出的,一般说来,内插问题是不定的. 如果取在给定不同的值 $x_0, x_1, \cdots, x_n$ 处有给定值 $y_0, y_1, \cdots, y_n$ 的 $n$ 次多项式

$$a_0 x^n + a_1 x^{n-1} + \cdots + a_{n-1} x + a_n = \varphi(x)$$

作为内插函数,那么内插问题便成为确定的. 系数 $a_0, a_1, \cdots, a_n$ 的确定就归结于解线性方程组

$$a_0 x_v^n + a_1 x_v^{n-1} + \cdots + a_{n-1} x_v + a_n = y_v \quad (v = 0, 1, \cdots, n)$$

此方程组的行列式即是范德蒙德(Vandermonde)行列式

$$\begin{vmatrix} x_0^n & x_0^{n-1} & \cdots & x_0 & 1 \\ x_1^n & x_1^{n-1} & \cdots & x_1 & 1 \\ \vdots & \vdots & & \vdots & \vdots \\ x_n^n & x_n^{n-1} & \cdots & x_n & 1 \end{vmatrix}$$

它不等于 0,因为在数 $x_v(v=0,1,\cdots,n)$ 之间没有相等的. 因此系数 $a_0, a_1, \cdots, a_n$ 可唯一确定.

$\varphi(x)$ 的作法可由以下的论断而得到简化. 今将上述方程的常数 $y_v$ 和 $\varphi(x)$ 移到左边. 移置后,便得到关于 $a_0, a_1, \cdots, a_n$ 和 1 的齐次线性代数方程组. 它有不全为 0 的解,但在此时新方程组的行列式等于 0. 将各行

## Lagrange 内插公式

适当地调换,便有

$$\begin{vmatrix} \varphi(x) & 1 & x & x^2 & \cdots & x^n \\ y_0 & 1 & x_0 & x_0^2 & \cdots & x_0^n \\ y_1 & 1 & x_1 & x_1^2 & \cdots & x_1^n \\ \vdots & \vdots & \vdots & \vdots & & \vdots \\ y_n & 1 & x_n & x_n^2 & \cdots & x_n^n \end{vmatrix} = 0$$

由此也就求出(令 $\varphi(x) = L_n(x)$)

$$L_n(x) = \prod_{v=0}^{n}(x - a_v) \sum_{k=0}^{n} \frac{f(a_k)}{(x - a_k)\prod_{\substack{v=0 \\ k \neq v}}^{n}(a_k - a_v)}$$

(1.12)

这样,便作出了内插多项式. 我们称它为拉格朗日内插多项式. 它第一次被发表于 1795 年.

我们已经证明,作出在 $n + 1$ 个给定的节 $a_0$, $a_1, \cdots, a_n$(其中没有相同的)处分别取给定值 $f(a_0)$, $f(a_1), \cdots, f(a_n)$ 的 $n$ 次多项式的问题只有唯一的解. 然而我们要指出,这些给定值虽保证内插问题的解的唯一性,但由它们并不是恒可得出 $n$ 次多项式. 我们必须注意到最高次项系数(或甚至是若干个高次项系数)可以为 0,因而所作的多项式的次数可以小于 $n$.

作为一个例子,我们作在点 0,1 和 2 处分别取值 1,2 和 3 的二次多项式.

在公式(1.12)中令 $n = 2$,便得

$$L_2(x) = \frac{(x-1)(x-2)}{(0-1)(0-2)} \cdot 1 +$$

$$\frac{(x-0)(x-2)}{(1-0)(1-2)} \cdot 2 +$$

$$\frac{(x-0)(x-1)}{(2-0)(2-1)} \cdot 3 =$$
$$x+1$$

在这种情形下,拉格朗日内插多项式的最高次项系数变为0.这便使我们得到一次的内插多项式.

因此,在 $n+1$ 个固定点处引进函数的 $n+1$ 个值并按照它们来作拉格朗日的内插多项式会达到一个而仅仅是一个次数不大于 $n$ 的多项式.

在本节中,我们只说到关于借助于多项式的内插,但也存在另一类型的内插公式.它们在某些特殊情形下最为有用.例如,以下所说到的三角内插,它对于逼近周期函数有特殊方便.我们也探讨函数以有理分函数的逼近,这种逼近对于间断函数的内插是很有用的.

## §3　对于自变量的不等区间的牛顿公式

由用作差商的接续的计算公式,可得出下列方程组

$$\begin{cases} f(x) = f(a_0) + (x-a_0)f(x,a_0) \\ f(x,a_0) = f(a_0,a_1) + (x-a_1)f(x,a_0,a_1) \\ \quad\quad\quad\vdots \\ f(x,a_0,a_1,\cdots,a_{n-1}) = f(a_0,a_1,\cdots,a_n) + \\ \quad\quad\quad (x-a_n)f(x,a_0,\cdots,a_n) \end{cases}$$

借助于这些方程,甚易得到对于不等区间的牛顿内插公式

**Lagrange 内插公式**

$$f(x) = \sum_{v=0}^{n} \prod_{k=0}^{v-1} (x - a_k) f(a_0, a_1, \cdots, a_v) + R_n(x)$$

(1.13)

而且,$\prod_{k=0}^{v-1}(x - a_k)$ 在 $v = 0$ 时,应取 1 为其值,而

$$R_n(x) = \prod_{k=0}^{n}(x - a_k) f(x, a_0, a_1, \cdots, a_n) \quad (1.14)$$

公式(1.13)能使我们作成在点 $a_0, a_1, \cdots, a_n$ 处取值 $f(a_0), f(a_1), \cdots, f(a_n)$ 的 $n$ 次多项式 $N_n(x)$. 对于这样的多项式,剩余项 $R_n(x) \equiv 0$,因而多项式 $N_n(x)$ 可写作

$$N_n(x) = \sum_{v=0}^{n} f(a_0, a_1, \cdots, a_v) \prod_{k=0}^{v-1}(x - a_k)$$

因为

$$N(a_0, a_1, \cdots, a_v) = f(a_0, a_1, \cdots, a_v) \quad (v = 0, 1, \cdots, n)$$

所以公式(1.13)包含着将任一多项式按幂次渐增的诸多项式

$$\prod_{k=0}^{v-1}(x - a_k) \quad (v = 0, 1, \cdots, n)$$

来展开. 因此,牛顿内插公式可写作

$$f(x) = N_n(x) + R_n(x)$$

其中 $N_n(x)$ 为牛顿内插多项式,而 $R_n(x)$ 为剩余项. 此多项式是唯一的. 事实上,如允许有两个不同的内插多项式存在,我们要指出,它们的差应当是次数不大于 $n$ 的多项式,它在 $n + 1$ 个节 $a_0, a_1, \cdots, a_n$ 处变为 0,而这仅当两个内插多项式有相同的系数和常数项时才有可能.

因为公式(1.13)对 $x$ 的任意值都成立,所以它不但可用来计算位于由端节所界定的区间内的点处的

$f(x)$ 值,而且也可用来计算位于此区间外的点处的 $f(x)$ 值.

今考虑由数 $a_0, a_1, \cdots, a_n$ 中的最小者和最大者所界定的区间. 公式(1.14)指出,剩余项在点 $a_m (m=0, 1, \cdots, n)$ 处消失

$$R_n(a_0) = 0, R_n(a_1) = 0, \cdots, R_n(a_n) = 0$$

因之,根据罗尔(Rolle)定理,在 $R_n(x)$ 的这 $n+1$ 个零点之间至少有 $R'_n(x)$ 的 $n$ 个零点;在 $R'_n(x)$ 的 $n$ 个零点之间至少有 $R''_n(x)$ 的 $n-1$ 个零点,等等;最后,在数 $a_0, a_1, \cdots, a_n$ 中的最小者和最大者之间,$R_n^{(n)}(x)$ 至少对于一个 $x$ 值消失.

今如以 $\eta$ 表示使 $R_n^{(n)}(x)$ 变为 0 的 $x$ 值,则得

$$R_n^{(n)}(\eta) = f^{(n)}(\eta) - N_n^{(n)}(\eta) = 0$$

因此,便得到下一非常重要的公式

$$f^{(n)}(\eta) = N_n^{(n)}(\eta) = n! \, f(a_0, a_1, \cdots, a_n)$$

它对于相同的自变量值也有意义.

根据对于由数 $x, a_0, a_1, \cdots, a_n$ 中的最小者和最大者所界定的区间的上一公式,我们得到关系式

$$f(x, a_0, a_1, \cdots, a_n) = \frac{f^{(n+1)}(\xi)}{(n+1)!} \quad (1.15)$$

其中 $\xi$ 表示位于数 $x, a_0, a_1, \cdots, a_n$ 间的自变量的中间值.

这样,牛顿公式的剩余项(1.14)最后成为下形

$$R_n(x) = \frac{f^{(n+1)}(\xi)}{(n+1)!} \prod_{k=0}^{n}(x - a_k) \quad (1.16)$$

我们指出,所得的公式适于计算由舍去剩余项而产生的误差,不论它是由内插引起的还是由外推引起的.

如在牛顿公式中令 $a_0 = a_1 = \cdots = a_n = a$,便得到泰

**Lagrange 内插公式**

勒(Taylor) 公式
$$f(x) = \sum_{v=0}^{n} \frac{(x-a)^v}{v!} f^{(v)}(a) + \frac{(x-a)^{n+1}}{(n+1)!} f^{(n+1)}(\xi)$$
其中 $\xi$ 含于 $a$ 和 $x$ 之间.

多项式
$$\sum_{v=0}^{n} \frac{(x-a)^v}{v!} f^{(v)}(a) \qquad (1.17)$$
可以看作在 $n+1$ 个重合点处于函数 $f(x)$ 相重合的函数. 这种重合的几何意义就是函数 $f(x)$ 和多项式 (1.17) 所有在点 $x=a$ 处的相继各阶的导数直到包括 $n$ 阶在内都相等.

在以后,重合为一个点的所有点(节)的全体叫作 $n$ 阶的(在有 $n$ 个重合着的点时) 内插的多重节.

最后,我们要指出,在应用内插公式之前应当先研究用以显示内插公式准确性的剩余项. 没有这个研究,内插的结果便不可靠了.

事实上,可考虑两个函数 $f(x)$ 和 $f(x) + \sin \frac{2\pi x}{h}$. 这两个函数的差商对于自变量的值 $x = 0, h, \cdots, nh$ 是重合的. 因之,按这些差商所作的内插多项式也重合,然而对应它们的剩余项,相互间却有显著的差别. 若函数 $f(x)$ 允许具有可略去的小的剩余项的展开,则甚易证实,函数 $f(x) + \sin \frac{2\pi x}{h}$ 便不具这个性质. 因此,在对函数 $f(x)$ 用上面所作的内插多项式来作内插时,剩余项的舍去是合理的,但在对函数 $f(x) + \sin \frac{2\pi x}{h}$ 用上面同一多项式来作内插时的情形便不合理了.

## §4 对于自变量的等距离值的牛顿公式

今考虑当 $x$ 的相继各值形成算术级数的情形. 设
$$a_1 - a_0 = a_2 - a_1 = \cdots = a_n - a_{n-1} = h$$
今取 $a_0 = a, x = a + th$. 因为 $a_k = a + kh$, 所以
$$x - a_k = (t - k)h$$
$$\prod_{k=0}^{v-1}(x - a_k) = h^v \prod_{k=0}^{v-1}(t - k)$$

借助于相关的公式可作出相继各阶的有限差分,便得

$$f(a, a + h) = \frac{\Delta f(a)}{h}$$

$$f(a, a + h, a + 2h) = \frac{\Delta^2 f(a)}{2! \, h^2}$$

$$\vdots$$

$$f(a, a + h, \cdots, a + vh) = \frac{\Delta^v f(a)}{v! \, h^v}$$

利用这些关系式和公式(1.13),便得到对于 $x$ 的等距离值的公式

$$f(a + th) = \sum_{v=0}^{n} \frac{\Delta^v f(a)}{v!} \prod_{k=0}^{v-1}(t - k) + R_n$$

(1.18)

其中

$$R_n = f(a + th, a, a + h, \cdots, a + nh) h^{n+1} \prod_{k=0}^{n}(t - k) =$$

$$\frac{f^{(n+1)}(\xi)}{(n+1)!} h^{n+1} \prod_{k=0}^{n}(t - k) \qquad (1.19)$$

**Lagrange 内插公式**

此处 $\xi$ 包含在数 $a, a+h, \cdots, a+nh$ 和 $a+th$ 的最大者和最小者之间.

剩余项 $R_n$ 还可写成这种形式

$$R_n = \frac{f^{(n+1)}(a+\theta h)}{(n+1)!} h^{n+1} \prod_{k=0}^{n}(t-k)$$

数 $\theta$ 介于数 $0, t$ 和 $n$ 中的最大值和最小值之间.

公式(1.18)叫作带下降差分的牛顿内插公式,因为在其中的所有差分 $\Delta^v f(a)(v=0,1,\cdots,n)$ 以下降的顺序位于由 $f(a)$ 出发的一条斜线上(差分 $\Delta^v f(a)$ 表(表1.1)).

公式(1.18)适用于在多重节 $a$ 的邻域中的计算. 它对内插和对外推是同样的合用.

表1.1　差分表

| 8° | 0.139 173 1 | | | |
| --- | --- | --- | --- | --- |
| | | 172 614 | | |
| 9° | 0.156 434 5 | | −477 | |
| | | 172 137 | | −52 |
| 10° | 0.173 648 2 | | −529 | |
| | | 171 608 | | −52 |
| 11° | 0.190 809 0 | | −581 | |
| | | 171 027 | | −52 |
| 12° | 0.207 911 7 | | −633 | |
| | | 170 394 | | |
| 13° | 0.224 951 1 | | | |

如果去求 $f(x)$ 在点 $a_1 = a+h$ 附近的值,那么也可利用公式(1.18),这只要在其中以 $a_1$ 代替 $a$. 此时,我们得到具有在差分表中由 $f(a_1)$ 出发的斜线上的差分的公式.

作为一个例子,利用以下所引入的从 8° 到 13° 的角的正弦值表(表1.1)来计算 $\sin(8.1°)$ 的值.

令 $a=8°, t=0.1, h=1°, n=3$,我们利用没有剩余项的公式(1.18)便得

$\sin(8.1°) = 0.139\,173\,1 + 0.017\,261\,4 \cdot (0.1) -$

## Lagrange's Interpolation Formula

$$0.000\,047\,7 \frac{0.1 \cdot (-0.9)}{1 \cdot 2} -$$

$$0.000\,005\,2 \frac{0.1 \cdot (-0.9) \cdot (-1.9)}{1 \cdot 2 \cdot 3} =$$

$$0.140\,901\,2$$

在所得的结果中,可以看到,所有小数位都是可靠的,因为差分是规则变动的(快的递减)(这样的结论并非总是成立,关于这点由在§18 中引入的对于内插的例子所证实).

为了计算剩余项,我们令 $f(x) = \sin x$ 并利用公式(1.19),我们有

$$R_3 = (0.017\,45)^4 \cdot$$

$$\frac{0.1 \cdot (-0.9) \cdot (-1.9) \cdot (-2.9)}{24} \sin \xi$$

其中 $\xi$ 位于 $8°$ 和 $11°$ 之间.

因此

$$|R_3| < 2 \cdot 10^{-9}$$

今借助于同一公式(1.18)来计算在位于内插区间外的点 $x = 7.9°$ 处 $\sin x$ 的值. 令 $a = 8°, h = 1°, t = -0.1, n = 3$ 并舍去剩余项,便得

$$\sin(7.9°) = 0.139\,173\,1 + 0.017\,261\,4 \cdot (-0.1) -$$

$$0.000\,047\,7 \cdot \frac{(-0.1) \cdot (-1.1)}{1 \cdot 2} -$$

$$0.000\,005\,2 \cdot \frac{(-0.1) \cdot (-1.1) \cdot (-2.1)}{1 \cdot 2 \cdot 3} =$$

$$0.137\,444\,5$$

今取 $a_0 = a, x = a + th, a_k = a - kh(k = 0, 1, \cdots, n)$ 并作相继各阶的差分. 如以上来论证,便得到带上升差分的牛顿内插公式

Lagrange 内插公式

$$f(a+th) = \sum_{v=0}^{n} \frac{\Delta^v f(a-vh)}{v!} \prod_{k=0}^{v-1}(t+k) + R_n$$

（1.20）

其中

$$R_n = \frac{f^{(n+1)}(a-\theta h)}{(n+1)!} h^{n+1} \prod_{k=0}^{n}(t+k)$$

此处数 $\theta$ 介于数 $0$，$-n$ 和 $t$ 中的最大值和最小值之间.

在公式(1.20)中所写出的差分 $\Delta^v f(a-vh)$ 的表列在下面(表1.2).

表1.2　差分 $\Delta^v f(a-vh)$ 表

| ... | ... | | | | |
|---|---|---|---|---|---|
| $a-4h$ | $f(a-4h)$ | | | | |
| $a-3h$ | $f(a-3h)$ | $\Delta f(a-4h)$ | $\Delta^2 f(a-4h)$ | ... | ... |
| $a-2h$ | $f(a-2h)$ | $\Delta f(a-3h)$ | $\Delta^2 f(a-3h)$ | $\Delta^3 f(a-4h)$ | $\underline{\Delta^4 f(a-4h)}$ |
| $a-h$ | $f(a-h)$ | $\Delta f(a-2h)$ | $\underline{\Delta^2 f(a-2h)}$ | $\underline{\Delta^3 f(a-3h)}$ | ... |
| $a$ | $\underline{f(a)}$ | $\underline{\Delta f(a-h)}$ | ... | | |
| ... | | ... | | | |

由这个表可见，公式(1.20)包含差分 $\Delta^v f(a-vh)$，它们以上升的顺序位于由 $f(a)$ 出发的一条斜线上(在所引入的表中，在这些差分下画有横线).

公式(1.20)适用于在接近最后一个节 $a$ 的这些点处的计算(表1.2). 此公式可用以作外推亦可以用作内插.

作为一个例子，我们计算 $\sin(12.9°)$ 的值. 令 $a=13°$, $t=-0.1$, $h=1°$, $n=3$，我们利用没有剩余项的公式(1.20)和表1.1，便有

$\sin(12.9°) = 0.224\ 951\ 1 + 0.017\ 039\ 4 \cdot (-0.1) -$

$\qquad 0.000\ 063\ 3 \cdot \dfrac{(-0.1)\cdot(0.9)}{1\cdot 2} -$

## Lagrange's Interpolation Formula

$$0.000\,005\,2 \cdot \frac{(-0.1)\cdot(0.9)\cdot(1.9)}{1\cdot 2\cdot 3} =$$

$$0.223\,250\,2$$

今来计算 $\sin(13.1°)$. 在公式 (1.20) 中令 $a = 13°, t = 0.1, h = 1°, n = 3$ 并舍去剩余项,便得

$$\sin(13.1°) = 0.224\,951\,1 + 0.017\,039\,4 \cdot (0.1) -$$

$$0.000\,063\,3 \cdot \frac{(0.1)\cdot(1.1)}{1\cdot 2} -$$

$$0.000\,005\,2 \cdot \frac{(0.1)\cdot(1.1)\cdot(2.1)}{1\cdot 2\cdot 3} =$$

$$0.226\,651\,4$$

在公式 (1.18) 和 (1.20) 中以 $-t$ 代替 $t$,便求得

$$f(a - th) = \sum_{v=0}^{n}(-1)^v \frac{\Delta^v f(a)}{v!}\prod_{k=0}^{v-1}(t + k) + R_n$$

(1.21)

$$R_n = \frac{f^{(n+1)}(a + \theta h)}{(n+1)!}(-h)^{n+1}\prod_{k=0}^{n}(t + k)$$

$$f(a - th) = \sum_{v=0}^{n}(-1)^v \frac{\Delta^v f(a - vh)}{v!}\prod_{k=0}^{v-1}(t - k) + R_n$$

(1.22)

$$R_n = \frac{f^{(n+1)}(a - \theta h)}{(n+1)!}(-h)^{n+1}\prod_{k=0}^{n}(t - k)$$

内插公式 (1.18)(1.20)(1.21) 和 (1.22) 可用来计算定积分

$$\int_a^{a+mh} f(x)\,\mathrm{d}x = h\int_0^m f(a+th)\,\mathrm{d}t = h\int_{-m}^{0} f(a-th)\,\mathrm{d}t$$

的近似值.

Lagrange 内插公式

## §5 以首二次的多项式的逼近

虽然对于大的 $n$ 值,我们愿意利用牛顿公式 (1.18) 和 (1.20),但是在个别的情形下,利用更简单的公式较为合适. 从中,我们在此处提一提与借助于首二次多项式来逼近的方法相联系的公式.

最常用的是线性内插. 所谓在某一区间内的线性内插,就是在此区间内以线性函数代替给定的函数,即是用一次多项式的逼近.

今考虑由方程 $y=f(x)$ 所表示的曲线上的弧和其所张的弦. 线性内插的几何意义就是将弧的纵坐标以其所张的弦在有同一横坐标的点处的纵坐标来代替.

当 $n=1$,从公式 (1.18) 便得出线性内插的公式 (对于区间 $(a, a+h)$)

$$f(a+th) = f(a) + t\Delta f(a) + R_1$$

$$R_1 = t(t-1)h^2 \frac{f''(\xi)}{2}$$

其中 $\xi$ 系包含在 $a$ 和 $a+h$ 之间. 剩余项 $R_1$ 在当函数 $f(x)$ 的二阶差分实际上不是常数的情形下,就必须计算一下. 如果某些一阶差分的计算表明线性内插为不可能,那么在实际上以减低表的步度(到这样的程度,使得可略去剩余项 $R_1$)仍来保证线性内插常常是有用的.

舍去 $R_1$,便得

$$f(a+th) = f(a) + t\Delta f(a)$$

由此借助于关系式 $x=a+th$,便得公式

## Lagrange's Interpolation Formula

$$\frac{f(a+h)-f(a)}{f(x)-f(a)}=\frac{h}{x-a}$$

它表示着"比例部分"的著名法则.

今考虑在由方程 $y=f(x)$ 所表示的曲线上具有横坐标 $a, a+h, a+2h$ 的三个点并经过此三点引二次抛物线. 以二次多项式内插的几何意义就是在区间 $a < x < a+2h$ 的点处,曲线 $y=f(x)$ 的弧的纵坐标以(经过 $(a, f(a)), (a+h, f(a+h))$ 和 $(a+2h, f(a+2h))$ 三点的)抛物线的纵坐标代替.

抛物线内插的公式可由公式(1.18)得出,只要在其中令 $n=2$. 它具有形式

$$f(a+th)=f(a)+t\Delta f(a)+\frac{t(t-1)}{2}\Delta^2 f(a)+R_2$$

$$R_2=t(t-1)(t-2)h^3\frac{f'''(\xi)}{6}$$

借助于二次多项式的逼近,适用于当 $f(x)$ 的三阶差分变化得充分缓慢(当三阶差分实际上是常量时)的情形.

如果谈到的仅仅是关于对给定的 $t$ 值函数 $f(a+th)$ 的近似值的计算,而不是关于二次近似多项式的作法,则利用欧特肯(§21)和纳维利(§22)的内插方法较为方便.

## §6 对于复变函数的牛顿公式

设 $f(z)$ 是在闭曲线 $\gamma$ 所围成的单连闭域 $D$ 内的全纯函数. 设所有的内插点 $z_m(m=0,1,\cdots,n)$ 都是此域的内点.

**Lagrange 内插公式**

借助于恒等式

$$\frac{1}{t-z} = \frac{1}{t-z_0} + \frac{z-z_0}{t-z_0}\frac{1}{t-z}$$

$$\frac{1}{t-z} = \frac{1}{t-z_1} + \frac{z-z_1}{t-z_1}\frac{1}{t-z}$$

$$\vdots$$

便得到恒等式

$$\frac{1}{t-z} = \frac{1}{t-z_0} + \frac{z-z_0}{t-z_0}\frac{1}{t-z_1} + \frac{(z-z_0)(z-z_1)}{(t-z_0)(t-z_1)}\frac{1}{t-z_2} + \cdots + \frac{(z-z_0)(z-z_1)\cdots(z-z_n)}{(t-z_0)(t-z_1)\cdots(t-z_n)}\frac{1}{t-z}$$

它对于所有出现在其中的变量都是成立的. 将所得的 $\frac{1}{t-z}$ 的表达式代入柯西公式，便得

$$f(z) = \frac{1}{2\pi i}\int_\gamma \frac{f(t)}{t-z}dt =$$
$$\frac{1}{2\pi i}\int_\gamma \frac{f(t)}{t-z_0}dt +$$
$$(z-z_0)\frac{1}{2\pi i}\int_\gamma \frac{f(t)}{(t-z_0)(t-z_1)}dt + \cdots +$$
$$(z-z_0)(z-z_1)\cdots(z-z_n)\cdot$$
$$\frac{1}{2\pi i}\int_\gamma \frac{f(t)}{(t-z_0)(t-z_1)\cdots(t-z_n)}\frac{dt}{t-z}$$

在上一等式右端的积分（除去等于 $f(z_0)$ 的第一个积分）给出差商，而我们又得出牛顿内插公式（它对于域 $D$ 的任一点 $z$ 都成立）

$$f(z) = N_n(z) + R_n(z)$$

其中

## Lagrange's Interpolation Formula

$$N_n(z) = f(z_0) + (z-z_0)f(z_0,z_1) + \cdots + (z-z_0)(z-z_1)\cdots(z-z_{n-1})f(z_0,z_1,\cdots,z_n)$$

且剩余项为

$$R_n(z) = (z-z_0)(z-z_1)\cdots(z-z_n) \cdot \frac{1}{2\pi i}\int_\gamma \frac{f(t)}{(t-z_0)(t-z_1)\cdots(t-z_n)} \frac{dt}{t-z}$$

(1.23)

公式(1.23)能使我们按照 $f(t)$ 在 $\gamma$ 上的值去计算剩余项 $R_n(z)$ 在域 $D$ 内的某一固定点 $z$ 处的值.

今考虑对函数 $f(z)$ 和对内插节 $z_0,z_1,\cdots,z_n$ 所作的内插多项式的序列 $N_1(z),N_2(z),\cdots,N_n(z)$ (图 1.2). 设 $z$ 在曲线 $\gamma'$ 所围成的闭域 $D'$ 内变化,且内插节位于域 $D'$ 内部,此域 $D'$ (连同围成它的曲线 $\gamma'$ 一起)整个位于域 $D$ 内部.

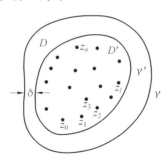

图 1.2

今以 $\delta$ 表示周线 $\gamma$ 和 $\gamma'$ 的点间的距离的下界

$$|t-z| \geq \delta$$

设 $M$ 为 $|f(t)|$ 在周线 $\gamma$ 上的最大值,而 $l$ 为周线 $\gamma$ 的长. 于是对于剩余项对域 $D'$ 的所有 $z$,便有估计式

## Lagrange 内插公式

$$|R_n(z)| \leq \frac{Ml}{2\pi\delta} \frac{\max_{\gamma'} |(z-z_0)(z-z_1)\cdots(z-z_n)|}{\min_{\gamma} |(t-z_0)(t-z_1)\cdots(t-z_n)|}$$

因为按模的极大和极小原则,函数 $|(z-z_0)(z-z_1)\cdots(z-z_n)|$ 在域 $D'$ 的周线上达到其最大值 $M_{\gamma'}$,所以

$$|f(z) - N_n(z)| \leq \frac{Ml}{2\pi\delta} \frac{M_{\gamma'}}{m_{\gamma}}$$

其中 $m_{\gamma}$ 为在周线 $\gamma$ 上 $|(t-z_0)(t-z_1)\cdots(t-z_n)|$ 的最小值. 这就是在 $z$ 不与节 $z_v (v = 0, 1, \cdots, n)$ 的任一个相重合时,内插的误差的估计式.

## §7 拉格朗日内插公式

在 §2 中我们曾利用范德蒙德行列式的性质作出拉格朗日的内插多项式 $L_n(x)$.

今去推导能使我们用多项式 $L_n(x)$ 来逼近函数 $f(x)$(一般说来是复变的)的带剩余项的拉格朗日内插公式.

计算差商的公式,容易变换成如下的形式

$$f(x) = L_n(x) + R_n(x) \tag{1.24}$$

其中

$$L_n(x) = \sum_{v=0}^{n} l_v^{(n)}(x) f(a_v)$$

又

$$l_v^{(n)}(x) = \frac{\prod_{\substack{k=0 \\ k \neq v}}^{n} (x - a_k)}{\prod_{\substack{k=0 \\ k \neq v}}^{n} (a_v - a_k)}$$

## Lagrange's Interpolation Formula

而

$$R_n(x) = f(x, a_0, a_1, \cdots, a_n) \prod_{v=0}^{n}(x - a_v)$$

公式(1.24)叫作带剩余项的拉格朗日内插公式,而函数 $l_v^{(n)}(x)$ 叫作对应于节 $a_v(v = 0, 1, \cdots, n)$ 的基本内插多项式. 显然,这些多项式是满足条件

$$l_v^{(n)}(a_k) = \begin{cases} 1, \text{当 } v = k \\ 0, \text{当 } v \neq k \end{cases} \quad (v, k = 0, 1, \cdots, n)$$

的唯一的 $n$ 次多项式.

正像证明了牛顿内插多项式 $N_n(x)$ 的唯一性一样,我们也可证明拉格朗日多项式 $L_n(x)$ 的唯一性.

我们指出,基本内插多项式 $l_v^{(n)}(x)$ 关于置换 $x = a + th$ 是不变的. 作此置换并注意到 $a_v = a + t_v h$ 就可证实这点. 上述的不变性质将在 §10 中用来作新的内插公式.

根据公式(1.15),剩余项 $R_n(x)$ 可表为更合用的形式

$$R_n(x) = \frac{f^{(n+1)}(\xi)}{(n+1)!} \prod_{v=0}^{n}(x - a_v)$$

其中 $\xi$ 位于数 $x, a_0, a_1, \cdots, a_n$ 中的最大者和最小者之间.

通常,拉格朗日公式写作下形

$$f(x) = P(x) \sum_{v=0}^{n} \frac{f(a_v)}{(x - a_v) P'(a_v)} + R_n(x)$$

其中

$$P(x) = \prod_{v=0}^{n}(x - a_v)$$

虽然牛顿内插公式(1.13)和拉格朗日内插公式(1.24)没有任何相似之处,但我们现在却要证明它们的恒等. 如所见,这两个公式的剩余项是相同的. 剩下

## Lagrange 内插公式

的是证明在公式(1.13)和(1.24)所写出的内插多项式 $N_n(x)$ 和 $L_n(x)$ 的完全相合. 今这两个多项式在内插节 $a_k(k=0,1,\cdots,n)$ 处取同一值 $f(a_k)$,因之多项式 $L_n(x)$ 和 $N_n(x)$ 完全相合而拉格朗日和牛顿的内插公式相互间的差别仅仅是项的组合的不同.

在实用上,利用牛顿内插公式(1.13)较为方便. 这是因为,列入一个新的节,我们就要重新计算拉格朗日内插多项式的全部以前所得到的项,然而引入一个新节,对牛顿公式来说,只要补上一个新项,而完全不用改变它的各个旧项.

## §8  内插过程的收敛

1. 今转到当节的个数无限增多时内插多项式的性能的研究,设已给内插节的三角矩阵(内插矩阵)

$$\begin{cases} x_1^{(1)} \\ x_1^{(2)}, x_2^{(2)} \\ x_1^{(3)}, x_2^{(3)}, x_3^{(3)} \\ \quad\quad \vdots \\ x_1^{(n)}, x_2^{(n)}, x_3^{(n)}, \cdots, x_n^{(n)} \\ \quad\quad \vdots \\ -1 \leqslant x_1^{(n)} < x_2^{(n)} < \cdots < x_n^{(n)} \leqslant 1 \end{cases} \quad (1.25)$$

以及在区间 $[-1,1]$ 上有定义的函数 $f(x)$.

今考虑对矩阵(1.25)的第 $n$ 列和对函数 $f(x)$ 所作的具有最大可能的次数 $n-1$ 的拉格朗日内插多项式 $L_{n-1}(x)$.

我们研究按照规则

$$L_{n-1}(x) = \sum_{v=1}^{n} f(x_v^{(n)}) l_v^{(n)}(x) \quad (n = 1, 2, \cdots)$$

$$l_v^{(n)}(x) = \frac{\prod_{\substack{k=1 \\ k \neq v}}^{n} (x - x_k^{(n)})}{\prod_{\substack{k=1 \\ k \neq v}}^{n} (x_v^{(n)} - x_k^{(n)})}$$

所确定的内插过程

$$L_0(x), L_1(x), \cdots, L_{n-1}(x), \cdots \quad (1.26)$$

此内插过程的特点就是当由多项式 $L_{n-1}(x)$($n-1$ 次)转到下一个 $L_n(x)$($n$ 次的)时,除去已经使用的矩阵(1.25)中第 $n$ 列的节外,还要再利用一个新的节,这个内插过程表示,内插多项式 $L_{n-1}(x)$ 的最大可能的次数比节的个数少 1.

如果关系式

$$L_{n-1}(x) \to f(x), n \to \infty$$

满足,那么我们说,对函数 $f(x)$ 和对区间 $[-1,1]$ 上的节的矩阵(1.25)所作的内插过程(1.26),在 $[-1,1]$ 上的所有点 $x$ 处收敛. 如果极限等式

$$\lim_{n \to \infty} L_{n-1}(x) = f(x)$$

在区间 $[-1,1]$ 上均匀的成立,那么内插过程在 $[-1,1]$ 上(关于 $x$)均匀收敛.

根据伯恩斯坦(Bernstein)和法贝尔(Faber)的古典结果,不存在(1.25)型的矩阵,对于它,内插过程对于任一连续函数 $f(x)$ 关于区间 $[-1,1]$ 上的 $x$ 是均匀收敛的. 但存在节的特殊矩阵(例如,切比雪夫(P. L. Chebyshev)矩阵)和伯恩斯坦的特殊内插过程,它对于所有连续函数都是均匀收敛的. 今有下一定理.

Lagrange 内插公式

**定理 1.1**(伯恩斯坦)   设矩阵是切比雪夫矩阵 $(x_v^{(n)} = \cos\dfrac{2v-1}{2n}\pi)$ 且数 $m_v^{(n)}$ 是按照公式

$$m_v^{(n)} = \frac{f(x_{v-1}^{(n)}) + 2f(x_v^{(n)}) + f(x_{v+1}^{(n)})}{4}$$

$$(v = 2, 3, \cdots, n-1)$$

$$m_1^{(n)} = \frac{3f(x_1^{(n)}) + f(x_2^{(n)})}{4}$$

$$m_n^{(n)} = \frac{f(x_{n-1}^{(n)}) + 3f(x_n^{(n)})}{4}$$

确定,其中 $f(x)$ 为在区间 $[-1,1]$ 上的任一连续函数. 于是当 $n \to \infty$ 时

$$\sum_{v=1}^{n} m_v^{(n)} l_v^{(n)}(x) \to f(x)$$

在 $[-1,1]$ 上是均匀的.

2. 虽然连续函数以任意精确度的逼近可由特殊选定的内插矩阵以及作出相应的内插过程而达到,但是这对于应用却是不够的,因为近似多项式的次数可能是很高的. 我们还应当提出问题:提高近似多项式的次数是怎样影响着误差递减的快慢.

根据内插多项式剩余项的模的微小性的阶所引出的特征就是表示误差递减的快慢的方便的特征. 如果预先限制近似多项式的次数,那么它就可用以判断关于逼近的准确度.

在一般情形下,对于实际去求内插多项式剩余项的模的上界的数值是没有任何方法的. 因此,这后一问题有着显著的困难且直到现在也没有满意地得到解决. 为了不使事情复杂,我们仅对内插的最简单情形来叙述它. 设

## Lagrange's Interpolation Formula

$$M_n = \max_{-1 \leq x \leq 1} |f^{(n)}(x)|$$

且

$$m_n = \max_{-1 \leq x \leq 1} |(x - x_1)(x - x_2) \cdots (x - x_n)|$$

于是对于 $[-1,1]$ 上的任一固定值 $x^*$，拉格朗日内插公式的剩余项的估计为

$$|R_n(x^*)| \leq \frac{M_n}{n!} |(x^* - x_1)(x^* - x_2) \cdot \cdots \cdot (x^* - x_n)|$$

如果我们着重的是对 $[-1,1]$ 上的每一 $x$ 都成立的估计，即 $|R_n(x)|$ 上界的均匀估计，那么便有

$$|R_n(x)| \leq \frac{m_n \cdot M_n}{n!}$$

因此，如果对于任一随意小的 $\varepsilon > 0$ 可以找到 $n(\varepsilon)$，能使对于所有 $n \geq n(\varepsilon)$，有

$$\frac{m_n \cdot M_n}{n!} < \varepsilon$$

那么多项式 $L_{n-1}(x)$，同它一起还有级数

$$L_0(x) + (L_1(x) - L_0(x)) + \cdots + (L_{n-1}(x) - L_{n-2}(x)) + \cdots$$

都在区间 $[-1,1]$ 上均匀收敛于函数 $f(x)$。

我们现在要证，在某些情形下，这种收敛性对任一内插矩阵(1.25)都是可能的。今有下一定理。

**定理 1.2**[①]　对内插节

$$-1 \leq x_1^{(n)} < x_2^{(n)} < \cdots < x_n^{(n)} \leq 1 \quad (n = 1, 2, \cdots)$$

的三角矩阵和在区间 $[-1,1]$ 上有定义的整函数 $f(x)$

---

① 此定理对任一区间 $a \leq x \leq b$ 也可证明。由于我们是对区间 $[-1,1]$ 给出内插矩阵，所以也是对此区间来证明。

**Lagrange 内插公式**

所作的内插过程 $L_0(x), L_1(x), \cdots, L_{n-1}(x), \cdots$,当节的个数无限增多时关于区间 $[-1,1]$ 上的 $x$ 是均匀收敛的.

因为函数 $f(x)$ 是整函数,故可将它展开成在整个实轴上均匀收敛的幂级数,因而级数($x_0$ 为区间 $[-1,1]$ 上的任一(固定)点)

$$f(x) = f(x_0) + \frac{x-x_0}{1}f'(x_0) + \cdots + \frac{(x-x_0)^n}{n!}f^{(n)}(x_0) + \cdots$$

对于所有 $x$ 值都均匀收敛. 又因为这种级数的收敛半径 $R = \infty$,所以对于 $[-1,1]$ 的任一 $x_0$ 和任一 $|x| < \infty$,按柯西 - 阿达玛(Cauchy-Hadamard)定理便有

$$\lim_{n \to \infty} \sqrt[n]{\left|\frac{x-x_0}{n!}\right|^n |f^{(n)}(x_0)|} = 0$$

由此便得

$$\lim_{n \to \infty} \sqrt[n]{\frac{x^n}{n!}|f^{(n)}(x_0)|} = 0$$

利用斯特林(Stirling)的渐近公式,对于充分大的 $n$ 值,便有

$$n! = \sqrt{2\pi n}\left(\frac{n}{e}\right)^n e^{\frac{1}{12n} - \frac{1}{360n^3} + \cdots}$$

因此

$$\lim_{n \to \infty} \sqrt[n]{\frac{2^n M_n}{\sqrt{2\pi n}\, e^{\frac{1}{12n} + \cdots}}\left[\frac{e}{n}\right]^n} = 0$$

因为 $e^n$ 的幂级数展开式中任一项都不超过被展开函数的值,所以可以写出

$$\frac{1}{n!} < \left(\frac{e}{n}\right)^n$$

## Lagrange's Interpolation Formula

利用极限等式

$$\lim_{n\to\infty} \sqrt[n]{\sqrt{2\pi n}\, e^{\frac{1}{12n}+\cdots}} = 1$$

最后便有

$$\lim_{n\to\infty} \sqrt[n]{2^n \frac{M_n}{n!}} = 0$$

即

$$\lim_{n\to\infty} |R_n(x)| = \lim_{n\to\infty} 2^n \frac{M_n}{n!} = 0$$

因之,内插公式的剩余项关于 $x$ 是均匀地趋于 0.

于是定理得证.

3. 现在回答与马钦凯维奇(J. Marcinkiewicz)所探讨的下一问题是有意义的:是否能找出这样的一组节,使得不论给定的连续函数 $f(x)$ 是怎样的,内插过程总是均匀收敛.

我们现在来证明,对于任一连续函数 $f(x)$,恒可这样选取内插节,使得对应的内插过程(1.26)均匀收敛于此函数.

事实上,我们考虑与任一连续函数 $f(x)$ 偏离最小的多项式 $F_{n-1}(x)$. 对于这种多项式,$f(x) - F_{n-1}(x)$ 在区间 $[-1,1]$ 内至少有 $n+1$ 次依次改变符号而取极值;因此,函数 $f(x) - F_{n-1}(x)$ 在此区间内有不少于 $n$ 个零点. 今取其中的 $n$ 个 $x_v^{(n)}(v=1,2,\cdots,n)$ 作为内插节. 于是内插过程

$$L_{n-1}(x) = \sum_{v=1}^{n} [f(x_v^{(n)}) - F_{n-1}(x_v^{(n)})] l_v^{(n)}(x) \equiv 0$$

在区间 $[-1,1]$ 上均匀收敛于 0. 由此可知,借助于 $n-1$ 次广义多项式(按照节 $x_v^{(n)}$)

Lagrange 内插公式

$$F_{n-1}(x) \equiv \sum_{v=1}^{n} F_{n-1}(x_v^{(n)}) l_v^{(n)}(x) \equiv$$

$$\sum_{v=1}^{n} f(x_v^{(n)}) l_v^{(n)}(x)$$

作出的内插级数均匀逼近函数 $f(x)$，因而便有关于区间 $[-1,1]$ 上的 $x$ 为均匀的下一等式

$$f(x) = \lim_{n \to \infty} \sum_{v=1}^{n} f(x_v^{(n)}) l_v^{(n)}(x)$$

## §9 取决于节的分布的逼近性质

今假定我们已作出均匀趋于内插函数的幂次递增的多项式序列. 我们取节的保证剩余项实际消失的最小个数. 于是，如果计算函数的表值到相当准确程度，则最终的结果的误差实际上可使其消失.

今考虑剩余项

$$R_n(x) = (x - a_0)(x - a_1) \cdots (x - a_n) \frac{f^{(n+1)}(\xi)}{(n+1)!}$$

设内插节的个数是固定的. 因为关于 $|f^{(n+1)}(\xi)|$ 因内插节的选择而改变的性质很难说些什么，所以仿照切比雪夫，我们只考察在固定区间内

$$\max |(x - a_0)(x - a_1) \cdots (x - a_n)|$$

因内插节的改变而有的变化.

今已见到，逼近的性质，不但是靠增多内插节的个数而改善，而且也可由它们的选择而改善. 对于由增多节的个数而使 $|R_n(x)|$ 的递减已在前节中讨论过（见 §8,2）. 此处我们是来叙述关于由节的选择而使剩余项的绝对值递减的问题. 为确定起见，取 $(-1,1)$ 为内

## Lagrange's Interpolation Formula

插区间. 要使 $\max|(x-a_0)(x-a_1)\cdots(x-a_n)|$ 为最小,我们选择节 $a_0,a_1,\cdots,a_n$ 使与 $n+1$ 次的切比雪夫多项式的零点重合. 在这种情形下,作为 $\dfrac{f^{(n+1)}(\xi)}{(n+1)!}$ 的被乘数,我们得到与 $0$ 偏离最小的多项式,即关于 $|R_n(x)|$ 的最小问题可借助于切比雪夫节而得到解决. 因之,最优的逼近(在达到 $\max|R_n(x)|$ 的最小界限的意义下)可由非等距的切比雪夫节而得到实现.

我们不可能详尽地来叙述这个重要的问题,因为带切比雪夫节的内插公式的实际应用由于切比雪夫多项式的零点的不方便的(一般说来,是无理数)数值而显得繁杂.

## §10　新的内插公式

借助于拉格朗日内插公式可以作出用来解一系列重要问题的一些新的公式. 今写出 $2r+1$ 次的拉格朗日内插多项式,它对于 $x=a_0,a_1,\cdots,a_{2r}$ 取值 $f(a_0)$, $f(a_1),\cdots,f(a_{2r})$.

今考虑 $2r+1$ 个不同的 $t$ 值
$$t_0=0,\pm t_1,\pm t_2,\cdots,\pm t_r$$
在公式(1.24)中,以 $a+th$ 代替变量 $x$ 并取
$$a_0=a, a_{2r}=a-t_rh, a_{2r-1}=a+t_rh$$
便得
$$f(a+th)=(-1)^r\frac{\prod_{v=1}^{r}(t^2-t_v^2)}{\prod_{v=1}^{r}t_v^2}f(a)+$$

**Lagrange 内插公式**

$$\frac{1}{2}\sum_{v=1}^{r} \frac{t\prod_{v=1}^{r}(t^2-t_v^2)}{t_v^2\prod_{\substack{k=1\\k\neq v}}^{r}(t_v^2-t_k^2)} \cdot$$

$$\left[\frac{f(a+t_v h)}{t-t_v}+\frac{f(a-t_v h)}{t+t_v}\right]+R$$

$$R = f(a+th,a,a\pm t_1 h,\cdots,a\pm t_r h)\cdot$$

$$h^{2r+1}t\prod_{v=1}^{r}(t^2-t_v^2)$$

引入下列多项式

$$P(t)=t\prod_{k=1}^{r}(t^2-t_k^2)$$

$$P_v(t)=t\prod_{\substack{k=1\\k\neq v}}^{r}(t^2-t_k^2)$$

其中 $v\leq r$. 当 $v=0$ 时,便得

$$P_0(t)=\prod_{k=1}^{r}(t^2-t_k^2)$$

而当 $t=t_v$ 且 $v\neq 0$ 时,有

$$P_v(t_v)=t_v\prod_{\substack{k=1\\k\neq v}}^{r}(t_v^2-t_k^2)$$

由此便得

$$P_0(0)=(-1)^r\prod_{k=1}^{r}t_k^2$$

因此,最后便有

$$f(a+th)=\frac{P_0(t)}{P_0(0)}f(a)+$$

$$\frac{1}{2}\sum_{v=1}^{r}\frac{P_v(t)}{t_v P_v(t_v)}[(t+t_v)f(a+t_v h)+$$

$$(t-t_v)f(a-t_v h)]+R \qquad (1.27)$$

## Lagrange's Interpolation Formula

其中

$$R = h^{2r+1}P(t)f(a+th, a, a\pm t_1 h, \cdots, a\pm t_r h)$$

(1.28)

在公式(1.27)和(1.28)中以 $-h$ 代替 $h$，便得到

$$f(a-th) = \frac{P_0(t)}{P_0(0)}f(a) +$$

$$\frac{1}{2}\sum_{v=1}^{r}\frac{P_v(t)}{t_v P_v(t_v)}[(t+t_v)f(a-t_v h) +$$

$$(t-t_v)f(a+t_v h)] + R_1 \quad (1.29)$$

$$R_1 = -h^{2r+1}P(t)f(a-th, a, a\pm t_1 h, \cdots, a\pm t_r h)$$

(1.30)

将公式(1.27)和(1.29)逐项相加,便得

$$f(a+th) + f(a-th) =$$

$$\sum_{v=0}^{r}\frac{tP_v(t)}{t_v P_v(t_v)}[f(a+t_v h) + f(a-t_v h)] + R$$

(1.31)

$$R = 2h^{2r+2}t \cdot P(t)f(a\pm th, a, a\pm t_1 h, \cdots, a\pm t_r h)$$

(1.32)

此处我们令 $\frac{t}{t_0} = 1$。剩余项(1.32)是将(1.28)和(1.30)两剩余项合而为一得到的.

从(1.27)中减去(1.29),便求得内插公式

$$f(a+th) - f(a-th) =$$

$$\sum_{v=1}^{r}\frac{P_v(t)}{P_v(t_v)}[f(a+t_v h) - f(a-t_v h)] + R \quad (1.33)$$

$$R = h^{2r+1}P(t)\{f(a+th, a, a\pm t_1 h, \cdots, a\pm t_r h) +$$

$$f(a-th, a, a\pm t_1 h, \cdots, a\pm t_r h)\} \quad (1.34)$$

所作的公式可用来作新的求积公式.

**Lagrange 内插公式**

今考虑 $2r$ 个不同的 $t$ 值

$$\pm t_1, \pm t_2, \cdots, \pm t_r$$

且仍在公式 (1.24) 中以 $a + th$ 代替 $x$. 我们取

$$a_{2r} = a - t_r h, \quad a_{2r-1} = a + t_r h$$

且为简写起见引入多项式

$$H(t) = \prod_{k=1}^{r}(t^2 - t_k^2)$$

$$H_v(t) = \prod_{\substack{k=1 \\ k \neq v}}^{r}(t^2 - t_k^2)$$

这样,我们得到内插公式

$$f(a+th) = \frac{1}{2}\sum_{v=1}^{r}\frac{H_v(t)}{t_v H_v(t_v)}[(t+t_v)f(a+t_v h) - (t-t_v)f(a-t_v h)] + R \qquad (1.35)$$

其中

$$R = h^{2r}H(t)f(a+th, a\pm t_1 h, \cdots, a\pm t_r h) \qquad (1.36)$$

在公式 (1.35) 和 (1.36) 中以 $-h$ 代替 $h$,便有

$$f(a-th) = \frac{1}{2}\sum_{v=1}^{r}\frac{H_v(t)}{t_v H_v(t_v)}[(t+t_v)f(a-t_v h) - (t-t_v)f(a+t_v h)] + R \qquad (1.37)$$

其中

$$R = h^{2r}H(t)f(a-th, a\pm t_1 h, \cdots, a\pm t_r h) \qquad (1.38)$$

将公式 (1.35) 和 (1.37) 逐项相加,便得到下一公式

$$f(a+th) + f(a-th) =$$

## Lagrange's Interpolation Formula

$$\sum_{v=1}^{r} \frac{H_v(t)}{H_v(t_v)} [f(a+t_v h) + f(a-t_v h)] + R$$

(1.39)

而且按公式(1.36)和(1.38),可以写出

$$R = h^{2r} H(t) [f(a+th, a \pm t_1 h, \cdots, a \pm t_r h) + f(a-th, a \pm t_1 h, \cdots, a \pm t_r h)]$$

从式(1.35)中减去式(1.37),便得到

$$f(a+th) - f(a-th) =$$

$$\sum_{v=1}^{r} \frac{t H_v(t)}{t_v H_v(t_v)} [f(a+t_v h) - f(a-t_v h)] + R$$

(1.40)

$$R = 2h^{2r+1} t H(t) f(a+th, a, a \pm t_1 h, \cdots, a \pm t_r h)$$

(1.41)

剩余项(1.41)是由变换剩余项(1.36)和(1.38)的差得到的.

内插公式(1.27)(1.29)(1.35)和(1.37)可用以计算定积分

$$\int_{a}^{a+mh} f(x) dx = h \int_{0}^{m} f(a+th) dt = h \int_{-m}^{0} f(a-th) dt$$

的近似值.

内插公式(1.31)和(1.39)可用来计算积分

$$\int_{a-mh}^{a+mh} f(x) dx = h \int_{0}^{m} [f(a+th) + f(a-th)] dt$$

最后,如果在等式

$$\int_{a-mh}^{a+mh} f(x) dx =$$

$$2mh f(a) + h^2 \int_{0}^{m} (m-t) [f'(a+th) - f'(a-th)] dt$$

Lagrange 内插公式

右端的积分中,按内插公式(1.33)或(1.40)的一个代替差 $f'(a+th) - f'(a-th)$,我们便求得计算定积分
$$\int_{a-mh}^{a+mh} f(x) \, dx$$
的公式.

## §11 高斯内插公式

今回到公式(1.13). 将此公式适当地改变一下,便得到一列重要的,在实际应用中有价值的内插公式. 例如,设 $a_0 = a, x = a + th, a_{2v} = a - vh, a_{2v-1} = a + vh$. 首先考虑当包含在公式(1.13)中的差商的最高阶等于 $2n$ 的情形. 于是,对应的内插公式为

$$f(a + th) =$$

$$f(a) + \sum_{v=1}^{n} (f(a, a \pm h, \cdots, a \pm (v-1)h, a \pm vh) h^{2v-1} t \prod_{k=1}^{v-1} (t^2 - k^2) +$$

$$f(a, a \pm h, \cdots, a \pm vh) h^{2v} t(t-v) \prod_{k=1}^{v-1} (t^2 - k^2)) + R$$

(1.42)

$$R = f(a + th, a, a \pm h, \cdots, a \pm nh) h^{2n+1} t \prod_{k=1}^{n} (t^2 - k^2)$$

其中为书写简单起见,我们引入 $2v - 2$ 次多项式

$$\prod_{k=1}^{v-1} (t^2 - k^2) = (t^2 - 1)(t^2 - 2^2) \cdots \cdot$$

$$(t^2 - (v-1)^2) \quad (v \geq 1)$$

## Lagrange's Interpolation Formula

当 $v = 1$ 时,取多项式 $\prod_{k=1}^{v-1}(t^2 - k^2)$ 的值为 1.

按照公式(1.15),所得公式的剩余项可以写成

$$R = \frac{f^{(2n+1)}(\xi)}{(2n+1)!} h^{2n+1} t \prod_{k=1}^{n}(t^2 - k^2)$$

其中 $\xi$ 位于数

$$a + th, a, a \pm h, \cdots, a \pm nh$$

中的最小值和最大值之间.

今考虑当包含在公式(1.13)中的差商的最高阶等于 $2n - 1$ 的情形. 于是

$f(a + th) =$

$f(a) + thf(a, a + h) +$

$\sum_{v=0}^{n} (f(a, a \pm h, \cdots, a \pm (v-1)h) \cdot$

$h^{2v-2} t(t - (v-1)) \prod_{k=1}^{v-2}(t^2 - k^2) +$

$f(a, a \pm h, \cdots, a \pm (v-1)h, a + vh) \cdot$

$h^{2v-1} t \prod_{k=1}^{v-1}(t^2 - k^2)) + R$ \hfill (1.43)

$R = f(a + th, a, a \pm h, \cdots, a \pm (n-1)h, a + nh) \cdot$

$h^{2n} t(t - n) \prod_{k=1}^{n-1}(t^2 - k^2)$

在此处,公式(1.15)也可使我们得到剩余项的另一形式

$$R = \frac{f^{(2n)}(\xi)}{(2n)!} h^{2n} t(t - n) \prod_{k=1}^{n-1}(t^2 - k^2)$$

其中 $\xi$ 位于数

$$a + th, a, a \pm h, \cdots, a \pm (n-1)h, a + nh$$

中的最大值和最小值之间.

**Lagrange 内插公式**

今考虑与公式(1.43)类似的一些公式. 如果在公式(1.13)中,令 $x = a + th, a_{2v} = a + vh, a_{2v-1} = a - vh$,便得到下一公式

$$f(a + th) =$$
$$f(a) + thf(a, a - h) + t(t + 1)h^2 f(a, a \pm h) +$$
$$\sum_{v=2}^{n} (f(a, a \pm h, \cdots, a \pm (v-1)h, a - vh) \cdot$$
$$h^{2v-1} t \prod_{k=1}^{v-1} (t^2 - k^2) +$$
$$f(a, a \pm h, \cdots, a \pm vh) h^{2v} t(t + v) \prod_{k=1}^{v-1} (t^2 - k^2)) + R$$
$$(1.44)$$

$$R = f(a + th, a, a \pm h, \cdots, a \pm nh) h^{2n+1} t \prod_{k=1}^{n} (t^2 - k^2)$$

我们也可得出剩余项的更简单形式的表达式

$$R = \frac{f^{(2n+1)}(\xi)}{(2n+1)!} h^{2n+1} t \prod_{k=1}^{n} (t^2 - k^2)$$

虽然在某些情形下,用它前面的形式来得更方便.

除所得的公式外,还可得到一个公式,它的正确性甚易证实. 它具有如下的形式

$$f(a + th) =$$
$$f(a) + thf(a, a - h) +$$
$$\sum_{v=2}^{n} (f(a, a \pm h, \cdots, a \pm (v-1)h) h^{2v-2} t(t +$$
$$(v - 1)) \prod_{k=1}^{v-2} (t^2 - k^2) +$$
$$f(a, a \pm h, \cdots, a \pm (v-1)h, a - vh) \cdot$$
$$h^{2v-1} t \prod_{k=1}^{v-1} (t^2 - k^2)) + R \qquad (1.45)$$

$$R = f(a+th, a, a\pm h, \cdots, a\pm(n-1)h, a-nh) \cdot$$
$$h^{2n}t(t+n)\prod_{k=1}^{n-1}(t^2-k^2)$$

对剩余项可再应用公式(1.15)并得到表达式

$$R = \frac{f^{(2n)}(\xi)}{(2n)!}h^{2n}t(t+n)\prod_{k=1}^{n-1}(t^2-k^2)$$

今在公式(1.42)~(1.45)中以有限差分代替差商.代替的结果,便得高斯(Gauss)公式

$$f(a+th) =$$
$$f(a) + \sum_{v=1}^{n}\left(\frac{\Delta^{2v-1}f(a-(v-1)h)}{(2v-1)!}t\prod_{k=1}^{v-1}(t^2-k^2) + \right.$$
$$\left.\frac{\Delta^{2v}f(a-vh)}{(2v)!}t(t-v)\prod_{k=1}^{v-1}(t^2-k^2)\right) + R \quad (1.46)$$
$$R = \frac{f^{(2n+1)}(\xi)}{(2n+1)!}h^{2n+1}t\prod_{k=1}^{n}(t^2-k^2)$$

$$f(a+th) =$$
$$f(a) + t\Delta f(a) +$$
$$\sum_{v=2}^{n}\left(\frac{\Delta^{2v-2}f(a-(v-1)h)}{(2v-2)!}t(t-(v-1))\prod_{k=1}^{v-2}(t^2-k^2) + \right.$$
$$\left.\frac{\Delta^{2v-1}f(a-(v-1)h)}{(2v-1)!}t\prod_{k=1}^{v-1}(t^2-k^2)\right) + R \quad (1.47)$$
$$R = \frac{f^{(2n)}(\xi)}{(2n)!}h^{2n}t(t-n)\prod_{k=1}^{n-1}(t^2-k^2)$$

$$f(a+th) = f(a) + \sum_{v=1}^{n}\left(\frac{\Delta^{2v-1}f(a-vh)}{(2v-1)!}t\prod_{k=1}^{v-1}(t^2-k^2) + \right.$$
$$\left.\frac{\Delta^{2v}f(a-vh)}{(2v)!}t(t+v)\prod_{k=1}^{v-1}(t^2-k^2)\right) + R$$
$$(1.48)$$
$$R = \frac{f^{(2n+1)}(\xi)}{(2n+1)!}h^{2n+1}t\prod_{k=1}^{n}(t^2-k^2)$$

**Lagrange 内插公式**

$$f(a+th) = f(a) + t\Delta f(a-h) +$$

$$\sum_{v=2}^{n}\left(\frac{\Delta^{2v-2}f(a-(v-1)h)}{(2v-2)!}t(t+(v-1))\prod_{k=1}^{v-2}(t^2-k^2) + \frac{\Delta^{2v-1}f(a-vh)}{(2v-1)!}t\prod_{k=1}^{v-1}(t^2-k^2)\right) + R$$

(1.49)

$$R = \frac{f^{(2n)}(\xi)}{(2n)!}h^{2n}t(t+n)\prod_{k=1}^{n-1}(t^2-k^2)$$

如果舍去剩余项并将公式(1.46)和(1.47)展开,我们便可证得它们的恒等. 它们的差别仅在于,公式(1.46)是给出 $f(x)$ 到包含 $\Delta^{2n}f(a-nh)$ 一项为止的展开式,而公式(1.47)是给出 $f(x)$ 到包含 $\Delta^{2n-1}f(a-(n-1)h)$ 一项为止的展开式. 至于公式(1.48)和(1.49),则在略去剩余项后,它们也成为恒等的,而且其中一个成为 $f(x)$ 到包含 $\Delta^{2n}f(a-nh)$ 一项为止的展开式,而另一个成为 $f(x)$ 到包含 $\Delta^{2n-1}f(a-nh)$ 一项为止的展开式.

欲计算在公式(1.46)~(1.49)中所利用的差分,我们作差分表(表1.3).

**表 1.3 在公式(1.46)~(1.49)所利用的差分**

| ... | ... | ... | ... | ... | ... |
|---|---|---|---|---|---|
| $a-2h$ | $f(a-2h)$ | $\Delta f(a-2h)$ | $\Delta^2 f(a-2h)$ | | |
| $a-h$ | $f(a-h)$ | $\Delta f(a-h)$ | $\Delta^2 f(a-h)$ | $\Delta^3 f(a-2h)$ | |
| $a$ | $f(a)$ | $\Delta f(a)$ | $\Delta^2 f(a)$ | $\Delta^3 f(a-h)$ | $\Delta^4 f(a-2h)$ |
| $a+h$ | $f(a+h)$ | $\Delta f(a+h)$ | | | |
| $a+2h$ | $f(a+2h)$ | | | | |
| ... | ... | | | | |

由这个表可见,在公式(1.46)中所应用的所有差分位于由 $f(a)$ 和 $\Delta f(a)$ 出发的两条水平列上. 因之,它适用于当自变量 $x$ 的值(我们就是要对此 $x$ 值去求 $f(x)$)在我们所引入的表 1.3 中的位置靠近表值的中间时的内插. 对于公式(1.47),(1.48) 和(1.49)中的任一个也可作同样的说明.

作为一个例子,我们借助于公式(1.46)和(1.48)并利用表 1.1 去计算 $\sin 10.5°$ 的值. 此处 $a = 10°$, $t = 0.5, h = 1°$. 令 $n = 2$ 并舍去公式(1.46)和(1.48)的剩余项,便得

$$\sin(10.5°) = 0.173\,648\,2 + 0.017\,160\,8 \cdot (0.5) -$$
$$0.000\,052\,9 \cdot \frac{0.5 \cdot (-0.5)}{1 \cdot 2} -$$
$$0.000\,005\,2 \cdot \frac{0.5 \cdot (-0.75)}{1 \cdot 2 \cdot 3} =$$
$$0.182\,235\,5$$

$$\sin(10.5°) = 0.173\,648\,2 + 0.017\,213\,7 \cdot (0.5) -$$
$$0.000\,052\,9 \cdot \frac{0.5 \cdot 1.5}{1 \cdot 2} -$$
$$0.000\,005\,2 \cdot \frac{0.5 \cdot (-0.75)}{1 \cdot 2 \cdot 3} =$$
$$0.182\,235\,5$$

借助于内插公式的适当选择,一般说来,可显著地改善结果. 例如,在端节附近作内插时,我们便可在带上升(下降)差分的牛顿内插公式中保有在表中所原有的高阶差分;但是当自变量的值(我们就是对此值用同一公式来计算函数的值)靠近表的中间列时,我们便不能这样做了. 此时最好是利用高斯公式,或高斯型的另一些内插公式,例如斯特林公式(§12),贝塞

## Lagrange 内插公式

尔(Bessel)公式(§13)和埃弗雷特(Everett)公式(§14). 在实用上,通常是利用斯特林和贝塞尔公式. 它们能由高斯公式经简单变换而得出,我们将在以下证明这点.

高斯公式可用 $\delta$ 记号写出. 例如,借助于关系式(1.20),高斯公式便成为

$$f(a+th) = f(a) + t\delta f\left(a + \frac{h}{2}\right) + \frac{t(t-1)}{2!}\delta^2 f(a) +$$

$$\frac{t(t^2-1)}{3!}\delta^3 f\left(a + \frac{h}{2}\right) +$$

$$\frac{t(t^2-1)(t-2)}{4!}\delta^4 f(a) + \cdots$$

## §12  斯特林内插公式

在应用上,公式(1.46)和(1.48)的算术平均以及(1.47)和(1.49)的算术平均的公式,最为重要.

作出公式(1.46)和(1.48)的算术平均,便得

$$f(a+th) = f(a) + \sum_{v=1}^{n}\left(\frac{\Delta^{2v-1}f(a-vh) + \Delta^{2v-1}f(a-(v-1)h)}{2(2v-1)!}\right) \cdot$$

$$t\prod_{k=1}^{v-1}(t^2 - k^2) +$$

$$\frac{\Delta^{2v}f(a-vh)}{(2v)!}\prod_{k=0}^{v-1}(t^2 - k^2)\right) + R \qquad (1.50)$$

$$R = f(a+th, a, a\pm h, \cdots, a\pm nh)h^{2n+1} \cdot$$

$$t\prod_{k=1}^{n}(t^2 - k^2) =$$

## Lagrange's Interpolation Formula

$$\frac{f^{2n+1}(\xi)}{(2n+1)!}h^{2n+1}t\prod_{k=1}^{n}(t^2-k^2) \quad (1.51)$$

今如果作出公式(1.47)和(1.49)的算术平均,便得到公式

$$f(a+th) = f(a) + t\frac{\Delta f(a)+\Delta f(a-h)}{2} +$$

$$\sum_{v=2}^{n}\Big(\frac{\Delta^{2v-2}f(a-(v-1)h)}{(2v-2)!}\prod_{k=0}^{v-2}(t^2-k^2) +$$

$$\frac{\Delta^{2v-1}f(a-vh)+\Delta^{2v-1}f(a-(v-1)h)}{2(2v-1)!} \cdot$$

$$t\prod_{k=1}^{v-1}(t^2-k^2)\Big) + R \quad (1.52)$$

$R = ((t-n)f(a+th, a, a\pm h, \cdots, a\pm(n-1)h, a\pm nh) + (t+n)f(a+th, a, a\pm h, \cdots, a\pm(n-1)h, a-nh))h^{2n}t\prod_{k=1}^{n-1}(t^2-k^2) =$

$$\frac{(t-n)f^{(2n)}(\xi_1)+(t+n)f^{(2n)}(\xi)}{2(2n)!}h^{2n}t\prod_{k=1}^{n-1}(t^2-k^2)$$

$$(1.53)$$

公式(1.50)和(1.52)可结合成一个公式——斯特林公式,它的剩余项,如果在内插时中止在具有偶数阶差分的项上,便有形式(1.51),如果中止在包含在奇数阶差分的项上,便有形式(1.53).

为计算在斯特林公式中所应用的差分,我们作差分表(表1.4).

由这个表可见,斯特林公式包含所有位于由$f(a)$出发的水平一列上的偶阶差分;它也包含紧靠在所述的一列的上面和下面的差分的半和.在表1.4中,在斯特林公式中所应用的差分之下划有横线,它们叫作中

**Lagrange 内插公式**

心差分并以 δ 记号系统写出. 因此, 斯特林公式常常叫作带中心差分的内插公式. 斯特林公式是当自变量的对应值靠近中间表值时用来计算函数值的.

表 1.4　斯特林公式的差分表

| ... | ... | | | | | |
|---|---|---|---|---|---|---|
| $a-3h$ | $f(a-3h)$ | ... | ... | | | |
| | | $\Delta f(a-3h)$ | | ... | | |
| $a-2h$ | $f(a-2h)$ | | $\Delta^2 f(a-3h)$ | | ... | |
| | | $\Delta f(a-2h)$ | | $\Delta^3 f(a-3h)$ | | ... |
| $a-h$ | $f(a-h)$ | | $\Delta^2 f(a-2h)$ | | $\Delta^4 f(a-3h)$ | |
| | | $\Delta f(a-h)$ | | $\Delta^3 f(a-2h)$ | | $\Delta^5 f(a-3h)$ |
| $a$ | $f(a)$ | | $\Delta^2 f(a-h)$ | | $\Delta^4 f(a-2h)$ | |
| | | $\Delta f(a)$ | | $\Delta^3 f(a-h)$ | | $\Delta^5 f(a-2h)$ |
| $a+h$ | $f(a+h)$ | | $\Delta^2 f(a)$ | | $\Delta^4 f(a-h)$ | ... |
| | | $\Delta f(a+h)$ | | $\Delta^3 f(a)$ | | |
| $a+2h$ | $f(a+2h)$ | | $\Delta^2 f(a+h)$ | | ... | |
| | | $\Delta f(a+2h)$ | | ... | | |
| $a+3h$ | $f(a+3h)$ | | ... | | | |
| ... | ... | | | | | |

今考虑伽马函数的对数导数的表(表 1.5).

表 1.5　$\dfrac{d}{dz}\lg \Gamma(1+z)$ 的值的表

| | | | | | |
|---|---|---|---|---|---|
| 6.00 | 1.872 784 34 | | | | |
| | | 612 305 | | | |
| 6.04 | 1.878 907 39 | | $-3\ 718$ | | |
| | | 608 587 | | 43 | |
| 6.08 | 1.884 993 26 | | $-3\ 675$ | | 2 |
| | | 604 912 | | 45 | |
| 6.12 | 1.891 042 38 | | $-3\ 630$ | | |
| | | 601 282 | | | |
| 6.16 | 1.897 055 20 | | | | |

设对自变量的 6.1 去求 $\dfrac{d}{dz}\lg \Gamma(1+z)$ 的值此处, $h=0.4, a=6.08$. 今取 $n=2$ 并对内插利用公式 (1.50). 舍去剩余项, 便得所求的导数等于

$$1.884\ 993\ 26 + \frac{0.006\ 085\ 87 + 0.006\ 049\ 12}{2} \cdot$$

$$0.5 - 0.000\ 036\ 75 \cdot \frac{0.25}{1 \cdot 2} +$$

## Lagrange's Interpolation Formula

$$\frac{0.000\,000\,43 + 0.000\,000\,45}{2}.$$

$$\frac{0.5 \cdot (-0.75)}{1 \cdot 2 \cdot 3} +$$

$$0.000\,000\,02 \cdot \frac{0.25 \cdot (-0.75)}{1 \cdot 2 \cdot 3 \cdot 4} =$$

$$1.888\,022\,39$$

我们在比尔曼(Bellman)的表中也求得导数的这同一个值.

## §13 贝塞尔公式

今回到公式(1.47)并将所有半差分

$$\frac{1}{2}f(a),\frac{1}{2}\Delta^2 f(a-h),\frac{1}{2}\Delta^4 f(a-2h),\cdots,$$

$$\frac{1}{2}\Delta^{2n-2}f(a-(n-1)h)$$

按公式

$$f(a) = f(a+h) - \Delta f(a)$$

$$\Delta^2 f(a-h) = \Delta^2 f(a) - \Delta^3 f(a-h)$$

$$\vdots$$

$$\Delta^{2n-2}f(a-(n-1)h) =$$

$$\Delta^{2n-2}f(a-(n-2)h) - \Delta^{2n-1}f(a-(n-1)h)$$

表出变换公式(1.47).

经这样变换后并利用容易推导出的恒等式

$$\frac{\Delta^{2n-2}f(a-(n-1)h)}{(2n-2)!}(t-n+1)t\prod_{k=1}^{n-2}(t^2-k^2) +$$

$$\frac{\Delta^{2n-1}f(a-(n-1)h)}{(2n-1)!}t\prod_{k=1}^{n-1}(t^2-k^2) =$$

**Lagrange 内插公式**

$$\frac{\Delta^{2n-2} f(a-(n-1)h) + \Delta^{2n-2} f(a-(n-2)h)}{2(2n-2)!} \cdot$$

$$t(t-n+1) \prod_{k=1}^{n-2} (t^2 - k^2) +$$

$$\frac{\Delta^{2n-1} f(a-(n-1)h)}{(2n-1)!} t(t-n+1)\left(t-\frac{1}{2}\right) \prod_{k=1}^{n-2} (t^2 - k^2)$$

便得到式

$$f(a + th) =$$

$$\frac{f(a) + f(a+h)}{2} + \left(t - \frac{1}{2}\right) \Delta f(a) +$$

$$\sum_{v=2}^{n} \Bigg( \frac{\Delta^{2v-2} f(a-(v-1)h) + \Delta^{2v-2} f(a-(v-2)h)}{2(2v-2)!} \cdot$$

$$t(t-v+1) \prod_{k=1}^{v-2} (t^2 - k^2) +$$

$$\frac{\Delta^{2v-1} f(a-(v-1)h)}{(2v-1)!} t(t-v+1) \cdot$$

$$\left(t - \frac{1}{2}\right) \prod_{k=1}^{v-2} (t^2 - k^2) \Bigg) + R \quad (1.54)$$

$$R = \frac{f^{(2n)}(\xi)}{(2n)!} h^{2n} t(t-n) \prod_{k=1}^{n-1} (t^2 - k^2)$$

当它中止在包含奇数阶差分的一项上时,这就是带剩余项的贝塞尔内插公式的形式. 当此贝塞尔公式中止在偶数阶差分的一项上时,剩余项的求得就比得到公式(1.54)的剩余项要复杂得多.

欲计算在贝塞尔公式中所写出的差分,我们作差分表(表1.6).

借这个差分表,容易算出展开式(1.54)的所有系数. 对于其中的某一些计算,可利用位于由 $\Delta f(a)$ 出发的一条水平线上的奇数阶差分,对于另外一些的计算,

可利用位于紧靠在所提及的一个水平线上的上面和下面的偶数阶差分的算术平均. 在以上所引入的表 1.6 中,在这些差分之下画有横线. 如所见,贝塞尔公式也是带中心差分的公式.利用它来作内插,对于接近于经过 $a$ 的水平一列上的 $x$ 值是较方便的.

表 1.6 贝塞尔公式的差分表

| ... | ... | ... | ... | ... | ... | ... |
|---|---|---|---|---|---|---|
| $a-3h$ | $f(a-3h)$ | | | | | |
| | | $\Delta f(a-3h)$ | $\Delta^2 f(a-3h)$ | | | |
| $a-2h$ | $f(a-2h)$ | | | $\Delta^3 f(a-3h)$ | | |
| | | $\Delta f(a-2h)$ | $\Delta^2 f(a-2h)$ | | $\Delta^4 f(a-3h)$ | |
| $a-h$ | $f(a-h)$ | | | $\Delta^3 f(a-2h)$ | | $\Delta^5 f(a-3h)$ |
| | | $\Delta f(a-h)$ | $\underline{\Delta^2 f(a-h)}$ | | $\underline{\Delta^4 f(a-2h)}$ | |
| $a$ | $\underline{f(a)}$ | | | $\underline{\Delta^3 f(a-h)}$ | | $\Delta^5 f(a-2h)$ |
| | | $\underline{\Delta f(a)}$ | $\underline{\Delta^2 f(a)}$ | | $\underline{\Delta^4 f(a-h)}$ | |
| $a+h$ | $\underline{f(a+h)}$ | | | $\Delta^3 f(a)$ | | ... |
| | | $\Delta f(a+h)$ | $\Delta^2 f(a+h)$ | | ... | |
| $a+2h$ | $f(a+2h)$ | | | ... | | |
| | | $\Delta f(a+2h)$ | ... | | | |
| $a+3h$ | $f(a+3h)$ | | | | | |
| ... | ... | | | | | |

如果在贝塞尔公式中以 $t+\dfrac{1}{2}$ 代替 $t$,它便有更对称的形式. 我们有

$$f\left(a+\frac{h}{2}+th\right)=$$

$$\frac{f(a)+f(a+h)}{2}+t\Delta f(a)+$$

$$\frac{t^2-\dfrac{1}{4}}{2!}\frac{\Delta^2 f(a-h)+\Delta^2 f(\alpha)}{2}+$$

$$\frac{t\left(t^2-\dfrac{1}{4}\right)}{3!}\Delta^3 f(a-h)+\cdots+$$

$$\frac{\Delta^{2n-2}f(a-(n-1)h)+\Delta^{2n-2}f(a-(n-2)h)}{2(2n-2)!}.$$

Lagrange 内插公式

$$\prod_{k=2}^{n}\left(t^{2}-\left(\frac{2k-3}{2}\right)^{2}\right)+$$

$$\frac{\Delta^{2n-1}f(a-(n-1)h)}{(2n-1)!}t\prod_{k=2}^{n}\left(t^{2}-\left(\frac{2k-3}{2}\right)^{2}\right)+R$$

(1.55)

$$R=\frac{f^{(2n)}(\xi)}{(2n)!}h^{2n}\prod_{k=1}^{n}\left(t^{2}-\left(\frac{2k-1}{2}\right)^{2}\right)$$

今回到公式(1.54). 它当 $t=\frac{1}{2}$ 时,取得特别简单的形式,因为此时,带奇数阶的差分都消失,而我们便得到下列公式

$$f\left(a+\frac{h}{2}\right)=$$

$$\frac{f(a)+f(a+h)}{2}+$$

$$\sum_{v=2}^{n}(-1)^{v-1}\frac{(1\cdot 3\cdots(2v-3))^{2}}{2^{2v-2}(2v-2)!}\cdot$$

$$\frac{\Delta^{2v-2}f(a-(v-1)h)+\Delta^{2v-2}f(a-(v-2)h)}{2}+R$$

(1.56)

$$R=(-1)^{n}\frac{(1\cdot 3\cdots(2n-1))^{2}}{2^{2n}}h^{2n}\frac{f^{(2n)}(\xi)}{(2n)!}$$

此公式可用于在每两个接续节的中点处作内插,因而它叫作中点内插公式.

今再考虑在前节所引入的函数 $\frac{d}{dz}\lg\Gamma(1+z)$ 的值的表 1.5.

我们在自变量的值等于 6.10 时计算 $\frac{d}{dz}\ln\Gamma(1+z)$. 如果在公式(1.56)中略去剩余项且令 $a=6.08$ 和

## Lagrange's Interpolation Formula

$n=2$,便知所求的值等于

$$\frac{1}{2}(1.884\ 993\ 26 + 1.891\ 042\ 38) +$$

$$\frac{1}{16}(0.000\ 036\ 75 + 0.000\ 036\ 30) =$$

$1.888\ 022\ 39$

贝塞尔公式也可用 $\delta$ 记号系统来写. 例如,公式(1.55)可以写作

$$f\left(a + \frac{h}{2} + th\right) = \mu f\left(a + \frac{h}{2}\right) + t\delta f\left(a + \frac{h}{2}\right) +$$

$$\frac{t^2 - \frac{1}{4}}{2!}\mu\delta^2 f\left(a + \frac{h}{2}\right) +$$

$$\frac{t\left(t^2 - \frac{1}{4}\right)}{3!}\delta^3 f\left(a + \frac{h}{2}\right) +$$

$$\frac{\left(t^2 - \frac{1}{4}\right)\left(t^2 - \frac{9}{4}\right)}{4!}\mu\delta^4 f\left(a + \frac{h}{2}\right) + \cdots$$

## §14 埃弗雷特公式

埃弗雷特公式可由公式(1.47)得出,只要利用关系式

$$\Delta f(a) = f(a+h) - f(a)$$
$$\Delta^3 f(a-h) = \Delta^2 f(a) - \Delta^2 f(a-h)$$
$$\Delta^5 f(a-2h) = \Delta^4 f(a-h) - \Delta^4 f(a-2h)$$
$$\vdots$$

**Lagrange 内插公式**

$$\Delta^{2n-1}f(a-(n-1)h) =$$
$$\Delta^{2n-2}f(a-(n-2)h) - \Delta^{2n-2}f(a-(n-1)h)$$

由公式(1.47)消去奇次差分即可. 由消去奇次差分以及稍加整理的结果,便得

$$f(a+th) =$$
$$(1-t)f(a) + tf(a+h) -$$
$$\sum_{v=2}^{n} \frac{\Delta^{2v-2}f(a-(v-1)h)}{(2v-1)!} \cdot$$
$$t(t-v)(t-v+1)\prod_{k=1}^{v-2}(t^2-k^2) +$$
$$\sum_{v=2}^{n} \frac{\Delta^{2v-2}f(a-(v-2)h)}{(2v-1)!} t \prod_{k=1}^{v-1}(t^2-k^2) + R$$
$$R = \frac{f^{(2n)}(\xi)}{(2n)!} h^{2n} t(t-n) \prod_{k=1}^{n-1}(t^2-k^2)$$

今将此公式写成下形

$$f(a+th) =$$
$$\eta f(a) + \sum_{v=2}^{n} \frac{\Delta^{2v-2}f(a-(v-1)h)}{(2v-1)!} \eta \prod_{k=1}^{v-1}(\eta^2-k^2) +$$
$$tf(a+h) +$$
$$\sum_{v=2}^{n} \frac{\Delta^{2v-2}f(a-(v-2)h)}{(2v-1)!} t \prod_{k=1}^{v-1}(t^2-k^2) +$$
$$\frac{f^{(2n)}(\xi)}{(2n)!} h^{2n} t(t-n) \prod_{k=1}^{n-1}(t^2-k^2) \qquad (1.57)$$

其中 $\eta = 1 - t$.

这就是对于自变量的等距离值的埃弗雷特内插公式的形式. 它仅仅包含位于差分表中由 $f(a)$ 和 $f(a+h)$ 出发的两条水平线上的偶数阶中心差分. 公式 (1.57) 的系数表是汤伯孙发表的.

在 $\delta$ 系统之下,埃弗雷特公式具有下形

$$f(a+th) =$$
$$\eta f(a) + \frac{\eta(\eta^2 - 1^2)}{3!}\delta^2 f(a) +$$
$$\frac{\eta(\eta^2 - 1^2)(\eta^2 - 2^2)}{5!}\delta^4 f(a) + \cdots +$$
$$tf(a+h) + \frac{t(t^2 - 1^2)}{3!}\delta^2 f(a+h) +$$
$$\frac{t(t^2 - 1^2)(t^2 - 2^2)}{5!}\delta^4 f(a+h) + \cdots$$

## §15 另一些内插公式

今考虑由高斯公式(1.46),在其中以 $-t$ 代替 $t$ 并将所得的公式和原来的公式逐项相加(相减)而得的公式. 我们引入这种公式中的一个

$$f(a+th) + f(a-th) =$$
$$2f(a) + 2\sum_{v=1}^{n}\frac{\delta^{2v}f(a)}{(2v)!}\prod_{k=0}^{v-1}(t^2 - k^2) + R \quad (1.58)$$
$$R = 2\frac{f^{(2n+2)}(\xi)}{(2n+2)!}h^{2n+2}\prod_{k=0}^{n}(t^2 - k^2)$$

剩余项是根据以下的推理得到的. 如果在公式(1.42)的剩余项中,以 $-t$ 代替 $t$,便知辅助内插公式(系由在公式中以 $-t$ 代替 $t$ 而得的)的剩余项等于

$$-f(a-th, a, a\pm h, \cdots, a\pm nh)h^{2n+1}t\prod_{k=1}^{n}(t^2 - k^2)$$

因之,对于公式(1.58)的剩余项,便有

$$R = 2\frac{f(a+th, a, \cdots, a+nh) - f(a-th, a, \cdots, a+nh)}{2th}.$$

## Lagrange 内插公式

$$h^{2n+2}\prod_{k=0}^{n}(t^2 - k^2) =$$

$$2f(a \pm th, a, a \pm h, \cdots, a \pm nh)h^{2n+2}\prod_{k=0}^{n}(t^2 - k^2)$$

由此便得到

$$R = 2\frac{f^{(2n+2)}(\xi)}{(2n+2)!}h^{2n+2}\prod_{k=0}^{n}(t^2 - k^2)$$

完全一样,我们可得

$$f(a+th) - f(a-th) =$$

$$\sum_{v=1}^{n}\frac{2\delta^{2v-1}f\left(a+\frac{h}{2}\right) - \delta^{2v}f(a)}{(2v-1)!}t\prod_{k=1}^{v-1}(t^2 - k^2) + R$$

(1.59)

$$R = 2\frac{f^{(2n+1)}(\xi)}{(2n+1)!}h^{2n+1}t\prod_{k=1}^{n}(t^2 - k^2) \quad (1.60)$$

但是

$$\delta^{2v}f(a) = \delta^{2v-1}[\delta f(a)] =$$

$$\delta^{2v-1}f\left(a+\frac{h}{2}\right) - \delta^{2v-1}f\left(a-\frac{h}{2}\right)$$

因而代替公式(1.59),我们得到下面的简单公式

$$f(a+th) - f(a-th) =$$

$$2\sum_{v=1}^{n}\frac{\mu\delta^{2v-1}f(a)}{(2v-1)!}t\prod_{k=1}^{v-1}(t^2 - k^2) + R \quad (1.61)$$

其剩余项 $R$ 具有形式(1.60). 这后一公式可借助于斯特林公式更简单地推出.

在公式(1.56)中以 $-t$ 代替 $t$ 并将所得的公式与贝塞尔公式结合在一起,便得到新的内插公式

$$f\left(a+\frac{h}{2}+th\right) + f\left(a+\frac{h}{2}-th\right) = f(a) + f(a+h) +$$

## Lagrange's Interpolation Formula

$$2\sum_{v=2}^{n}\frac{\mu\delta^{2v-2}f\left(a+\frac{h}{2}\right)}{(2v-2)!}\prod_{k=2}^{v}\left(t^{2}-\left(\frac{2k-3}{2}\right)^{2}\right)+R$$

(1.62)

$$R=2\frac{f^{(2n)}(\xi)}{(2n)!}h^{2n}\prod_{k=1}^{n}\left(t^{2}-\left(\frac{2k-1}{2}\right)^{2}\right)$$

$$f\left(a+\frac{h}{2}+th\right)-f\left(a+\frac{h}{2}-th\right)=2t\Delta f(a)+$$

$$2\sum_{v=2}^{n}\frac{\delta^{2v-1}f\left(a+\frac{h}{2}\right)}{(2v-1)!}t\prod_{k=2}^{v}\left(t^{2}-\left(\frac{2k-3}{2}\right)^{2}\right)+R \quad (1.63)$$

公式(1.63)的剩余项可借助以下的推理得到:公式(1.63)是由公式(1.55)得到的,公式(1.55)是由变换公式(1.54)而得的,而公式(1.54)乃是由公式(1.47)推出的.但公式(1.47)是公式(1.43)的简单变换,因此,公式(1.55)的剩余项可仅借助公式(1.43)而导出,为此,只要在公式(1.43)的剩余项中以$t+\frac{1}{2}$代替$t$便可.因此,公式(1.55)的剩余项可以写成下形

$$R=f\left(a+\frac{h}{2}+th,a,a\pm h,\cdots,a\pm(n-1)h,a+nh\right)\cdot$$

$$h^{2n}\prod_{k=1}^{n}\left(t^{2}-\left(\frac{2k-1}{2}\right)^{2}\right)$$

因之,公式(1.63)的剩余项等于

$$R=\left(f\left(a+\frac{h}{2}+th,a,\cdots,a\pm(n-1)h,a+nh\right)-\right.$$

$$\left.f\left(a+\frac{h}{2}-th,a,\cdots,a\pm(n-1)h,a+nh\right)\right)\cdot$$

## Lagrange 内插公式

$$h^{2n}\prod_{k=1}^{n}\left(t^2-\left(\frac{2k-1}{2}\right)^2\right)=$$

$$2f\left(a+\frac{h}{2}\pm th, a, a\pm h, \cdots, a\pm(n-1)h, a+nh\right) \cdot$$

$$h^{2n+1}t\prod_{k=1}^{n}\left(t^2-\left(\frac{2k-1}{2}\right)^2\right)=$$

$$2\frac{f^{(2n+1)}(\xi)}{(2n+1)!}h^{2n+1}t\prod_{k=1}^{n}\left(t^2-\left(\frac{2k-1}{2}\right)^2\right)$$

公式(1.58)(1.59)(1.61) 和(1.62) 可用于 §10 末尾所考虑的定积分的近似计算.

## §16 关于谢巴尔德规则的意见

今来叙述以推广内插问题为目的的谢巴尔德规则,且要指出此规则,并没有多少独立的意义.

我们假定被内插函数 $f(x)$ 可用 $n$ 次多项式 $P_n(x)$ 来逼近,且此内插多项式是用阶乘多项式 $(x+m_v)^{(v+1)}$ 表出的

$$P_n(x) = A_0 + A_1(x+m_0)^{(1)} + A_2(x+m_1)^{(2)} + \cdots + A_n(x+m_{n-1})^{(n)}$$

其中 $m_v$ 为整数,$A_v$ 为未定系数,而

$$(x+m_v)^{(v+1)} = (x+m_v)(x+m_v-1)\cdots(x+m_v-v)$$

我们如此选取数 $m_0, m_1, \cdots, m_{n-1}$ 使得在展开式的每一个后面的项 $A_{v+2}(x+m_{v+1})^{v+2}$ 包含着在前一项 $A_{v+1}(x+m_v)^{v+1}$ 中出现的所有形如 $(x+m_v-i)$ $(i=0,$

## Lagrange's Interpolation Formula

$1, \cdots, v$) 的因式. 不难证实, 为此或应取 $m_{v+1} = m_v$, 或应取 $m_{v+1} = m_v + 1$.

为了确定系数 $A_v (0 \leq v \leq n)$, 我们计算 $P_n(x)$ 的展开式两端的 $v$ 阶差分并在所得的恒等式

$$\Delta^v P_n(x) = v! \, A_v + A_{v+1} \Delta^v (x + m_v)^{(v+1)} + \cdots + A_n \Delta^v (x + m_{n-1})^{(n)}$$

中取 $x = -m_v$. 按照数 $m_v$ 的选法, 此恒等式的每一项, 除等于 $v! \, A_v$ 的第一项外, 都包含因式 $x + m_v$, 因之

$$A_v = \frac{\Delta^v P_n(-m_v)}{v!}$$

如果某一函数的值对某 $n+1$ 个 $x$ 的等距离值是已知的, 且如果数 $m_0, m_1, \cdots, m_n$ 是以适当的方式选择的, 则作出多项式 $P_n(x)$, 使其在所选的点处取预先给定的函数 $f(x)$ 的值, 我们便得

$$\Delta^v P_n(-m_v) = \Delta^v f(-m_v)$$

因此

$$A_v = \frac{\Delta^v f(-m_v)}{v!}$$

而我们便得到下一谢巴尔德内插公式

$$f(x) = f(-m_0) + \frac{\Delta f(-m_1)}{1!}(x + m_0)^{(1)} +$$

$$\frac{\Delta^2 f(-m_2)}{2!}(x + m_1)^{(2)} + \cdots +$$

$$\frac{\Delta^n f(-m_n)}{n!}(x + m_{n-1})^{(n)}$$

在其中数 $m_0, m_1, \cdots, m_n$ 假定是这样选择的, 使得数 $f(-m_0), \Delta f(-m_1), \Delta^2 f(-m_2), \cdots, \Delta^n f(-m_n)$ 可由差分表取得. 在数 $m_0, m_1, \cdots, m_n$ 的这样选择的结果下,

**Lagrange 内插公式**

特别地,可得出众所周知的牛顿和高斯内插公式.

例如,令 $m_v = 0 (v = 0, 1, \cdots, n)$,便得到带下降差分的牛顿内插公式;当 $m_v = v$ 时,便得带上升差分的牛顿公式.

今指出:根据谢巴尔德规则怎样来作高斯公式. 令 $m_0 = 0$. 于是应取 $m_1$ 或等于0,或等于1. 今取 $m_1 = 0$. 于是 $m_2$ 或为0或为1. 取 $m_2 = 1$. 这样继续下去,我们可以取 $m_3 = 1, m_4 = m_5 = 2, m_6 = m_7 = 3, \cdots$. 最后便得到高斯内插公式(见公式(1.47),其中为了与所引公式的完全一致应取 $a = 0, h = 1, t = x$)

$$f(x) = f(0) + \frac{x}{1!}\Delta f(0) + \frac{x(x-1)}{2!}\Delta^2 f(-1) + $$

$$\frac{x(x^2 - 1^2)}{3!}\Delta^3 f(-1) + $$

$$\frac{x(x^2 - 1^2)(x - 2)}{4!}\Delta^4 f(-2) + $$

$$\frac{x(x^2 - 1^2)(x^2 - 2^2)}{5!}\Delta^5 f(-2) + \cdots$$

我们指出,谢巴尔德的推广的内插公式并不是什么新的东西,它乃是由对于自变量的不等区间的牛顿一般内插公式得出的. 事实上,我们取对于由点 $x_v = -m_k (v = 0, 1, \cdots, n)$ 所作的函数 $f(x)$ 的谢巴尔德内插多项式,并将它与对 $n + 1$ 个自变量值 $x_v = a_v$ 取预先给定的值 $f(a_v)$ 的牛顿内插多项式加以比较. 这个比较使我们想到,如果在牛顿公式内令 $a_v = -m_v$ 并利用联系着差商与通常差分的公式,我们就得到谢巴尔德公式. 因此,谢巴尔德规则,即使是对于整数 $m_v$,也并未给出可由牛顿公式在其中改变点 $a_v$ 的顺序而导出的内插公式的那些多样形式.

## Lagrange's Interpolation Formula

因此,从牛顿的一般公式,不但可得到由以上所提到的所有可能作成 $m_v$ 的法则而得到的一切公式,并且还可得到由内插节的顺序的各种各样的改变而得出的一系列的重要内插公式. 它们对于按给定函数值及其导数值的内插有现实价值,即对于微分方程的数值积分很有价值.

## §17 一些实用的指示

在我们所考虑的诸内插公式中,有一些是给出 $f(x)$ 按中心差分的展开式,另一些是给出按下降或上升差分的展开式. 若 $f(x)$ 是 $n$ 次多项式,则使这些展开式中止在第 $n$ 阶差分上,便得到恒等公式.

但若 $f(x)$ 不是多项式,则略去内插公式的剩余项,便得到某一次的内插多项式. 在应用中,会碰到要以这些多项式来内插而不去研究剩余项的情形. 在这些情形下,通常是去研究差分表,且若差分的进程是规则的,则寻找出实际上是常量差分的那一阶,而使内插公式中止在这些常量差分上. 关于在内插时一定要研究剩余项的问题,将在 §19 述及. 然而,若不研究剩余项而仍来做内插,则所得的结果应当根据物理的观点或某些另外的观点加以检验.

我们再一次提醒,依照包含在内插公式内的差分,对于实际计算靠近表的中间的函数值,应利用带中心差分的公式,而在表的起始和末端,则要采用带下降差分和上升差分的公式. 若适当地扩大已有的差分表,则带中心差分的公式对于在原来的表的末端附近的内插

### Lagrange 内插公式

也成为合用的了.因此,要在表的末端附近来应用带中心差分的公式,就需要去计算函数及其差分的补充值.

若函数关系是由实验的方法建立的,则这些计算就要求我们去做补充实验,但这是很困难的,且有时是不能作的. 补充差分的计算,甚至当函数 $f(x)$ 是解析的给定时,也往往很复杂.

对斯特林和贝塞尔公式中所写出的差分的较详尽的探讨以及对这些公式的剩余项的研究表明,如使它们中止在同一阶差分上,我们便得到具有大略是同一准确程度的结果. 也可以证实,对于上两个公式来作差分表有同样的困难. 因此,斯特林和贝塞尔公式就准确性来说,几乎一样,而它们的使用也大略有同样的困难. 因此,对于实际计算,可以推荐去利用带最简单的剩余项的公式(1.50),(1.54)和(1.55),即若在内插时中止在包含偶数阶差分的项,则推荐去利用斯特林公式,如果展开式中止的项包含奇数阶差分,则利用贝塞尔公式.

今应用斯特林内插公式(1.50)去计算函数 $f(x)$ 在点 $\alpha = a + th$ 处的值. 为此,首先指出,表的步度 $h$ 是已知的. 我们还要在 $x$ 的表值中求出一个值(在以后以 $a$ 表示),它在一方面是最接近于表的中央,而另一方面要使量

$$t = \frac{\alpha - a}{h}$$

的绝对值尽可能的小. 由于 $t$ 的这样选择,斯特林公式的各项,一般说来,将很快递减,因而我们即可由较少次数的运算得到最终结果.

在很多情形下,$a$ 可以如此选择,使得对斯特林公

式(1.50), $-0.25 \leqslant t \leqslant 0.25$,而对贝塞尔公式(1.54),$0.25 \leqslant t \leqslant 0.75$. 于是对于接近于 $a$ 的自变量值,以这些公式来作内插是方便的. 贝塞尔公式(1.55),通常是对区间(0.25,0.75)的 $t$ 值加以使用.

为使按牛顿,斯特林和贝塞尔内插公式的计算容易些,已经作出这些公式的系数表. 差分前系数的值,例如,可在巴诺夫的手册中找到.

## §18  关于内插公式的误差

今考虑为得到中止在某一确定阶差分上的 $f(x)$ 展开式所必需的自变量和函数的值.

在内插时,我们遇见两种类型的误差:

1. 在函数值中由四舍五入而产生的误差(它们对最终结果的影响可以是不觉察的,只要在 $f(x)$ 的值的计算中多算一位或两位小数).

2. 由舍去剩余项而引起的误差.

第一类误差,我们已经将它归入机会误差之列. 对于它,由实验所得小的误差也应列入,我们可由测量仪器的灵敏度和观测数据的可靠性来判定这些小的误差. 欲使它们对最终结果的影响很不显著,我们必须校正实验的数据. 在内插公式中所保持的差分的阶越高,则量度的误差越显著.

除了所举出的误差外,还可碰到在表的数值中由疏忽大意所引起的误差;但它们容易被发现和消除.

至于由舍去剩余项所引起的误差,则对它的估计就有很大困难. 即使在内插函数是解析地给定的情形

## Lagrange 内插公式

下,剩余项的研究也远非总是那么容易的事.如已经多次指出过的,其原因在于我们需要知道 $f(x)$ 的充分高阶导数在内插区间的某一点的情况.但有时所提到的困难可能容易避免(§19).

例如,若已知 $f^{(n+2)}(x)$ 在包含点 $x, a_0, a_1, \cdots, a_n$ 的内插区间 $(l, L)$ 上不改变符号,则函数 $f(x, a_0, a_1, \cdots, a_n)$ 在此区间上是单调变化的,因之,它是以两个数 $f(l, a_0, a_1, \cdots, a_n)$ 和 $f(L, a_0, a_1, \cdots, a_n)$ 为界.因此,根据 $f(x, a_0, a_1, \cdots, a_n)$ 的界限,便可求得由略去剩余项而产生的误差的界限.

在某些情形下,可以计算对内插区间的数 $a_0, a_1, \cdots, a_{n+1}$ 的差商 $f(a_0, a_1, \cdots, a_{n+1})$,且依照它来判断量 $f(x, a_0, a_1, \cdots, a_n)$.对于小的内插区间,由此方法便可得到关于剩余项的某些表象.

在 $r$ 阶差分是缓慢改变的情形下(当 $r$ 阶差分近于常量时),有时可使出现在内插公式的剩余项中的量 $h^r f^{(r)}(\xi)$ 与 $r$ 阶差分的某一个相等.这种代替的可能性是根据已建立起有限差分和导数间的联系得到的.

最后,骤然看来,似乎我们可仅限于研究差分表,并且若差分递减得快,则舍去剩余项而引起的误差可以认为是小到可以忽略的.现在来证明,误差的这种估计有时甚至在解析函数可逼近的情形,也是不合用的.

事实上,作为一个例子,我们来考虑差分表 1.8(函数 $f(x) = \dfrac{761}{3}x^3 - \dfrac{1\,521}{2}x^2 + \dfrac{3\,101}{6}x + 100$):并借助于带下降差分的牛顿内插公式来计算 $f\left(\dfrac{1}{2}\right)$.由表 1.8 的研究便知,差分已有规则进程,我们可以开始计算.

## Lagrange's Interpolation Formula

在所考虑的情形下,表的间隔等于 1. 今取 $a = 0$, 于是在具有下降差分的公式中,应令 $t = 0.5$. 计算得

$$f\left(\frac{1}{2}\right) = 100 + 10 \cdot \frac{1}{2} + 1 \cdot \frac{\frac{1}{2} \cdot \left(-\frac{1}{2}\right)}{1 \cdot 2} = 104 \cdot 875$$

真值 $f\left(\frac{1}{2}\right) = 200$. 因此,误差差于 95.125.

表 1.8  $f(x)$ 的差分表

| 0 | 100 |    |   |
|---|-----|----|---|
| 1 | 110 | 10 |   |
| 2 | 121 | 11 | 1 |

如果在研究差分表前先利用公式(1.19)计算剩余项,便有

$$R = \frac{\frac{1}{2} \cdot \left(-\frac{1}{2}\right) \cdot \left(-\frac{3}{2}\right)}{1 \cdot 2 \cdot 3} f'''(\xi) = 95.125$$

由此可见,牛顿公式(没有剩余项)并不适用于按表 1.8 的数据来计算 $f\left(\frac{1}{2}\right)$.

很显然,所引入的例子并不是说三次多项式不能借助于牛顿公式来内插. 我们在借助于中止在包含 $\Delta^3$ 的一项的牛顿公式时,只要以值 $f(3)$ 和下降差分 $\Delta^3$ 补充表 1.8,就可得到 $f\left(\frac{1}{2}\right)$ 的精确值. 这乃是因为所利用的公式的剩余项包含 $f^{(4)}(\xi)$,它对于三次多项式变为 0.

在应用中,不可避免地需要利用包含观测数据的表来内插. 因为在这些情形下,剩余项的估计是不可能的,所以通常将基本区间分成许多个部分区间,而对每

## Lagrange 内插公式

一部分区间应用同一公式,即应用线性内插公式或抛物线内插公式(§2). 很显然,当由物理观点和另一些观点使我们能判定在上述部分区间中以首二次多项式对所求函数的逼近为可能时,则结果是可以信赖的.

还要指出,怎样能够求出由舍去剩余项而产生的内插的误差的数值. 这将在下节讨论.

## §19  对剩余项的估计

在很多情形下,舍去剩余项而产生的误差的绝对值大大地超过另一些类型的误差的绝对值. 因此,在内插时,必须估计剩余项. 这个估计是与不等式

$$|R_n(x)| \leqslant \frac{|f^{(n+1)}(\xi)|}{(n+1)!} \max |(x-a_0)(x-a_1)\cdots(x-a_n)|$$

右端的研究相联系的.

今以步度 $h$ 作出函数 $f(x)$ 的值的差分表;使它包含对 $f(x)$ 按阶为接续增加的差分来展开时所必需的所有差分. 我们考虑包含 $x$ 的所有表值的最小区间. 今假定 $f(x)$ 在此区间内有各阶有界导数. 于是一般说来,在表的步度 $h$ 和导数的阶(同时还有节的个数)的这样选择下,我们不会受到任何限制,而这些东西能使我们作出以预先给定的准确程度来表示被内插函数 $f(x)$ 的内插多项式.

例如,今利用差分表 1.9 计算 sh 1.58 并估计内插的误差. 这个表的数据是从罗戈森斯基(Rogosinski)所作的双曲函数表抄来的.

表 1.9　函数 sh $x$ 的差分表

| 1.55 | 2.249 611 |         |       |
|------|-----------|---------|-------|
|      |           | 125 957 |       |
| 1.60 | 2.375 568 |         | 5 940 |
|      |           | 131 897 |       |
| 1.65 | 2.507 465 |         |       |

今对 sh 1.58 的计算应用斯特林公式(1.50)。在其中取 $a = 1.60, h = 0.05$，因而

$$t = \frac{1.58 - 1.60}{0.05} = -\frac{2}{5}$$

于是(在以上所列的表 1.9 中，在所利用的差分下画有横线)

sh 1.58 =

$2.375\ 568 + \dfrac{0.125\ 957 + 0.131\ 897}{2}(-0.4) +$

$0.005\ 940 \dfrac{(-0.4)^2}{1 \cdot 2} = 2.324\ 472$

对于剩余项，可以写出

$$|R| \leq \frac{\frac{2}{5} \cdot \frac{21}{25} \cdot \left(\frac{1}{20}\right)^3}{1 \cdot 2 \cdot 3} \max_{1.55 \leq x \leq 1.65} |f'''(x)|$$

利用罗戈森斯基的双曲函数值表，便有

$$\max_{1.55 \leq x \leq 1.65} |f'''(x)| = 2.699\ 515$$

因为所求的极大值等于 sh 1.65，因此，对于剩余项最终可得下列估计

$$|R| \leq 0.000\ 019$$

sh 1.58 精确到六位小数的真值等于 2.324 490，因此内插误差等于 0.000 018.

今以贝塞尔内插公式(1.54)来计算 sh 1.58. 在以上所列的表 1.9 中，并不能找到为作包含在贝塞尔

**Lagrange 内插公式**

公式(中止在具有二阶差分的项)的差分的所有数据. 此表必须加以补充,添上由 sh 1.50 出发的新的序列. 但此时在按公式(1.54)作内插时,没有理由使它中止在二阶差分的半和上,因为新的表使我们能够利用带差分 $\Delta^3$ 的项.

因此我们作补充差分表 1.10.

表 1.10　函数 sh $x$ 的补充差分表

| | | | | |
|---|---|---|---|---|
| 1.50 | 2.129 279 | | | |
| | | 120 332 | | |
| 1.55 | 2.249 611 | | 5 625 | |
| | | 125 957 | | 915 |
| 1.60 | 2.375 568 | | 5 940 | |
| | | 131 897 | | |
| 1.65 | 2.507 465 | | | |

今命 $a = 1.55$ 而着手计算 sh 1.58. 首先可知

$$t = \frac{1.58 - 1.55}{0.05} = \frac{3}{5}$$

且对应 $t$ 的这个值,有充分小的差 $t - \frac{1}{2} = \frac{1}{10}$. 然后,计算之,便得(在补充的表 1.10 中,在所用的差分下划有横线)

$$\text{sh } 1.58 = \frac{2.249\ 611 + 2.375\ 568}{2} +$$

$$0.1(0.125\ 957) +$$

$$\frac{0.005\ 625 + 0.005\ 940}{2} \cdot \frac{0.6 \cdot (-0.4)}{1 \cdot 2} +$$

$$0.000\ 315 \cdot \frac{0.6 \cdot (-0.4) \cdot 0.1}{1 \cdot 2 \cdot 3} =$$

2.324 490

估计内插误差,便得

## Lagrange's Interpolation Formula

$$|R| \leq \frac{\frac{3}{5} \cdot \frac{16}{25} \cdot \frac{7}{5} \cdot \left(\frac{1}{20}\right)^4}{1 \cdot 2 \cdot 3 \cdot 4} \max_{1.50 \leq x \leq 1.65} |f^{(4)}(x)|$$

但

$$\max_{1.50 \leq x \leq 1.65} |f^{(4)}(x)| = 2.507\ 465$$

因为我们所要的极大值等于 sh 1.65. 因此，对于剩余项最终可得

$$|R| \leq 0.000\ 000\ 4$$

我们也可取 $a = 1.60$，于是 $t = -\frac{2}{5}$. 今证明 $a$ 的这种选择并不合适. 为此我们作出新的补充差分表 1.11 并进行计算. 借助于公式 (1.54) 和差分表 1.11，可得

sh 1.58 =

$$\frac{2.375\ 568 + 2.507\ 465}{2} + 0.131\ 897(-0.9) +$$

$$\frac{0.005\ 940 + 0.006\ 270}{2} \cdot \frac{(-0.4) \cdot (-1.4)}{1 \cdot 2} +$$

$$0.000\ 330 \cdot \frac{(-0.4)(-1.4)(-0.9)}{1 \cdot 2 \cdot 3} =$$

2.324 504

表 1.11　函数 sh $x$ 新的补充差分表

| | | | | |
|---|---|---|---|---|
| 1.55 | 2.249 611 | | | |
| | | 125 957 | | |
| 1.60 | 2.375 568 | | 5 940 | |
| | | 131 897 | | 330 |
| 1.65 | 2.507 465 | | 6 270 | |
| | | 138 167 | | |
| 1.70 | 2.645 632 | | | |

计算指出，对应着所选的 $a$ 有比较大的 $t$，因此四阶差分对最终结果有影响. 因此，表 1.11 必须加以扩充以使在内插时引进高阶差分. 若对它补充一个升列（包含 sh 1.75）和一个降列（包含 sh 1.50），则得在公

## Lagrange 内插公式

式(1.54)中所列的差分 $\Delta^4$ 的值,于是得 sh 1.58 = 2.324 489.

今我们再考虑去估计由舍去剩余项而产生的误差的一个著名方法,它是由下一几乎自明的定理得出.

**定理 1.3** 如果
$$f(x) = X_0 + X_1 + \cdots + X_n + R_n(x) =$$
$$X_0 + X_1 + \cdots + X_n + \cdots + X_{n+s} + R_{n+s}(x)$$
其中 $X_n$ 和 $X_{n+s}$ 为 $n$ 和 $n+s$ 次的多项式,而 $R_n(x)$ 和 $R_{n+s}(x)$ 为在区间 $(a,b)$ 上有不同符号的剩余项,则对于此区间的任一值 $x$(对此,$X_{n+s}$ 将是在 $f(x)$ 的展开式中在 $X_n$ 之后的第一个不消失的项),剩余项 $R_n(x)$ 将有 $X_{n+s}$ 的符号且其绝对值小于 $|X_{n+s}|$.

作为一个例子,我们借助于带下降差分的牛顿内插公式来计算 sh 1.58,但使此公式中止在包含二阶差分的项. 今取 $a = 1.55$,于是 $t = 0.6$. 公式(1.18)和差分表 1.10 使我们可以写出

$$\text{sh } 1.58 = 2.249\ 611 + 0.6 \cdot 0.125\ 957 +$$
$$\frac{0.6(-0.4)}{1 \cdot 2} \cdot 0.005\ 94 =$$
$$2.324\ 472$$

此时,剩余项 $R_n(x)$ 和 $R_{n+s}(x)$ 分别等于
$$\frac{t(t-1)(t-2)}{1 \cdot 2 \cdot 3} h^3 \text{ch } \xi$$
和
$$\frac{t(t-1)(t-2)(t-3)}{1 \cdot 2 \cdot 3 \cdot 4} h^4 \text{sh } \xi$$

当 $t = \dfrac{3}{5}$ 时,它们有不同的符号. 因此,按照带下降差分的公式的计算便给出小于第一个略去项

$$\frac{0.6 \cdot (-0.4) \cdot (-1.4)}{1 \cdot 2 \cdot 3} \cdot 0.000\ 33 = 0.000\ 018$$

的误差.

## §20 对于以多项式逼近的某些说明

魏尔斯特拉斯定理断定说,任一连续函数可以多项式代替而没有显著误差,然而魏尔斯特拉斯定理并未谈到当多项式的次数无限增加时,此误差趋于 0 的快慢.

如果说魏尔斯特拉斯着重于连续函数 $f(x)$ 以多项式来逼近的可能性,那么从新的构造的观点来说,重要的是作出这些多项式. 曾经作出过不同的 $n$ 次逼近多项式 $P_n(x)$ 和建立过在不等式 $|f(x) - P_n(x)| < \varepsilon$ 的数 $\varepsilon$ 和 $n = n(\varepsilon)$ 之间的相依性. 我们注意的是这样一些多项式,对于它们随着 $n$ 的增加,$\varepsilon$ 便最快的趋于 0. 对于给定的 $n,\varepsilon$ 的低界就是切比雪夫所考虑的多项式 $P_n(x)$ 与函数 $f(x)$ 的"最小偏差". 原来,若说给定函数 $f(x)$ 的最优的均匀逼近可由广义多项式得到保证,且在这方面,切比雪夫的逼近法是最优的,则这并没有提到关于作广义多项式的方法. 曾经指出,以伯恩斯坦多项式 $B_n(x)$ 逼近于已知函数的可能性,根据 $f(x)$ 在区间(在此区间中,可以用多项式 $B_n(x)$ 逼近函数 $f(x)$)在离散点处的某些特殊值来作这些多项式并无任何困难. 于此指出如下的事实是很有意思的,即我们不可能以 $n$ 次伯恩斯坦多项式逼近函数 $f(x)$ 使其具有高于 $\dfrac{1}{n}$ 阶的近似(至少在使 $f''(x) \neq 0$ 的这些点

## Lagrange 内插公式

是不可能的). 但是函数 $f(x)$ 的微分性质, 当 $n \to \infty$ 时, 对切比雪夫的最优的逼近的递减的阶有影响, 而借助多项式 $B_n(x)$ 的逼近, 其阶与 $f(x)$ 的性质无关. 因此, 若提出在给定区间内以某一按函数的给定值作出的有效的多项式来逼近 $f(x)$ 的问题, 则对于它的解, 一般说来, 内插方法是最适宜的.

然而, 内插公式一般并不给出一个准则, 使我们按照它就能简单地确定对于具有给定准确度的内插(在狭义的意义下)所必需的内插节的个数(或同样的, 即逼近多项式的次数).

这当然并不涉及牛顿一般内插公式与以下所引入的通常在计算机上实施的欧特肯和纳维利的多重法. 按照它们一般并不难确立在逼近表达式中可以只限于哪些幂次.

如没有计算机, 则最好是利用差分公式, 因为欧特肯(Oetken)和纳维利(Navagli)方法要求多次的乘和除, 而差分公式则是要求多次的加和减.

## §21 欧特肯的线性内插方法

今以 $I_{0,1,\cdots,n}(x)$ 表示最大可能次数 $n$ 的内插多项式, 它是为了函数 $f(x)$ 在包含内插节

$$a_0 < a_1 < a_2 < \cdots < a_n$$

的区间中的内插而作出的. 在一个内插点 $a_v$ 的情形下, 我们写成

$$I_v(x) \equiv f(a_v) \quad (v = 0, 1, \cdots, n)$$

以后规定所谓内插多项式就是指牛顿和拉格朗日

多项式以及其他的变了形的与它们相同的多项式. 由于牛顿和拉格朗日内插多项式对于一组节 $\{a_v\}$ ($v=0$, $1,\cdots,n$) 是恒等的(§7), 所以在以后对于 $I_{0,1,\cdots,n}(x)$ 我们指的是拉格朗日内插多项式.

因此, 多项式 $I_{0,1,\cdots,n}(x)$ 是内插节 $a_0, a_1, \cdots, a_n$ 的对称函数, 因为将它们交换后, 拉格朗日多项式并不改变. 例如

$$I_{0,1,\cdots,n}(x) = I_{1,0,\cdots,n}(x)$$

今后给定的数中取出某 $k+1$ 个节并对这些节写出拉格朗日内插多项式

$$I_{0,1,\cdots,k}(x) = P(x) \sum_{v=0}^{k} \frac{f(a_v)}{(x-a_v)P'(a_v)}$$

其中

$$P(x) = (x-a_0)(x-a_1)\cdots(x-a_k)$$

今考虑多项式 $I_{0,1,\cdots,p-1,p+1,\cdots,k}(x)$, 它是从所固定的 $k+1$ 个节中除去某一个下标为 $p \leqslant k$ 的节而得的. 欲作此多项式, 只要在 $I_{0,1,\cdots,k}(x)$ 的公式中以 $\dfrac{P(x)}{x-a_p}$ 代替 $P(x)$ 就可. 我们得

$$I_{0,1,\cdots,p-1,p+1,\cdots,k}(x) =$$
$$P(x) \sum_{v=0}^{k} \frac{f(a_v)}{(x-a_v)P'(a_v)} \frac{a_v - a_p}{x - a_p}$$

在除去下标为 $q \neq p$ ($q \leqslant k$) 的节的情形, 可以写出

$$I_{0,1,\cdots,q-1,q+1,\cdots,k}(x) =$$
$$P(x) \sum_{v=0}^{k} \frac{f(a_v)}{(x-a_v)P'(a_v)} \frac{a_v - a_q}{x - a_q}$$

由这两个等式可得

**Lagrange 内插公式**

$$I_{0,1,\cdots,k}(x) = \frac{\begin{vmatrix} I_{0,1,\cdots,q-1,q+1,\cdots,k}(x) & x-a_p \\ I_{0,1,\cdots,p-1,p+1,\cdots,k}(x) & x-a_q \end{vmatrix}}{a_p - a_q}$$

因之：

$k$ 次拉格朗日内插公式 $I_{0,1,\cdots,k}(x)$ 可由应用线性内插于某两个 $k-1$ 次多项式

$I_{0,1,\cdots,p-1,p+1,\cdots,k}(x)$ 和 $I_{0,1,\cdots,q-1,q+1,\cdots,k}(x)$

而作出.

欧特肯方法的实质就在于此.

因此,二次内插多项式 $I_{0,1,2}(x)$ 是由应用线性内插于某两个一次多项式 $I_{0,1}(x), I_{0,2}(x)$ 和 $I_{1,2}(x)$ 而得到,其中,例如

$$I_{0,1}(x) = \frac{\begin{vmatrix} I_0(x) & x-a_0 \\ I_1(x) & x-a_1 \end{vmatrix}}{a_0 - a_1} = $$

$$\frac{x-a_1}{a_0-a_1}f(a_0) + \frac{x-a_0}{a_1-a_0}f(a_1)$$

因之

$$I_{0,1,2}(x) = \frac{\begin{vmatrix} I_{0,1}(x) & x-a_1 \\ I_{0,2}(x) & x-a_2 \end{vmatrix}}{a_1 - a_2}$$

$$I_{0,1,2}(x) = \frac{\begin{vmatrix} I_{0,1}(x) & x-a_0 \\ I_{1,2}(x) & x-a_2 \end{vmatrix}}{a_0 - a_2}$$

$$I_{0,1,2}(x) = \frac{\begin{vmatrix} I_{0,2}(x) & x-a_0 \\ I_{1,2}(x) & x-a_1 \end{vmatrix}}{a_0 - a_1}$$

完全一样,应用线性内插于某两个二次多项式. 例

Lagrange's Interpolation Formula

如应用于 $I_{0,1,2}(x)$ 和 $I_{1,2,3}(x)$ 等,便可作出三次内插多项式 $I_{0,1,2,3}$.

因为连续的应用欧特肯线性内插方法可得到次数渐增的拉格朗日多项式 $I_{0,1,\cdots,k}(x)$,所以它可以用来计算这些多项式的各别值,既富有成效而又大大节省时间(尤其是在利用计算机时).

按以下所列的表(表 1.12)来处理,可使计算方便.

表 1.12  欧特肯计算表

| | | | | | |
|---|---|---|---|---|---|
| $a_0$ | $f(a_0)$ | | | | $x - a_0$ |
| $a_1$ | $f(a_1)$ | $I_{0,1}(x)$ | | | $x - a_1$ |
| $a_2$ | $f(a_2)$ | $I_{0,2}(x)$ | $I_{0,1,2}(x)$ | | $x - a_2$ |
| $a_3$ | $f(a_3)$ | $I_{0,3}(x)$ | $I_{0,1,3}(x)$ | $I_{0,1,2,3}(x)$ | $x - a_3$ |
| ⋮ | ⋮ | ⋮ | ⋮ | ⋮ | ⋮ |

此表的各元素与行列式

$$\begin{vmatrix} I_{0,1,\cdots,q-1,q+1,\cdots,k}(x) & x - a_p \\ I_{0,1,\cdots,p-1,p+1,\cdots,k}(x) & x - a_q \end{vmatrix}$$

的各元有同一相关位置. 因之,在计算机上 $I_{0,1,\cdots,k}(x)$ 的值的计算便成为交叉的乘和除.

很显然,欧特肯方法是可以利用的,只要拉格朗日的内插过程收敛(§8). 此时,欧特肯内插过程收敛于为拉格朗日的内插过程所逼近的函数 $f(x)$ 的值.

作为一个例子,我们考虑由米尔纳(Milner)提出的正弦积分

$$\text{Si } x = -\int_x^\infty \frac{\sin u}{u} du$$

的值的表(表 1.13),并以多重法计算 Si(0.462).

## Lagrange 内插公式

表 1.13　收敛于 $\mathrm{Si}(0.462)$ 的欧特肯内插过程

| $v$ | $a_v$ | $f(a_v)$ | 1 次 | 2 次 | 3 次 | $x-a_v$ |
|---|---|---|---|---|---|---|
| 0 | 0.3 | 0.298 50 | | | | 162 |
| 1 | 0.4 | 0.396 46 | 0.457 195 | | | 62 |
| 2 | 0.5 | 0.493 11 | 0.456 134 | 0.456 537 | | -38 |
| 3 | 0.6 | 0.588 13 | 0.454 900 | 0.456 484 | 0.456 557 | -138 |
| 4 | 0.7 | 0.681 22 | 0.453 502 | 0.456 432 | 0.456 557 | -238 |

所作计算是多算了一位小数的,这是为了减轻不可避免的误差在计算过程中的影响. $\mathrm{Si}(0.462)$ 的具有七位小数的真值等于 0.456 556 6. $a_4 = 0.7$ 这一列是为了检验计算而引入的.

## §22　纳维利的线性内插方法

与欧特肯的方法有某些程度不同的线性内插方法是纳维利研究出的. 在转去考虑纳维利的表格以前,我们导入一个实现纳维利的多重法的一般公式.

今以 $I_{v,v+1,\cdots,v+k}(x)$ 和 $I_{v+1,v+2,\cdots,v+k+1}(x)$ 表示拉格朗日内插多项式,它们是在包含内插节

$$a_v < a_{v+1} < \cdots < a_{v+k+1}$$

的区间内,为了函数 $f(x)$ 的内插而作出. 因为

$$I_{v,v+1,\cdots,v+k}(x) = \frac{P(x)f(a_v)}{(x-a_v)P'(a_v)} + P(x)\sum_{p=v+1}^{v+k}\frac{f(a_p)}{(x-a_p)P'(a_p)}$$

而

## Lagrange's Interpolation Formula

$$I_{v+1,v+2,\cdots,v+k+1}(x) =$$

$$\frac{P(x)}{P(a_{v+k+1})} \frac{a_{v+k+1} - a_v}{x - a_v} f(a_{v+k+1}) +$$

$$\frac{x - a_{v+k+1}}{x - a_v} P(x) \sum_{p=v+1}^{v+k} \frac{a_p - a_v}{a_p - a_{v+k+1}} \frac{f(a_p)}{(x - a_p) P'(a_p)}$$

其中

$$P(x) = \prod_{\lambda=v}^{v+k} (x - a_\lambda)$$

所以可以写出

$$I_{v,v+1,\cdots,v+k+1}(x) = \frac{\begin{vmatrix} I_{v,v+1,\cdots,v+k}(x) & x - a_v \\ I_{v+1,v+2,\cdots,v+k+1}(x) & x - a_{v+k+1} \end{vmatrix}}{a_v - a_{v+k+1}}$$

由此可见,次数不大于 $v+k+1$ 的拉格朗日内插多项式 $I_{v,v+1,\cdots,v+k+1}(x)$ 可由应用线性内插于多项式 $I_{v,v+1,\cdots,v+k}(x)$ 和 $I_{v+1,v+2,\cdots,v+k+1}(x)$ 而作出。

刚刚所得的公式给出量的序列,借助于它,可作出纳维利的计算表(表 1.14)。

表 1.14 纳维利的计算表

| $a_0$ | $x - a_0$ | $f(a_0)$ | | | |
|---|---|---|---|---|---|
| $a_1$ | $x - a_1$ | $f(a_1)$ | $I_{0,1}(x)$ | | |
| $a_2$ | $x - a_2$ | $f(a_2)$ | $I_{1,2}(x)$ | $I_{0,1,2}(x)$ | |
| $a_3$ | $x - a_3$ | $f(a_3)$ | $I_{2,3}(x)$ | $I_{1,2,3}(x)$ | $I_{0,1,2,3}(x)$ |
| ⋮ | ⋮ | ⋮ | ⋮ | ⋮ | ⋮ |

此处一般说来是交叉相乘引到不正确的结果,因为在纳维利表中的元素一般的与行列式

$$\begin{vmatrix} I_{v,v+1,\cdots,v+k}(x) & x - a_v \\ I_{v+1,v+2,\cdots,v+k+1}(x) & x - a_{v+k+1} \end{vmatrix}$$

Lagrange 内插公式

的元素有另一种相关位置.

## §23 在自变量的重复值的情形下的线性内插方法

欧特肯和纳维利的计算方法对于自变量的重复值也可应用. 为此, 必须建立在某些自变量值重合的情形下, 线性内插方法的合理性.

作为一个例子, 我们取一次内插多项式

$$I_{0,1}(x) = \frac{\begin{vmatrix} I_0(x) & x-a_0 \\ I_1(x) & x-a_1 \end{vmatrix}}{a_0 - a_1} =$$

$$f(a_0) + (x-a_0)\frac{f(a_0)-f(a_1)}{a_0-a_1}$$

若自变量的值 $a_0$ 和 $a_1$ 重合, 则可令 $a_0 = a$ 并当 $a_1$ 趋于 $a$ 时取极限. 这样, 便得到内插公式

$$I_{a,a}(x) = f(a) + (x-a)f'(a)$$

此处 $I_{a,a}(x)$ 表示对于函数 $f(x)$ 在包含二重节 $a$ 的区间内的内插多项式. 显然, 上一公式可由对于自变量的两个重复值的牛顿内插公式

$$I_{a,a}(x) = f(a) + (x-a)f(a,a)$$

得到.

由于在具有重复节的内插时, 在拉格朗日公式中取极限有困难, 所以在以后, 代替拉格朗日公式, 我们采用与其相当的牛顿多项式.

因此, 例如对于自变量值 $a, a, a, b$, 我们得到

## Lagrange's Interpolation Formula

$$I_{a,a,a,b}(x) = \frac{\begin{vmatrix} I_{a,a,a}(x) & x-a \\ I_{a,a,b}(x) & x-b \end{vmatrix}}{a-b}$$

其中

$I_{a,a,a}(x) =$
$f(a) + (x-a)f(a,a) + (x-a)^2 f(a,a,a) =$
$f(a) + (x-a)f'(a) + (x-a)^2 \dfrac{f''(a)}{2}$

$I_{a,a,b}(x) =$
$f(a) + (x-a)f(a,a) + (x-a)^2 f(a,a,b) =$
$\left(1 - \left(\dfrac{x-a}{x-b}\right)^2\right) f(a) + \left(\dfrac{x-a}{x-b}\right)^2 f(b) +$
$\dfrac{(x-a)(x-b)}{x-b} f'(a)$

此处，多项式 $I_{a,a,b}(x)$ 在点 $x=b$ 处有单节，在点 $x=a$ 处有三重节．记号 $I_{a,a,a}(x)$ 和 $I_{a,a,b}(x)$ 有相仿的意义．

因之，对于重复节的线性内插问题是要求作按给定的函数值和导数值的内插．

作为一个例子，我们借助于以下引入的 $\sin x$ 和其导数值的表（表 1.15）来计算 $\sin 0.25$．计算之，便有 $(a_0 = a_1 = a, a_2 = a_3 = b)$

$I_{a_0,a_1}(x) = I_{a,a}(x) = f(a) + (x-a)f'(a) = 0.2477$

$I_{a_0,a_2}(x) = I_{a,b}(x) = \dfrac{\begin{vmatrix} I_a(x) & x-a \\ I_b(x) & x-b \end{vmatrix}}{a-b} = 0.2471$

$I_{a_0,a_3}(x) = I_{a,b}(x) = 0.2471$

$I_{a_0,a_1,a_2}(x) = I_{a_0,a_1,a_3}(x) = I_{a,a,b}(x) = 0.2474$

在表 1.15 中说明了整个计算的过程．

Lagrange 内插公式

表 1.15　收敛于 sin 0.25 的欧特肯多重法

| $v$ | $a_v$ | $f(a_v)$ | $f'(a_v)$ | 一　　次 | 二　　次 | $x-a_v$ |
|---|---|---|---|---|---|---|
| 0 | 0.2 | 0.198 7 | 0.980 1 | | | 0.05 |
| 1 | 0.2 | 0.198 7 | 0.980 1 | $I_{a_0,a_1}=0.247\ 7$ | | 0.05 |
| 2 | 0.3 | 0.295 5 | 0.955 3 | $I_{a_0,a_2}=0.247\ 1$ | $I_{a_0,a_1,a_2}=0.247\ 4$ | -0.05 |
| 3 | 0.3 | 0.295 5 | 0.955 3 | $I_{a_0,a_3}=0.247\ 1$ | $I_{a_0,a_1,a_3}=0.247\ 4$ | -0.05 |

今以纳维利法作此同一例子. 所作的计算列在表 1.16 中.

表 1.16　收敛于 sin 0.25 的纳维利多重法

| $a_v$ | $x-a_v$ | $f(a_v)$ | $f'(a_v)$ | 一　　次 | 二　　次 |
|---|---|---|---|---|---|
| 0.2 | 0.05 | 0.198 7 | 0.980 1 | | |
| 0.2 | 0.05 | 0.198 7 | 0.980 1 | $I_{a,a}=0.247\ 7$ | |
| 0.3 | -0.05 | 0.295 5 | 0.955 3 | $I_{a,b}=0.247\ 1$ | $I_{a,a,b}=0.247\ 4$ |
| 0.3 | -0.05 | 0.295 5 | 0.955 3 | $I_{b,b}=0.247\ 7$ | $I_{a,b,b}=0.247\ 4$ |

因此,这两个多重法都表明,所求的值 sin 0.25 到四位小数等于 0.247 4.

存在这样的意见,是说函数按其值以及其导数值的内插只有借助于纳维利的多重法才为可能. 以上所述的理论和所讨论的例子显示出这个意见的错误. 欧特肯方法也可同样应用于当节重合的情形.

在重复节时,纳维利和欧特肯的内插方法都是借助于牛顿公式以及一些特殊公式来实现的,认识了这一点后,便可提出下一问题:在重复节时,对于内插代替纳维利和欧特肯公式直接采用牛顿公式是否更合适? 在实用上,利用牛顿公式有很多方便,尤其是因为

当内插多项式的次数增加 1 次以及在内插节中增添新的节时,我们仅仅需要再多计算一项.

## §24 函数借助于连分式的内插

在前几节中我们考虑了以多项式逼近函数的问题. 在那里所作出的内插公式,在靠近被内插函数趋向无穷的点处,对于内插是不能应用的. 在本节中,我们研究函数借助于有理分式的逼近. 由此所得的内插公式可以有效地用以逼近问题函数.

我们将解决下一问题:

对于自变量的 $n$ 个不同的值 $x = a_0, a_1, \cdots, a_{n-1}$, 函数 $f(x)$ 的值是已知的;求出有理分式型的逼近函数并估计误差.

作为近似分式我们取渐近公式

$$\frac{p_{v+1}(x)}{q_{v+1}(x)} = a_0 + \cfrac{x-a_0}{a_1 + \cfrac{x-a_1}{a_2 + \cfrac{x-a_2}{a_3 + \cfrac{x-a_3}{a_4} + \cfrac{}{\ddots + \cfrac{x-a_{v-1}}{a_v}}}}}$$

其中 $v$ 取 $1, 2, \cdots, n-1$ 诸值. 此处 $\dfrac{p_1}{q_1} = \dfrac{a_0}{1}$, 数 $a_0, a_1, \cdots, a_{n-1}$ 是借助于对自变量值 $a_0, a_1, \cdots, a_{n-1}$ 的反差商作出的.

为了在实际上使借助于各个接续的渐近公式

Lagrange 内插公式

$$\frac{p_1(x)}{q_1(x)}, \frac{p_2(x)}{q_2(x)}, \cdots, \frac{p_n(x)}{q_n(x)}$$

来逼近 $f(x)$ 成为可能,我们还要研究第 $n$ 个渐近分式 $\frac{p_n(x)}{q_n(x)}$ 与在点 $a_v(v=0,1,\cdots n-1)$ 给定的函数 $f(x)$ 的偏差是怎样的,即要研究公式

$$f(x) = \frac{p_n(x)}{q_n(x)} + R_n(x)$$

的剩余项 $R_n(x)$.

在给定点 $a_v(v=0,1,\cdots,n-1)$ 处与函数 $f(x)$ 取相同值的分式 $\frac{p_n(x)}{q_n(x)}$ 叫作梯里内插公式.

今取包含内插节 $a_v(v=0,1,\cdots,n-1)$ 和数 $x$ 的最小区间 $(a,b)$. 我们将从(在区间 $(a,b)$ 内)在点 $\beta_1$ 处有 $r_1$ 重极,在点 $\beta_2$ 处有 $r_2$ 重极等,并最后在点 $\beta_\mu$ 处有 $r_\mu$ 重极 $(r_1 + r_2 + \cdots + r_\mu = m)$ 的函数开始. 我们假定这些极不与内插点 $a_v$ 相重.

今取次数等于第 $n$ 个渐近分式的分母的次数的多项式 $Q(x)$. 多项式 $Q(x)$ 在 $n = 2k$ 时,为 $k - 1$ 次,在 $n = 2k + 1$ 时,为 $k$ 次. 设

$$Q(x) = \varphi(x)(x - \beta_1)^{r_1}(x - \beta_2)^{r_2} \cdots (x - \beta_\mu)^{r_\mu}$$

其中 $\varphi(x)$ 为由下一条件确定的任一多项式,即 $Q(x)$ 和 $\varphi(x)$ 的次数之差等于 $m$. 因此,多项式 $Q(x)$ 的次数,或即第 $n$ 个渐近分式的分母的次数应大于或等于 $m$.

今这样限定内插函数使得多项式 $Q(x)$ 与 $f(x)$ 的乘积与其首 $n - 1(n \geq m)$ 阶导数都是连续的,此外并假定此乘积在区间 $(a,b)$ 内有 $n$ 阶导数.

今考虑函数

## Lagrange's Interpolation Formula

$$F(z) = f(z)q_n(z)Q(z) - p_n(z)Q(z) - \lambda(x-a_0)(x-a_1)\cdots(x-a_{n-1})$$

其中 $q_n(z)$ 和 $p_n(z)$ 为对 $f(x)$ 的内插所作的第 $n$ 个渐近分式的分子和分母

$$f(a_v) = \frac{p_n(a_v)}{q_n(a_v)} \quad (v = 0,1,\cdots,n-1)$$

而 $\lambda$ 为常数,我们要如此地确定它使得辅助函数 $F(z)$ 在不与内插节 $a_v(v=0,1,\cdots,n-1)$ 重合的值 $z=x$ 处消失. 为此,只需令

$$\lambda = \frac{f(x)q_n(x)Q(x) - p_n(x)Q(x)}{(x-a_0)(x-a_1)\cdots(x-a_{n-1})}$$

在 $\lambda$ 的这种选取下, $F(z)$ 在区间 $(a,b)$ 内将有 $n+1$ 个实根. 连续地应用罗尔定理,便知 $F'(z)$ 在区间 $(a,b)$ 内有 $n$ 个零点, $F''(z)$ 有 $n-1$ 个零点,最后, $n$ 阶导数在 $t=\xi$ 时变为 $0$,即

$$F^{(n)}(\xi) = 0$$

因为多项式 $p_n(z) \cdot q_n(z)$ 对任一 $n$ 为 $n-1$ 次,所以多项式 $p_n(z) \cdot Q(z)$ 也有这样的次数.

因此

$$F^{(n)}(\xi) = \frac{d^n f(\xi)q_n(\xi)Q(\xi)}{d\xi^n} - \lambda n! = 0$$

其中 $\xi$ 位于区间 $(a,b)$ 内,故可写出

$$\frac{f(x)q_n(x)Q(x) - p_n(x)Q(x) - (x-a_0)(x-a_1)\cdots(x-a_{n-1})}{n!} \cdot$$

$$\frac{d^n}{d\xi^n}(f(\xi)q_n(\xi)Q(\xi)) = 0$$

因之

**Lagrange 内插公式**

$$f(x) = \frac{p_n(x)}{q_n(x)} + R_n(x)$$

其中

$$R_n(x) = \frac{(x-a_0)(x-a_1)\cdots(x-a_{n-1})}{n!\, q_n(x)Q(x)} \cdot \frac{d^n}{d\xi^n}(f(\xi)q_n(\xi)Q(\xi))$$

如果 $f(x)$ 在区间上与其首 $n-1$ 阶导数都是连续的,且在区间 $(a,b)$ 上有 $n$ 阶导数,则可令

$$Q(x) = q_n(x)$$

剩余项便有下形

$$R_n(x) = \frac{(x-a_0)(x-a_1)\cdots(x-a_{n-1})}{n!\,(q_n(x))^2} \cdot \frac{d^n}{d\xi^n}(f(\xi)(q_n(\xi))^2)$$

借助于渐近分式去实现逼近的公式,对于在狭义意义下的内插是方便的. 我们按此公式对 $x$ 的离散值计算出 $f(x)$ 的值,便得到渐近分式的数列 $\frac{p_v}{q_v}(v=1,2,\cdots,n)$,它当 $R_n \xrightarrow[n\to\infty]{} 0$ 时,收敛于所求的 $f(x)$ 的值.

作为一个例子,今利用表 1.17 的数据计算对 $x = 1.5°$ 的 cosec $x$ 的值.

表 1.17　函数 $f(x) = $ cosec $x$ 的反差商表

| $v$ | $a_v$ | cosec $a_v$ | $\rho_1$ | $\rho_2$ | $\rho_3$ |
|---|---|---|---|---|---|
| 0 | 1° | 57.298 677 | | | |
| 1 | 2° | 28.653 706 | −0.034 910 142 | 0.017 457 | 342.05 |
| 2 | 3° | 19.107 321 | −0.104 751 69 | 0.026 225 | |
| 3 | 4° | 14.335 588 | −0.209 567 47 | | |

数 $a_v$ 和接续的渐近分式 $\dfrac{p_v}{q_v}$ 的计算列在表 1.18 中.

表 1.18　接续的渐近分式 $\dfrac{p_v}{q_v}(v=1,2,3,4)$ 的表

| $v$ | $a_v$ | $x-a_v$ | $p_v$ | $q_v$ | $p_v/q_v$ |
|---|---|---|---|---|---|
| 0 | 57.298 677 | 0.5 | 1 | 0 | |
| 1 | -0.034 910 142 | -0.5 | 57.298 677 | 1 | 57.298 677 |
| 2 | -57.281 220 | -1.5 | -1.500 304 95 | -0.034 910 142 | 42.976 192 |
| 3 | 342.08 | -2.5 | 57.289 957 | 1.499 695 5 | 38.201 059 |
| 4 | | | 19 599.998 9 | 513.068 20 | 38.201 547 |

## §25　带自变量重复值以反差商的内插

必须指出,函数 $f(x)$ 展开成连分式可有另外的形式,只要在其中以 $x+h$ 代替 $x$ 并假定数 $a_v$ 等于 $x$. 此时,便得到下一公式

$$f(x+h)=$$

$$f(x)+\cfrac{h}{\rho_1(x,x)+\cfrac{h}{\rho_2(x,x,x)-\rho_0(x)+\cdots}}+$$

$$\cfrac{h}{\rho_n(\underbrace{x,x,\cdots,x}_{n+1})-\rho_{n-2}(\underbrace{x,x,\cdots,x}_{n-1})+\cdots}$$

它包含带自变量重复值的反差商. 由于这些反差商可用函数 $f(x)$ 在点 $x$ 处的各阶导数表出,所以可以认定上一公式是与泰勒公式相类似的公式,它是由函数 $f(x)$ 的借助于差商的展开式(§3)而得到.

函数 $f(x)$ 借助于自变量重复值的展开式可有成效地用于它的值的近似计算. 如果 $f(x)$ 满足在上节中

## Lagrange 内插公式

所加于它的条件,那么在那里对于剩余项 $R_n(x)$ 所得的公式可用来估计这些近似计算的误差.

最后,如果在带自变量重复值以反差商的内插的公式中,交换 $x$ 和 $h$ 的位置并令 $h = 0$,便得

$$f(x) = f(0) + \cfrac{x}{\rho_1(0,0) + \cfrac{x}{\rho_2(0,0,0) - \rho_0(0) + \cfrac{x}{\rho_3(0,0,0,0) - \rho_1(0,0) + \cdots}}}$$

此公式与麦克劳林(C. Maclaurin)公式相似.

利用对于带自变量重复值的计算反差商的公式,便可写出

$$f(x + h) = f(x) + \cfrac{h}{\cfrac{1}{f'(x)} - \cfrac{h}{\cfrac{2(f'(x))^2}{f''(x)} + \cdots}}$$

以及

$$f(x) = f(0) + \cfrac{x}{\cfrac{1}{f'(0)} - \cfrac{x}{\cfrac{2(f'(0))^2}{f''(0)} + \cdots}}$$

借助于上一公式将函数 $f(x) = \mathrm{e}^x$ 展成无穷分式,便得

$$\mathrm{e}^x = 1 + \cfrac{x}{1 + \cfrac{x}{-2 + \cfrac{x}{-3 + \cfrac{x}{2 + \cfrac{x}{5 + \cfrac{x}{-2 + \cdots}}}}}}$$

## §26 三角内插

在所有逼近法中,最早的应该算是三角多项式的逼近法. 此法对逼近周期函数特别适用,并且对于非周期函数的逼近也是同样有用的.

设函数 $f(x)$ 对自变量的一串值

$$0 \leqslant a_0 < a_1 < \cdots < a_{2n} < 2\pi$$

是给定的,并要作 $n$ 次的三角多项式

$$\varphi(x) = A_0 + \sum_{v=1}^{n}(A_v \cos vx + B_v \sin vx)$$

使它在 $x = a_k (k = 0, 1, \cdots, 2n)$ 时,取值 $f(a_k)$. 因之,多项式的系数 $A_v$ 和 $B_v$ 应这样选择使它满足关系式

$$f(a_k) = A_0 + \sum_{v=1}^{n}(A_v \cos va_k + B_v \sin va_k)$$
$$(k = 0, 1, 2, \cdots, 2n)$$

这些关系式给出具有 $2n+1$ 个未知元 $A_v(v = 0, 1, 2, \cdots, n)$ 和 $B_v(v = 0, 1, 2, \cdots, n)$ 的 $2n+1$ 个线性方程组. 由于方程的个数与未知元的个数相同,因而只要行列式

$\Delta =$

$$\begin{vmatrix} 1 & \cos a_0 & \cos 2a_0 & \cdots & \cos na_0 & \sin a_0 & \sin 2a_0 & \cdots & \sin na_0 \\ 1 & \cos a_1 & \cos 2a_1 & \cdots & \cos na_1 & \sin a_1 & \sin 2a_1 & \cdots & \sin na_1 \\ \vdots & \vdots & \vdots & & \vdots & \vdots & \vdots & & \vdots \\ 1 & \cos a_{2n} & \cos 2a_{2n} & \cdots & \cos na_{2n} & \sin a_{2n} & \sin 2a_{2n} & \cdots & \sin na_{2n} \end{vmatrix}$$

不等于 0,此方程组便有唯一个解.

今来计算此行列式的值. 为此目的,我们进行某些

Lagrange 内插公式

变换,而且为了使书写有较简短的形式,每一次只对原行列式的某一列,例如对第一列,加以变换.对应行列式的构造就容易按此列得出.

今先将具有正弦列的元素乘以 $i = \sqrt{-1}$,并将它们分别加到具有余弦列的元素上,便有

$$\Delta = |\ 1\ \ e^{ia_0}\ \ e^{2ia_0}\ \cdots\ e^{nia_0}\ \ \sin a_0\ \cdots\ \sin na_0\ |$$

今若再将此行列式的正弦用具有纯虚指数函数表示,并对它们分别加上其他各列(元素为 1 的列除外)的元素与 $-\dfrac{1}{2i}$ 的乘积,则得

$$\Delta = -\frac{1}{(-2i)^n}|\ 1\ \ e^{ia_0}\ \ e^{2ia_0}\ \cdots\ e^{nia_0}\ e^{-ia_0}\ \cdots\ e^{-nia_0}\ |$$

今调换各列使得新行列式的各列形成公比为

$$e^{ia_k}\quad (k = 0, 1, \cdots, 2n)$$

的几何级数.这样就有了 $\dfrac{n(3n+1)}{2}$ 个变号,因而

$$\Delta = \frac{(-1)^{\frac{n(3n+1)}{2}}}{(-2i)^n} \cdot$$

$$|\ e^{-nia_0}\ \ e^{-(n-1)ia_0}\ \cdots\ e^{-ia_0}\ \ 1\ \ e^{ia_0}\ \ e^{2ia_0}\ \cdots\ e^{nia_0}\ | =$$

$$\frac{(-1)^{\frac{n(3n+1)}{2}}}{(-2i)^n} e^{-in\sum_{k=0}^{2n}a_k}|\ 1\ \ e^{ia_0}\ \ e^{2ia_0}\ \cdots\ e^{2nia_0}\ |$$

变换后的行列式就是范德蒙德行列式,因而它的值等于

$$\prod_{\lambda < \mu \leqslant 2n} (e^{ia_\mu} - e^{ia_\lambda})$$

因为

$$e^{ia_\mu} - e^{ia_\lambda} = 2ie^{i\frac{a_\mu + a_\lambda}{2}}\sin\frac{a_\mu - a_\lambda}{2}$$

所以

$$\prod_{\lambda<\mu\leqslant 2n}(e^{ia_\mu}-e^{ia_\lambda})=(2i)^{n(2n+1)}e^{-in\sum_{k=0}^{2n}a_k}\prod_{\lambda<\mu\leqslant 2n}\sin\frac{a_\mu-a_\lambda}{2}$$

利用这些表达式,便得

$$\Delta=(-1)^{\frac{n(n-1)}{2}}2^{2n^2}\prod_{\lambda<\mu\leqslant 2n}\sin\frac{a_\mu-a_\lambda}{2}$$

今已显然,行列式 $\Delta$ 不等于 $0$,因之,以上所述的问题有唯一一个解.

今回到 $\varphi(x)$ 的展开式以及为确定系数 $A_v$ 和 $B_v$ 的方程. 将在这些方程中的常数项移到右端. 这样,便得到关于 $2n+2$ 个未知元

$$1,A_0,A_1,\cdots,A_n,B_0,B_1,\cdots,B_n$$

的 $2n+2$ 个线性齐次方程. 此方程组有非零解. 因之,方程组的行列式应等于 $0$,即

$$\begin{vmatrix} 1 & \cos x & \cos 2x & \cdots & \cos nx & \sin x & \sin 2x & \cdots & \sin nx & \varphi(x) \\ 1 & \cos a_0 & \cos 2a_0 & \cdots & \cos na_0 & \sin a_0 & \sin 2a_0 & \cdots & \sin na_0 & f(a_0) \\ \vdots & \vdots & \vdots & & \vdots & \vdots & \vdots & & \vdots & \vdots \\ 1 & \cos a_{2n} & \cos 2a_{2n} & \cdots & \cos na_{2n} & \sin a_{2n} & \sin 2a_{2n} & \cdots & \sin na_{2n} & f(a_{2n}) \end{vmatrix}=0$$

将上一行列式按其最后一列的元素展开,就容易得到写成显明形式的内插函数

$$\varphi(x)=\sum_{v=0}^{2n}\frac{\sin\frac{x-a_0}{2}\cdots\sin\frac{x-a_{v-1}}{2}\sin\frac{x-a_{v+1}}{2}\cdots\sin\frac{x-a_{2n}}{2}}{\sin\frac{a_v-a_0}{2}\cdots\sin\frac{a_v-a_{v-1}}{2}\sin\frac{a_v-a_{v+1}}{2}\cdots\sin\frac{a_v-a_{2n}}{2}}f(a_v)$$

(1.64)

这就是在 $x=a_v(v=0,1,\cdots,2n)$ 时,取值 $f(a_v)$ 的三角多项式的形式. 这样的多项式是唯一的. 公式 (1.64) 可用于任一区间,只要内插节当 $v\neq\mu$ 时满足

**Lagrange 内插公式**

条件 $a_v - a_\mu \neq 2m\pi$ ($m$ 整数).

完全同样,可导出能用以作正弦或余弦的如此性质的多项式的诸公式,它们在点 $0 \leq a_0 < a_1 < \cdots < a_n < \pi$ 处分别成为 $f(a_0), f(a_1), \cdots, f(a_n)$.

我们可证实,满足这些条件的不高于 $n$ 次的偶三角多项式具有形式

$$\varphi(x) = \sum_{v=0}^{n} \cdot \frac{(\cos x - \cos a_0)\cdots(\cos x - \cos a_{v-1})(\cos x - \cos a_{v+1})\cdots(\cos x - \cos a_n)}{(\cos a_v - \cos a_0)\cdots(\cos a_v - \cos a_{v-1})(\cos a_v - \cos a_{v+1})\cdots(\cos a_v - \cos a_n)} \cdot f(a_v) \tag{1.65}$$

对于次数不大于 $n$ 的奇多项式,可以得到

$$\varphi(x) = \sum_{v=1}^{n} \frac{\sin x}{\sin a_v} \cdot \frac{(\cos x - \cos a_1)\cdots(\cos x - \cos a_{v-1})(\cos x - \cos a_{v+1})\cdots(\cos x - \cos a_n)}{(\cos a_v - \cos a_1)\cdots(\cos a_v - \cos a_{v-1})(\cos a_v - \cos a_{v+1})\cdots(\cos a_v - \cos a_n)} \cdot f(a_v) \tag{1.66}$$

在对任一区间利用上两公式时,内插节应这样选取,使得 $a_v \neq m\pi$ 且当 $v \neq \mu$ 时,$a_v \pm a_\mu \neq 2m\pi$.

在高斯的著作中已有的以上所得的公式(1.64),(1.65) 和(1.66),对于它们还可加上一个由埃尔米特(C. Hermite) 所给的公式

$$\varphi(x) = \sum_{v=0}^{n} \cdot \frac{\sin(x - a_0)\cdots\sin(x - a_{v-1})\sin(x - a_{v+1})\cdots\sin(x - a_n)}{\sin(a_v - a_0)\cdots\sin(a_v - a_{v-1})\sin(a_v - a_{v+1})\cdots\sin(a_v - a_n)} f(a_v)$$

容易见到,以上所得的内插公式的基本多项式(乘以 $f(a_v)$ 的三角多项式),当 $x = a_v$ 时,变成 1 而当 $x = a_\mu (\mu \neq v)$ 时,变成 0.

作为一个例子,我们近似地计算当 $\varphi = 0.5°$ 时第二类椭圆积分

$$E(\varphi) = \int_0^\varphi \sqrt{1 - \frac{1}{4}\sin^2\varphi}\,\mathrm{d}\varphi$$

以下引入一个表(表 1.19),是由椭圆积分的表(例如,在 Я. H. 舍比里雷茵的书中便有)中抄出. 它可看作被内插函数 $E(\varphi)$ 在内插节处预先给定值的表.

表 1.19 椭圆积分值的表

| $\varphi$ | 0 | 1° | 2° | 3° | 4° |
|---|---|---|---|---|---|
| $E(\varphi)$ | 0 | 0.017 45 | 0.034 90 | 0.052 35 | 0.069 80 |

按照公式(1.64),可得

$E(0.5°) =$

$0.017\ 45 \cdot \dfrac{\sin 0.25° \cdot \sin 0.75° \cdot \sin 1.25° \cdot \sin 1.75°}{\sin 0.5° \cdot \sin 0.5° \cdot \sin 1° \cdot \sin 1.5°} -$

$0.034\ 90 \cdot \dfrac{\sin 0.25° \cdot \sin 0.25° \cdot \sin 1.25° \cdot \sin 1.75°}{\sin 1° \cdot \sin 0.5° \cdot \sin 0.5° \cdot \sin 1°} +$

$0.052\ 35 \cdot \dfrac{\sin 0.25° \cdot \sin 0.25° \cdot \sin 0.75° \cdot \sin 1.75°}{\sin 1.5° \cdot \sin 1° \cdot \sin 0.5° \cdot \sin 0.5°} -$

$0.069\ 80 \cdot \dfrac{\sin 0.25° \cdot \sin 0.25° \cdot \sin 0.75° \cdot \sin 1.25°}{\sin 2° \cdot \sin 1.5° \cdot \sin 1° \cdot \sin 0.5°} =$

$0.008\ 725$

而真值 $E(0.5°)$ 等于 $0.008\ 727$.

## §27 关于三角内插多项式的收敛性

(1) 在上节中已引入三角内插多项式,但并未提到关于任意引入内插节以及无限增加节的个数时,多

Lagrange 内插公式

项式趋向于被内插函数的收敛性. 因此之故, 我们考虑对应于等距离节

$$a_v = \frac{2v\pi}{2n+1} \quad (v = 0, 1, \cdots, 2n)$$

的内插方法的收敛性. 满足条件

$$\varphi\left(\frac{2v\pi}{2n+1}\right) = f(a_v) \quad (v = 0, 1, \cdots, 2n)$$

的 $n$ 次多项式 $\varphi(x)$ 具有形式

$$\varphi(x) = \frac{1}{2n+1} \sum_{v=0}^{2n} \frac{\sin\frac{2n+1}{2}(x-a_v)}{\sin\frac{1}{2}(x-a_v)} f(a_v)$$

(1.67)

可知

$$\varphi(x) = \frac{1}{2n+1} \sum_{v=0}^{2n} (1 + 2(\cos(x-a_v) + \cos 2(x-a_v) + \cdots + \cos n(x-a_v)))f(a_v) =$$

$$A_0 + \sum_{k=1}^{n} (A_k \cos kx + B_k \sin kx)$$

其中

$$A_0 = \frac{1}{2n+1} \sum_{v=0}^{2n} f(a_v)$$

$$A_k = \frac{2}{2n+1} \sum_{v=1}^{2n} \cos ka_v f(a_v)$$

$$B_k = \frac{2}{2n+1} \sum_{v=1}^{2n} \sin ka_v f(a_v) \quad (k = 1, 2, \cdots, 2n)$$

对于在区间 $(0, 2\pi)$ 上可展成收敛的傅里叶 (Fourier) 级数的函数 $f(x)$, 内插公式 (1.67) 在此区间上也收敛, 因为随着 $n$ 的增加, 系数 $A_k$ 和 $B_k$ 趋于对

应于 $f(x)$ 的傅里叶系数,即趋于积分

$$\frac{1}{2\pi}\int_0^{2\pi} f(x)\,\mathrm{d}x,\ \frac{1}{\pi}\int_0^{2\pi} f(x)\cos kx\,\mathrm{d}x,\ \frac{1}{\pi}\int_0^{2\pi} f(x)\sin kx\,\mathrm{d}x$$

为其极限,因而内插三角多项式(1.67)在极限时趋于傅里叶级数.

在以后需要级数的可求和性的概念. 给定任一级数

$$a_0(x) + a_1(x) + \cdots + a_n(x) + \cdots$$

令

$$s_n(x) = a_0(x) + a_1(x) + \cdots + a_{n-1}(x)$$

我们说,如果极限

$$\lim_{n\to\infty} \frac{1}{n}(s_0(x) + s_1(x) + \cdots + s_{n-1}(x)) = f(x)$$

存在,那么级数 $\sum_{v=0}^{\infty} a_n(x)$ 是以算术平均法可求和(在切沙罗意义下)于给定函数 $f(x)$ 的.

可求和性的概念乃是级数收敛性概念的推广. 例如,发散级数

$$1 - 1 + 1 - \cdots$$

的广义和(在切沙罗意义下)等于 $\frac{1}{2}$(当 $n$ 为偶数时,取极限前的表达式等于 $\frac{1}{2}$,而当 $n$ 为奇数时,它等于 $\frac{1}{2} + \frac{1}{2n}$).

在本节开始时已证实,对于等距离节,函数的连续性本身并不是内插级数收敛的条件,但我们可给出下一问题:究竟能不能按确定的规则,由给定的三角多项式作出新的(有尽的)三角序列,而它们是收敛于任意

**Lagrange 内插公式**

给定的连续函数 $f(x)$?

根据下一定理便知,以算术平均方法这是可能的:

**定理 1.4**(费耶尔(Fejer)) 周期为 $2\pi$ 的任一连续函数 $f(x)$ 的傅里叶级数以算术平均方法均匀的可求和于函数 $f(x)$ 的值.

费耶尔方法并不是给出对任一连续函数均匀逼近的唯一方法. 今我们考虑由伯恩斯坦所指出的傅里叶级数的求和方法.

作为近似多项式的例子,我们取形如(1.67)的多项式并求级数

$$s_0 + s_1 + s_2 + \cdots + s_m + \cdots$$

的和,其中

$$s_m(x) = \frac{1}{2n+1} \sum_{v=0}^{2n} \frac{\sin\frac{2m+1}{2}(x-a_v)}{\sin\frac{x-a_v}{2}} f(a_v)$$

$$(m = 0, 1, \cdots) \qquad (1.68)$$

今作部分和 $s_m(x)$ 的算术平均并证明当 $m \to \infty$ 时,接续的算术平均

$$s_0(x)$$

$$\frac{s_0(x) + s_1(x)}{2}$$

$$\vdots$$

$$\frac{s_0(x) + s_1(x) + \cdots + s_m(x)}{m+1}$$

有极限 $f(x)$.

利用容易证得的恒等式①

$$\sum_{\mu=0}^{m} \sin\frac{2\mu+1}{2}(x-a_v) = \frac{\sin^2\frac{m+1}{2}(x-a_v)}{\sin\frac{x-a_v}{2}}$$

便知

$$\frac{s_0(x)+s_1(x)+\cdots+s_m(x)}{m+1} =$$

$$\frac{1}{(m+1)(2n+1)} \cdot$$

$$\sum_{v=0}^{2n} \frac{f(a_v)}{\sin\frac{x-a_v}{2}} \sum_{\mu=0}^{m} \sin\frac{2\mu+1}{2}(x-a_v) =$$

$$\frac{1}{(m+1)(2n+1)} \sum_{v=0}^{2n} \left(\frac{\sin\frac{m+1}{2}(x-a_v)}{\sin\frac{x-a_v}{2}}\right)^2 f(a_v)$$

(1.69)

(2) 从证明下一定理开始来叙述内插方法的理论.

**定理 1.5**(伯恩斯坦) 如果 $n$ 和 $m(m \leqslant n)$ 无限增加,那么和

---

① 事实上

$$\sum_{\mu=0}^{m} 2\sin\frac{x-a_v}{2}\sin\frac{2\mu+1}{2}(x-a_v) =$$

$$\sum_{\mu=2}^{m}(\cos\mu(x-a_v)-\cos(\mu+1)(x-a_v)) =$$

$$2\sin^2\frac{m+1}{2}(x-a_v)$$

**Lagrange 内插公式**

$$\frac{1}{(2n+1)(m+1)} \sum_{v=0}^{2n} \left( \frac{\sin\frac{m+1}{2}(x-a_v)}{\sin\frac{x-a_v}{2}} \right)^2 f(a_v)$$

(1.70)

在整个轴上均匀收敛于周期为 $2\pi$ 的连续函数 $f(x)$.

在证明这个定理之前,我们作某些说明. 今回到关系式(1.68),且在其中令 $f(x) \equiv 1$,便得

$$s_m(x) = 1 + \frac{2}{2n+1} \sum_{\mu=1}^{m} \sum_{v=0}^{2n} \cos\mu(x-a_v) =$$

$$1 + \frac{2}{2n+1} \sum_{\mu=1}^{m} \left( \cos\mu x \sum_{v=0}^{2n} \cos\mu a_v + \sin\mu x \sum_{v=0}^{2n} \sin\mu a_v \right)$$

由于对于等距离节

$$a_v = \frac{2v\pi}{2n+1}$$

$$\sum_{v=0}^{2n} \cos\mu a_v + i\sum_{v=0}^{2n} \sin\mu a_v = \sum_{v=0}^{2n} e^{i\mu a_v} = \frac{1-e^{2\mu\pi i}}{1-e^{\frac{2\mu\pi}{2n+1}i}} = 0$$

所以

$$\sum_{v=0}^{2n} \cos\mu a_v = 0, \quad \sum_{v=0}^{2n} \sin\mu a_v = 0$$

因之,当 $f(x) \equiv 1$ 时,关系式(1.69)有形状

$$\frac{s_0(x)+s_1(x)+\cdots+s_m(x)}{m+1} =$$

$$\frac{1}{(2n+1)(m+1)} \sum_{v=0}^{2n} \left( \frac{\sin\frac{m+1}{2}(x-a_v)}{\sin\frac{x-a_v}{2}} \right)^2 = 1$$

(1.71)

### Lagrange's Interpolation Formula

这个恒等式可用来估计内插的剩余项,即可用来估计 $f(x)$ 与和(1.70)之间的差;将它以 $R_{n,m}(x)$ 记之

$$|R_{n,m}| \leqslant \frac{1}{(2n+1)(m+1)} \cdot$$

$$\sum_{v=0}^{2n} \left( \frac{\sin \frac{m+1}{2}(x-a_v)}{\sin \frac{1}{2}(x-a_v)} \right) |f(a_v) - f(x)|$$

作了这些预先说明之后,我们回到借助和(1.70)来实现的伯恩斯坦的内插方法,并证明在整个实轴上它均匀收敛于 $f(x)$(假定实函数 $f(x)$ 为周期的且在整个实轴 $(-\infty, +\infty)$ 上连续).

设 $M$ 为 $|f(x)|$ 的最大值. 于是不论 $\varepsilon(>0)$ 为何数,我们可找到这样的 $\delta$,能使对于适合 $|x'-x''|<\delta$ 的任意两个 $x$ 值

$$|f(x') - f(x'')| < \varepsilon$$

将上一个和分成两个: $\sum'$ 和 $\sum''$,在第一个和 $\sum'$ 中包含满足不等式

$$|a_v - x| < \delta$$
$$|a_v - x + 2\pi| < \delta$$
$$|a_v - x - 2\pi| < \delta$$

的一些项,而第二个和 $\sum''$ 则包含不满足以上不等式的项.

在第一个和 $\sum'$ 中,由于恒等式(1.71),便有

$$\frac{1}{(2n+1)(m+1)} \sum{'} \left( \frac{\sin \frac{m+1}{2}(x-a_v)}{\sin \frac{x-a_v}{2}} \right)^2 \cdot$$

Lagrange 内插公式

$$|f(a_v) - f(x)| < \varepsilon$$

在第二个和 $\sum''$ 中

$$\frac{1}{(2n+1)(m+1)} \sum'' \left( \frac{\sin\frac{m+1}{2}(x-a_v)}{\sin\frac{x-a_v}{2}} \right)^2 .$$

$$|f(a_v) - f(x)| \leqslant$$

$$\frac{2M}{(2n+1)(m+1)\sin^2\frac{\delta}{2}} \sum_{v=0}^{2n} \sin^2\frac{m+1}{2}(x-a_v) \leqslant$$

$$\frac{2M}{(m+1)\sin^2\frac{\delta}{2}}$$

为得到上一不等式,已利用了不等式

$$\left| \sin\frac{x-a_v}{2} \right| \geqslant \sin\frac{\delta}{2}$$

它是由第二个和 $\sum''$ 中的项满足不等式

$$|x - a_v| < 2\pi - \delta$$

$$\frac{\delta}{2} \leqslant \frac{|x-a_v|}{2} \leqslant \pi - \frac{\delta}{2}$$

而得出.

因之,已证明

$$|R_{n,m}(x)| < \varepsilon + \frac{2M}{(m+1)\sin^2\frac{\delta}{2}}$$

(对所有 $x$ 是均匀的),由此即得所需要的结论.

再指出一个均匀逼近于周期为 $2\pi$ 的连续函数 $f(x)$ 的三角多项式的作法有关的定理.

**定理 1.6**(伯恩斯坦)   不论 $\varepsilon(>0)$ 怎样小,恒

可找得 $m = n(\varepsilon)$,能使对于任一周期为 $2\pi$ 的连续函数,不等式$(n > n(\varepsilon))$

$$\left| f(x) - \frac{1}{4n+2} \sum_{v=0}^{2n} A_v(x) f(a_v) \right| < \varepsilon$$

$$A_v(x) = \cos\frac{2n+1}{2}(a_v - x) \cdot$$

$$\left( \frac{1}{\sin\left(\dfrac{a_v - x}{2} + \dfrac{\pi}{4n+2}\right)} - \frac{1}{\sin\left(\dfrac{a_v - x}{2} - \dfrac{\pi}{4n+2}\right)} \right)$$

对 $x$ 的所有值都成立.

另外一些与内插相联系的有趣方法,在纳汤松一本书中有详尽的叙述.

## §28  带重节的内插

今考虑自变量的 $n+1$ 个不同的值 $a_0, a_1, \cdots, a_n$ 并提出一般的内插问题,即:按已知函数 $f(x)$ 及其导数在内插节处给定的值来内插的问题. 因此之故,我们首先提出下一问题:是否恒可对在内插区间内有 $k$ 阶连续导数的函数 $f(x)$ 作出一内插多项式 $\varphi(x)$,使得在内插节处

$$f(a_v) = \varphi(a_v)$$

而

$$f^{(v)}(a_v) = \varphi^{(v)}(a_v) \quad (v = 1, 2, \cdots, k)$$

如果能作出联系着函数 $f(x)$ 和 $f^{(v)}(x)$ 的值以及点 $a_0, a_1, \cdots, a_n$ 的全体的这种内插多项式,那么便可得出在带

**Lagrange 内插公式**

$r+1$ 阶重节的内插时的内插公式. 带重节的内插问题在埃尔米特和马尔可夫(Markov)的著作中曾研究过.

为了作内插多项式,有时例如像未定系数法这样一些方法是有用的,借助于此法,所求的系数可以如此确定,使得它们满足所有给定的条件

$$f^{(v)}(a_v) = \varphi^{(v)}(a_v) \quad (v = 0, 1, \cdots, k)$$

其中零阶导数就是函数本身. 很显然,上法可使我们达到目的,只要多项式的系数是唯一确定的. 从经常所遇见的展开式的系数是唯一确定的特殊情形中,我们叙述当具有未定系数的内插多项式的次数较所有给定数 $f^{(v)}(a_v)$ 的个数少一个的情形. 这个情形将在下节中详细地加以研究,此处仅讨论一个特殊例子,用以说明简单的未定系数方法.

今按照下列数据

$$f(0) = 0, f'(1) = 0, f'(-1) = 0, f'''(0) = 3$$
(1.72)

求作多项式. 此处,给定值的个数是 4. 对于有三次多项式形式的逼近函数

$$\varphi(x) = A_0 x^3 + A_1 x^2 + A_2 x + A_3$$

系数 $A_0, A_1, A_2$ 和 $A_3$ 可唯一确定,因而我们得到

$$\varphi(x) = \frac{1}{2} x(x^2 - 3)$$

我们在内插多项式的次数和节的个数间是任意关系下提及确定系数 $A_i$ 的问题,但假定在节 $a_v$ 处,多项式 $\varphi(x)$ 及其首 $k$ 阶导数取给定值. 结果,作内插多项式便归结于解线性代数方程组,此方程组也可能不是相容的,以下引入的诸例表明,远不是恒存在有给定次数的如此的多项式,它及其导数在内插节处取预先给

### Lagrange's Interpolation Formula

定值 $f^{(v)}(a_v)$. 它们也表明, 在另一些情形下, 内插多项式不是唯一确定的.

作为内插函数, 我们取满足条件 (1.72) 的四次多项式

$$\varphi(x) = A_0 x^4 + A_1 x^3 + A_2 x^2 + A_3 x + A_4$$

由条件 (1.72) 可写出

$$A_4 = 0$$
$$4A_0 + 3A_1 + 2A_2 + A_3 = 0$$
$$-4A_0 + 3A_1 - 2A_2 + A_3 = 0$$
$$6A_1 = 3$$

因此

$$A_1 = \frac{1}{2}, A_2 = -2A_0, A_3 = -\frac{3}{2}, A_4 = 0$$

而我们得到多项式

$$\varphi(x) = A_0 x^4 + \frac{1}{2}x^3 - 2A_0 x^2 - \frac{3}{2}x$$

其中 $A_0$ 为任意常数. 因之, 存在内插多项式的系数不是唯一确定的情形.

最后, 我们欲以二次多项式来逼近函数 $f(x)$. 在这个情形下, 条件 $f'''(0) = 3$ 不可能使之满足, 因之便不存在满足条件 (1.72) 的二次内插多项式.

## §29 一般内插公式

今假定有 $m$ 个不同的点 $a_v (v = 0, 1, \cdots, m-1)$ 并按下列条件去求作不高于 $n-1$ 次的多项式 $H_{n-1}(x)$ ($f^{(r)}(a_v)$ 是给定数)

**Lagrange 内插公式**

$$\begin{cases} H_{n-1}(a_0) = f(a_0), H'_{n-1}(a_0) = f'(a_0), \cdots, \\ \qquad H_{n-1}^{(\sigma_0-1)}(a_0) = f^{(\sigma_0-1)}(a_0) \\ H_{n-1}(a_1) = f(a_1), H'_{n-1}(a_1) = f'(a_1), \cdots, \\ \qquad H_{n-1}^{(\sigma_1-1)}(a_1) = f^{(\sigma_1-1)}(a_1) \\ \qquad \vdots \\ H_{n-1}(a_{m-1}) = f(a_{m-1}), H'_{n-1}(a_{m-1}) = f'(a_{m-1}), \cdots, \\ \qquad H_{n-1}^{(\sigma_{m-1}-1)}(a_{m-1}) = f^{(\sigma_{m-1}-1)}(a_{m-1}) \end{cases}$$

(1.73)

而且假定

$$\sigma_0 + \sigma_1 + \cdots + \sigma_{m-1} = n$$

其中 $\sigma_v \geq 1$，而 $n$ 为所有已知数 $f^{(r)}(a_v)$ 的个数. 作出这样的多项式, 便可得到一般型的内插公式.

今考虑恒等式

$$H_{n-1}(x) \equiv Q_0(x) + (x-a_0)^{\sigma_0} Q_1(x) + \cdots + \\ (x-a_0)^{\sigma_0}(x-a_1)^{\sigma_1} \cdots \cdot \\ (x-a_{m-2})^{\sigma_{m-2}} Q_{m-1}(x)$$

其中

$$\begin{cases} Q_0(x) = l_{1,0} + l_{1,1}(x-a_0) + l_{1,2}(x-a_0)^2 + \cdots + \\ \qquad l_{1,\sigma_0-1}(x-a_0)^{\sigma_0-1} \\ Q_1(x) = l_{2,0} + l_{2,1}(x-a_1) + l_{2,2}(x-a_1)^2 + \cdots + \\ \qquad l_{2,\sigma_1-1}(x-a_1)^{\sigma_1-1} \\ \qquad \vdots \\ Q_{m-1}(x) = l_{m,0} + l_{m,1}(x-a_{m-1}) + \\ \qquad l_{m,2}(x-a_{m-1})^2 + \cdots + \\ \qquad l_{m,\sigma_{m-1}-1}(x-a_{m-1})^{\sigma_{m-1}-1} \end{cases}$$

(1.74)

## Lagrange's Interpolation Formula

而 $l_{1,0}, l_{1,1}, \cdots, l_{m,\sigma_{m-1}-1}$ 为常数,我们要如此确定它们,使得 $H_{n-1}(x)$ 满足给定条件(1.73).欲求出系数 $l_{1,0}$, $l_{1,1}, \cdots, l_{1,\sigma_0-1}$ 只需将(1.74)的上面第一个等式两端逐项微分 $\sigma_0 - 1$ 次并在所得的关系式中令 $x = a_0$,这表明我们所要的系数可用完全确定的方式以函数 $f(x)$ 及其直到 $\sigma_0 - 1$ 阶的导数在点 $a_0$ 处的值表示出来,即

$$l_{1,0} = f(a_0), l_{1,1} = \frac{f'(a_0)}{1!}, \cdots, l_{1,\sigma_0-1} = \frac{f^{(\sigma_0-1)}(a_0)}{(\sigma_0+1)!}$$

如对多项式

$$\frac{H_{n-1}(x) - Q_0(x)}{(x-a_0)^{\sigma_0}} =$$
$$Q_1(x) + (x-a_0)^{\sigma_1} Q_2(x) + \cdots +$$
$$(x-a_1)^{\sigma_1} \cdots (x-a_{m-2})^{\sigma_{m-2}} Q_{m-1}(x)$$

同样处理,且在所得的恒等式中令 $x = a_1$,便得

$$l_{2,0} = \frac{f(a_1) - Q_0(a_1)}{(a_1 - a_0)^{\sigma_0}}$$

$$l_{2,1} = \frac{\mathrm{d}}{\mathrm{d}x}\left(\frac{f(x) - Q_0(x)}{(x-a_0)^{\sigma_0}}\right)_{x=a_1}$$

$$\vdots$$

$$l_{2,\sigma_1-1} = \frac{\mathrm{d}^{\sigma_1-1}}{\mathrm{d}x^{\sigma_1-1}}\left(\frac{f(x) - Q_0(x)}{(x-a_0)^{\sigma_0}}\right)_{x=a_1}$$

其次,再同样进行,我们将见到,对应着节 $a_2, a_3, \cdots, a_{m-1}$ 的所有系数可完全确定.因此,我们证明了满足条件(1.73)的 $n-1$ 次或较低次的多项式 $H_{n-1}(x)$ 的存在.这样的多项式是唯一的.

Lagrange 内插公式

## §30　一般内插公式的剩余项

今考虑函数
$$F(z) = f(z) - H_{n-1}(z) - \lambda(z-a_0)^{\sigma_0}(z-a_1)^{\sigma_1}\cdots(z-a_{m-1})^{\sigma_{m-1}}$$
(1.75)

其中 $H_{n-1}(z)$ 为以上所作的多项式,而 $\lambda$ 为需要如此确定的常数,使得新函数 $F(z)$ 在对不与内插 $a_0, a_1, \cdots, a_{m-1}$ 重合的值 $z = x$ 处变为 0. 为此,只需令

$$\lambda = \frac{f(x) - H_{n-1}(x)}{(x-a_0)^{\sigma_0}(x-a_1)^{\sigma_1}\cdots(x-a_{m-1})^{\sigma_{m-1}}}$$

在 $\lambda$ 的这样选择下,函数 $F(z)$ 就有 $m+1$ 个实根: $a_0, a_1, \cdots, a_{m-1}$ 和 $x$,而且根 $a_0$ 为 $\sigma_0$ 重的,根 $a_1$ 为 $\sigma_1$ 重的,最后,根 $a_{m-1}$ 为 $\sigma_{m-1}$ 重的.

连续应用罗尔定理,便知在数 $a_0, a_1, \cdots, a_{m-1}$ 和 $x$ 的最大者和最小者之间的某点 $\xi$ 处
$$F^{(n)}(\xi) = 0$$
根据公式 (1.75), 便得
$$F^{(n)}(\xi) = f^{(n)}(\xi) - \lambda n! = 0$$
从而
$$\lambda = \frac{f^{(n)}(\xi)}{n!}$$
因而我们可以写出
$$f(x) = H_{n-1}(x) + \frac{(x-a_0)^{\sigma_0}(x-a_1)^{\sigma_1}\cdots(x-a_{m-1})^{\sigma_{m-1}}}{n!} f^{(n)}(\xi)$$
(1.76)

## Lagrange's Interpolation Formula

其中 $\xi$ 位于数 $a_0, a_1, \cdots, a_{m-1}$ 和 $x$ 中的最大者和最小者之间.

此公式就是众所周知的带剩余项的一般内插公式.

很显然,在导出公式(1.76)时,我们认定在包含 $\xi$ 的区间中,函数 $f(x)$ 有有限的 $n$ 阶导数.

今指出公式(1.76)的一些特殊情形:

1. 仅有重复度为 $n$ 的一个节($m=1$). 由公式(1.76)便得到泰勒公式.

2. 所有节都是单节,即 $\sigma_0 = \sigma_1 = \cdots = \sigma_{m-1} = 1$. 于是由公式(1.76)便得到拉格朗日内插公式.

3. 今假定所有内插节都是二重的. 此时,$\sigma_0 = \sigma_1 = \cdots = \sigma_{m-1} = 2$. 这就给出埃尔米特内插公式

$$f(x) = \sum_{v=0}^{m-1} P_v(x) f(a_v) + \sum_{v=0}^{m-1} Q_v(x) f'(a_v) + \frac{f^{(2m)}(\xi)}{(2m)!} \omega^2(x) \qquad (1.77)$$

其中

$$P_v(x) = \left(1 - \frac{\omega''(a_v)}{\omega'(a_v)}(x - a_v)\right) \omega_v^2(x)$$

$$Q_v(x) = \frac{\omega_v(x) \omega(x)}{\omega'(a_v)}$$

而

$$\omega(x) = \prod_{v=0}^{m-1}(x - a_v)$$

$$\omega_v(x) = \frac{\omega(x)}{\omega'(a_v)(x - a_v)}$$

在公式(1.77)所写出的函数 $P_v(x)$ 和 $Q_v(x)$ 叫作埃尔米特基本函数.

Lagrange 内插公式

完全显然,多项式 $H_{n-1}(x)$ (§29) 的次数不高于 $2m-1$ 且当 $x = a_v$ 时

$$H_{2m-1}(a_v) = f(a_v) \quad (v = 0, 1, \cdots, m-1)$$

这是因为

$$\omega_v(a_\mu) = \begin{cases} 0 & (\mu \neq v) \\ 1 & (\mu = v) \end{cases}$$

与

$$\omega(a_v) = 0 \quad (v = 0, 1, \cdots, m-1)$$

还要证明

$$H'_{2m-1}(a_v) = f'(a_v) \quad (v = 0, 1, \cdots, m-1)$$

为此,我们考虑恒等式

$$\omega(x) = \omega'(a_v)(x - a_v)\omega_v(x)$$

将此恒等式微分两次,容易证实

$$\omega'_v(a_v) = \frac{\omega''(a_v)}{2\omega'(a_v)}$$

因为

$$P'_v(x) = -\frac{\omega''(a_v)}{\omega'(a_v)}\omega_v^2(x) +$$
$$2\left(1 - \frac{\omega''(a_v)}{\omega'(a_v)}(x - a_v)\right)\omega_v(x)\omega'_v(x)$$

所以

$$P'_v(a_v) = 0$$

由 $Q_v(x)$ 的表达式直接可得

$$Q'_v(x) = \frac{\omega'_v(x)\omega(x) + \omega_v(x)\omega'(x)}{\omega'(a_v)}$$

因此

$$Q'_v(a_\mu) = \begin{cases} 0 & (\mu \neq v) \\ 1 & (\mu = v) \end{cases}$$

故在事实上即知条件

$$H'_{2m-1}(a_v) = f'(a_v) \quad (v = 0, 1, \cdots, m-1)$$

是满足的.

## §31 带重节的另一些内插公式

令 $x = a + th$,其中 $t$ 为新变量,于是按 $2r + 1$ 个不同的 $t$ 值: $t_0 = 0, \pm t_1, \cdots, \pm t_r$,便可取得 $2r + 1$ 个不同的内插节

$$a, a \pm t_1 h, \cdots, a \pm t_r h$$

设已知 $f(x)$ 和 $f'(x)$ 在这些节处的值. 我们要证,若函数 $f(x)$ 在包含内插和某一特殊 $t$ 值的区间内,有 $4r + 2$ 阶有限导数,则

$$f(a + th) + f(a - th) =$$
$$\sum_{v=0}^{r} \frac{P_v^2(t)}{P_v^2(t_v)}(f(a + t_v h) + f(a - t_v h)) +$$
$$\frac{h}{2} \sum_{v=1}^{r} \frac{P_v(t)P(t)}{t_v P_v^2(t_v)}((f'(a + t_v h) - f'(a - t_v h)) -$$
$$\frac{2}{h} \frac{P'_v(t_v)}{P_v(t_v)}(f(a + t_v h) + f(a - t_v h))) + R \quad (1.78)$$

其中 $P(t)$ 和 $P_v(t)$ 为在§10中所引入的多项式,而剩余项为

$$R = 2h^{4r+2} P^2(t) \frac{f^{(4r+2)}(a + \theta h)}{(4r + 2)!}$$

其中 $\theta$ 为位于数 $0, \pm t_1, \pm t_2, \cdots, \pm t_r$ 和 $t$ 中的最大者和最小者之间的某一个数. 公式(1.78)可用于按 $f(x)$ 和 $f'(x)$ 在内插节处给定的值来对和 $f(a + th) + f(a - th)$ 作内插.

Lagrange 内插公式

公式(1.78)引出新的求积公式,其中包含着高斯求积公式.

今在上一公式中舍去剩余项 $R$ 并考虑在上式右端的内插多项式.将它记为 $\varphi(th)$ 并要证,$\varphi(th)$ 及其导数在点 $0, \pm t_1, \cdots, \pm t_r$ 处的值分别等于

$$2f(a), f(a + t_1 h) + f(a - t_1 h), \cdots,$$
$$f(a + t_r h) + f(a - t_r h), 0,$$
$$\pm h(f'(a + t_1 h) - f'(a - t_1 h)), \cdots,$$
$$\pm h(f'(a + t_r h) - f'(a - t_r h))$$

容易证实,在 $t = \pm t_s (s = 0, 1, \cdots, r)$ 处,内插多项式 $\varphi(th)$ 取值 $f(a + t_s h) + f(a - t_s h)$. 还要证明,此多项式的导数在 $t = \pm t_s (s = 0, 1, \cdots, r)$ 时,分别取值

$$\pm h(f'(a + t_s h) - f'(a - t_s h))$$

内插多项式是由两个和组成的. 微分第一个和,并令 $t = t_s$, 便知它成为

$$2 \frac{P'_s(t_s)}{P_s(t_s)}(f(a + t_s h) + f(a - t_s h))$$

至于第二个和,则对于它的导数当 $t = t_s$ 时,有表达式

$$h(f'(a + t_s h) - f'(a - t_s h)) -$$
$$2 \frac{P'_s(t_s)}{P_s(t_s)}(f(a + t_s h) + f(a - t_s h))$$

因此,当 $t = t_s$ 时,内插多项式的导数等于

$$h(f'(a + t_s h) - f'(a - t_s h))$$

当 $t = -t_s$ 时,此导数等于

$$-h(f'(a + t_s h) - f'(a - t_s h))$$

完全同样,对函数 $f(a + th) - f(a - th)$ 也可作出内插多项式,它与其导数在节 $\pm t_1, \pm t_2, \cdots, \pm t_r$ 处分别取值

## Lagrange's Interpolation Formula

$$\pm (f(a+t_1h) - f(a-t_1h)), \cdots,$$
$$\pm (f(a+t_rh) - f(a-t_rh))$$
$$h(f'(a+t_1h) + f'(a-t_1h)), \cdots,$$
$$h(f'(a+t_rh) + f'(a-t_rh))$$

在结尾,我们指出,按给定函数及其导数在内插节处的值来作内插的问题也可借助于带差商的牛顿一般内插公式解之. 关于这点,我们曾在 §23 的末尾联系着带自变量重复值的线性内插而简略地提到过.

作为一个例子,设给定下列函数及其导数的值:$f(a), f'(a)$ 和 $f(b)$. 按牛顿内插公式,便得

$$f(x) = f(a) + (x-a)f(a,a) +$$
$$(x-a)^2 f(a,a,b) + R$$

其中

$$f(a,a) = f'(a)$$
$$f(a,a,b) = \frac{f'(a) - f(a,b)}{a-b}$$
$$R = (x-a)^2 (x-b) \frac{f'''(\xi)}{3!}$$

## §32 借助连续各阶导数的内插

在前几节中,内插多项式是按函数 $f(x)$ 及其各阶导数在内插节处的值作出的. 今我们研究如此的内插问题,在其中虽有高阶导数参加于内插中,但它们是特殊给定的.

今考虑由 $n+1$ 个节 $a_0 < a_1 < \cdots < a_n$ 所组成的序列并作出在这些节处分别取值 $f(a_0), f'(a_1), \cdots,$

## Lagrange 内插公式

$f^{(n)}(a_n)$ 的 $n$ 次多项式 $\varphi(x)$ 用未定系数法可证明,所提出的问题有解而且是唯一的. 问题的解可用下一公式给出

$$\varphi(x) = \frac{1}{1!\,2!\,\cdots n!} \cdot \begin{vmatrix} 0 & 1 & x & x^2 & \cdots & x^n \\ f(a_0) & 1 & a_0 & a_0^2 & \cdots & a_0^n \\ f'(a_1) & 0 & 1! & 2a_1 & \cdots & na_1^{n-1} \\ \vdots & \vdots & \vdots & \vdots & & \vdots \\ f^{(n)}(a_n) & 0 & 0 & 0 & \cdots & n! \end{vmatrix}$$

今要证明,多项式 $\varphi(x)$ 的作法可归结于计算某些积分. 这个方法引出一个公式,比刚刚所得的公式更来得方便. 所求的多项式应满足下一恒等式

$$\varphi^{(n)}(x) \equiv f^{(n)}(a_n) \qquad (1.79)$$

由这个恒等式依次来内插,我们不难得到 $\varphi(x)$ 的表达式. 为确定 $\varphi^{(n-1)}(x)$,将恒等式(1.79)由 $a_{n-1}$ 到 $x$ 积分

$$\varphi^{(n-1)}(x) = f^{(n-1)}(a_{n-1}) + f^{(n)}(a_n) \int_{a_{n-1}}^{x} \mathrm{d}x_n$$

再积分之,但现在是从 $a_{n-2}$ 积到 $x$,便知

$$\varphi^{(n-2)}(x) = f^{(n-2)}(a_{n-2}) + f^{(n-1)}(a_{n-1}) \int_{a_{n-2}}^{x} \mathrm{d}x_{n-1} +$$
$$f^{(n)}(a_n) \int_{a_{n-2}}^{x} \mathrm{d}x_{n-1} \int_{a_{n-1}}^{x_{n-1}} \mathrm{d}x_n$$

继续这些运算,积分 $n$ 次并计及 $f^{(v)}(x)$ 在内插节处的给定值,便得到冈恰洛夫公式

$$f(x) = f(a_0) + f'(a_1) \int_{a_0}^{x} \mathrm{d}x_1 +$$

$$f''(a_v)\int_{a_0}^{x}dx_1\int_{a_1}^{x_1}dx_2 + \cdots +$$
$$f^{(n)}(a_n)\int_{a_0}^{x}dx_1\int_{a_1}^{x_1}dx_2\cdots\int_{a_{n-1}}^{x_{n-1}}dx_n + R_n(x)$$

此公式的剩余项等于

$$R_n(x) = \int_{a_0}^{x}dx_1\int_{a_1}^{x_1}dx_2\cdots\int_{a_n}^{x_n}f^{(n+1)}(x_{n+1})dx_{n+1}$$

在点 $a_v$ 形成算术级数

$$a_v = v \quad (v = 0,1,\cdots)$$

而且在 $a_0 = 0$ 的情形,便得阿贝尔(Abel)级数

$$f(z) = f(0) + \sum_{v=1}^{\infty} f^{(v)}(v)\frac{z(z-v)^{v-1}}{v!}$$

它的收敛性,冈恰洛夫曾探讨过.

## §33 费耶尔内插方法

今来作不高于 $2n-1$ 次的多项式 $H_{2n-1}(x)$,使它对节的切比雪夫矩阵

$$a_v^{(n)} = \cos\frac{2v-1}{2n}\pi \quad (v=1,2,\cdots,n)$$

满足条件

$$H_{2n-1}(a_v) = f(a_v), H'_{2n-1}(a_v) = 0$$

对于这些节和在区间$[-1,1]$上确定的函数$f(x)$,公式(1.77)的多项式 $P_v(x)$ 和 $Q_v(x)$ 可使我们写出

$$H_{2n-1}(x) = \frac{1}{n^2}\sum_{v=1}^{n}(1-a_v^{(n)}x)\left(\frac{T_n(x)}{x-a_v^{(n)}}\right)^2 f(a_v^{(n)})$$
$$(n = 1,2,\cdots) \qquad (1.80)$$

其中

## Lagrange 内插公式

$$T_n(x) = \cos n\arccos x$$

因为$|x| \leqslant 1$而$|a_v^{(n)}| < 1$,所以对节的矩阵的第 $n$ 列所作的基本多项式

$$(1 - a_v^{(n)} x)\left[\frac{T_n(x)}{x - a_v^{(n)}}\right]^2$$

不是负的. 此外

$$\frac{1}{n^2}\sum_{v=1}^{n}(1 - a_v^{(n)} x)\left[\frac{T_n(x)}{x - a_v^{(n)}}\right]^2 \equiv 1 \quad (1.81)$$

这借助于等式(1.80),令$f(x) \equiv 1$,甚易证实.

今已不难证明下一定理.

**定理 1.5**(费耶尔)  若节的矩阵是切比雪夫的且对于任意连续函数$f(x)(-1 \leqslant x \leqslant 1)$的内插过程是按法则(1.80)作出的,则

$$\lim_{n\to\infty} H_{2n-1}(x) = f(x)$$

关于区间$[-1,1]$的 $x$ 是均匀的.

将(1.81)乘以$f(x)$并由此减去$H_{2n-1}(x)$,得

$$|f(x) - H_{2n-1}(x)| \leqslant$$

$$\frac{1}{n^2}\sum_{v=1}^{n}|f(a_v^{(n)}) - f(x)|(1 - a_v^{(n)} x)\left(\frac{T_n(x)}{x - a_v^{(n)}}\right)^2$$

因为在区间$[-1,1]$上连续的函数$f(x)$是均匀连续的,所以对于任一 $\varepsilon$,有 $\delta$ 存在,能使对于区间$[-1,1]$上的适合$|x' - x''| < \delta$的任意两点 $x'$ 和 $x''$,有

$$|f(x') - f(x'')| < \frac{\varepsilon}{2}$$

将上一和数分成两个:$\sum'$和$\sum''$,在第一个和$\sum'$中包含使$|x - a_v^{(n)}| < \delta$的一些项,而在第二个和$\sum''$中包含使$|a_v^{(n)} - x| \geqslant \delta$的一些项. 此外,由于$f(x)$的连

续性,它是有界的

$$|f(x)| \leq M \quad (-1 \leq x \leq 1)$$

因之

$$\left|\sum{}''\right| \leq \frac{2M}{n^2}\sum_{v=1}^{n}(1-a_v^{(n)}x)\left(\frac{T_n(x)}{x-a_v^{(n)}}\right)^2 \leq \frac{4M}{n\delta^2}$$

因为

$$|T_n(x)| \leq 1, \ |x-a_v^{(n)}| \geq \delta, \ |1-a_v^{(n)}x| < 2$$

至于第一个和,则根据不等式

$$|f(x)-f(a_v^{(n)})| < \frac{\varepsilon}{2}$$

和恒等式(1.81),便有

$$\left|\sum{}'\right| \leq \frac{\varepsilon}{2n^2}\sum_{v=1}^{n}(1-a_v^{(n)}x)\left(\frac{T_n(x)}{x-a_v^{(n)}}\right)^2 = \frac{\varepsilon}{2}$$

由所得的估计,可得到不等式

$$|f(x)-H_{2n-1}(x)| < \frac{\varepsilon}{2}+\frac{4M}{n\delta^2}$$

在这种情形下,对于任意小的数 $\varepsilon$,可找得 $\delta$,能使对于充分大的 $n$

$$\frac{4M}{n\delta^2} < \frac{\varepsilon}{2}$$

这表示,有充分高$(2n-1)$次的多项式 $H_{2n-1}(x)$ 存在,对于它

$$|f(x)-H_{2n-1}(x)| < \varepsilon$$

费耶尔定理曾由其本人推广于埃尔米特的内插过程

$$H_{2n-1}(a_v) = f(a_v), H'_{2n-1}(a_v) = f'(a_v) \neq 0$$

它是以在切比雪夫节处有不消失导数的存在为特征的.

Lagrange 内插公式

# 插值法和数值微分

第 2 章

## §1 插值的目的

设 $y = f(x)$ 为实变量 $x$ 的单值函数,已知它在有限区间 $[a,b]$ 上连续,在不同的点 $a \leqslant x_0, x_1, \cdots, x_n \leqslant b$ 上分别取值 $y_0, y_1, \cdots, y_n$.

插值的目的就是求一简单的连续函数 $\varphi(x)$,使它在给定的 $n+1$ 个点 $a \leqslant x_0, x_1, \cdots, x_n \leqslant b$ 上,取给定的值 $\varphi(x_i) = y_i$. 而在其他的点上,近似的表示 $f(x)$.

给定的点 $x_0, x_1, \cdots, x_n$ 叫插值点或节点. 函数 $\varphi(x)$ 叫作函数 $f(x)$ 对于点 $x_0, x_1, \cdots, x_n$ 的插值函数. 两端的节点所界定的区间,叫插值区间.

插值问题就是:对于在分散的诸点 $x_i$ 上给定对应的 $y_i$,求 $x$ 和 $y$ 间的近似函数关系. 如果对于插值区间上的任一个 $x$,都有

$$|f(x) - \varphi(x)| < \varepsilon$$

其中 $\varepsilon$ 是可允许的绝对误差,那么所求出的函数关系就应该认为是合于要求的.

以 $R(x)$ 表示 $f(x)$ 与其插值函数 $\varphi(x)$ 之间的差

$$f(x) - \varphi(x) = R(x)$$

此差叫作插值的"余项",它表示函数 $\varphi(x)$ 逼近 $f(x)$ 的程度.

一般,我们多采用多项式作插值函数,在特殊情形下. 例如,用三角插值逼近以 $2\pi$ 为周期的周期函数比较方便.

## §2 拉格朗日公式

用 $n$ 次多项式

$$c_0 x^n + c_1 x^{n-1} + \cdots + c_{n-1} x + c_n = \varphi(x) \quad (2.1)$$

作为函数 $f(x)$ 的插值函数,使在 $n+1$ 个不同的节点 $x_0, x_1, \cdots, x_n$ 上,有

$$\varphi(x_i) = y_i = f(x_i) \quad (i = 0, 1, \cdots, n) \quad (2.2)$$

即

$$c_0 x_i^n + c_1 x_i^{n-1} + \cdots + c_{n-1} x_i + c_n = y_i$$
$$(i = 0, 1, \cdots, n) \quad (2.3)$$

这方程组的系数行列式,即范德蒙德行列式

Lagrange 内插公式

$$\begin{vmatrix} x_0^n & x_0^{n-1} & \cdots & x_0 & 1 \\ x_1^n & x_1^{n-1} & \cdots & x_1 & 1 \\ \vdots & \vdots & & \vdots & \vdots \\ x_n^n & x_n^{n-1} & \cdots & x_n & 1 \end{vmatrix} = \prod_{k<j}^{0\cdots n} (x_k - x_j)$$

因为 $x_0, x_1, \cdots, x_n$ 互异,故上式不等于 $0$,所以系数 $c_0, c_1, \cdots, c_n$ 由式(2.3)唯一确定. 为了求函数 $\varphi(x)$,我们把方程组(2.1),(2.3)写成

$$c_0 x^n + c_1 x^{n-1} + \cdots + c_{n-1} x + c_n - \varphi(x) = 0$$
$$c_0 x_i^n + c_1 x_i^{n-1} + \cdots + c_{n-1} x_i + c_n - f(x_i) = 0$$
$$(i = 0, 1, 2, \cdots, n)$$

把它看作未知数为 $c_0, c_1, \cdots, c_n, 1$ 的联立方程组,故这组方程因为有一组不全为 $0$ 的解,所以其系数行列式必为 $0$,即

$$\begin{vmatrix} x^n & x^{n-1} & \cdots & x & 1 & \varphi(x) \\ x_0^n & x_0^{n-1} & \cdots & x_0 & 1 & f(x_0) \\ \vdots & \vdots & & \vdots & \vdots & \vdots \\ x_n^n & x_n^{n-1} & \cdots & x_n & 1 & f(x_n) \end{vmatrix} = 0$$

展开即得

$$\varphi(x) \equiv L_n(x) =$$
$$\frac{(x-x_1)(x-x_2)\cdots(x-x_n)}{(x_0-x_1)(x_0-x_2)\cdots(x_0-x_n)} y_0 +$$
$$\frac{(x-x_0)(x-x_2)\cdots(x-x_n)}{(x_1-x_0)(x_1-x_2)\cdots(x_1-x_n)} y_0 +$$
$$\frac{(x-x_0)(x-x_1)(x-x_3)\cdots(x-x_n)}{(x_2-x_0)(x_2-x_1)(x_2-x_3)\cdots(x_2-x_n)} y_3 + \cdots +$$
$$\frac{(x-x_0)(x-x_1)\cdots(x-x_{n-1})}{(x_n-x_0)(x_n-x_1)\cdots(x_n-x_{n-1})} y_n \quad (2.4)$$

这个公式称为拉格朗日公式,也可以写成

$$L_n(x) = \sum_{i=0}^{n} \frac{\pi_n(x)}{(x-x_i)\pi'_n(x_i)} y_i$$

其中

$$\pi_n(x) = (x-x_0)(x-x_1)\cdots(x-x_n)$$

$$\pi'_n(x) = \frac{\mathrm{d}}{\mathrm{d}x}\pi_n(x)$$

**例 2.1** 用以下数据作拉格朗日插值多项式

| $x$ | $-1$ | $0$ | $1$ | $2$ |
|---|---|---|---|---|
| $y$ | $1$ | $1$ | $1$ | $-5$ |

**解** $y = \dfrac{(x-0)(x-1)(x-2)}{(-1-0)(-1-1)(-1-2)} \cdot 1 +$

$\dfrac{(x+1)(x-1)(x-2)}{(0+1)(0-1)(0-2)} \cdot 1 +$

$\dfrac{(x+1)(x-0)(x-2)}{(1+1)(1-0)(1-2)} \cdot 1 -$

$\dfrac{(x+1)(x-0)(x-1)}{(2+1)(2-0)(2-1)} \cdot 5 =$

$-\dfrac{1}{6}x(x-1)(x-2) +$

$\dfrac{1}{2}(x+1)(x-1)(x-2) -$

$\dfrac{1}{2}(x+1)x(x-2) -$

$\dfrac{5}{6}(x+1)x(x-1) =$

$-x^3 + x + 1$

Lagrange 内插公式

## §3  三角插值

我们寻求一个 $n$ 阶的三角多项式 $T(x)$,在给定的 $2n+1$ 个点

$$x_0, x_1, \cdots, x_{2n} \quad (x_i - x_k \neq 2\lambda x, i \neq k, \lambda \text{ 是整数})$$

取对应之值

$$y_0, y_1, \cdots, y_{2n}$$

设

$$T(x) = a_0 + (a_1 \cos x + b_1 \sin x) + \cdots + (a_n \cos nx + b_n \sin nx) \quad (2.5)$$

应该有

$$T(x_m) = y_m \quad (m = 0, 1, \cdots, 2n)$$

即

$$a_0 + (a_1 \cos x_m + b_1 \sin x_m) + \cdots + (a_n \cos nx_m + b_n \sin nx_m) = y_m$$
$$(m = 0, 1, \cdots, 2n) \quad (2.6)$$

将其系数行列式记为 $W(x_0, x_1, \cdots, x_{2n})$,可以证明

$$W(x_0, x_1, \cdots, x_{2n}) = (-1)^{\frac{n(n-1)}{2}} 2^{2n^2} \prod_{p<q}^{0\cdots 2n} \sin \frac{x_q - x_p}{2}$$

显然不等于 0,所以方程组(2.6)有唯一的一组解. 将方程组(2.5)(2.6)联立,得到

$$\begin{vmatrix} T(x) & 1 & \cos x & \sin x & \cdots & \cos nx & \sin nx \\ y_0 & 1 & \cos x_0 & \sin x_0 & \cdots & \cos nx_0 & \sin nx_0 \\ \vdots & \vdots & \vdots & \vdots & & \vdots & \vdots \\ y_{2n} & 1 & \cos x_{2n} & \sin x_{2n} & \cdots & \cos nx_{2n} & \sin nx_{2n} \end{vmatrix} = 0$$

展开得到

$$T(x)W(x_0,\cdots,x_{2n}) = \sum_{m=0}^{2n}(-1)^m y_m W(x,x_0,\cdots,x_{m-1},x_{m+1},\cdots,x_{2n})$$

所以

$$T(x) = \sum_{m=0}^{2n} y_m \frac{W(x_0,\cdots,x_{m-1},x,x_{m+1},\cdots,x_{2n})}{W(x_0,\cdots,x_{2n})}$$

即

$$T(x) = \sum_{m=0}^{2n} y_m \cdot \frac{\sin\frac{x-x_0}{2}\cdots\sin\frac{x-x_{m-1}}{2}\sin\frac{x-x_{m+1}}{2}\cdots\sin\frac{x-x_{2n}}{2}}{\sin\frac{x_m-x_0}{2}\cdots\sin\frac{x_m-x_{m-1}}{2}\sin\frac{x_m-x_{m+1}}{2}\cdots\sin\frac{x_m-x_{2n}}{2}} \quad (2.7)$$

现在,设 $n$ 次偶三角多项式

$$T(x) = a_0 + a_1\cos x + a_2\cos 2x + \cdots + a_n\cos nx$$

在 $n+1$ 个点

$$x_0,x_1,\cdots,x_n \quad (x_i \pm x_k \neq 2\lambda x, i \neq k, \lambda \text{ 是整数})$$

上,取对应的值 $y_0,y_1,\cdots,y_n$;可以证明

$$T(x) = \sum_{m=0}^{n} y_m \cdot \frac{(\cos x - \cos x_0)\cdots(\cos x - \cos x_{m-1})(\cos x - \cos x_{m+1})(\cos x - \cos x_n)}{(\cos x_m - \cos x_0)\cdots(\cos x_m - \cos x_{m-1})(\cos x_m - \cos x_{m+1})(\cos x_m - \cos x_n)}$$

$$(2.8)$$

同样,若设 $n$ 次的奇三角多项式

$$T(x) = b_1\sin x + b_2\sin 2x + \cdots + b_n\sin nx$$

在 $n$ 个点

$$x_1,x_2,\cdots,x_n$$

$$(x_i \pm x_k \neq 2\lambda\pi, \text{当} i \neq k, x_i \neq \lambda\pi, \lambda \text{ 是整数})$$

取对应值 $y_1,y_2,\cdots,y_n$;可以证明

## Lagrange 内插公式

$$T(x) = \sum_{m=1}^{n} y_m \frac{\sin x}{\sin x_m} \cdot$$

$$\frac{(\cos x - \cos x_1)\cdots(\cos x - \cos x_{m-1})(\cos x - \cos x_{m+1})(\cos x - \cos x_n)}{(\cos x_m - \cos x_1)\cdots(\cos x_m - \cos x_{m-1})(\cos x_m - \cos x_{m+1})(\cos x_m - \cos x_n)}$$

(2.9)

## §4 差商及其性质

$$\frac{f(a_i) - f(a_j)}{a_i - a_j} \quad (i \neq j)$$

称为 $f(x)$ 的"一阶差商"(亦称均差,差分比),并记作 $f(a_i,a_j)$(也有用 $f[a_i,a_j]$ 或 $[a_i,a_j]$ 表示的).

$$\frac{f(a_i,a_j) - f(a_j,a_k)}{a_i - a_k} \quad (i \neq k)$$

称为 $f(x)$ 的"二阶差商"记作 $f(a_i,a_j,a_k)$. 一般来说

$$\frac{f(a_n,a_{n-1},\cdots,a_1) - f(a_{n-1},\cdots,a_0)}{a_n - a_0}$$

称为函数 $f(x)$ 的"$n$ 阶差商",记作 $f(a_n,a_{n-1},\cdots,a_0)$.

例如

$$\frac{f(a_2,a_1) - f(a_1,a_0)}{a_2 - a_0} = f(a_2,a_1,a_0)$$

为了作数值计算,常常利用差商表(表 2.1).

差商有以下性质

1. 若 $F(x) = cf(x)$,$c$ 为常数,则
$$F(a_0,a_1,\cdots,a_n) = cf(a_0,a_1,\cdots,a_n)$$

2. 若 $F(x) = f(x) + g(x)$,则
$$F(a_0,a_1,\cdots,a_n) = f(a_0,a_1,\cdots,a_n) + g(a_0,a_1,\cdots,a_n)$$

## Lagrange's Interpolation Formula

表 2.1

| 自变量 | 函数 | 一阶差商 | 二阶差商 | 三阶差商 |
|---|---|---|---|---|
| $a_0$ | $f(a_0)$ | | | |
| | | $f(a_0,a_1)$ | | |
| $a_1$ | $f(a_1)$ | | $f(a_0,a_1,a_2)$ | |
| | | $f(a_1,a_2)$ | | $f(a_0,a_1,a_2,a_3)$ |
| $a_2$ | $f(a_2)$ | | $f(a_1,a_2,a_3)$ | |
| | | $f(a_2,a_3)$ | | $f(a_1,a_2,a_3,a_4)$ |
| $a_3$ | $f(a_3)$ | | $f(a_2,a_3,a_4)$ | |
| | | $f(a_3,a_4)$ | | |
| $a_4$ | $f(a_4)$ | | | |

3. 若 $f(x) = x^m$,$m$ 为自然数,则

$$f(a_0,a_1,\cdots,a_k) = \begin{cases} 0 & (k > m) \\ 1 & (k = m) \\ \text{诸 } a_i \text{ 的 } m-k \text{ 次的齐次函数} & (k < m) \end{cases}$$

4. 均差的对称性

$$f(a_0,a_1) = \frac{f(a_0)-f(a_1)}{a_0-a_1} = \frac{f(a_1)-f(a_0)}{a_1-a_0} = f(a_1,a_0)$$

$$f(a_0,a_1,a_2) = \frac{f(a_0,a_1)-f(a_1,a_2)}{a_0-a_2} = \frac{f(a_2,a_1)-f(a_1,a_0)}{a_2-a_0} = f(a_2,a_1,a_0)$$

一般

$$f(a_0,a_1,\cdots,a_n) = \sum_{j=0}^{n} \frac{f(a_j)}{\prod_{\substack{k=0 \\ k \neq j}}^{n}(a_j-a_k)}$$

即差商是 $a_0,a_1,a_2,\cdots,a_n$ 的对称函数,即差商当 $a_0,a_1,\cdots,a_n$ 任意置换时,其值不变.

Lagrange 内插公式

5. 差商可以表示成两行列式之商

$$f(a_0, a_1, \cdots, a_n) = \begin{vmatrix} 1 & 1 & \cdots & 1 \\ a_0 & a_1 & \cdots & a_n \\ \vdots & \vdots & & \vdots \\ a_0^{n-1} & a_1^{n-1} & \cdots & a_n^{n-1} \\ f(a_0) & f(a_1) & \cdots & f(a_n) \end{vmatrix} : \begin{vmatrix} 1 & 1 & \cdots & 1 \\ a_0 & a_1 & \cdots & a_n \\ \vdots & \vdots & & \vdots \\ a_0^{n-1} & a_1^{n-1} & \cdots & a_n^{n-1} \\ a_0^n & a_1^n & \cdots & a_n^n \end{vmatrix}$$

## §5 牛顿基本插值公式

由差商的定义有
$$f(x) = f(a_0) + (x - a_0)f(x, a_0)$$
$$f(x, a_0) = f(a_0, a_1) + (x - a_1)f(x, a_0, a_1)$$
$$\vdots$$
$$f(x, a_0, \cdots, a_{n-1}) = f(a_0, a_1, \cdots, a_n) + (x - a_n)f(x, a_0, \cdots, a_n)$$

所以
$$f(x) = f(a_0) + (x - a_0)f(a_0, a_1) + (x - a_0)(x - a_1)f(a_0, a_1, a_2) + \cdots + (x - a_0)\cdots(x - a_{n-1}) \cdot f(a_0, a_1, \cdots, a_n) + R_n(x) \quad (2.10)$$
$$R_n(x) = (x - a_0)\cdots(x - a_n)f(a_0, a_1, \cdots, a_n, x)$$

或
$$f(x) = \sum_{v=0}^{n} \prod_{k=0}^{v-1} (x - a_k)f(a_0, \cdots, a_v) + R(x)$$

此即牛顿基本插值公式.

下面证明

## Lagrange's Interpolation Formula

$$R_n(x) = \frac{f^{(n+1)}(\xi)}{(n+1)!} \prod_{k=0}^{n} (x - a_k) \qquad (2.11)$$

$\xi$ 介于 $a_m(m=0,1,\cdots,n)$ 中的最小者与最大者之间.

事实上,将牛顿基本公式写成 $f(x) = P(x) + R_n(x)$,考虑变量 $X$ 的函数 $R(X) \equiv f(X) - P(X)$. 在 $n+1$ 个节点 $a_m$ 处为 0,因此根据罗尔定理的推广,知 $R^n(\xi)$ 在 $a_m$ 之间的某点 $\xi$ 处为 0.

由式(2.10),得到
$$R^{(n)}(X) = f^{(n)}(X) - P^{(n)}(X) =$$
$$f^{(n)}(X) - n! f(a_0,\cdots,a_n)$$

因为
$$R^n(\xi) = 0$$

所以有
$$f(a_0, a_1, \cdots, a_n) = \frac{f^{(n)}(\xi)}{n!}$$

因此
$$f(a_0, a_1, \cdots, a_n, x) = \frac{f^{(n+1)}(\xi)}{(n+1)!}$$

其中 $\xi$ 在 $x$ 和 $a_m(m=0,1,\cdots,n)$ 之间,至此式(2.11)得证.

我们注意到在 $n+1$ 个不同的点 $a_0,\cdots,a_n$ 上取值 $f(a_0), f(a_1), \cdots, f(a_n)$ 的次数不大于 $n$ 的多项式是唯一的. 因此,次数相同的牛顿基本公式和拉格朗日公式是恒等的,其不同之处只是在于项的划分不同而已. 因此,牛顿公式和拉格朗日公式有相同的余式
$$R_n(x) = \frac{f^{(n+1)}(\xi)}{(n+1)!} \prod_{k=0}^{n} (x - a_k)$$

在估计舍去余式所造成的误差时,常用下面的办

Lagrange 内插公式

法. 设
$$\max_x | f^{(n+1)}(x) | \leq M_{n+1} (常量)$$
则
$$| R_n(x) | \leq \frac{M_{n+1}}{(n+1)!} \sum_{k=0}^{n} (x - a_k)$$

我们特别指出,在实用中,常常要用到线性插值(一次插值)和抛物插值(二次插值).

插值点为 $a,b$ 的线性插值的几何意义,即在 $x$, $y = f(x)$ 平面上,用通过 $(a,f(a))$ 和 $(b,f(b))$ 两点的直线在区间 $[a,b]$ 上逼近函数 $f(x)$.

由牛顿基本公式,得到
$$f(x) = f(a) + (x - a)f(a \cdot b) + R_1$$
$$R_1 = (x - a)(x - b)\frac{f''(\xi)}{2} \quad (a \leq \xi \leq b)$$

这就是线性插值公式.

插值点为 $a,b,c$ 的抛物插值的几何意义,即在 $x$, $y = f(x)$ 平面上,用通过 $(a,f(a))$,$(b,f(b))$,$(c,f(c))$ 三点的抛物线在区间 $[a,c]$ 上逼近函数 $f(x)$.

由牛顿基本公式,得到
$$f(x) = f(a) + (x - a)f(a,b) +$$
$$(x - a)(x - b)f(a,b,c) + R_2$$
$$R_2 = (x - a)(x - b)(x - c)\frac{f'''(\xi)}{6}$$
$$(a \leq \xi \leq c, 假设 a < b < c)$$

这就是抛物插值公式.

我们看到,实际上线性插值公式和抛物插值公式都是牛顿基本公式的特例.

Lagrange's Interpolation Formula

## §6 有限差分与差分表

设已知函数 $f(x)$ 在一串点 $a+ih(i=0,1,\cdots,n)$ 上的值

$$f(a),f(a+h),\cdots,f(a+nh)$$

我们定义表达式

$$\Delta f(a+ih)=f(a+(i+1)h)-f(a+ih)$$

为 $f(x)$ 在点 $a+ih$ 处的"一阶有限差分",简称"一阶差分".

一阶差分的一阶差分,称为"二阶差分",记为

$$\Delta^2 f(a+ih)=\Delta f(a+(i+1)h)-\Delta f(a+ih)$$

一般来说,$n$ 阶差分定义为 $n-1$ 阶差分的一阶差分

$$\Delta^n f(a+ih)=\Delta^{n-1}f(a+(i+1)h)-\Delta^{n-1}f(a+ih)$$

例

$$\Delta f(a)=f(a+h)-f(a)$$
$$\Delta^2 f(a)=\Delta f(a+h)-\Delta f(a)$$
$$\Delta^3 f(a)=\Delta^2 f(a+h)-\Delta^2 f(a)$$
$$\vdots$$

按定义,可知记号 $\Delta$,满足

$$\Delta^m \Delta^n f(a)=\Delta^{m+n}f(a)$$

我们称两相邻自变量之距离 $h$ 为差分的"步长".以后我们常常利用差分表(表2.2).

例(表2.3).

通常差分表中各阶差分的有效数字前面的 0,均省去不写. 这种差分称为"向前差分".

Lagrange 内插公式

表 2.2　函数 $f(x)$ 的差分表

| $a$ | $f(a)$ | | | | |
|---|---|---|---|---|---|
| | | $\Delta f(a)$ | | | |
| $a+h$ | $f(a+h)$ | | $\Delta^2 f(a)$ | | |
| | | $\Delta f(a+h)$ | | $\Delta^3 f(a)$ | |
| $a+2h$ | $f(a+2h)$ | | $\Delta^2 f(a+h)$ | | $\Delta^4 f(a)$ |
| | | $\Delta f(a+2h)$ | | $\Delta^3 f(a+h)$ | |
| $a+3h$ | $f(a+3h)$ | | $\Delta^2 f(a+2h)$ | | |
| | | $\Delta f(a+3h)$ | | | |
| $a+4h$ | $f(a+4h)$ | | | | |

表 2.3　函数 $f(x)$ 的差分表

| $x$ | $f(x)$ | $\Delta$ | $\Delta^2$ | $\Delta^3$ | $\Delta^4$ |
|---|---|---|---|---|---|
| 0.00 | -4.905 00 | | | | |
| | | 3 821 | | | |
| 0.05 | -4.866 79 | | 97 | | |
| | | 3 918 | | 323 | |
| 0.10 | -4.827 61 | | 420 | | 205 |
| | | 4 338 | | 528 | |
| 0.15 | -4.784 23 | | 948 | | |
| | | 5 286 | | | |
| 0.20 | -4.731 37 | | | | |

## §7　关于有限差分的一些定理

我们只是叙述一下这些定理,而不去证明.

1. 常数的差分等于 0.
2. 常数因子可以提到差分号外
$$\Delta c f(a) = c \Delta f(a), c = 常数$$
3. 如果
$$f(x) = \sum_{i=1}^{k} c_i \varphi_i(x)$$
对于自变量的 $n+1$ 个值 $a, a+h, a+2h, \cdots, a+nh$ 成立,$c_i$ 是一些常数,则
$$\Delta^n f(a) = \sum_{i=1}^{k} c_i \Delta^n \varphi_i(x)$$

4. 若
$$f(x) = \varphi(x)\psi(x)$$
对于自变量的 $n+1$ 个值 $a, a+h, \cdots, a+nh$ 成立,则
$$\Delta^n f(a) = \sum_{v=0}^{n} \binom{n}{v} \Delta^v \varphi(a) \Delta^{n-v} \psi(a + vh)$$

5. $n$ 次多项式
$$P_n(x) = a_0 x^n + a_1 x^{n-1} + \cdots + a_{n-1} x + a_n$$
的 $k$ 阶差分 $\Delta^k P_n(a)$,当 $k < n$ 时成为 $a$ 的 $n-k$ 次多项式;当 $k = n$ 时是常数 $\Delta^n P_n(a) = a_0 h^n n!$;当 $k > n$ 时成为 0.

6. 计算差分有以下公式
$$\Delta^n f(a) = \sum_{i=0}^{n} (-1)^i \binom{n}{i} f(a + (n-i)h)$$
即
$$\Delta f(a) = f(a+h) - f(a)$$
$$\Delta^2 f(a) = f(a+2h) - 2f(a+h) + f(a)$$
$$\Delta^3 f(a) = f(a+3h) - 3f(a+2h) +$$
$$3f(a+h) - f(a)$$
$$\vdots$$
$$\Delta^n f(a) = f(a+nh) - nf(a+(n-1)h) +$$
$$\frac{n(n-1)}{2} f(a+(n-2)h) + \cdots +$$
$$(-1)^n f(a)$$

## §8 差分表中误差分布的规律

令 $\overline{f}(a+ih)$ 表示函数 $f(a+ih)$ 的近似值,$\varepsilon_i$ 表其

Lagrange 内插公式

误差
$$f(a+ih) - \bar{f}(a+ih) = \varepsilon_i$$

我们有
$$\Delta^n f(a) - \Delta^n \bar{f}(a) = \Delta^n \varepsilon$$

由计算差分的公式得
$$\Delta^n \varepsilon_0 = \sum_{v=0}^{n} (-1)^v \binom{n}{v} \varepsilon_{n-v}$$

可见差分的阶越高,误差越大,如表 2.4.

表 2.4

| $f$ | $\Delta$ | $\Delta^2$ | $\Delta^3$ | $\Delta^4$ |
|---|---|---|---|---|
| — | — | — | — | — |
|   |   |   |   | $\varepsilon$ |
|   |   |   | $\varepsilon$ |   |
|   |   | $\varepsilon$ | $-3\varepsilon$ | $-4\varepsilon$ |
|   | $\varepsilon$ |   |   |   |
| $\varepsilon$ |   | $-2\varepsilon$ | $3\varepsilon$ | $6\varepsilon$ |
|   | $-\varepsilon$ |   |   | $-4\varepsilon$ |
|   |   | $\varepsilon$ | $-\varepsilon$ |   |
|   |   |   |   | $\varepsilon$ |
| — | — | — | — | — |

设 $\varepsilon = \max_i \varepsilon_i$,则
$$|\Delta^n \varepsilon_0| \leq \varepsilon \sum_{v=0}^{n} \binom{n}{v} = 2^n \varepsilon$$

所以
$$|\Delta^n f(a) - \Delta^n \bar{f}(a)| \leq 2^n \varepsilon$$

上式可以用来解决:函数 $f(x)$ 之值应具有怎样的精确度,才可使 $|\Delta^n f(a) - \Delta^n \bar{f}(a)| \leq \alpha$.

答案显然是
$$\varepsilon = \frac{\alpha}{2^n}$$

## §9　一些插值公式

**1. 牛顿向前、向后插值公式**

设 $a_0 = a, a_1 = a + h, a_2 = a + 2h, \cdots, a_n = a + nh$. 按差商的定义有

$$\begin{cases} f(a_0, a_1) = \dfrac{\Delta f(a)}{h}, f(a_1, a_2) = \dfrac{\Delta f(a+h)}{h}, \cdots \\ f(a_0, a_1, a_2) = \dfrac{\Delta^2 f(a)}{2! \, h^2}, f(a_1, a_2, a_3) = \dfrac{\Delta^2 f(a+h)}{2! \, h^2}, \cdots \\ f(a_0, a_1, a_2, a_3) = \dfrac{\Delta^3 f(a)}{3! \, h^3}, \cdots \end{cases}$$

代入牛顿基本公式,就得到牛顿向前插值公式

$$f(x) = f_0 + (x - a_0)\frac{\Delta f_0}{1! \, h} + (x - a_0)(x - a_1)\frac{\Delta^2 f_0}{2! \, h^2} + \cdots + (x - a_0)(x - a_1)\cdots(x - a_{n-1})\frac{\Delta^n f_n}{n! \, h^n} + R_n(x)$$

$$(2.12)$$

$$R_n(x) = (x - a_0)(x - a_1)\cdots(x - a_n)\frac{f^{(n+1)}(\xi)}{(n+1)!}$$

其中 $\xi$ 在诸 $a_i$ 与 $x$ 之间

$$f_0 = f(a) = f(a_0)$$

设

$$x = a_0 + hs, s = \frac{x - a_0}{h}$$

式(2.12)变成

**Lagrange 内插公式**

$$f(x) = f_0 + s\Delta f_0 + \frac{s(s-1)}{2!}\Delta^2 f_0 + \cdots +$$

$$\frac{s(s-1)\cdots(s-n+1)}{n!}\Delta^n f_0 + R_n(x) \quad (2.13)$$

$$R_n(x) = \frac{h^{n+1}}{(n+1)!}s(s-1)(s-2)\cdots(s-n)f^{(n+1)}(\xi)$$

现在引进向后差分概念.

**定义 2.1** $\nabla f(a) = f(a) - f(a-h)$ 为 $f(a)$ 的一阶向后差分.

……

$\nabla^n f(a) = \nabla^{n-1} f(a) - \nabla^{n-1} f(a-h)$ 为 $f(a)$ 的 $n$ 阶向后差分.

因为

$$\nabla f(a_k) = f(a_k) - f(a_{k-1}) = h f(a_k, a_{k-1})$$

所以一般

$$\nabla^n f(a_k) = n! \, h^n f(a_k, a_{k-1}, \cdots, a_{k-n}) \quad (2.14)$$

**表 2.6　向后差分表**

| | | | | |
|---|---|---|---|---|
| $x_{n-3}$ | $f_{n-3}$ | | | |
| $x_{n-2}$ | $f_{n-2}$ | $\nabla f_{n-2}$ | $\nabla^2 f_{n-1}$ | |
| $x_{n-1}$ | $f_{n-1}$ | $\nabla f_{n-1}$ | $\nabla^2 f_n$ | $\nabla^3 f_n$ |
| $x_n$ | $f_n$ | $\nabla f_n$ | | |

我们从

$$f(x) = f(a_n) + (x - a_n)f(a_n, a_{n-1}) +$$
$$(x - a_n)(x - a_{n-1})f(a_n, a_{n-1}, a_{n-2}) + \cdots +$$
$$(x - a_n)(x - a_{n-1})\cdots(x - a_1)f(a_n, \cdots, a_0) +$$
$$R_n(x)$$

令 $x = a_n + hs, s = \dfrac{x - a_n}{h}$. 利用公式(2.14)得到牛顿向

后插值公式

$$f(x) = f(a_n + hs) =$$
$$f_n + s\nabla f_n + \frac{s(s+1)}{2!}\nabla^2 f_n + \cdots +$$
$$\frac{s(s+1)\cdots(s+n-1)}{n!}\nabla^n f_n + R_n(x)$$
$$R_n(x) = \frac{h^{n+1}}{(n+1)!}s(s+1)\cdots(s+n)f^{(n+1)}(\xi)$$

其中 $\xi$ 在诸 $a_i$ 与 $x$ 之间.

我们指出,在左端点 $x = a_0$ 附近进行插值宜用牛顿向前插值公式,在右端点 $x = a_n$ 附近进行插值宜用牛顿向后插值公式. 如果在插值区间中间进行插值就宜用带"中心差分"的插值公式. 下面就讲中心差分和带中心差分的插值公式.

2. 中心差分

**定义 2.2**  $\delta f(a) = f(a + \frac{1}{2}h) - f(a - \frac{1}{2}h)$ 为一阶"中心差分".

……

$$\delta^n f(a) = \delta^{n-1} f(a + \frac{1}{2}h) - \delta^{n-1} f(a - \frac{1}{2}h)$$ 为 $n$ 阶"中心差分".

一般来说, $\delta f_k = \delta f(a_k)$ 是不包含在一般的差分表中的. 而

$$\delta^2 f_k = \delta f(a_k + \frac{1}{2}h) - \delta f(a_k - \frac{1}{2}h) =$$
$$(f(a_k + h) - f(a_k)) -$$
$$(f(a_k) - f(a_k - h))$$

包含在差分表中. 一般的 $\delta^{2m} f_k$ 也是如此

**Lagrange 内插公式**

$$\delta f_{\frac{1}{2}} = f_1 - f_0 = hf(a_0, a_1)$$

$$\delta f_{-\frac{1}{2}} = f_0 - f_{-1} = hf(a_0, a_{-1})$$

$$\delta^2 f_1 = \delta f_{\frac{3}{2}} - \delta f_{\frac{1}{2}} = hf(a_1 \cdot a_2) - hf(a_1 \cdot a_0) = 2! \, h^2 f(a_0, a_1, a_2)$$

一般

$$\delta^{2m+1} f_{k+\frac{1}{2}} = h^{2m+1}(2m+1)! \, f(a_{k-m}, \cdots, a_k, \cdots, a_{k+m}, a_{k+m+1})$$

$$\delta^{2m+1} f_{k-\frac{1}{2}} = h^{2m+1}(2m+1)! \, f(a_{k-m-1}, a_{k-m}, \cdots, a_k, \cdots, a_{k+m})$$

$$\delta^{2m} f_k = h^{2m}(2m!) f(a_{k-m}, \cdots, a_k, \cdots, a_{k+m})$$

表 2.7　中心差分表

| $x_{-2}$ | $f_{-2}$ | $\delta f_{-\frac{3}{2}}$ | | | |
| $x_{-1}$ | $f_{-1}$ | $\delta f_{-\frac{1}{2}}$ | $\delta^2 f_{-1}$ | $\delta^3 f_{-\frac{1}{2}}$ | |
| $x_0$ | $f_0$ | $\delta f_{\frac{1}{2}}$ | $\delta^2 f_0$ | $\delta^3 f_{\frac{1}{2}}$ | $\delta^4 f_0$ |
| $x_1$ | $f_1$ | $\delta f_{\frac{3}{2}}$ | $\delta^2 f_1$ | | |
| $x_2$ | $f_2$ | | | | |

我们从下表 2.8 可以看出三种差分之关系

$$\begin{cases} \nabla^k f_0 = \Delta^k f_{-k} \\ \delta^{2k} f_0 = \Delta^{2k} f_{-k} \\ \delta^{2k+1} f_{\frac{1}{2}} = \Delta^{2k+1} f_{-k} \end{cases}$$

表 2.8

| $x_0$ | $f_0$ | $\Delta f_0 = \delta f_{\frac{1}{2}} = \nabla f_1$ | |
| $x_1$ | $f_1$ | $\Delta f_1 = \delta f_{\frac{3}{2}} = \nabla f_2$ | $\Delta^2 f_0 = \delta^2 f_1 = \nabla^2 f_2$ |
| $x_2$ | $f_2$ | | |

## Lagrange's Interpolation Formula

### 3. 高斯公式

现在我们引进带中心差分的插值公式,在牛顿基本公式中,$a_0, a_1, a_2, \cdots$ 由下面的节点所代替

$$a_0 = a, a_1 = a + h, a_{-1} = a - h,$$
$$a_2 = a + 2h, a_{-2} = a - 2h, \cdots$$

我们得到

$$f(x) = f_0 + (x - a_0)\frac{\delta f_{\frac{1}{2}}}{1! \, h} +$$
$$(x - a_0)(x - a_1)\frac{\delta^2 f_0}{2! \, h^2} +$$
$$(x - a_0)(x - a_1)(x - a_{-1})\frac{\delta^3 f_{\frac{1}{2}}}{3! \, h^3} +$$
$$(x - a_0)(x - a_1)(x - a_{-1})(x - a_2) \cdot$$
$$\frac{\delta^4 f_0}{4! \, h^4} + \cdots$$

若设 $x = a_0 + sh$,就有
$f(x) = f(a_0 + sh) =$

$$f_0 + s\delta f_{\frac{1}{2}} + \frac{s(s-1)}{2!}\delta^2 f_0 + \frac{s(s^2-1^2)}{3!}\delta^3 f_{\frac{1}{2}} +$$
$$\frac{s(s^2-1^2)(s-2)}{4!}\delta^4 f_0 + \cdots +$$
$$\frac{s(s^2-1^2)\cdots(s^2-\overline{(m-1)}^2)(s-m)}{(2m!)}\delta^{2m} f_0 +$$
$$(\text{或}\frac{s(s^2-1^2)\cdots(s^2-m^2)}{(2m+1)!}\delta^{2m+1} f_{\frac{1}{2}}) R_n(x)$$

(2.15)

当 $n$ 是偶数时,取到有 $n = 2m$ 阶差分之一项;当 $n$ 是奇数时,取到有 $n = 2m + 1$ 阶差分之一项。

**Lagrange 内插公式**

余项为:当 $n = 2m$ 时

$$R_n(x) = h^{2m+1} \frac{s(s^2 - 1^2)\cdots(s^2 - m^2)}{(2m+1)!} f^{(2m+1)}(\xi)$$

(2.16)

当 $n = 2m + 1$ 时

$$R_n(x) = h^{2m+2} \frac{s(s^2 - 1^2)\cdots(s^2 - m^2)(s - m - 1)}{(2m+2)!} \cdot f^{(2m+2)}(\xi)$$

(2.17)

以上公式,称为"高斯向前公式". 类似的,我们可以作出高斯向后插值公式.

$$f(x) = f(a_0 + sh) =$$

$$f_0 + s\delta f_{-\frac{1}{2}} + \frac{s(s+1)}{2!}\delta^2 f_0 + \frac{s(s^2-1^2)}{3!}\delta^3 f_{-\frac{1}{2}} +$$

$$\frac{s(s^2-1^2)(s+2)}{4!}\delta^4 f_0 + \cdots +$$

$$\frac{s(s^2-1^2)\cdots(s^2-\overline{(m-1)^2})(s+m)}{(2m)!}\delta^{2m} f_0 +$$

$$(\text{或} \frac{s(s^2-1^2)\cdots(s^2-m^2)}{(2m+1)!}\delta^{2m+1} f_{-\frac{1}{2}}) R_n(x)$$

(2.18)

当 $n = 2m$ 时

$$R_n(x) = h^{2m+1} \frac{s(s^2 - 1^2)\cdots(s^2 - m^2)}{(2m+1)!} f^{(2m+1)}(\xi)$$

(2.19)

当 $n = 2m + 1$ 时

$$R_n(x) = h^{2m+2} \frac{s(s^2 - 1^2)\cdots(s^2 - m^2)(s + m + 1)}{(2m+2)!} \cdot f^{(2m+2)}(\xi)$$

(2.20)

4. 斯特林公式

我们将高斯向前和向后公式相加,就得到斯特林公式

$$s = \frac{x - a_0}{h}$$

$$f(x) = f(a_0 + sh) =$$

$$f_0 + \frac{s}{2}(\delta f_{\frac{1}{2}} + \delta f_{-\frac{1}{2}}) +$$

$$\frac{s}{2 \cdot 2!}((s-1) + (s+1))\delta^2 f_0 +$$

$$\frac{s(s^2 - 1^2)}{2 \cdot 3!}(\delta^3 f_{\frac{1}{2}} + \delta^3 f_{-\frac{1}{2}}) +$$

$$\frac{s(s^2 - 1^2)}{2 \cdot 4!}((s-2) + (s+2))\delta^4 f_0 + \cdots +$$

$$\frac{s(s^2 - 1^2)\cdots(s^2 - (m-1)^2)}{2 \cdot (2m)!}((s-m) + (s+m))\delta^{2m} f_0 +$$

$$(\text{或} \frac{s(s^2 - 1^2)\cdots(s^2 - m^2)}{2 \cdot (2m+1)!}(\delta^{2m+1} f_{\frac{1}{2}} + \delta^{2m+1} f_{-\frac{1}{2}}))R_n(x) \quad (2.21)$$

当 $n = 2m$ 时

$$R_n(x) = h^{2m+1} \frac{s(s^2 - 1^2)\cdots(s^2 - m^2)}{(2m+1)!} f^{2m+1}(\xi) \quad (2.22)$$

其中 $\xi$ 在 $a_0, a_{\pm 1}, \cdots, a_{\pm m}$ 和 $x$ 之间.

当 $n = 2m + 1$ 时

$$R_n(x) = h^{2m+2} \frac{s(s^2 - 1^2)\cdots(s^2 - m^2)}{2(2m+2)!} \cdot$$

$$((s - m - 1)f^{(2m+2)}(\xi_1) +$$

**Lagrange 内插公式**

$$(s+m+1)f^{(2m+2)}(\xi_2)) \qquad (2.23)$$

其中 $\xi_1, \xi_2$ 都在 $a_0, a_{\pm 1}, \cdots, a_{\pm(m+1)}$ 和 $x$ 之间.

此公式用的差分如图 2.1 所示.

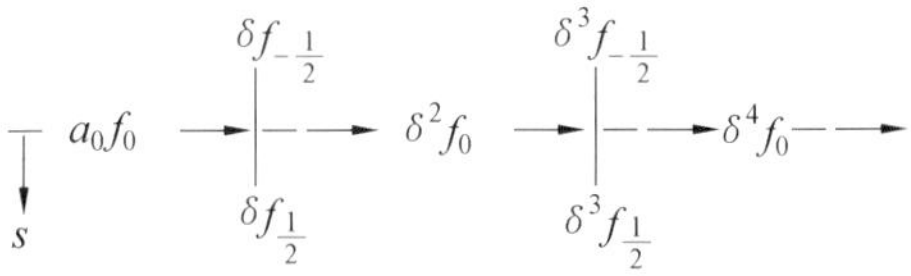

```
        δf_{-1/2}        δ³f_{-1/2}
  |                |                |
--- a₀f₀   ——   δ²f₀   ——   δ⁴f₀ ———
  |                |                |
  ↓        δf_{1/2}         δ³f_{1/2}
  s
```

图 2.1

**5. 贝塞尔公式**

从高斯公式可以得到贝塞尔公式. 令

$$s = \frac{x - a_0}{h}, \quad x = a_0 + sh$$

$$f(x) = \frac{1}{2}(f_0 + f_1) + \left(s - \frac{1}{2}\right)\delta f_{\frac{1}{2}} +$$

$$\frac{s(s-1)}{2 \cdot 2!}(\delta^2 f_0 + \delta^2 f_1) +$$

$$\frac{s(s-1)\left(s - \frac{1}{2}\right)}{3!}\delta^3 f_{\frac{1}{2}} + \cdots +$$

$$\frac{s(s^2 - 1^2)\cdots(s^2 - \overline{(m-1)}^2)(s-m)}{2(2m)!} \cdot$$

$$(\delta^{2m} f_0 + \delta^{2m} f_1) +$$

$$\left(\text{或}\frac{s(s^2 - 1^2)\cdots(s^2 - \overline{(m-1)}^2)(s-m)\left(s - \frac{1}{2}\right)}{(2m+1)!}\delta^{2m+1}f_{\frac{1}{2}}\right)R_n(x)$$

$$(2.24)$$

当 $n = 2m + 1$ 时

$$R_n(x) = h^{2m+2}\frac{s(s^2 - 1^2)\cdots(s^2 - m^2)(s - m - 1)}{(2m+2)!} \cdot$$

$$f^{(2m+2)}(\xi) \qquad (2.25)$$

## Lagrange's Interpolation Formula

其中 $\xi$ 在 $a_0, a_{\pm 1}, \cdots, a_{\pm m}$ 和 $x$ 之间.

当 $n = 2m$ 时

$$R_n(x) = h^{2m+1} \frac{s(s^2-1^2)\cdots(s^2-\overline{(m-1)}^2)(s-m)}{2(2m+1)!} \cdot$$
$$((s+m)f^{(2m+1)}(\xi_1) +$$
$$(s-m-1)f^{(2m+1)}(\xi_2)) \qquad (2.26)$$

其中 $\xi_1, \xi_2$ 均在 $a_0, a_{\pm 1}, \cdots, a_{\pm m}, a_{m+1}$ 和 $x$ 之间.

贝塞尔公式所用到的差分如图 2.2 所示.

图 2.2

6. 埃弗雷特公式

设 $s = \dfrac{x-a_0}{h}, x = a_0 + sh$. 我们有

$$f(x) = (1-s)f_0 - \frac{s(s-1)(s-2)}{3!}\delta^2 f_0 -$$
$$\frac{(s+1)s(s-1)(s-2)(s-3)}{5!}\delta^4 f_0 - \cdots -$$
$$\frac{(s+m-1)(s+m-2)\cdots(s-m-1)}{(2m+1)!}\delta^{2m} f_0 +$$
$$sf_1 + \frac{(s+1)s(s-1)}{3!}\delta^2 f_1 +$$
$$\frac{(s+2)(s+1)s(s-1)(s-2)}{5!}\delta^4 f_1 + \cdots +$$
$$\frac{(s+m)(s+m-1)\cdots(s-m)}{(2m+1)!}\delta^{2m} f_1 + R_n(x)$$
$$(2.27)$$

$$R_n(x) = h^{2m+2} \frac{s(s^2-1^2)\cdots(s^2-m^2)(s-m-1)}{(2m+2)!} \cdot$$

Lagrange 内插公式

$$f^{(2m+2)}(\xi) \qquad (2.28)$$

其中 $\xi$ 在诸节点和 $x$ 之间.

以上公式称为埃弗雷特公式,它是由高斯向前公式变化得来的,只需将它的奇阶中心差分换成偶阶即可.

## §10 插值公式的应用

在插值点不等距时,用牛顿基本公式较拉格朗日公式方便,因为当增加一个新的节点时,牛顿公式只需增加一项,而拉格朗日公式则每一项都要重新计算.

牛顿向前、向后插值公式是用在插值区间端点附近的.在插值区间中间就用贝塞尔公式,埃弗雷特公式或斯特林公式.一般不用高斯公式,因为截止在偶阶差分的高斯向前公式和向后公式彼此等价,且与截止在同一阶差分的斯特林公式等价.终止在奇阶差分的高斯向前公式等价于同阶的贝塞尔公式.截止于奇阶的,开始于 $x_0$ 的高斯向后公式等价于截止于同阶的开始于 $x_{-1}$ 的贝塞尔公式.而贝塞尔公式和斯特林公式的系数有表可查.

如果插值时,欲终止于偶阶差分的项,那么最好用斯特林公式;终止于奇阶差分的项,最好用贝塞尔公式.因为这样使用余项比较简单.

对于较小的 $s$,$-\dfrac{1}{4} \leqslant s \leqslant \dfrac{1}{4}$,最好用斯特林公式.对于满足 $\dfrac{1}{4} \leqslant s \leqslant \dfrac{3}{4}$ 的 $s$,最好用贝塞尔公式.这样,公式中的各项,一般来说,递减的较快.

埃弗雷特公式只用到偶阶中心差分,这是一个优点.

## §11 数值微分

函数的数值微分是一种近似微分法,就是当 $x$ 与 $f(x)$ 的关系是用表列出时,来求 $f(x)$ 在点 $x$ 处的导数公式,它的基本原理就是通过函数插值公式来进行微分.

从牛顿基本公式出发,可以得到

$$f^{(k)}(x) = \sum_{i=k}^{n} f(a_0, a_1, \cdots, a_i) \frac{d^k}{dx^k} \prod_{m=0}^{i-1}(x - a_m) +$$

$$\frac{f^{(n+1)}(\xi)}{(n+1)!} \frac{d^k}{dx^k} \prod_{m=0}^{n}(x - a_m) \quad (2.29)$$

当然在节点等距的情况,可以得到带差分的微分公式.

同样,从拉格朗日公式

$$f(x) \approx \sum_{k=0}^{n} l_k(x) f(x_k)$$

可以得到

$$f^{(r)}(x) \approx \sum_{k=0}^{n} l_k^{(r)}(x) f(x_k)$$

余项

$$R^{(r)}(x) = \frac{1}{(n+1)!} \frac{d^r}{dx^r} (\pi(x) f^{(n+1)}(\xi))$$

$$(2.30)$$

其中 $\pi(x) = (x - x_0)(x - x_1) \cdots (x - x_n)$.

特别,我们有下列公式

Lagrange 内插公式

三点公式

$$\begin{cases} f'_{-1} = \dfrac{1}{2h}(-3f_{-1} + 4f_0 - f_1) + \dfrac{h^2}{3}f'''(\xi) \\ f'_0 = \dfrac{1}{2h}(-f_{-1} + f_1) - \dfrac{h^2}{6}f'''(\xi) \\ f'_1 = \dfrac{1}{2h}(f_{-1} - 4f_0 + 3f_1) + \dfrac{h^2}{3}f'''(\xi) \end{cases}$$

(2.31)

五点公式

$$\begin{cases} f'_{-2} = \dfrac{1}{12h}(-25f_{-2} + 48f_{-1} - 36f_0 + 16f_1 - 3f_2) + \dfrac{h^4}{5}f^{(5)}(\xi) \\ f'_{-1} = \dfrac{1}{12h}(-3f_{-2} - 10f_{-1} + 18f_0 - 6f_1 + f_2) - \dfrac{h^4}{20}f^{(5)}(\xi) \\ f'_0 = \dfrac{1}{12h}(f_{-2} - 8f_{-1} + 8f_1 - f_2) + \dfrac{h^4}{30}f^{(5)}(\xi) \\ f'_1 = \dfrac{1}{12h}(-f_{-2} + 6f_{-1} - 18f_0 + 10f_1 + 3f_2) - \dfrac{h^4}{20}f^{(5)}(\xi) \\ f'_2 = \dfrac{1}{12h}(3f_{-2} - 16f_{-1} + 36f_0 - 48f_1 + 25f_2) + \dfrac{h^4}{5}f^{(5)}(\xi) \end{cases}$$

(2.32)

从各种插值公式还可以得到很多数值微分公式,这里不讲了.

在实用中,也常使用下列简单的近似公式

$$f'(a) = \frac{\Delta f(a)}{h}, f''(a) = \frac{\Delta^2 f(a)}{h^2}, \cdots, f^{(k)}(a) = \frac{\Delta^k f(a)}{h^k}$$

(2.33)

在函数的数值表中,如果有误差,那么高阶差分的偏差较大,所以用以上公式不宜计算高阶微分.

# 拉格朗日多项式插值的误差估计

## §1 拉格朗日插值的误差估计

设 $p_n(x)$ 表示在 $n+1$ 个节点 $x_0 < x_1 < \cdots < x_n$ 上插值 $f(x)$ 的 $n$ 次拉格朗日多项式,那么为了估计误差 $\|f-p\|$ 的大小,必须对函数 $f$ 的光滑性有所要求. 用 $C^k[a,b]$ 表示在 $[a,b]$ 上有定义且为 $k$ 次可微的实函数所组成的空间. 在开始研究误差估计时,要求函数 $f \in C^{n+1}[a,b]$,而在下一节再来降低这个要求. 为了说清楚 $C^k[a,b]$ 的含义,设 $[a,b] = [-1,1]$. 可以发现 $g(x) = |x|$ 属于 $C^0[-1,1]$ 而不属于 $C^1[-1,1]$,因为在 $x = 0$ 处 $g$ 的导数不存在. 同样 $f(x) = x|x|$ 属于 $C^1[-1,1]$,而不属于 $C^2[-1,1]$. 这是因为

**Lagrange 内插公式**

$$f(x) = x|x| = \begin{cases} x^2 & (x \geq 0) \\ -x^2 & (x \leq 0) \end{cases}$$

$$f'(x) = \begin{cases} 2x & (x \geq 0) \\ -2x & (x \leq 0) \end{cases} = 2|x|$$

显然不存在 $f''(0)$. 不论是多项式插值还是样条函数插值,为了进行误差估计都必须对函数 $f$ 的光滑性有所要求. 函数 $g(x) = |x|$ 虽然很简单,但却不满足光滑性要求的现象也不足为怪. 因为虽然 $g(x) = |x|$ 的图形是连续的,看起来似乎适合用插值多项式 $p(x)$ 来逼近,然而由于 $g'(x)$ 在 $x = 0$ 处发生突变,显然用任何多项式都不可能很好地逼近 $g'(x)$. 实际上,只要作 $g'(x)$ 的图像,就会发现任何一个多项式 $q$ 都将使 $\|g' - q'\| \geq 1$.

要进行误差估计,条件是相当苛刻的. 在此先假设 $f \in C^{n+1}[a,b]$,以便估计 $\|f - p\|$ 的大小. 下面先回忆一下微积分中的罗尔定理.

**罗尔定理**  设 $f(x)$ 在 $[a,b]$ 上连续,在 $(a,b)$ 上可微,且有 $f(a) = f(b) = 0$,则必存在一点 $\zeta(a < \zeta < b)$,满足 $f'(\zeta) = 0$.

这就是说,若一个足够光滑的函数在两个不等的 $a$ 和 $b$ 值都取零值,则在 $a,b$ 间至少存在一个点 $\zeta$,使得 $f'(\zeta) = 0$. 此定理是不证自明的.

**拉格朗日插值的误差估计**  设 $f \in C^{n+1}[a,b]$,$p(x)$ 是在节点为 $a = x_0 < x_1 < \cdots < x_n = b$ 上插值 $f(x)$ 的 $n$ 次拉格朗日多项式,则对于每个 $x \in [a,b]$,必在 $(a,b)$ 上存在一点 $\zeta$,使得

$$f(x) - p(x) = \frac{f^{(n+1)}(\zeta)}{(n+1)!}(x - x_0)(x - x_1) \cdots \cdot$$

## Lagrange's Interpolation Formula

$$(x - x_n)$$

**证明** 设 $\bar{x} \neq x_0, x_1, \cdots, x_n$ 是 $[a,b]$ 上的一个点. 定义一个如下形式的函数

$$g(t) = [p(t) - f(t)] - \frac{w(t)}{w(\bar{x})}[p(\bar{x}) - f(\bar{x})]$$

式中的

$$w(x) = (x - x_0)(x - x_1)\cdots(x - x_n)$$

既然 $g(t)$ 在点 $x_0, x_1, \cdots, x_n, \bar{x}$ 共取 $(n+2)$ 次零值,因此对 $g(t)$ 反复使用罗尔定理,可得到对某个 $\zeta, \zeta \in (a,b), g^{(n+1)}(\zeta) = 0$ 成立. 因为 $p$ 是 $n$ 次多项式,而 $w$ 是 $(n+1)$ 次多项式,故

$$g^{(n+1)}(\zeta) =$$
$$-f^{(n+1)}(\zeta) - \frac{(n+1)!}{w(\bar{x})}[p(\bar{x}) - f(\bar{x})] = 0$$

所以

$$f(\bar{x}) - p(\bar{x}) = \frac{f^{(n+1)}(\zeta)}{(n+1)!}w(\bar{x})$$

证毕.

如果令 $h = \max(x_{i+1} - x_i), 0 \leq i \leq n-1$,而 $x \in [x_0, x_n]$,很显然下式成立

$$|w(x)| = |(x - x_0)(x - x_1)\cdots(x - x_n)| \leq \frac{n! \, h^{n+1}}{4}$$

因此

$$\|f - p\| \leq \frac{\|f^{(n+1)}\| h^{n+1}}{4(n+1)}$$

这当然是一个很粗糙的误差估计. 应该指出,如果当 $n$ 增大时 $\|f^{(n+1)}\|$ 增加得太快,那么减小 $h$ 的大小对缩小误差的效果就较差. 在节点是按最佳配置(一般为不等间距分布),因而获得了对 $f(x)$ 用 $n$ 次多项式的

**Lagrange 内插公式**

最佳拟合时,这种现象仍然存在.而且还可以证明,要获得 $f(x)$ 的最佳拟合也很困难.克服这种缺点的一种办法是,用我们即将讨论的分段拟合法.不过这里先来结束拉格朗日插值的讨论.

反复利用罗尔定理,也能估计下式的大小
$$\|f^{(k)} - p^{(k)}\| \quad (0 \leqslant k \leqslant n-1)$$
以 $k=1$ 的情况作例子,因为 $f'(x) - p'(x)$ 在 $[a,b]$ 上至少有 $n$ 个零点 $y_1, y_2, \cdots, y_n$,且有 $x_{i-1} < y_i < x_i$.在 $[a,b]$ 上任选一点 $x \neq y_1, y_2, \cdots, y_n$,则重复推导 $\|f-p\|$ 的步骤,可得下式
$$\|f' - p'\| \leqslant \frac{\|f^{(n+1)}\|}{n!} \|(x-y_1)(x-y_2)\cdots(x-y_n)\|$$

在推导上式时
$$w(x) = (x-y_1)(x-y_2)\cdots(x-y_n)$$
如果 $y_{i-1} \leqslant x \leqslant y_i$,那么 $|x - y_{i+k}| \leqslant (k+1)h, k=0,1,2,\cdots, n-i$,成立.因此
$$\|f' - p'\| < \frac{1}{2}\|f^{(n+1)}\| h^n$$

一般来讲可以证明下述定理.

**推广的拉格朗日插值误差估计定理** 设 $f \in C^{n+1}[a,b]$,$p(x)$ 是在节点 $a = x_0 < x_1 < \cdots < x_n = b$ 上插值 $f(x)$ 的拉格朗日多项式,则对于 $j = 1, 2, \cdots, n$,下式均成立
$$\|f^{(j)} - p^{(j)}\| \leqslant \frac{\|f^{(n+1)}\| n!}{(j+1)!(n+1-j)!} h^{n+1-j}$$

为了用图来说明误差估计公式,图 3.1 给出了误差曲线 $e(x) = \cos x - p(x)$,式中的 $p(x)$ 是在点 $0, \frac{\pi}{4}$,

$\frac{\pi}{2}, \frac{3\pi}{4}, \pi$ 和 $\frac{5\pi}{4}$ 上插值 $\cos x$ 的五次拉格朗日多项式.

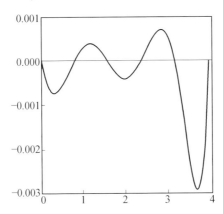

图 3.1　节点为 $0, \frac{\pi}{4}, \frac{\pi}{2}, \frac{3\pi}{4}, \pi, \frac{5\pi}{4}$ 时的

误差曲线 $e(x) = \cos x - p(x)$

必须指出,拉格朗日多项式并不是满足插值条件 $p(x_i)=f(x_i)(0 \leqslant i \leqslant n)$ 的唯一多项式函数. 但是拉格朗日多项式却是满足插值条件的唯一 $n$ 次多项式. 另一个应该解除的猜疑是,如果引入越来越多等间距分布的节点 $x_0, x_1, \cdots, x_n, f(x)$ 的拉格朗日插值多项式形成的序列 $(p_n(x))$ 是否会逐点收敛成 $f(x)$. 默里 (Méray)1884 年至 1896 年所写的一系列论文和龙格 1901 年的论文首先解决了这个问题. 龙格在他的论文中,对 $f(x) = 1/(1 + 5x^2)$ 研究了这种收敛性的问题. 为了说明结果是发散的,图 3.2 给出了在 $[-1,1]$ 上,节点 $-1 = x_0 < x_1 < \cdots < x_n = 1$ 为等间距分布时,函数 $f(x) = 1/(1 + 100x^2)$ 的五次与十五次拉格朗日多项式的图形,以及对应的误差曲线 $f(x) - p(x)$. 从图

Lagrange 内插公式

3.2 上可以发现,在 $-1$ 和 $1$ 处 $[p_n(x)]$ 序列是发散的,这就表明,只有把节点集中到边界点附近时,$[p_n(x)]$ 序列才有可能得到收敛的结果.

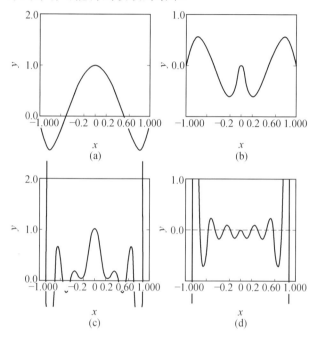

图 3.2 函数 $f(x) = \dfrac{1}{1+100x^2}$,节点等间距分布时的拉格朗日多项式

(a) 五次拉格朗日多项式;(b) 十五次拉格朗日多项式;
(c) 五次插值时的误差曲线;(d) 十五次插值时的误差曲线

从以上讨论可见,如果节点 $a = x_0^n < x_1^n < \cdots < x_n^n = b$ 等间距分布,且当 $n \to \infty$ 时 $\max\limits_{1 \leqslant i \leqslant n}(x_i^n - x_{i-1}^n) \to 0$,形成的拉格朗日多项式序列 $(p_n(x):n = 1,2,\cdots)$ 不能保证逐点收敛,那么或许只有用比较合理地配置节点,

且当 $n \to \infty$ 时序列 $(p_n(x):n=1,2,\cdots)$ 才能够逐点收敛为给定的连续函数 $f$. 这种推理是正确的. 不过像龙格、默里都感觉到的那样, 节点的配置情况要由被插值的函数 $f$ 而定. 事实上, 可以证明, 对于 $[a,b]$ 上任意给定的族

$$\pi_n : a = x_0^n < x_1^n < \cdots < x_n^n = b$$

总存在一个连续函数 $f$, 使得 $\lim\limits_{n\to\infty}\sup \|p_n(x)\| = \infty$, 其中 $p_n(x)$ 是相对于 $\pi$ 族对函数 $f$ 插值的拉格朗日多项式. 对此有兴趣的读者可参考里夫林 (Rivlin) 的著作 (1969).

## §2 最佳逼近与推广的误差估计

上节证明了, 如果 $f \in C^{n+1}[a,b]$, 而 $p(x)$ 是在节点为

$$a = x_0 < x_1 < \cdots < x_n = b$$

时 $f(x)$ 的拉格朗日插值多项式, 那么

$$\|f - p\| \leq \frac{\|f^{(n+1)}\| h^{n+1}}{4(n+1)}$$

式中的 $h = \max\limits_{0 \leq i \leq n-1}(x_{i+1} - x_i)$.

很自然, 我们想要获得 $f \in C^k[a,b]\ (0 \leq k \leq n)$ 时的误差估计式 $\|f-p\|$. 这种误差估计式是可以得到的, 其基础是最佳逼近的概念. 在研究这个概念之前, 先来估计 $\sum\limits_{i=0}^{n} |l_i|$ 的大小, 其中 $\{l_i(x):0 \leq i \leq n\}$ 是节点为 $x_0 < x_1 < \cdots < x_n$ 时 $n$ 次拉格朗日多项式的典型基集, 也即每个 $l_i(x)$ 都是解插值方程 $l_i(x_j) = \delta_{ij}(0 \leq i,j \leq n)$ 所得的 $n$ 次多项式.

**Lagrange 内插公式**

**定理**(估值表达式)

$$\sum_{i=0}^{n} |l_i| \leq 2^n (h/\bar{h})^n \qquad (3.1)$$

式中

$$h = \max_{0 \leq i \leq n-1}(x_{i+1} - x_i)$$
$$\bar{h} = \min_{0 \leq i \leq n-1}(x_{i+1} - x_i)$$

**证明** 因为

$|l_i(x)| =$

$$\frac{|(x-x_0)(x-x_1)\cdots(x-x_{i-1})(x-x_{i+1})\cdots(x-x_n)|}{|(x_i-x_0)(x_i-x_1)\cdots(x_i-x_{i-1})(x_i-x_{i+1})\cdots(x_i-x_n)|} \leq$$

$$\frac{|(x-x_0)(x-x_1)\cdots(x-x_{i-1})(x-x_{i+1})\cdots(x-x_n)|}{i!(n-i)!\bar{h}^n}$$

如果 $x \in [x_j, x_{j+1}]$,那么

$$|(x-x_0)(x-x_1)\cdots(x-x_{i-1})(x-x_{i+1})\cdots (x-x_n)| \leq (j+1)!(n-j)!h^n$$

又因为 $(j+1)!(n-j)! < n!$,因此下式成立

$$|l_i(x)| \leq \frac{n!}{i!(n-i)!}\left(\frac{h}{\bar{h}}\right)^n = \binom{n}{i}\left(\frac{h}{\bar{h}}\right)^n$$

其中 $\binom{n}{i}$ 是二项式系数. 既然 $(1+1)^n = \sum_{i=0}^{n}\binom{n}{i}$,所以

$$\sum_{i=0}^{n}|l_i(x)| \leq \sum_{i=0}^{n}\binom{n}{i}\left(\frac{h}{\bar{h}}\right)^n = 2^n\left(\frac{h}{\bar{h}}\right)^n$$

定理证毕.

设 $f$ 是 $[a,b]$ 上的有界函数,$P_n$ 是 $n$ 次多项式构成的集. 我们用在 $[a,b]$ 上,$n+1$ 个节点处进行插值的拉格朗日多项式 $p$ 来逼近 $f$. 为了减小 $\|f-p\|$,可以尝试在原来的节点附近用改变节点位置的办法来达到. 如果对函数 $f$ 用 $n$ 次多项式插值时,节点位置可以

## Lagrange's Interpolation Formula

任意安排,就有可能减小 $\|f-p\|$. 由此就导出了用 $n$ 次多项式逼近函数 $f(x) \in C[a,b]$ 时的最佳逼近多项式 $p^*(x)$ 的概念.

**次数固定时的最佳逼近多项式的定义** 设 $f \in C[a,b]$, $P_n$ 表示所有的 $n$ 次多项式构成的集. 如果对于一切 $p \in P_n$ 均满足 $\|f-p^*\| \leq \|f-p\|$, 那么 $p^*(x) \in P_n$ 称为函数 $f$ 的最佳逼近多项式.

可以证明最佳逼近多项式恒存在,而且托纳里(Tonelli)(1908)还证明了 $p^*$ 是唯一的. 我们也能估计 $\|f-p^*\|$ 的大小,其中 $f \in C^k[a,b]\,(0 \leq k \leq n)$. 由于杰克逊(Jackson)的工作,这些重要的误差估计式还可推广到更为一般的情况,以杰克逊定理组而著称. 不过我们将满足于对感兴趣的定理作一简单地叙述. 至于定理巧妙的证明过程,请参考里夫林(1969)及戴维斯(Davies)与拉比诺维茨(Rabinowitz)的专著(1967).

杰克逊定理对误差的估计,建立在函数 $f$ 的连续性模数的概念之上.

**连续性模数的定义** 设 $f$ 是某区间 $I$ 上有定义的函数,而 $h > 0$ 是一实数. 在区间 $I$ 上,函数 $f$ 相对于 $h$ 的连续性模数 $\omega(f,h)$ 定义如下

$$\omega(f,h) = \sup\{|f(x+\bar{h}) - f(x)| : x, x+\bar{h} \in I, |\bar{h}| \leq h\} \tag{3.2}$$

很显然,若 $f$ 在闭区间上连续,则 $\lim_{h \to 0} \omega(f,h) = 0$. 事实上可以证明,只有满足条件 $h \to 0$ 时, $\omega(f,h) \to 0$, 函数 $f$ 在区间 $I$ 上才是一致连续的. 对于固定的 $h$ 值, $\omega$ 是函数振荡特性的度量. 例如,若 $f(x) = \sin(1/x)$, 其定义区间为 $(0,\pi)$, 则对无论多么小的 $h$ 值,

Lagrange 内插公式

$\omega(f,h) \to 1$(图 3.3). 建立了连续性模数的概念之后,就能够叙述杰克逊定理了.

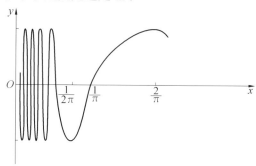

图 3.3 $f(x) = \sin\left(\dfrac{1}{x}\right)$; $\omega(f,h)D \not\to 0 (h \to 0)$

**多项式的杰克逊定理** 设 $f \in C^k[a,b](0 \leqslant k \leqslant n)$, $p^*$ 为 $[a,b]$ 上函数 $f$ 的 $n$ 次最佳逼近多项式,则
$$\|f - p^*\| \leqslant g_k(f,n) \qquad (3.3)$$
其中

$g_k(f,n) =$
$$\begin{cases} 6\omega\left(f, \dfrac{b-a}{2n}\right) & (k=0) \\ \dfrac{3(b-a)}{n}\|f'\| & (k=1) \\ \dfrac{6^k(k-1)^{k-1}}{(k-1)!\, n^k} k(b-a)^k \|f^{(k)}\| & (n \geqslant k \geqslant 2) \end{cases}$$
$$(3.4)$$

如何把杰克逊定理用于拉格朗日多项式的情况呢? 设
$$a = x_0 < x_1 < \cdots < x_n = b$$
是 $[a,b]$ 上的分割点,如果 $p^*$ 是 $[a,b]$ 上函数 $f$ 的 $n$ 次最佳逼近多项式,$p(x)$ 是在点 $x_0, x_1, \cdots, x_n$ 插值 $f(x)$

的拉格朗日多项式,很明显 $\|f-p\| \leq \|f-p^*\| + \|p^*-p\|$. 因为 $p^*$ 是 $n$ 次多项式,所以有

$$p^*(x) = \sum_{i=0}^{n} p^*(x_i) l_i(x)$$

由于

$$p(x) = \sum_{i=0}^{n} f(x_i) l_i(x)$$

则利用式(3.1),可得

$$|p^*(x) - p(x)| = \left|\sum_{i=0}^{n}(p^*(x_i) - f(x_i))l_i(x)\right| \leq$$

$$\|p^* - f\| \sum_{i=0}^{n} |l_i(x)| \leq$$

$$\|p^* - f\| 2^n \left(\frac{h}{\overline{h}}\right)^n$$

若 $f \in C^k[a,b]$,则运用式(3.3)可得

$$\|p^* - p\| \leq g_k(f,n) \cdot 2^n \left(\frac{h}{\overline{h}}\right)^n$$

既然 $\|f-p\| \leq \|f-p^*\| + \|p^*-p\|$,故下述误差估计式成立.

**拉格朗日多项式的推广误差估计式** 设 $f \in C^k[a,b]$ ($0 \leq k \leq n$),而 $p(x)$ 是在 $a = x_0 < x_1 < \cdots < x_n = b$ 上插值函数 $f$ 所得的拉格朗日多项式. 则

$$\|f-p\| \leq \left[1 + \left(\frac{2h}{\overline{h}}\right)^n\right] g_k(f,n) \quad (3.5)$$

式(3.5)中的 $g_k(f,n)$ 定义见式(3.4),而

$$h = \max_{0 \leq i \leq n-1}(x_{i+1} - x_i)$$

$$\overline{h} = \min_{0 \leq i \leq n-1}(x_{i+1} - x_i)$$

在用变分法求解微分方程和积分方程时,这个误差估计式是非常有用的.

Lagrange 内插公式

## §3 分段拉格朗日插值

从上节讲述的拉格朗日插值的误差估计中可以知道,即使 $n \to \infty, h \to 0$,也并不能保证 $\|f-p\|$ 一定趋近于 0. 如果 $f \in C^{n+1}[a,b]$,那么 $\|f-p\| \leqslant \|f^{(n+1)}\|h^{n+1}/4(n+1)$;而如果 $f \in C^k[a,b]$,那么 $\|f-p\| \leqslant b_k[1+(2h/\bar{h})^n]\|f^{(k)}\|\bar{h}^k$,其中 $\bar{h} = (b-a)/n, k$ 为固定值,$b_k$ 是由 $k$ 确定的常数. 即使节点是等间距配置的 $(h = \bar{h} = \tilde{h})$,在 $k < n$ 时,量 $(1+2^n)$ 比 $\tilde{h}^k$ 增长得快得多. 当然误差估计总是偏保守的,你可以不考虑对误差的理论估计,而带冒险性地运用拉格朗日插值. 如果你知道被逼近的函数在图形上没有大幅度的起落,数值变化也不是非常快,那么这样做也可以. 不过如果你需要保险一点,可以对数据分段进行 $m$ 次拉格朗日多项式插值,这是一种有效且常用的方法,虽然看起来比较粗糙一些. 这样得到的插值函数 $s(x)$ 称为分段 $m$ 次拉格朗日多项式. 它的具体表达式如下

$s(x) =$
$$\begin{cases} a_0 + a_1 x + \cdots + a_m x^m & (x_0 \leqslant x \leqslant x_m) \\ a_{m+1} + a_{m+2} x + \cdots + a_{2m+1} x^m & (x_m \leqslant x \leqslant x_{2m}) \\ a_{2m+2} + a_{2m+3} x + \cdots + a_{3m+2} x^m & (x_{2m} \leqslant x \leqslant x_{3m}) \\ \vdots \end{cases}$$

式中的 $a_i$ 是常数,它由插值条件 $s(x_i) = f(x_i)$ ($i = 0, 1, 2, \cdots, n$) 确定,且 $n$ 必须是 $m$ 的整倍数. 例如 $m=1$,则 $s_1(x) = s(x)$ 的图形是一条折线(分段一次拉格朗日插

值——见图 3.4). 若 $m = 2$,则 $s_2(x) = s(x)$ 的图形是分段的二次曲线(分段二次拉格朗日插值——见图 3.5),它的表达式如下

$$s_2(x) = \begin{cases} a_0 + a_1 x + a_2 x^2, & \text{在}[x_0, x_2] \text{上} \\ a_3 + a_4 x + a_5 x^2, & \text{在}[x_2, x_4] \text{上} \\ a_6 + a_7 x + a_8 x^2, & \text{在}[x_4, x_6] \text{上} \\ \vdots \end{cases}$$

这时要求 $n$ 是偶数.

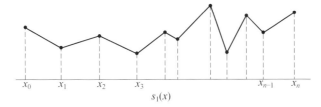

图 3.4　分段一次拉格朗日多项式

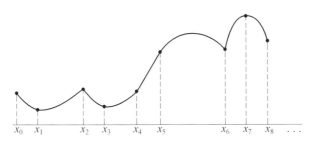

图 3.5　分段二次拉格朗日多项式

依次类推,可以得到分段三次、分段四次、分段五次等的拉格朗日多项式. 这些分段拉格朗日多项式 $s(x)$ 总在它的部分节点或全部节点上不可微(图形上表现为节点处出现尖角). 为了克服这种缺点将采用别的办法. 不过对于满足于用不可微函数逼近的情况,

## Lagrange 内插公式

甚至 $m = 1$,误差也是很小的.

为了说明分段拉格朗日插值的误差估计,假设 $f$ 具有连续的二阶导数,两节点为等间距配置. 运用上节的拉格朗日多项式误差估计的结果,可得

$$\|f - s_1\| \leq \frac{\|f''\|}{8} h^2 \qquad (3.6)$$

若 $f$ 具有连续的三阶导数,则

$$\|f - s_2\| \leq \frac{\|f'''\|}{12} h^3 \qquad (3.7)$$

式(3.6) 充分说明了,为什么折线拟合虽然粗糙,但其逼近效果还是很好的原因. 归根到底,这是因为 $h^2$ 项的收敛速度很快. 当然,如果 $f$ 不能微分两次,就不能保证有这样迅速的收敛. 譬如,$f$ 仅有连续的一阶导数 ($f \in C^1[a,b]$),则

$$\|f - s_1\| \leq \beta \|f'\| \bar{h}, \text{其中} \beta \text{为常数}$$

而当 $f$ 仅是连续函数时,则

$$\|f - s_1\| \leq \gamma \omega(f,h), \text{其中} \gamma \text{为常数}$$

在以上这几种情况中,当 $h \to 0$ 时,函数 $f$ 的分段折线拟合和分段二次曲线拟合都保证是收敛的. 如果 $f \in C^2[a,b]$,而不属于 $C^3[a,b]$,那就不必采用分段二次拉格朗日插值,因为工作量的增大并不保证其收敛性比分段一次拉格朗日插值好. 不过请注意,只要采用分段拉格朗日插值,你就必须接受图形出现尖角的现实.

数值积分是利用分段拉格朗日插值的好例子. 它把定积分

$$Ef = \int_a^b f(x) \, dx$$

用下述积分所替代

## Lagrange's Interpolation Formula

$$E_n f = \int_a^b s_n(x)\,dx$$

式中的 $s_n(x)$ 是在节点 $a = x_0 < x_1 < \cdots < x_N = b$ 插值 $f(x)$ 的分段 $n$ 次拉格朗日多项式. 若 $n = 1$, 就得到大家熟悉的梯形法则

$$E_1 f = \frac{h}{2}[f(x_0) + 2f(x_1) + \cdots + 2f(x_{N-1}) + f(x_N)]$$

若 $n = 2$, 则得到辛普生 (Simpson) 法则

$$E_2 f = \frac{h}{3}[f(x_0) + 4f(x_1) + 2f(x_2) + 4f(x_3) + \cdots + 4f(x_{2M-1}) + f(x_{2M})]$$

变化 $n$, 可得到通常称为牛顿 – 柯特斯 (Newton-Cotes) 公式的一族数值积分方式. 利用误差估计式 $\|f - s_n\|$, 就可以估计下述误差

$$Ef - E_n f = \int_a^b [f(x) - s_n(x)]\,dx$$

例如, 当 $f \in C^2[a,b]$, 数值积分用梯形法则时, 从式 (3.6) 可得

$$|Ef - E_1 f| \leq \frac{\|f''\|}{8}(b-a)h^2$$

由于皮诺 – 克纳尔 (Peano-Kernal) 的工作, 这类数值积分误差估计的公式有了一些改进 (见戴维斯的著作 (1963)).

函数 $f(x)$ 在 $(n+1)$ 个节点 $x_0 < x_1 < \cdots < x_n$ 上的分段 $d$ 次拉格朗日插值 ($n = pd, p$ 为整数) 的计算是比较简单的. 一种常用的办法是采用基础基函数 $\phi_i$ ($0 \leq i \leq n$). 基础基函数 $\phi_i$ 可通过解下列插值方程得到

$$\phi_i(x_j) = \delta_{ij} \quad (0 \leq i,j \leq n)$$

## Lagrange 内插公式

每一个基础基底函数 $\phi_i(x)$ 本身也是一个分段 $d$ 次拉格朗日多项式,且很明显
$$f(x) = f(x_0)\phi_0(x) + f(x_1)\phi_1(x) + \cdots + f(x_n)\phi_n(x)$$
例如,若 $d = 1$,则 $\phi_i(x)$ 即所谓的"帽函数"

$$\phi_i(x) = \begin{cases} 0 & (x \leq x_{i-1}) \\ (x - x_{i-1})(x_i - x_{i-1})^{-1} & (x_{i-1} \leq x \leq x_i) \\ (x_{i+1} - x)(x_{i+1} - x_i)^{-1} & (x_i \leq x \leq x_{i+1}) \\ 0 & (x \geq x_{i+1}) \end{cases}$$

图 3.6 是帽函数的图形. 对两个端节点则(图 3.7)

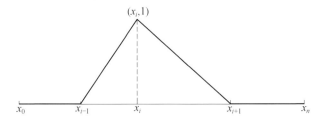

图 3.6  $\phi_i(x) (1 \leq i \leq n - 1)$

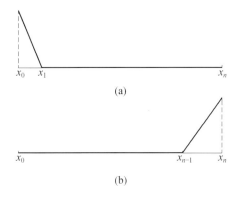

(a)

(b)

图 3.7  (a) $\phi_0(x)$,(b) $\phi_n(x)$

$$\phi_n(x) = \begin{cases} (x - x_{n-1})(x_n - x_{n-1})^{-1} & (x \geqslant x_{n-1}) \\ 0 & (x_0 \leqslant x \leqslant x_{n-1}) \end{cases}$$

$$\phi_0(x) = \begin{cases} 0 & (x \geqslant x_1) \\ (x_1 - x)(x_1 - x_0)^{-1} & (x_0 \leqslant x \leqslant x_1) \end{cases}$$

对 $d > 1$ 的分段高次拉格朗日插值的基础基函数,其定义和 $d = 1$ 的情况相类似,也采用函数分段表示的形式. 图 3.8 就是分段二次拉格朗日插值基础基函数的图形,其表达式及更高次的 $\phi_i$ 的推导留给读者做练习. 图 3.6 ~ 图 3.8 可见,各种 $\phi_i$ 的图形都呈现尖角,也就是说在这些地方是不可微的. 此外还应该指出,在节点集 $\pi$ 的依次连续排列的节点上,构成的分段 $d$ 次拉格朗日多项式所形成的集 $L_d(\pi)$,不论 $d$ 是多少,都是一个线性空间. 这就是说,$L_d(\pi)$ 中的任意两个函数之和,及一实数乘 $L_d(\pi)$ 中的任意一函数所得之结果,仍在 $L_d(\pi)$ 之中. 这是因为它们在 $(t_i, t_{i+1})$ $(0 \leqslant i \leqslant n - 1)$ 上都是 $d$ 次多项式且都属于 $d$ 次多项式空间之故. 当然,$L_d(\pi)$ 的维数是

$$\dim L_d(\pi) = Nd + 1 = n + 1$$

而 $\mathscr{B} = \{\phi_0, \phi_1, \cdots, \phi_n\}$ 是 $L_d(\pi)$ 的基,其中之 $\phi_i(x)$ 是 $L_d(\pi)$ 中的某一函数,它由下列插值方程确定

$$\phi_i(x_j) = \delta_{ij} \quad (0 \leqslant i, j \leqslant n)$$

最后,必须对我们所用的术语"节点"作些说明. 一般来讲,把分段多项式 $s(x)$ 中各片段多项式相交的那些点称为 $s(x)$ 的"节点"是十分恰当的. 由于对节点作了更一般化的定义,我们将把各片段多项式相交的点称之为 $s(x)$ 的连续点或自然节点. 例如,$x_2, x_4, x_6, \cdots$ 就是 $s_2(x)$ 的连接点,而 $x_1, x_2, \cdots$ 是 $s_1(x)$ 的连接点. 至于节点仍指对函数施加约束条件 $s(x_i) =$

### Lagrange 内插公式

$f(x_i)$ $(0 \leq i \leq n)$ 的点,因此不论对 $s_1, s_2$,还是任意的 $s_j (3 \leq j \leq n)$,集 $x_0, x_1, \cdots, x_n$ 都是它们的节点集.

Lagrange's Interpolation Formula

# 反 内 插 法

第 4 章

## §1 反内插问题

设函数 $y = f(x)$ 对于自变量的一串等距离值,是以表的形式给定的. 我们给 $y$ 以介于它的任意二个表值之间的确定数值,并去寻求自变量 $x$ 的对应值. 我们即将从事研究的反内插问题,就是与解这类问题相联系的.

固定了任一 $y$ 值,作为计算的起点来说,还是不够的,此处,还需要预先定出使所求的 $x$ 值位于其间的二个数,并且只有这样以后,才可以用具体的反内插法得出最终的答案. 一句话,我们应该首先找出所求未知的自变量的值所在的区间,也即圈出这个值,并且也只有这样以后,才能以任意的精确度逼近之.

**Lagrange 内插公式**

因此,反内插问题就相当于去确定方程 $f(x) = y$(对于固定的 $y$ 值)的位于已知区间内的实根的问题. 对于这个根的寻求,利用诸内插法中的任一个,都具有同样的成效,只要在对应的计算表格中,更换 $x$ 和 $y$ 的位置就可以了.

也不妨害去应用拉格朗日和布尤尔曼公式于解反内插问题.

## §2 借助于逐步逼近的反内插

任意写出一内插公式,例如,写出斯特林公式. 在这个公式中出现的量 $y_t = f(a + th)$ 为我们所已知,它位于区间 $(y_k, y_{k+1})$ 内

$$y_k < y_t < y_{k+1}$$

量 $a$ 也是已知的,这是我们(从自变量的值的表中)适当选定的数,用以逼近所求的 $x$ 值的. 这样一来,$a$ 或者就是 $x_k$,或者是 $x_{k+1}$,因而 $f(a)$ 是 $y$ 的一个表值. 表的步度 $h$ 是已知的. 暂时仍为未知的是 $t$. 舍去剩余项(展开式需要中止在表中的较高阶的差分处),我们就得出关于 $t$ 的多项式,因而反内插问题就归于寻求这个多项式的位于区间 $(x_k, x_{k+1})$ 上的实根的问题.

在许多情况下,这个根是用逐步逼近法来推求的. 事实上,斯特林公式可以写成

$$t = m_0 - \frac{1}{2}t^2 m_1 - \frac{1}{6}t(t^2 - 1)m_2 - \frac{1}{24}t^2(t^2 - 1)m_3 - \cdots \quad (4.1)$$

其中

$$m_0 = \frac{f(a+th) - f(a)}{\frac{1}{2}(\Delta f(a) + \Delta f(a-h))}$$

$$m_1 = \frac{\Delta^2 f(a-h)}{\frac{1}{2}(\Delta f(a) + \Delta f(a-h))}$$

$$m_2 = \frac{\Delta^3 f(a-h) + \Delta^3 f(a-2h)}{\frac{1}{2}(\Delta f(a) + \Delta f(a-h))}$$

等等.

我们取 $t=0$ 作为起始的近似值. 为了得到第一近似值, 我们以 0 代替式 (4.1) 右端的 $t$, 于是

$$t_1 = m_0$$

第二近似值可借助于在式 (4.1) 右端以 $t_1$ 代替 $t$ 得出. 这就给出

$$t_2 = m_0 - \frac{1}{2} m_0^2 m_1 - \frac{1}{6} m_0 (m_0^2 - 1) m_2 - \frac{1}{24} m_0^2 (m_0^2 - 1) m_3 - \cdots$$

为了得出第三近似值, 我们应该将式 (4.1) 右端中的 $t$ 代以 $t_2$, 并且以这种方式继续下去, 就得到了以下的近似值.

不用说, 在借助于别的内插公式来作反内插的情况下, 这种方式可以完全类似地应用.

如果在所求之根的邻域内

$$\frac{d}{dt}\left(m_0 - \frac{1}{2} m_1 t^2 - \frac{1}{6} m_2 t(t^2-1) - \frac{1}{24} m_3 t^2(t^2-1) - \cdots\right)$$

的绝对值小于 1 时, 就可以使逐步逼近值的误差任意

## Lagrange 内插公式

小.

在多数情况下,对于在区间 $\left(-\dfrac{1}{4},\dfrac{1}{4}\right)$ 内的 $t$ 值,在反内插时应用斯特林公式是有利的,自然,如果对于这些值说来,刚才所叙述的关于导数的要求满足的话.

## §3 级数的转换

现在指出,为了计算对应于函数值
$$f_p \equiv f(a+ph)$$
的自变量 $a+ph$,并非必须采用逐步逼近法. 可以用级数的转换来求 $a+ph$.

设有
$$f_p - f_0 = qp + rp^2 + sp^3 + up^4 +$$
$$vp^5 + wp^6 + \cdots \quad (q \neq 0) \quad (4.2)$$
其中 $q,r,s,u,v,w,\cdots$ 为常系数. 在这个方程中,我们将把 $f_p - f_0$ 当作自变量,而将 $p$ 视为 $f_p - f_0$ 的函数. 在这个情况下,按照隐函数基本定理,$p$ 可由此被定义为 $f_p - f_0$ 的函数,并且这函数可以按 $f_p - f_0$ 的乘幂展开
$$p = b_1(f_p - f_0) + b_2(f_p - f_0)^2 + b_3(f_p - f_0)^3 +$$
$$b_4(f_p - f_0)^4 + b_5(f_p - f_0)^5 + b_6(f_p - f_0)^6 + \cdots$$
为了确定系数 $b_1, b_2, b_3, \cdots$,将展开式(4.2)中的 $p$ 代以刚才写出的展开式并使 $f_p - f_0$ 的相同方次的系数相等. 这就给出
$$qb_1 = 1$$
$$q^3 b_2 = -r$$
$$q^5 b_3 = 2r^2 - qs$$

$$q^7 b_4 = -5r^3 + 5rsq - uq^2$$
$$q^9 b_5 = 14r^4 - 21r^2 qs + 6ruq^2 + 3s^2 q^2 - vq^3$$
$$q^{11} b_6 = -42r^5 + 84r^3 qs - 28r^2 uq^2 - 28rs^2 q^2 +$$
$$7rvq^3 + 7suq^3 - wq$$

等等.

这样一来,联系着 $p$ 与 $f_p - f_0$ 的展开式就有下形①

$$p = \frac{1}{q}(f_p - f_0) - \frac{r}{q^3}(f_p - f_0)^2 +$$
$$\frac{2r^2 - qs}{q^5}(f_p - f_0)^3 -$$
$$\frac{5r^3 - 5rsq + uq^2}{q^7}(f_p - f_0)^4 + \cdots \quad (4.3)$$

所得展开式使我们能够转换所有内插公式.

作为一个例子,我们回到公式(4.1). 如果使它中止在含有第四阶差分的那一项上,那么

$$\bar{f}_p - \bar{f}_0 = p + \frac{1}{2}m_1 p^2 + \frac{1}{6}m_2 p(p^2 - 1) +$$
$$\frac{1}{24}m_3 p^2 (p^2 - 1) =$$
$$\left(1 - \frac{m_2}{6}\right) p + \left(\frac{m_1}{2} - \frac{m_3}{24}\right) p^2 +$$
$$\frac{m_2}{6} p^3 + \frac{m_3}{24} p^4 =$$

---

① 我们假定这个展开式收敛. 假定的正确性是应该在每一个别情况下验证的. 如果 $f_p$ 是在 0 的邻域内关于 $p$ 的解析函数,那么在对应于点 $f_0$ 的邻域内,反函数就也是解析的. 在收敛性的研究困难时,则可以将求得的 $p$ 值代入方程(4.2)内,以证实所求得的 $p$ 值的适当性.

Lagrange 内插公式

$$\frac{f_p - f_0}{\frac{1}{2}(\Delta f(a) + \Delta f(a-h))}$$

因而,在这种情况下

$$q = 1 - \frac{m_2}{6}, r = \frac{m_1}{2} - \frac{m_3}{24}, s = \frac{m_2}{6}, u = \frac{m_3}{24}$$

现在我们已经有了为利用转换公式(4.3)来将 $p$ 按 $f_p - f_0$ 的幂次展开的全部数据. 按照这个展开式和给定的 $f_p$ 来计算 $p$ 是没有任何困难的.

## §4 反内插公式

对于反内插,可用拉格朗日和牛顿内插公式,只要在这些公式中到处对换 $x$ 和 $y$ 的位置.

在拉格朗日公式中到处对换 $x$ 和 $y$,对于反函数 $x = \psi(y)$,我们得到

$$x = \sum_{v=0}^{n} \frac{\prod_{\substack{k=0 \\ k \neq v}}^{n}(y - y_k)}{\prod_{\substack{k=0 \\ k \neq v}}^{n}(y_v - y_k)} \psi(y_v) + R \quad (4.4)$$

其中

$$R = (y - y_0)(y - y_1)\cdots(y - y_n)\psi(y, y_0, y_1, \cdots, y_n)$$

数

$$y_v, x_v = \psi(y_v) \quad (v = 0, 1, \cdots, n)$$

通常是表里有的.

很显然,当连续函数 $y = f(x)$ 在 $x$ 的变化区间内有定义且单调增加(减少)时,所得公式是正确的. 后一

要求保证了单值连续的反函数 $x=\psi(y)$ 的存在(为了知道近似的程度,需要作出关于 $\psi(y)$ 在反内插区间内的性态的某些补充假定). 如果把 $x$ 的变化区间适当地分为部分区间,那么对于非单调函数,也可能满足所述的要求. 现在对于 $x$ 变化的每一部分区间,我们就有了形式(4.4)的相应的公式.

舍去公式(4.4)的剩余项,并给 $y$ 以区间
$$y_k < y < y_{k+1} \quad (k=0,1,\cdots,n-1)$$
内的任一值,我们就得到对应的 $x$ 的近似值. 虽然拉格朗日公式直接导向所求的 $x$ 值,但从逼近的观点看,此公式仍然是不方便的. 其原因是在内插时,需要若干繁复的计算. 公式(4.4) 固然也需要繁复的计算,但是它(以及与它相类的公式,例如牛顿公式) 有这样的优点,就是当在表中有 $y$ 的非等距离值时,给出作反内插的可能性.

对于解反内插问题的牛顿公式具有下形
$$x = \sum_{v=0}^{n} \prod_{k=0}^{v-1}(y-y_k)\psi(y_0,y_1,\cdots,y_v) + R$$
其中
$$R = (y-y_0)(y-y_1)\cdots(y-y_n)\psi(y,y_0,y_1,\cdots,y_n)$$
此处,和以前一样,$\prod_{k=0}^{v-1}(y-y_k)$ 在 $v=0$ 时取值为1.

然而可以借助于拉格朗日与牛顿内插公式的反解得出反内插公式. 我们考虑有三个内插节时的情形作为一个例子. 我们取 $a, a \pm h$ 作为内插点并引用记号
$$f_0 = f(a), f_1 = f(a+h), f_{-1} = f(a-h)$$
按照拉格朗日内插公式

Lagrange 内插公式

$$f_p - f_0 = \frac{1}{2}(f_1 - f_{-1})p + \frac{1}{2}(f_1 - 2f_0 + f_{-1})p^2 \quad (4.5)$$

因而根据公式(4.2) 得

$$q = \frac{f_1 - f_{-1}}{2}$$

$$r = \frac{f_1 - 2f_0 + f_{-1}}{2}$$

$$s = u = v = w = \cdots = 0$$

于是

$$b_1 = \frac{2}{f_1 - f_{-1}}$$

$$b_2 = -4\frac{f_1 - 2f_0 + f_{-1}}{(f_1 - f_{-1})^3}$$

$$b_3 = 16\frac{(f_1 - 2f_0 + f_{-1})^2}{(f_1 - f_{-1})^5}$$

$$\vdots$$

因而最后得出

$$p = 2\frac{f_p - f_0}{f_1 - f_{-1}} - 4\frac{f_1 - 2f_0 + f_{-1}}{f_1 - f_{-1}}\left(\frac{f_p - f_0}{f_1 - f_{-1}}\right)^2 +$$

$$16\left(\frac{f_1 - 2f_0 + f_{-1}}{f_1 - f_{-1}}\right)^2\left(\frac{f_p - f_0}{f_1 - f_{-1}}\right)^3 - \cdots \quad (4.6)$$

## §5 拉格朗日和布尤尔曼公式

今考虑方程

$$y = a + x\varphi(y) \quad (4.7)$$

其中 $x$ 为变的参数,而函数 $\varphi(y)$ 假定在点 $a$ 处是解析

的. 在这种情况下,如果把方程(4.7)当作关于 $y$ 的方程,那么当 $x$ 趋于 0 时,它就有趋于 $a$ 的根. 拉格朗日公式[①]给出了任一个在点 $a$ 处为解析的任意函数 $f(y)$ 的按 $x$ 的幂次的展开式(以 $y$ 表示方程(4.7)的那个当 $x \to 0$ 时趋于 $a$ 的根)

$$f(y) = f(a) + \sum_{n=1}^{\infty} \frac{x^n}{n!} \frac{\mathrm{d}^{n-1}}{\mathrm{d}a^{n-1}} (f'(a)(\varphi(a))^n)$$

(4.8)

当 $|x|$ 充分小时,这级数是收敛的. 为了找出能使拉格朗日级数收敛的最大的 $|x|$ 值,我们在方程 (4.8) 中以 $a$ 代替 $x$,以 $z$ 代替 $y$. 设 $z$ 的函数 $f(z)$ 与 $\varphi(z)$ 在某一包含 $a$ 的($z$ 的复平面的)区域 $D$ 上收敛. 更设以 $a$ 为中心以 $r$ 为半径的圆 $\gamma$ 全部位于 $D$ 内. 如果在 $\gamma$ 的边界上

$$|\alpha \varphi(z)| < |z - a|$$

那么方程

$$z - a - \alpha \varphi(z) = 0$$

有一个在 $\gamma$ 内的根 $z = \zeta$,同时在公式(4.8)中将 $y$ 代以 $\zeta$,$x$ 代以 $\alpha$,便得出了函数 $f(\zeta)$. 为了找出能使所得级数收敛的最大的 $|\alpha|$ 值,我们以 $M(r)$ 表 $|\varphi(z)|$ 沿 $\gamma$ 的边界的最大值. 如果

$$|\alpha| < \frac{r}{M(r)}$$

那么拉格朗日公式成立. 为了找出能使拉格朗日级数收敛的最大的 $|\alpha|$,还要去求当 $r$ 由 0 变到某一 $R$ 时,

---

[①] 拉格朗日在 1770 年发表了这个公式.

**Lagrange 内插公式**

$\frac{r}{M(r)}$ 的最大值,其中 $R$ 是(以 $a$ 为中心的)全部位于 $D$ 内的最大圆的半径.

特别地,当 $f(y) = y$ 时,级数(4.8)给出了方程(4.7)的根

$$y = a + \sum_{n=1}^{\infty} \frac{x^n}{n!} \frac{d^{n-1}}{da^{n-1}} (\varphi(a))^n \qquad (4.9)$$

对于级数(4.2)的反解可以使用拉格朗日公式,设

$$\psi(p) = q + rp + sp^2 + up^3 + vp^4 + wp^5 + \cdots$$

我们就得出

$$p = \frac{f_p - f_0}{\psi(p)} \qquad (4.10)$$

由此,借助于公式(4.9),便得公式

$$p = \frac{f_p - f_0}{\psi(0)} + \frac{(f_p - f_0)^2}{1 \cdot 2} \left( \frac{d}{dp} \left( \frac{1}{\psi(p)} \right)^2 \right)_0 + \cdots +$$

$$\frac{(f_p - f_0)^k}{k!} \left( \frac{d^{k-1}}{dp^{k-1}} \left( \frac{1}{\psi(p)} \right)^k \right)_0 + \cdots \qquad (4.11)$$

它给出了级数(4.2)的转换问题的解答. 这里,下标 0 指示当 $p = 0$ 时的导数之值.

特别地,当

$$\psi(p) = A + Bp$$

时,其中

$$A = \frac{f_1 - f_{-1}}{2}, B = \frac{f_1 - 2f_0 + f_{-1}}{2}$$

关系式(4.5)可化为形式(4.10),因而由公式(4.11)又得出了展开式(4.6).

布尤尔曼公式与拉格朗日公式密切联系,因而也就与我们所要的级数转换问题密切联系着. 这公式使

我们能够将一函数根据下列定理按照另一函数的幂次展开.

**定理 4.1(布尤尔曼)** 设 $\Phi(z)$ 为由方程

$$\Phi(z) = \frac{z-a}{\varphi(z)-b}$$

所定义的 $z$ 的函数,则解析函数 $f(z)$ 可以在 $z$ 的值的确定的区域上表为

$$f(z) = f(a) + \sum_{m=1}^{k-1} \frac{|\varphi(z)-b|^m}{m!} \frac{d^{m-1}}{da^{m-1}}(f'(a)\{\Phi(a)\}^m) + R_k$$

其中

$$R_k = \frac{1}{2\pi i}\int_a^z\int_\gamma \left(\frac{\varphi(z)-b}{\varphi(t)-b}\right)^{k-1} \frac{f'(t)\varphi'(z)dtdz}{\varphi(t)-\varphi(z)}$$

而 $\gamma$ 为在 $t$ 的平面上包含点 $a$ 与点 $z$ 在其内部的如此的一条闭回线,使得如果 $\zeta$ 为其内部的任一点,那么方程 $\varphi(t) = \varphi(z)$ 除①单根 $t = \zeta$ 外,无论在闭回线上或闭回线内都不含其他的根.

我们将内插公式改写为下列形式

$$f_p = \frac{P_0(p)}{P_0(0)}f_0 + \frac{1}{2}\sum_{v=1}^r \frac{P_v(p)}{t_v P_v(t_v)}((p+t_v)f_v + (p-t_v)f_{-v})$$

这公式在 $f_p \equiv 1$ 时给出

$$1 \equiv \frac{P_0(p)}{P_0(0)} + \sum_{v=1}^n \frac{pP_v(p)}{t_v P_v(t_v)}$$

利用最后两关系式,我们便知

$$f_p - f_0 = \frac{1}{2}\sum_{v=1}^r \frac{P_v(p)}{t_v P_v(t_v)}((p+t_v)(f_v - f_0) +$$

---

① 我们假定,这样的闭回线在 $|z-a|$ 充分小时是可以选取的.

## Lagrange 内插公式

$$(p-t_v)(f_{-v}-f_0))$$

现在考虑方程

$$\frac{p}{f_p-f_0}=\Phi(p)=$$

$$\frac{p}{\sum_{v=1}^{r}\frac{P_v(p)}{2t_vP_v(t_v)}((p+t_v)(f_v-f_0)+(p-t_v)(f_{-v}-f_0))}$$

并应用布尤尔曼公式来将该方程的根按照 $f_p-f_0$ 的幂次展开. 为此,我们应在布尤尔曼公式中令

$$f(z)=z=p, \varphi(p)=f_p, b=f_0$$

并使 $a$ 趋于 0 以取极限. 这样一来,我们得出公式

$$p=\sum_{m=1}^{k-1}\frac{(f_p-f_0)^m}{m!}\left(\frac{\mathrm{d}^{m-1}}{\mathrm{d}a^{m-1}}\{\Phi(a)\}^m\right)_{a=0}+R_k'$$

如所见到的,我们又得到由拉格朗日公式得出的 $p$ 的展开式(4.11),因而,布尤尔曼公式并未给出新的东西. 这也可以从展开函数为幂级数的唯一性而预先看出的.

## §6  泰勒公式的应用

今考虑方程

$$\varphi(z)=t \qquad (4.12)$$

其中 $t$ 为变的参数,而 $\varphi(z)$ 为在某一闭区域上的解析函数. 更设 $z_0$ 为此区域的内点且 $\varphi(z_0)=t_0$. 如视 $t$ 为自变量,而视 $z$ 为 $t$ 的隐函数,则当 $\varphi'(z_0)\neq 0$ 时,我们可以按照泰勒公式写出

## Lagrange's Interpolation Formula

$$z = z_0 + \frac{t-t_0}{1!}\left(\frac{dz}{dt}\right)_0 + \frac{(t-t_0)^2}{2!}\left(\frac{d^2z}{dt^2}\right)_0 + \cdots$$

(4.13)

其中

$$\left(\frac{d^n z}{dt^n}\right)_0 = \left\{\frac{d^{n-1}}{dt^{n-1}}\left[\frac{1}{\varphi'(z)}\right]\right\}_0 \quad (n = 1, 2, \cdots)$$

(4.14)

为了计算函数 $\frac{1}{\varphi'(z)}$ 的各阶导数,只需把 $t$ 当作自变量,将这函数微分若干次.

因为用这种方式并没有明白地显示出构成任一阶导数的方法,故我们导出为依次确定泰勒展开式(4.13)的系数(4.14)的递推公式.

我们转向作为刚才所考虑的推广并产生特殊形式的反内插公式的问题.

设 $F(z)$ 表示在 $z = z_0$ 附近为解析的函数. 既然 $z - z_0$ 为 $t - t_0$ 的解析函数,所以 $F(z)$ 当 $|z - z_0|$ 充分小时就也是 $t - t_0$ 的解析函数,命

$$F(z) = \Phi(t - t_0) \quad (4.15)$$

其中 $F(z)$ 在 $t = t_0$ 时成为 $f(z_0)$. 这样一来,我们就有下列的展开式

$$F(z) = \Phi(0) + \frac{t-t_0}{1!}\Phi'(0) + \frac{(t-t_0)^2}{2!}\Phi''(0) + \cdots + \frac{(t-t_0)^n}{n!}\Phi^{(n)}(0) + \cdots \quad (4.16)$$

函数 $\Phi(t - t_0)$ 对于 $z$ 的 $n$ 阶导数可表示成

$$D^n\Phi(t-t_0) = A_1\Phi'(t-t_0) + \frac{A_2}{1\cdot 2}\Phi''(t-t_0) + \cdots +$$

**Lagrange 内插公式**

$$\frac{A_n}{1 \cdot 2 \cdot \cdots \cdot n} \Phi^{(n)}(t-t_0) \quad (4.17)$$

其中

$$A_k = D^n(t-t_0)^k - \frac{k}{1}(t-t_0)D^n(t-t_0)^{k-1} +$$

$$\frac{k(k-1)}{1 \cdot 2}(t-t_0)^2 D^n(t-t_0)^{k-2} + \cdots +$$

$$(-1)^{k-1} k(t-t_0)^{k-1} D^n(t-t_0) \quad (4.18)$$

且 $k$ 取值 $1,2,\cdots,n$.

将式(4.15)两端微分 $n$ 次并设 $z=z_0$,借助于公式 (4.17) 与 (4.18),即得下列递推方程组

$$[DF(z)]_{z=z_0} = \{D[\varphi(z)-t_0]\}_{z=z_0} \Phi'(0)$$

$$[D^2 F(z)]_{z=z_0} = \{D^2[\varphi(z)-t_0]\}_{z=z_0} \Phi'(0) +$$

$$\{D^2[\varphi(z)-t_0]^2\}_{z=z_0} \frac{\Phi''(0)}{1 \cdot 2}$$

$$[D^3 F(z)]_{z=z_0} = \{D^3[\varphi(z)-t_0]\}_{z=z_0} \Phi'(0) +$$

$$\{D^3[\varphi(z)-t_0]^2\}_{z=z_0} \frac{\Phi''(0)}{1 \cdot 2} +$$

$$\{D^3[\varphi(z)-t_0]^3\}_{z=z_0} \frac{\Phi'''(0)}{1 \cdot 2 \cdot 3}$$

等.

由此得出

$$\Phi^n(0) = \frac{\Delta_n(z_0)}{2! \, 3! \, \cdots (n-1)! \, [\varphi'(z_0)]^{\frac{n(n+1)}{2}}}$$

(4.19)

其中

# Lagrange's Interpolation Formula

$$\Delta_n(z_0) = \begin{vmatrix} a_1^1 & 0 & 0 & \cdots & 0 & DF(z) \\ a_1^2 & a_2^2 & 0 & \cdots & 0 & D^2F(z) \\ a_1^3 & a_2^3 & a_3^3 & \cdots & 0 & D^3F(z) \\ \vdots & \vdots & \vdots & & \vdots & \vdots \\ a_1^{n-1} & a_2^{n-1} & a_3^{n-1} & \cdots & a_{n-1}^{n-1} & D^{n-1}F(z) \\ a_1^n & a_2^n & a_3^n & \cdots & a_{n-1}^n & D^nF(z) \end{vmatrix}_{z=z_0}$$

而

$$a_r^k = D^k[\varphi(z) - \varphi(z_0)]^r$$

所得公式(4.16)使我们能将一函数根据下述定理按另一函数的幂次展开：

**定理4.2** 设 $\varphi(z)$ 为方程(4.12)所定义的 $z$ 的函数，则解析函数 $F(z)$ 可以按照公式(4.16)依 $\varphi(z) - \varphi(z_0) = t - t_0$ 的幂次在 $z$ 值的定义域内展开，而且展开式的系数 $\dfrac{\Phi^n(0)}{n!}(n = 1,2,\cdots)$ 为公式(4.19)所确定.

现在把方程(4.12)表为下列形式

$$z = z_0 + \frac{z - z_0}{\varphi(z) - \varphi(z_0)}(t - t_0)$$

并使用将 $F(z)$ 依 $t - t_0$ 的幂次展开的拉格朗日公式，其中 $z$ 也是由方程(4.12)确定. 我们得到

$$F(z) = F(z_0) + \sum_{n=1}^{\infty} \frac{(t-t_0)^n}{n!}\left(D^{n-1}\left(F'(z)\left(\frac{z-z_0}{\varphi(z)-\varphi(z_0)}\right)^n\right)\right)_{z=z_0}$$

(4.20)

既然公式(4.16)与(4.20)的右端彼此恒等，故我们求出

Lagrange 内插公式

$$\Delta_n(z_0) = 2!\ 3!\ \cdots(n-1)!\ [\varphi'(z_0)]^{\frac{n(n+1)}{2}} \cdot$$
$$\left( D^{n-1}\left( F'(z) \left( \frac{z - z_0}{\varphi(z) - \varphi(z_0)} \right)^n \right) \right)_{z = z_0}$$
(4.21)

对于展开式(4.16)的系数之计算,公式(4.19)与(4.21)不能说只有理论上的价值. 在实用中,应该采用前面导出的递推方程组,或者关系式(4.14). 例如,当 $F(z) = z$ 时,公式(4.16)转为公式(4.13),而且后一公式的起首七个系数可以借下列关系式算出(其中起首四个,我们是在切比雪夫全集中找出的)

$$\left( \frac{dz}{dt} \right)_0 = \frac{1}{\varphi'(z_0)}$$

$$\left( \frac{d^2z}{dt^2} \right)_0 = -\frac{\varphi''(z_0)}{(\varphi'(z_0))^3}$$

$$\left( \frac{d^3z}{dt^3} \right)_0 = -\frac{\varphi'''(z_0)}{(\varphi'(z_0))^4} + 3\frac{(\varphi''(z_0))^2}{(\varphi'(z_0))^5}$$

$$\left( \frac{d^4z}{dt^4} \right)_0 = -\frac{\varphi^{(4)}(z_0)}{(\varphi'(z_0))^5} + 10\frac{\varphi''(z_0)\varphi'''(z_0)}{(\varphi'(z_0))^6} - 15\frac{(\varphi''(z_0))^3}{(\varphi'(z_0))^7}$$

$$\left( \frac{d^5z}{dt^5} \right)_0 = -\frac{\varphi^{(5)}(z_0)}{(\varphi'(z_0))^6} + 15\frac{\varphi''(z_0)\varphi^{(4)}(z_0)}{(\varphi'(z_0))^7} + 10\frac{(\varphi'''(z_0))^2}{(\varphi'(z_0))^7} - 105\frac{(\varphi''(z_0))^2\varphi'''(z_0)}{(\varphi'(z_0))^8} + 105\frac{(\varphi''(z_0))^4}{(\varphi'(z_0))^9}$$

$$\left( \frac{d^6z}{dt^6} \right)_0 = -\frac{\varphi^{(6)}(z_0)}{(\varphi'(z_0))^7} + 21\frac{\varphi''(z_0)\varphi^{(5)}(z_0)}{(\varphi'(z_0))^8} +$$

$$35\frac{\varphi'''(z_0)\varphi^{(4)}(z_0)}{(\varphi'(z_0))^8} - 210\frac{(\varphi''(z_0))^2\varphi^{(6)}(z_0)}{(\varphi'(z_0))^9} -$$

$$280\frac{\varphi''(z_0)(\varphi'''(z_0))^2}{(\varphi'(z_0))^9} +$$

$$1\,260\frac{(\varphi''(z_0))^3\varphi'''(z_0)}{(\varphi'(z_0))^{10}} - 945\frac{(\varphi''(z_0))^5}{(\varphi'(z_0))^{11}}$$

$$\left(\frac{\mathrm{d}^7 z}{\mathrm{d}t^7}\right)_0 = -\frac{\varphi^{(7)}(z_0)}{(\varphi'(z_0))^8} + 28\frac{\varphi''(z_0)\varphi^{(6)}(z_0)}{(\varphi'(z_0))^9} +$$

$$56\frac{\varphi'''(z_0)\varphi^{(5)}(z_0)}{(\varphi'(z_0))^9} -$$

$$-378\frac{(\varphi''(z_0))^2\varphi^{(5)}(z_0)}{(\varphi'(z_0))^{10}} + 35\frac{(\varphi^{(4)}(z_0))^2}{(\varphi'(z_0))^9} -$$

$$1\,260\frac{\varphi''(z_0)\varphi'''(z_0)\varphi^{(4)}(z_0)}{(\varphi'(z_0))^{10}} +$$

$$3\,150\frac{(\varphi''(z_0))^3\varphi^{(4)}(z_0)}{(\varphi'(z_0))^{11}} -$$

$$280\frac{(\varphi'''(z_0))^3}{(\varphi'(z_0))^{10}} + 6\,300\frac{(\varphi''(z_0))^2(\varphi'''(z_0))^2}{(\varphi'(z_0))^{11}} -$$

$$17\,325\frac{(\varphi''(z_0))^4\varphi'''(z_0)}{(\varphi'(z_0))^{12}} + 10\,395\frac{(\varphi''(z_0))^6}{(\varphi'(z_0))^{13}}$$

作为一个例子,我们考虑方程
$$z^3 - pz = t$$
其中 $p$ 为不等于 $0$ 的某一常数,并求 $z$ 按 $t$ 的幂次的展开式.

在这个例子中,$\varphi(z) = z^3 - pz$. 取 $z_0 = 0$,于是 $t_0 = 0$. 计算之,就得出
$$\varphi'(0) = -p, \varphi''(0) = 0, \varphi'''(0) = 6$$
公式(4.13)成为下形

Lagrange 内插公式

$$z = \left(\frac{dz}{dt}\right)_0 \frac{t}{1!} + \left(\frac{d^2z}{dt^2}\right)_0 \frac{t^2}{2!} + \left(\frac{d^3z}{dt^3}\right)_0 \frac{t^3}{3!} + \cdots$$

如果我们用前面导出的关系式算出导数 $\left(\frac{d^n z}{dt^n}\right)_0$, 便得到当 $\left|\frac{t^2}{p^3}\right| < \frac{4}{27}$ 时为收敛的展开式

$$z = -\frac{t}{p}\left(1 + \frac{t^2}{p^3} + 3\left(\frac{t^2}{p^3}\right)^2 + 12\left(\frac{t^2}{p^3}\right)^3 + 58\left(\frac{t^2}{p^3}\right)^4 + \cdots\right)$$

关于级数(4.13)与(4.16)的收敛性,在作者的著作中有所叙述. 在那里也谈到将级数中止在第 $n$ 项上的误差.

Lagrange's Interpolation Formula

# 记号演算

## 第 5 章

### §1 记号多项式

以下我们将研究借助于对记号 $\Delta$，$\nabla$，$\delta$ 和 $D^v = \dfrac{\mathrm{d}v}{\mathrm{d}t^v}$（$t$ 为自变量）的形式运算而去作函数的各种不同的内插公式，微分公式和积分公式.

在本节中，我们考虑记号多项式；其次，我们研究算子的无穷级数并给出算子演算的应用.

如果我们将 $h$ 看作是给定的数，那么差

$$\Delta f(a) = f(a+h) - f(a)$$

本身便是 $a$ 的函数. 因此，我们可以将构成 $f(a)$ 的差的运算看作是算子 $\Delta$ 对 $f(a)$ 的作用.

## Lagrange 内插公式

已经指出,记号 $\Delta$ 服从分配律,交换律以及指数运算的规则. 它们能使 $\Delta$ 的记号多项式保持加法和乘法的通常法则.

我们考虑系数不依从于 $x$ 的算子 $\Delta$ 的记号多项式
$$\Phi_1(\Delta) = a_0\Delta^n + a_1\Delta^{n-1} + \cdots + a_n$$
这个多项式的意义就是:如将记号 $\Phi_1(\Delta)$ 所表示的运算加到函数 $f(x)$ 上,则其结果便是
$$\Phi_1(\Delta)f(x) \equiv a_0\Delta^n f(x) + a_1\Delta^{n-1}f(x) + \cdots + a_n$$
今取另一个记号多项式
$$\Phi_2(\Delta) = b_0\Delta^m + b_1\Delta^{m-1} + \cdots + b_m$$
它与多项式 $\Phi_1(\Delta)$ 的乘积可以写成
$$\Phi_1(\Delta)\Phi_2(\Delta) = c_0\Delta^{m+n} + c_1\Delta^{m+n-1} + \cdots + c_{m+n}$$
上一记号等式有下意义,即对于任一函数 $f(x)$ 有
$$\Phi_1(\Delta)\Phi_2(\Delta)f(x) \equiv \Phi_2(\Delta)\Phi_1(\Delta)f(x) \equiv$$
$$c_0\Delta^{m+n}f(x) + c_1\Delta^{m+n-1}f(x) + \cdots + c_{m+n}f(x)$$

## §2 移位算子

今考虑记号 $E$(移位算子),它表示对函数的自变量加上一个量 $h$,即
$$Ef(a) = f(a+h)$$
在一般情形下,如以 $t$ 为任一实数,将写作
$$E^t f(a) = f(a+th)$$
特别是当 $t = 0$ 时,便可写出 $E^0 f(a) = f(a)$,即 $E^0 = 1$.

显然,我们有
$$\Delta f(a) = f(a+h) - f(a) = (E-1)f(a)$$
因之,算子 $E$ 和 $\Delta$ 以下一关系式相联系

## Lagrange's Interpolation Formula

$$\Delta = E - 1$$

记号 $\nabla, \delta$ 和 $E$ 也以相仿的关系式联系着

$$\nabla = 1 - E^{-1}$$

$$\delta = E^{\frac{1}{2}} - E^{-\frac{1}{2}}$$

容易证明,多项式的加法和乘法的通常法则也可推广到 $E$ 的记号多项式上. 例如

$$(\alpha E^a + \beta E^b)(pE^c + qE^d) =$$
$$\alpha p E^{a+c} + \alpha q E^{a+d} + \beta p E^{b+c} + \beta q E^{b+d}$$

这个记号等式可用以写出

$$(\alpha E^a + \beta E^b)(pE^c + qE^d)f(x) \equiv$$
$$(\alpha p E^{a+c} + \alpha q E^{a+d} + \beta p E^{b+c} + \beta q E^{b+d})f(x)$$

### §3 算子的无穷级数

引入算子 $E, \Delta, \delta$ 和 $\nabla$ 的无穷级数往往是有用的. 例如,由等式

$$E^t f(a) = f(a + th) = (1 + \Delta)^t f(a) \quad (5.1)$$

便可得出记号公式

$$E^t = (1 + \Delta)^t = \sum_{v=0}^{\infty} \binom{t}{v} \Delta^v \quad (5.2)$$

它表示算子 $E^t$ 可以展开成 $\Delta$ 的幂次的算子的无穷级数. 若 $t$ 为非负的整数,则等式(5.2)右端的级数在第 $t+1$ 项上终止,这一项就是 $\Delta^t$. 若 $P_n(x)$ 为 $n$ 次多项式,则关系式(5.1)和(5.2)可用以写出公式

$$E^t P_n(a) = P_n(a + th) = \sum_{v=0}^{n} \binom{t}{v} \Delta^v P_n(a)$$

我们也可得到 $E^t$ 按 $\delta$ 的幂次的展开式. 由公式

Lagrange 内插公式

$$\delta = E^{\frac{1}{2}} - E^{-\frac{1}{2}}$$

和

$$\mu = \frac{E^{\frac{1}{2}} + E^{-\frac{1}{2}}}{2}$$

便有

$$E^{\frac{1}{2}} = \mu + \frac{\delta}{2}$$

和

$$E^{-\frac{1}{2}} = \mu - \frac{\delta}{2}$$

将所得的上两个记号等式相乘,便给出

$$\mu = \sqrt{1 + \frac{\delta^2}{4}}$$

因此

$$E^{\frac{1}{2}} = \frac{\delta}{2} + \sqrt{1 + \frac{\delta^2}{4}} =$$
$$1 + \frac{\delta}{2} + \frac{1}{2} \cdot \frac{\delta^2}{4} -$$
$$\frac{1}{2} \cdot \frac{1}{4} \cdot \left(\frac{\delta^2}{4}\right)^2 +$$
$$\frac{1}{2} \cdot \frac{1}{4} \cdot \frac{3}{6}\left(\frac{\delta^2}{4}\right)^3 - \cdots$$

而根号前的符号可以由对常数应用算子 $E^{\frac{1}{2}}$ 而确定.

我们也可将等式

$$E^t = \left(\frac{\delta}{2} + \sqrt{1 + \frac{\delta^2}{4}}\right)^{2t}$$

的右端按 $\delta$ 的幂次展开并将所得的公式应用于 $f(a)$. 这就给出 $f(x)$ 按中心差分的展开式.

带负的幂次的算子,或者一般地,由算子多项式相除的结果而得的算子,也可按对应算子的正的幂次来展开. 例如

$$\mu^{-1} = \left(1 + \frac{\delta^2}{4}\right)^{-\frac{1}{2}} =$$

$$1 - \frac{1}{2} \cdot \frac{\delta^2}{4} +$$

$$\frac{1 \cdot 3}{2 \cdot 4}\left(\frac{\delta^2}{4}\right)^2 -$$

$$\frac{1 \cdot 3 \cdot 5}{2 \cdot 4 \cdot 6}\left(\frac{\delta^2}{4}\right)^3 + \cdots$$

## §4 算子演算的应用

记号演算可用来作函数的数值微分和数值积分的公式. 例如,将记号等式(5.1)的两端对 $t$ 的微分,并令 $t = 0$,我们便得到马尔可夫公式

$$hf'(a) = \sum_{v=1}^{\infty} \frac{(-1)^{v-1}}{v} \Delta^v f(a)$$

如取 0 和 1 作为积分限并令 $a = 0, h = 1$,再对等式(5.1)积分之,我们就得到

$$\int_0^1 f(t)\,dt = \sum_{v=0}^{\infty} \Delta^v f(0) \int_0^1 \binom{t}{v} dt =$$

$$f(0) + \frac{1}{2}\Delta f(0) -$$

$$\frac{1}{12}\Delta^2 f(0) + \frac{1}{24}\Delta^3 f(0) - \cdots$$

Lagrange 内插公式

## §5 差分算子与微分算子间的联系

最后,我们建立算子 $\Delta^{-1}$ 和微分算子 $D^v = \dfrac{\mathrm{d}^v}{\mathrm{d}t^v}$ 间的联系. 今取 $h = 1$. 于是

$$Ef(a) = f(a+1) = f(a) + \sum_{v=1}^{\infty} \frac{D^v f(a)}{v!} =$$
$$\left(1 + \sum_{v=1}^{\infty} \frac{D^v}{v!}\right) f(a)$$

因此

$$E = 1 + \sum_{v=1}^{\infty} \frac{D^v}{v!} = \mathrm{e}^D = 1 + \Delta$$

故有

$$\Delta = \mathrm{e}^D - 1$$

如将 $\Delta^{-1}$ 按 $D$ 的幂次展成级数,便得到

$$\Delta^{-1} = \frac{1}{\mathrm{e}^D - 1} = D^{-1} + \frac{B_1}{1!} + \frac{B_2}{2!}D + \frac{B_4}{4!}D^3 + \cdots$$

其中 $B_1, B_2, B_4, \cdots$ 为伯努利(Bernoulli)数,或即

$$\frac{D}{\Delta} = 1 - \frac{D}{2} + \frac{D}{12} - \frac{D^4}{720} + \frac{D^6}{30\,240} - \cdots$$

这个记号等式可将方程

$$\Delta f(x) = \varphi(x)$$

的解,或同样的,可将方程

$$Df(x) = \frac{D}{\Delta}\varphi(x)$$

的解表成下形

$$f(x) = C + \int \varphi(x)\,\mathrm{d}x - \frac{1}{2}\varphi(x) +$$

Lagrange's Interpolation Formula

$$\frac{1}{12}\varphi'(x) - \frac{1}{720}\varphi'''(x) +$$

$$\frac{1}{30\,240}\varphi^{(5)}(x) - \cdots$$

其中 $C$ 为积分常数.

## §6 通 论

如以(不同算子的幂次的)无穷幂级数来运算,便可作出函数的各种不同的内插公式、微分公式和积分公式. 然而,记号演算是有其重大缺点的. 在这些缺点之中不但应该计及有不能按 $\Delta$ 的方幂去展成级数的记号的存在,例如,$\ln \Delta$,并且缺乏对任意一个函数要应用哪一个展开式的根据,这是由于在所利用的展开式中没有剩余项. 由于记号演算不能估计出计算的误差,因而在本章中,在实际去作内插公式时,我们并没有采用它,然而将记号演算应用于多项式,便可使某一公式或定理的推导简化.

Lagrange 内插公式

# 多变量函数的内插法

## 第 6 章

### §1 二变量函数的内插法

我们将 $x,y$ 放在两个直角坐标轴上. 在 $xy$ 平面内考虑由周线 $\gamma$ 所围成的域 $D$(图 6.1). 今借助于平行于坐标轴的诸直线将此域分成一些矩形. 这些矩形并不充满整个域 $D$;毗邻于周线 $\gamma$ 的部分域是由直线线段和周线 $\gamma$ 的弧段所围成. 今以 $(a_\nu, b_\mu)$ 表示完全在域 $D$ 里面的矩形的任何的顶点(节)的坐标. 以后,我们只考虑在 $\gamma$ 里或在 $\gamma$ 上的节.

设在节 $(a_\nu, b_\mu)$ 处,函数 $f(x)$ 的列在表 6.1 中的值是已知的.

## Lagrange's Interpolation Formula

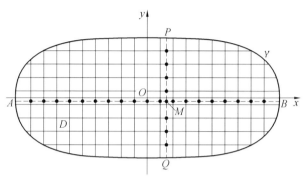

图 6.1

在不与节相重的点 $M$ 处去计算 $f(M)$ 的过程叫作内插法；以表给定的函数 $f(x,y)$ 叫作被内插函数，点 $(a_\nu, b_\mu)$ 叫作内插节（点）. $f(x,y)$ 在位于域 $D$ 外的点处的值的计算叫作外推法.

今去计算未知的值 $f(M)$. 经过点 $M$ 引两条平行于两坐标轴的直线 $AB$ 和 $QP$. 我们考虑它们与经过内插节的直线 $x = a_\nu$ 和 $y = b_\mu$ 的诸交点. 为确定起见，先考虑平行于 $x$ 轴的直线 $AB$. 它与直线 $x = a_\nu$ 交于点 $(a_\nu, y)$ 处（在图 6.1 上以黑色小圆点记出），其中 $y$ 是交点的纵坐标. 今如利用在由位于 $x = a_\nu$ 的一列上函数 $f(x,y)$ 的值（表 6.1），我们就能以对一个变量函数所探讨过的通常内插方法来计算 $f(a_\nu, y)$ 的值. 对在直线 $x = a_\nu$ 上的所有区间都这样做，便得到 $f(x,y)$ 在 $AB$ 上的点处的值. 根据它们来内插，我们就求得 $f(M)$ （函数 $f(x,y)$ 在虚线的交点处的值）.

同样也可根据在表的某一行中所列的函数 $f(x,y)$ 的值来内插. 此时，如在直线 $y = b_\mu$ 的所有区间处都做好内插，我们也就求得在这些直线与直线 $PQ$ 的交点处 $f(x,y)$ 的值. 根据这些值来内插，仍可得到 $f(M)$ 的

## Lagrange 内插公式

值. 这最后的结果并不取决于进行内插的顺序. 在这两种情形下,如以牛顿,斯特林,贝塞尔以及与它们相似的中止在同一阶差分上的内插公式来运算,则大体上将得出同一值 $f(M)$.

表 6.1   函数 $f(x,y)$ 在节处的值的表

|        | $y = b_0$ | $y = b_1$ | $y = b_2$ |
|--------|-----------|-----------|-----------|
| $x = a_0$ | $f(a_0, b_0)$ | $f(a_0, b_1)$ | $f(a_0, b_2)\cdots$ |
| $x = a_1$ | $f(a_1, b_0)$ | $f(a_1, b_1)$ | $f(a_1, b_2)\cdots$ |
| $x = a_2$ | $f(a_2, b_0)$ | $f(a_2, b_1)$ | $f(a_2, b_2)\cdots$ |
| $\vdots$ | $\vdots$ | $\vdots$ | $\vdots$ |

至此,二重内插的问题是在下一狭的意义下解决的,这就是先对一个变量来内插,然后对另一个变量内插,再求出 $f(x,y)$ 在不与节重合的点处的值. 在一般情形下,二变量函数的内插的问题可陈述如下:在闭域 $D$ 的点 $(a_\nu, b_\mu)$ 处(表示一组平行于坐标轴的直线的交点),已给定连续函数 $f(x,y)$ 的值,要借助于一连续函数 $\varphi(x,y)$(叫作内插函数)来逼近它,这函数在所有给定点 $(a_\nu, b_\mu)$(叫作内插节)处,分别取给定值 $f(a_\nu, b_\mu)$ 而在域 $D$ 的其他点处,则是准确的或近似的表示函数 $f(x,y)$.

今将曲面 $z = f(x,y)$ 置于直角直线坐标系中. 为了表示内插的几何意义,我们只需作经过点 $(a_\nu, b_\mu, \varphi(a_\nu, b_\mu))$ 的曲面 $z = \varphi(x,y)$. 由于逼近函数 $z = \varphi(x,y)$ 在点 $(a_\nu, b_\mu)$ 处的值与 $f(x,y)$ 的值重合,在另外一些点处,一般说,二者是不同的,所以我们曾称点 $(a_\nu, b_\mu)$ 为节点. 内插的几何意义可表作下一明显的事实:就是曲面 $z = f(x,y)$ 以逼近曲面 $z = \varphi(x,y)$ 来代替. 为

了估计内插的准确度,就需要估计这些曲面在不与节重合的点$(x,y)$处的竖坐标的差.

以后,我们假定内插函数$\varphi(x,y)$是多项式并称它为内插多项式.

内插多项式可借助牛顿和拉格朗日公式来作(见§4(1)§5).与这些很不相同的另一类内插多项式可由带有与内插点的个数有关的项数的牛顿公式而得到.

## §2 二重差分

给定函数$f(x,y)$,此外并给定下列$x$和$y$的值

$$a_0, a_1, \cdots, a_n \quad \text{和} \quad b_0, b_1, \cdots, b_m$$

我们引入此函数的二重差商的概念. 函数$f(x,y)$的差商可就变量中的某一个,例如$x$来计算,也可就变量$x$和$y$二者来计算.

如果函数$f(x,y)$的接续各阶差商是就$x$作出的,那么便以记号$f(a_0, a_1, \cdots, a_n; y)$表示函数$f(x,y)$对变量$x$的$n$阶偏差分;如果差商是就$y$作出的,那么即以记号$f(x; b_0, b_1, \cdots, b_m)$表示函数$f(x,y)$对变量$y$的$m$阶偏差分. 例如,函数$f(x,y)$对变量$x$的一阶差商就是(将$y$看作常数)

$$f(a_0, a_1; y) = \frac{f(a_0, y) - f(a_1, y)}{a_0 - a_1}$$

而差商(将$x$看作常数)

$$f(x; b_0, b_1) = \frac{f(x, b_0) - f(x, b_1)}{b_0 - b_1}$$

Lagrange 内插公式

便是函数 $f(x,y)$ 对 $y$ 的一阶差商. 今关于记号 $f(a_0,y)$, $f(a_1,y)$, $f(x,b_0)$ 和 $f(x,b_1)$ 要简单地说明一下. 例如, 取记号 $f(a_0,y)$ 来说. 我们指出, 这个记号是表示函数 $f(x,y)$ 在 $xy$ 平面的点 $(a_0,y)$ 处的值而不是表示函数 $f(x)$ 的一阶差商. 其余的记号也有同样的意义. 对关于两个变量 $x$(对等于 $a_0,a_1,\cdots,a_n$ 的 $x$ 值) 和 $y$(对等于 $b_0,b_1,\cdots,b_m$ 的 $y$ 值) 的第 $n+m$ 阶差商, 我们将使用下列记号

$$f(a_0,a_1,\cdots,a_n;b_0,b_1,\cdots,b_m)$$

二变量函数的差商可借助于对单变量函数的差商所得的公式 (6.1) 来计算. 我们可以写出与此公式相类似的公式

$$f(a_0,a_1,\cdots,a_n;y) = \sum_{\nu=0}^{n} \frac{f(a_\nu,y)}{\prod_{\substack{k=0 \\ k\neq\nu}}^{n}(a_\nu - a_k)}$$

$$f(x;b_0,b_1,\cdots,b_m) = \sum_{\mu=0}^{m} \frac{f(x,b_\mu)}{\prod_{\substack{k=0 \\ k\neq\mu}}^{m}(b_\mu - b_k)}$$

$$f(a_0,a_1,\cdots,a_n;b_0,b_1,\cdots,b_m) =$$

$$\sum_{\nu=0}^{n} \frac{f(a_\nu;b_0,b_1,\cdots,b_m)}{\prod_{\substack{k=0 \\ k\neq\nu}}^{n}(a_\nu - a_k)} =$$

$$\sum_{\nu=0}^{n}\sum_{\mu=0}^{m} \frac{f(a_\nu,b_\mu)}{\prod_{\substack{k=0 \\ k\neq\nu}}^{n}(a_\nu - a_k)\prod_{\substack{k=0 \\ k\neq\mu}}^{m}(b_\mu - b_k)} \quad (6.1)$$

此处 $f(a_\nu,b_\mu)$ 是 $f(x,y)$ 在点 $(a_\nu,b_\mu)$ 处的值.

由这些公式可见, 函数 $f(x,y)$ 对变量 $x$ 和 $y$ 的差

## Lagrange's Interpolation Formula

商是字母 $a_0, a_1, \cdots, a_\nu; b_0, b_1, \cdots, b_\mu$ 的对称函数,因而它们对这些字母的任意置换是不变的. 例如

$$f(a_0, a_1, \cdots, a_n; b_0, b_1, \cdots, b_m) = $$
$$f(a_1, a_0, \cdots, a_n; b_0, b_m, \cdots, b_{m-1})$$

## §3 带自变量的等距离值的二重差分

今考虑在矩形 $a \leqslant x \leqslant \alpha, b \leqslant y \leqslant \beta$ 内的函数 $f(x, y)$. 如果将 $(a, \alpha)$ 和 $(b, \beta)$ 分成相等的部分,我们便可将差商的表达式化成特殊的形式. 这些差商将简单地叫作二重差分. 今将区间 $(a, \alpha)$ 和 $(b, \beta)$ 以中间点

$$a_0 = \alpha, a_1, \cdots, a_\nu, \cdots, a_n = \alpha$$

和

$$b_0 = b, b_1, \cdots, b_\mu, \cdots, b_m = \beta$$

分别分成 $n$ 个和 $m$ 个相等的部分. 然后经过这些分点引平行于 $x$ 轴和 $y$ 轴的直线,并考虑它们的交点

$$(a_\nu, b_\mu) \quad (\nu = 0, 1, \cdots, n; \mu = 0, 1, \cdots, m)$$

因此

$$a_\nu = a + \nu h \quad (\nu = 0, 1, \cdots, n)$$
$$b_\mu = b + \mu k \quad (\mu = 0, 1, \cdots, m)$$

其中

$$h = \frac{\alpha - a}{n}, k = \frac{\beta - b}{m}$$

设函数 $f(x, y)$ 在点 $(a + \nu h, b + \mu k)$ 处的值是给定的,并根据它们去作差分

$$\Delta_h f(a, b) = f(a + h, b) - f(a, b)$$
$$\Delta_k f(a, b) = f(a, b + k) - f(a, b)$$

## Lagrange 内插公式

$$\Delta^2_{hk}f(a,b) = f(a+h,b+k) - f(a,b+k) - f(a+h,b) + f(a,b)$$

等等.

根据所引入的记号, $\Delta^n_{h^n}f(a,b)$ 的表达式是 $f(x,y)$ 对 $h$ 的 $n$ 阶偏差分（即第 $n$ 阶有限差分）而 $\Delta^m_{k^m}f(a,b)$ 是 $f(x,y)$ 对 $k$ 的 $m$ 阶偏差分. 一般地, 如果对函数 $f(x,y)$ 接续地取值 $h$ 和 $k$ 的 $r$ 次差分, 我们便得到 $f(x,y)$ 的 $r$ 阶偏差分; 它记作

$$\Delta^r_{h^n k^m}f(a,b) \quad (n+m=r)$$

今往证, 最后的结果是不取决于以怎样的顺序来取有限差分的. 根据计算差分的规则, 便有

$$\Delta^n_{h^n}f(a,b) = \sum_{\nu=0}^{n}(-1)^\nu \binom{n}{\nu} f(a+(n-\nu)h,b)$$

$$\Delta^m_{k^m}f(a,b) = \sum_{\mu=0}^{m}(-1)^\mu \binom{m}{\mu} f(a,b+(m-\mu)k)$$

$$\Delta^{n+m}_{h^n k^m}f(a,b) = \sum_{\nu=0}^{n}(-1)^\nu \binom{n}{\nu} \sum_{\mu=0}^{m}(-1)^\mu \binom{m}{\mu} \cdot f(a+(n-\nu)h, b+(m-\mu)k) = \sum_{\mu=0}^{m}(-1)^\mu \binom{m}{\mu} \sum_{\nu=0}^{n}(-1)^\nu \binom{n}{\nu} \cdot f(a+(n-\nu)h, b+(m-\mu)k) \quad (6.2)$$

因之

$$\Delta^{n+m}_{h^n k^m}f(a,b) = \Delta^{m+n}_{k^m h^n}f(a,b)$$

即任一个 $n+m$ 阶差分的值都是同样的, 它们不取决于 $f(a,b)$ 的所求差分是先对 $h$ 计算 $n$ 次, 然后再对 $k$

## Lagrange's Interpolation Formula

计算 $m$ 次,还是相反的情形.

差分 $\Delta_{h^n k^m}^{n+m} f(a,b)$ 的计算是与计算单变量函数的各阶有限差分同样简便的. 作 $u_{\nu,\mu} \equiv f(a+\nu h, b+\mu k)$ 的值的表(表 6.2). 这个表使我们易于计算差分 $\Delta_{h^n k^m}^{n+m} u_{00}$.

表 6.2  $u_{\nu,\mu}$ 的值的表

|  | $x = a$ | $a + h$ | $a + 2h$ | $a + 3h$ |
|---|---|---|---|---|
| $y = b$ | $u_{00}$ | $u_{10}$ | $u_{20}$ | $u_{30}$ |
| $b + k$ | $u_{01}$ | $u_{11}$ | $u_{21}$ | $\vdots$ |
| $b + 2k$ | $u_{02}$ | $u_{12}$ | $\vdots$ | |
| $b + 3k$ | $u_{03}$ | $\vdots$ | | |
| $\vdots$ | $\vdots$ | | | |

作为一个例子,我们详细地给出差分 $\Delta_{hk^2}^3 u_{00}$ 的计算. 为此,需要先计算 $u_{00}, u_{01}$ 和 $u_{02}$ 对 $h$ 的一阶差分,然后作出差分表(表 6.3).

表 6.3  $u_{\nu,\mu}$ 的差分表

| $\Delta_h u_{00}$ | $\Delta_{hk}^2 u_{00}$ | $\Delta_{hk^2}^3 u_{00}$ |
|---|---|---|
| $\Delta_h u_{01}$ | $\Delta_{hk}^2 u_{01}$ | |
| $\Delta_h u_{02}$ | | |

并连续计算二阶与三阶差分. 在此表中所列出的差分与 $u_{\nu,\mu}$ 的值以下列方式相联系

$\Delta_h u_{00} = u_{10} - u_{00}$

$\Delta_h u_{01} = u_{11} - u_{01}$

$\Delta_h u_{02} = u_{12} - u_{02}$

$\Delta_{hk}^2 u_{00} = \Delta_h u_{01} - \Delta_h u_{00} = u_{11} - u_{01} - u_{10} + u_{00}$

$\Delta_{hk}^2 u_{01} = \Delta_h u_{02} - \Delta_h u_{01} = u_{12} - u_{02} - u_{11} + u_{01}$

## Lagrange 内插公式

$$\Delta_{hk^2}^3 u_{00} = \Delta_{hk}^2 u_{01} - \Delta_{hk}^2 u_{00} = u_{12} - 2u_{11} + u_{10} - u_{02} + 2u_{01} - u_{00}$$

我们借助公式(6.2),在其中令 $n=1$ 和 $m=2$ 也得出刚刚所得到的 $\Delta_{hk^2}^3$ 的表达式. 另一些差分的计算的问题将在 §7(2) 中讨论. 应用二重差分以解内插问题的例子将在 §7(3) 中引入.

## §4 带差商的内插公式

(1) 根据单变量函数的一般牛顿内插公式,便得

$$f(x,y) = \sum_{\nu=0}^{n} f(a_0, a_1, \cdots, a_\nu; y) \prod_{k=0}^{\nu-1}(x-a_k) + f(x, a_0, a_1, \cdots, a_n; y) \prod_{k=0}^{n}(x-a_k)$$

但按照同一牛顿公式,可以写出

$$f(a_0, a_1, \cdots, a_\nu; y) =$$
$$\sum_{\mu=0}^{m} f(a_0, a_1, \cdots, a_\nu; b_0, b_1, \cdots, b_\mu) \prod_{k=0}^{\mu-1}(y-b_k) + f(a_0, a_1, \cdots, a_\nu; y, b_0, b_1, \cdots, b_m) \prod_{k=0}^{m}(y-b_k)$$

这样便得到 $f(x,y)$ 的取决于差商的内插公式

$$f(x,y) = \sum_{\nu=0}^{n} \sum_{\mu=0}^{m} f(a_0, \cdots, a_\nu; b_0, \cdots, b_\mu) \cdot \prod_{k=0}^{\nu-1}(x-a_k) \prod_{k=0}^{\mu-1}(y-b_k) + R \quad (6.3)$$

其中

$$R = \sum_{\nu=0}^{n} f(a_0, \cdots, a_\nu; y, b_0, \cdots, b_m) \prod_{k=0}^{\nu-1}(x-a_k) +$$

$$\prod_{k=0}^{m}(y-b_k)+$$

$$f(x,a_0,a_1,\cdots,a_n;y)\prod_{k=0}^{n}(x-a_k)$$

但因为

$$f(x;y,b_0,\cdots,b_m)=$$

$$\sum_{\nu=0}^{n}f(a_0,\cdots,a_\nu;y,b_0,\cdots,b_m)+\prod_{k=0}^{\nu-1}(x-a_k)+$$

$$f(x,a_0,\cdots,a_n;y,b_0,\cdots,b_m)\prod_{k=0}^{n}(x-a_k)$$

所以剩余项可以写成

$$R=f(x,a_0,a_1,\cdots,a_n;y)\prod_{k=0}^{n}(x-a_k)+$$

$$f(x;y,b_0,b_1,\cdots,b_m)\prod_{k=0}^{m}(y-b_k)-$$

$$f(x,a_0,a_1,\cdots,a_n;y,b_0,b_1,\cdots,b_m)\cdot$$

$$\prod_{k=0}^{n}(x-a_k)\prod_{k=0}^{m}(y-b_k) \qquad (6.4)$$

因此,对于二变量函数,牛顿公式有形式(6.3),而且它的剩余项可以写成(6.4)的形式.

带二重差分的特殊内插公式几乎是一般牛顿公式(6.3)的直接推论.

不带剩余项的公式(6.3)的右端就是 $n+m$ 次内插多项式(关于 $x$ 是 $n$ 次,关于 $y$ 是 $m$ 次),它当

$$x=a_\nu(0\leqslant\nu\leqslant n),y=b_\mu(0\leqslant\mu\leqslant m)$$

时成为 $f(a_\nu,b_\mu)$. 令 $n=1,m=1$,便得到内插公式

$$f(x,y)=f(a_0,b_0)+(x-a_0)f(a_0,a_1;b_0)+$$
$$(y-b_0)f(a_0;b_0,b_1)+$$
$$(x-a_0)(y-b_0)f(a_0,a_1;b_0,b_1)+R$$

Lagrange 内插公式

其中

$$R = (x - a_0)(x - a_1)f(x, a_0, a_1; y) +$$
$$(y - b_0)(y - b_1)f(x; y, b_0, b_1) -$$
$$(x - a_0)(x - a_1)(y - b_0)(y - b_1) \cdot$$
$$f(x, a_0, a_1; y, b_0, b_1)$$

今取 $m = 2, n = 2$,于是根据公式(6.3),我们得到内插公式

$$f(x, y) = f(a_0, b_0) + (x - a_0)f(a_0, a_1; b_0) +$$
$$(y - b_0)f(a_0; b_0, b_1) +$$
$$(x - a_0)(x - a_1)f(a_0, a_1, a_2; b_0) +$$
$$(x - a_0)(y - b_0)f(a_0, a_1, b_0; b_1) +$$
$$(y - b_0)(y - b_1)f(a_0; b_0, b_1, b_2) +$$
$$(x - a_0)(x - a_1)(y - b_0)f(a_0, a_1, a_2; b_0, b_1) +$$
$$(x - a_0)(y - b_0)(y - b_1)f(a_0, a_1; b_0, b_1, b_2) +$$
$$(x - a_0)(x - a_1)(y - b_0)(y - b_1) \cdot$$
$$f(a_0, a_1, a_2; b_0, b_1, b_2) + R$$

其中

$$R = (x - a_0)(x - a_1)(x - a_2)f(x, a_0, a_1, a_2; y) +$$
$$(y - b_0)(y - b_1)(y - b_2)f(x; y, b_0, b_1, b_2) -$$
$$(x - a_0)(x - a_1)(x - a_2)(y - b_0)(y - b_1) \cdot$$
$$(y - b_2)f(x, a_0, a_1, a_2; y, b_0, b_1, b_2)$$

可将剩余项(6.4)加以简化,我们得到

$$f(x, a_0, a_1, \cdots, a_n; y) = \frac{1}{(n+1)!} D_\xi^{n+1} f(\xi, y)$$

其中 $\xi$ 包含在诸数 $x, a_0, a_1, \cdots, a_n$ 中的最大者和最小者之间,以及得到

$$f(x; y, b_0, b_1, \cdots, b_m) = \frac{1}{(m+1)!} D_\eta^{m+1} f(x, \eta)$$

## Lagrange's Interpolation Formula

其中 $\eta$ 包含在诸数 $y,b_0,b_1,\cdots,b_m$ 中的最大者和最小者之间. 记号 $D_\xi$ 和 $D_\eta$ 表示偏导数.

我们注意下一关系式

$$f(x,a_0,a_1,\cdots,a_n;y,b_0,b_1,\cdots,b_m) = \frac{1}{(n+1)!(m+1)!}D_\xi^{n+1}D_\eta^{n+1}f(\xi,\eta)$$

其中 $\xi$ 和 $\eta$ 分别位于以前所得到的区间内. 要注意,在前两个公式中所出现的未知数值 $\xi$ 和 $\eta$ 不等于后一公式中 $\xi$ 和 $\eta$ 的数值. 由这些公式,我们得到下一估计内插的误差的公式

$$R = \frac{D_\xi^{n+1}f(\xi,y)}{(n+1)!}\prod_{k=0}^{n}(x-a_k) +$$

$$\frac{D_\eta^{m+1}f(\xi,\eta)}{(m+1)!}\prod_{k=0}^{m}(y-b_k) -$$

$$\frac{D_\xi^{n+1}D_\eta^{m+1}f(\xi,\eta)}{(n+1)!(m+1)!}\prod_{k=0}^{n}(x-a_k)+\prod_{k=0}^{m}(y-b_k)$$

在公式(6.3)中令 $a_\nu = 0, b_\mu = 0$,便得

$$f(x,y) = \sum_{\nu=0}^{n}\sum_{\mu=0}^{m}\frac{x^\nu}{\nu!}\frac{y^\mu}{\mu!}D_x^\nu D_y^\mu f_{00} + R$$

为了得到数 $D_x^\nu D_y^\mu f_{00}$,就需要去求表达式 $D_x^\nu D_y^\mu f(x,y)$ 并在其中将 $x$ 和 $y$ 都以 0 替代.

至于剩余项,它可写成下形

$$R = \frac{x^{n+1}}{(n+1)!}D_\xi^{n+1}f(\xi,y) +$$

$$\frac{y^{m+1}}{(m+1)!}D_\eta^{m+1}f(x,\eta) -$$

$$\frac{x^{n+1}}{(n+1)!}\frac{y^{m+1}}{(m+1)!}D_\xi^{n+1}D_\eta^{m+1}f(\xi,\eta)$$

其中 $\xi$ 和 $\eta$ 分别属于区间 $(0,x)$ 和 $(0,y)$.

Lagrange 内插公式

当 $n=1, m=1$ 时,便得到(为书写简单起见,在以后,将不写出函数 $f(\xi,y), f(x,\eta)$ 和 $f(\xi,\eta)$ )

$$f(x,y) = f(0,0) + x\frac{\partial f_{00}}{\partial x} + y\frac{\partial f_{00}}{\partial y} + xy\frac{\partial^2 f_{00}}{\partial x \partial y} + R$$

其中

$$R = \frac{x^2}{2!}D_\xi^2 + \frac{y^2}{2!}D_\eta^2 + \frac{x^2}{2!}\frac{y^2}{2!}D_\xi^2 D_\eta^2$$

令 $m=2, n=2$,便求得不等式

$$f(x,y) = f(0,0) + x\frac{\partial f_{00}}{\partial x} + y\frac{\partial f_{00}}{\partial y} +$$

$$\frac{x^2}{2!}\frac{\partial^2 f_{00}}{\partial x^2} + xy\frac{\partial^2 f_{00}}{\partial x \partial y} +$$

$$\frac{y^2}{2!}\frac{\partial^2 f_{00}}{\partial y^2} + \frac{x^2 y}{2!}\frac{\partial^3 f_{00}}{\partial x^2 \partial y} +$$

$$\frac{xy^2}{2!}\frac{\partial^3 f_{00}}{\partial x \partial y^2} + \frac{x^2}{2!}\frac{y^2}{2!}\frac{\partial^4 f_{00}}{\partial x^2 \partial y^2} + R$$

$$R = \frac{x^3}{3!}D_\xi^3 + \frac{y^3}{3!}D_\eta^3 - \frac{x^3}{3!}\frac{y^3}{3!}D_\xi^3 D_\eta$$

其中 $\xi$ 和 $\eta$ 分别在区间 $(0,x)$ 和 $(0,y)$ 内.

(2) 以上在推导公式(6.3)时,对于对 $y$ 的展开式 $f(a_0, a_1, \cdots, a_\nu; y)$,我们利用牛顿公式,但假定了展开式的项数不取决于 $\nu$. 然而必须指出,一般说来,这个数取决于内插点 $a_0, a_1, \cdots, a_\nu$ 的个数,即取决于 $\nu$ 的. 因此,我们将展开式的项数看作是 $\nu$ 的函数. 这使我们得出更一般的结果. 这个类型的公式比以前所考虑的更为简单.

对于任一取决于 $\nu$ 的 $m_\nu$,便得

$$f(x,y) = \sum_{\nu=0}^{n}\sum_{\mu=0}^{m_\nu} f(a_0, a_1, \cdots, a_\nu; b_0, b_1, \cdots, b_\mu) \cdot$$

$$\prod_{k=0}^{\nu-1}(x-a_k)\prod_{k=0}^{\mu-1}(y-b_k)+R$$

其中

$$R = f(x,a_0,a_1,\cdots,a_n;y)\prod_{k=0}^{n}(x-a_k) +$$

$$\sum_{\nu=0}^{n} f(a_0,a_1,\cdots,a_\nu;y,b_0,b_1,\cdots,b_{m_\nu}) \cdot$$

$$\prod_{k=0}^{\nu-1}(x-a_k)\prod_{k=0}^{m_\nu}(y-b_k)$$

或即

$$R = \frac{D_\xi^{n+1}}{(n+1)!}\prod_{k=0}^{n}(x-a_k) +$$

$$\sum_{\nu=0}^{n} \frac{D_\xi^\nu D_\eta^{m_\nu+1}}{\nu!\,(m_\nu+1)!}\prod_{k=0}^{\nu-1}(x-a_k)\prod_{k=0}^{m_\nu}(y-b_k)$$

今如果选好展开式的项数，令 $m_\nu = n - \nu$，便得表达式

$$f(x,y) = \sum_{\nu=0}^{n}\sum_{\mu=0}^{n-\nu} f(a_0,\cdots,a_\nu;b_0,\cdots,b_\mu) \cdot$$

$$\prod_{k=0}^{\nu-1}(x-a_k)\prod_{k=0}^{\mu-1}(y-b_k) + R$$

$$R = \sum_{\nu=0}^{n+1} \frac{D_\xi^\nu D_\eta^{n-\nu+1}}{\nu!\,(n-\nu+1)!}\prod_{k=0}^{\nu-1}(x-a_k)\prod_{k=0}^{n-\nu}(y-b_k)$$

在上式中令 $a_0 = a_1 = \cdots = a_n = 0, b_0 = b_1 = \cdots = b_m = 0$，便得麦克劳林公式.

## §5　带两个变量的拉格朗日内插公式

虽然两变量函数的内插问题已获得完全解决，但

**Lagrange 内插公式**

我们还要考虑一个不带差分的内插公式 —— 拉格朗日公式. 它是与函数 $f(x,y)$ 在域 $D$ 的离散点 $(a_\nu, b_\mu)$ 处(图 6.1)的值相联系的,而且往往比以前所考虑的公式更合用. 在比尔松的专著中给出有许多特殊形式的不带差分的内插公式. 他并没有导出剩余项;但没有剩余项,我们就不能判断由比尔松所作出的诸公式中,当它们彼此之间项数不同或项的组合不同时,最好是用哪一个. 为了我们的目的,只需详细地叙述一下带两个变量的拉格朗日内插公式;在以后它将用以探讨某些求体积公式. 求体积公式的准确性,一般地,并不取决于项数,而且用项数多的某几个比尔松公式比用项数少的公式会得出更不准确的结果. 在本章末尾,将简短地指出,需要作怎样的变化才能推广拉格朗日公式而用作取决于更多个变量的函数的内插.

为得到我们所要的公式,只需作 $n+m$ 次多项式(关于 $x$ 是 $n$ 次,关于 $y$ 是 $m$ 次)使它在点 $(a_\nu, b_\mu)$ $(0 \leqslant \nu \leqslant n; 0 \leqslant \mu \leqslant m)$ 处,与给定函数 $f(x,y)$ 一样,取 $f(a_\nu, b_\mu)$ 为值. 如果我们取这个多项式作为内插多项式,那么对应的内插公式的剩余项与公式(6.3)的剩余项就没有分别.

今考虑 $n+m$ 次多项式

$$\varphi(x,y) = P(x)Q(y) \sum_{\nu=0}^{n} \sum_{\mu=0}^{m} \frac{f(a_\nu, b_\mu)}{(x-a_\nu)(y-b_\mu)P'(a_\nu)Q'(b_\mu)}$$

其中

$$P(x) = \prod_{k=0}^{n}(x-a_k)$$

$$Q(y) = \prod_{k=0}^{m}(y-b_k)$$

因为

$$\frac{P(x)}{(x-a_\nu)P'(a_\nu)} = \begin{cases} 0, & \text{当 } x = a_k (k \neq \nu) \\ 1, & \text{当 } x = a_\nu (\nu = 0,1,\cdots,n) \end{cases}$$

$$\frac{Q(y)}{(y-b_\mu)Q'(b_\mu)} = \begin{cases} 0, & \text{当 } y = b_r (r \neq \mu) \\ 1, & \text{当 } y = b_\mu (\mu = 0,1,\cdots,m) \end{cases}$$

所以多项式 $\varphi(x,y)$ 在内插节处取 $f(a_\nu, b_\mu)$ 为值.

因此

$$f(x,y) = \sum_{\nu=0}^{n} \sum_{\mu=0}^{m} \frac{P(x)}{(x-a_\nu)P'(a_\nu)} \cdot \frac{Q(y)}{(y-b_\mu)Q'(b_\mu)} f(a_\nu, b_\mu) + R \quad (6.5)$$

其中

$$R = \frac{D_\xi^{n+1}}{(n+1)!} \prod_{k=0}^{n}(x-a_k) + \frac{D_\eta^{m+1}}{(m+1)!} \prod_{k=0}^{m}(y-b_k) - \frac{D_\xi^{n+1} D_\eta^{m+1}}{(n+1)!(m+1)!} \prod_{k=0}^{n}(x-a_k) \prod_{k=0}^{m}(y-b_k)$$

这就是带两个变量的拉格朗日内插公式. 它对于次数不大于 $n$ 的多项式(假定 $n \leq m$)都是真的.

## §6 三个或多个变量的函数的内插公式

我们只考虑三个变量函数 $f(x,y,z)$. 借助于牛顿公式我们将它在 $z$ 为常数时,关于 $x$ 和 $y$ 来展开,或在 $y$ 为常数时,关于 $x$ 和 $z$ 来展开,或在 $x$ 为常数时,关于 $y$ 和 $z$ 来展开.

**Lagrange 内插公式**

今取这些展开式中的任一个并由带一个变量的公式出发,与在前节中所作的同样,由它去导出带三个变量的内插公式. 我们得到

$$f(x,y,z) = \sum_{\nu=0}^{n}\sum_{\mu=0}^{m}\sum_{\lambda=0}^{k} f(a_0,a_1,\cdots,a_\nu;b_0,b_1,\cdots,b_\mu;c_0,c_1,\cdots,c_\lambda) \cdot$$

$$\prod_{r=0}^{\nu-1}(x-a_r)\prod_{r=0}^{\mu-1}(y-b_r)\prod_{r=0}^{\lambda-1}(z-c_r) + R$$

其中

$$R = f(x,a_0,a_1,\cdots,a_n;y;z)\prod_{r=0}^{n}(x-a_r) +$$

$$f(x;y,b_0,b_1,\cdots,b_m;z)\prod_{r=0}^{m}(y-b_r) +$$

$$f(x;y;z,c_0,c_1,\cdots,c_k)\prod_{r=0}^{k}(z-c_r) -$$

$$f(x,a_0,a_1,\cdots,a_n;y,b_0,b_1,\cdots,b_m;z) \cdot$$

$$\prod_{r=0}^{n}(x-a_r)\prod_{r=0}^{m}(y-b_r) -$$

$$f(x,a_0,a_1,\cdots,a_n;y;z,c_0,c_1,\cdots,c_k) \cdot$$

$$\prod_{r=0}^{n}(x-a_r)\prod_{r=0}^{k}(z-c_r) -$$

$$f(x;y,b_0,b_1,\cdots,b_m;z,c_0,c_1,\cdots,c_k) \cdot$$

$$\prod_{r=0}^{m}(y-b_r)\prod_{r=0}^{k}(z-c_r) +$$

$$f(x,a_0,a_1,\cdots,a_n;y,b_0,b_1,\cdots,b_m;z,c_0,c_1,\cdots,c_k) \cdot$$

$$\prod_{r=0}^{n}(x-a_r)\prod_{r=0}^{m}(y-b_r)\prod_{r=0}^{k}(z-c_r)$$

同样地,可导出带四个变量和多个变量的牛顿内插公

## Lagrange's Interpolation Formula

式.

对三个变量的函数,往往适于采用拉格朗日内插公式

$$f(x,y,z) = \sum_{\nu=0}^{n} \sum_{\mu=0}^{m} \sum_{\lambda=0}^{k} \cdot \frac{P(x)}{(x-a_\nu)P'(a_\nu)} \frac{Q(y)}{(y-b_\mu)Q'(b_\mu)} \cdot \frac{R(z)}{(z-c_\lambda)R'(c_\lambda)} f(a_\nu, b_\mu, c_\lambda) + R'$$

其中

$$P(x) = \prod_{r=0}^{n}(x - a_r)$$

$$Q(y) = \prod_{r=0}^{m}(y - b_r)$$

$$R(z) = \prod_{r=0}^{k}(z - c_r)$$

它的剩余项 $R'$ 与以上所得的牛顿公式的剩余项相同.

## §7 带差分的内插公式

(1) 设对 $x, y$ 的一列值

$$a_\nu = a + \nu h \quad \text{和} \quad b_\mu = b + \mu k$$

函数 $f(x, y)$ 以表的形式给出.

欲推导借助于上升或下降差分给出此函数的展开式的公式,只需导出用以计算差商的公式.

例如,根据公式(6.1)

$$n!\ m!\ h^n k^m f(a, a+h, \cdots, a+nh;\ b, b+k, \cdots, b+mk) =$$

Lagrange 内插公式

$$\sum_{\nu=0}^{n}(-1)^{n-\nu}\binom{n}{\nu}\sum_{\mu=0}^{m}(-1)^{m-\mu}\binom{m}{\mu} \cdot f(a+\nu h, b+\mu k)$$

但按公式(6.2),上一等式的右端等于 $\Delta_{k^n h^m}^{n+m} u_{00}$,其中 $u_{00} = f(a,b)$,因而可以写出

$$f(a, a+h, \cdots, a+nh; b, b+k, \cdots, b+mk) = \frac{\Delta_{k^n h^m}^{n+m} u_{00}}{m! \; n! \; h^n k^m} \quad (6.6)$$

今来考察,对于相互之间差同一个数的自变量的一系列值,公式(6.3)将得到怎样的形式.

我们假定

$$x = a + th, y = b + Tk$$
$$a_\nu = a + \nu h \quad (0 \leqslant \nu \leqslant n)$$
$$b_\mu = b + \mu k \quad (0 \leqslant \mu \leqslant m)$$

于是得到

$$x - a_\nu = (t - \nu)h$$
$$y - b_\mu = (T - \mu)k$$
$$\prod_{r=0}^{\nu}(x - a_r) = h^{\nu+1}\prod_{r=0}^{\nu}(t - r)$$
$$\prod_{r=0}^{\mu}(y - b_r) = k^{\mu+1}\prod_{r=0}^{\mu}(T - r)$$

但根据可应用于函数 $f(x,y)$ 的各阶差商的公式(6.6),便有

$$f(a, a+h; b) = \frac{\Delta_h u_{00}}{h}$$

$$f(a; b, b+k) = \frac{\Delta_k u_{00}}{k}$$

$$f(a, a+h; b, b+k) = \frac{\Delta_{hk}^2 u_{00}}{hk}$$

⋮

今如果在公式(6.3)中的差商以上列公式代入,此外并将乘积

$$\prod_{r=0}^{\nu}(x-a_r) \quad \text{和} \quad \prod_{r=0}^{\mu}(y-b_r)$$

分别以乘积

$$h^{\nu+1}\prod_{r=0}^{\nu}(t-r) \quad \text{和} \quad k^{\mu+r}\prod_{r=0}^{\mu}(T-r)$$

代替,便得到公式

$$f(a+th, b+kT) =$$
$$\sum_{\nu=0}^{n}\sum_{\mu=0}^{m}\frac{\Delta_{h^\nu k^\mu}^{\nu+\mu}f(a,b)}{\nu!\,\mu!}\prod_{r=0}^{\nu-1}(t-r)\prod_{r=0}^{\mu-1}(T-r)+$$
$$\frac{h^{n+1}D_\xi^{n+1}}{(n+1)!}\prod_{r=0}^{n}(t-r)+\frac{k^{m+1}D_\eta^{m+1}}{(m+1)!}\prod_{r=0}^{m}(T-r)-$$
$$\frac{h^{n+1}k^{m+1}D_\xi^{n+1}D_\eta^{m+1}}{(n+1)!\,(m+1)!}\prod_{r=0}^{n}(t-r)\prod_{r=0}^{m}(T-r) \quad (6.7)$$

舍去剩余项,由此即得拉姆贝尔特公式

$$f(a+th, b+kT) =$$
$$f(a,b) + t\Delta_h f(a,b) + T\Delta_k f(a,b) +$$
$$\frac{t(t-1)}{1\cdot 2}\Delta_{h^2}^2 f(a,b) + tT\Delta_{hk}^2 f(a,b) +$$
$$\frac{T(T-1)}{1\cdot 2}\Delta_{k^2}^2 f(a,b) + \frac{t(t-1)(t-2)}{1\cdot 2\cdot 3}\Delta_{h^3}^3 f(a,b) +$$
$$\frac{tT(T-1)}{1\cdot 2}\Delta_{hk^2}^3 f(a,b) + \frac{T(T-1)(T-2)}{1\cdot 2\cdot 3}\Delta_{k^3}^3 f(a,b) +$$
$$\frac{Tt(t-1)}{1\cdot 2}\Delta_{h^2k}^3 f(a,b) + \cdots$$

由公式(6.7)的剩余项可见,在利用拉姆贝尔特的公式时,最好取 $n=m$;于是,一般来说,我们得到在

**Lagrange 内插公式**

由舍去剩余项而产生的误差的绝对值为最小的意义下的最有用公式.

再就是要研究为作出在公式(6.7)中所出现的差分的适宜的规则. 这最好是借助于某些特殊的表格来完成.

(2) 我们取 $u_{\nu,\mu} = f(a + \nu h, b + \mu k)$ 的值的表(表 6.4). 现在证明,差分 $\Delta_{h^n k^m}^{n+m} u_{00}$ 的计算可借助于这个表的数据来做.

今取表 6.4 的第一,第二等行;由这些行中的数,我们分别作出第一个,第二个等差分表(表 6.5).

**表 6.4** $u_{\nu,\mu}$ 的值的表

|        | $x = a$  | $a + h$  | $a + 2h$ | $a + 3h$ |
|--------|----------|----------|----------|----------|
| $y = b$ | $u_{00}$ | $u_{10}$ | $u_{20}$ | $u_{30}$ |
| $b + k$ | $u_{01}$ | $u_{11}$ | $u_{21}$ | $\vdots$ |
| $b + 2k$| $u_{02}$ | $u_{12}$ | $\vdots$ |          |
| $b + 3k$| $u_{03}$ | $\vdots$ |          |          |
| $\vdots$| $\vdots$ |          |          |          |

若细看所得的各表,则容易注意到,在它们的最前面的下降诸列上,有对 $k$ 的零阶,一阶,二阶等差分.

将这些下降各列变为水平的列并作表 6.6.

我们考虑表 6.6 的诸行并以这些行的各数作出新的表 6.7.

今将公式(6.7)中止在包含三阶差分的一些项上. 用以上所述的方法,我们便可得到在这个近似公式中出现的所有差分(在表 6.7 的四个表中在它们之下画有横线).

### 表 6.5 由表 6.4 的各行所形成的诸表

（1）第一行的数对 $k$ 的偏差分

| $u_{00}$ | | | |
|---|---|---|---|
| $u_{01}$ | $\Delta_k u_{00}$ | $\Delta_{kk}^2 u_{00}$ | |
| $u_{02}$ | $\Delta_k u_{01}$ | $\Delta_{kk}^2 u_{01}$ | $\Delta_{kkk}^3 u_{00}$ |
| $u_{03}$ | $\Delta_k u_{02}$ | $\vdots$ | $\vdots$ |
| $\vdots$ | $\vdots$ | | |

（2）第二行的数对 $k$ 的偏差分

| $u_{01}$ | | |
|---|---|---|
| $u_{11}$ | $\Delta_k u_{10}$ | $\Delta_{kk}^2 u_{10}$ |
| $u_{12}$ | $\Delta_k u_{11}$ | $\vdots$ |
| $\vdots$ | $\vdots$ | |

（3）第三行的数对 $k$ 的偏差分

| $u_{20}$ | |
|---|---|
| $u_{21}$ | $\Delta_k u_{20}$ |
| $\vdots$ | $\vdots$ |

（4）第四行的数对 $k$ 的偏差分

| $u_{30}$ | |
|---|---|
| $\vdots$ | |

### 表 6.6 由下降各列所组成的表

| $u_{00}$ | $\Delta_k u_{00}$ | $\Delta_{kk}^2 u_{00}$ | $\Delta_{kkk}^3 u_{00}$ |
|---|---|---|---|
| $u_{10}$ | $\Delta_k u_{10}$ | $\Delta_{kk}^2 u_{10}$ | $\vdots$ |
| $u_{20}$ | $\Delta_k u_{20}$ | $\vdots$ | |
| $u_{30}$ | $\vdots$ | | |
| $\vdots$ | | | |

## Lagrange 内插公式

**表 6.7  新的表**

（1）第一行的数对 $h$ 的偏差分

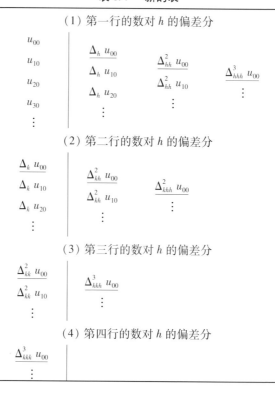

（2）第二行的数对 $h$ 的偏差分

（3）第三行的数对 $h$ 的偏差分

（4）第四行的数对 $h$ 的偏差分

但也可以在数 $u_{\nu\mu}$ 的差分表中，将所有的列以行代替而将行以列代替，可取新的表中的第一，第二等行并根据在诸行中所列出的数来作第一个，第二个等的差分表. 所得的表的最前面的下降各列给出对 $h$ 的一阶，二阶等差分. 欲得到其余的差分只需由最前面的下降各列，将它们变成水平列而作出新的表，然后再考虑所得的表的各行并由各行的数作出与以上所述相同的新表. 这样我们就有了所有需要的差分.

（2）作为一个例子，我们考虑第二类椭圆积分

## Lagrange's Interpolation Formula

$$E(\varphi,\alpha) = \int_0^\varphi \sqrt{1 - k^2\sin^2\varphi}\,d\varphi \quad (k = \sin\alpha)$$

的值的表的一部分(表 6.8). 借助于从杨凯 - 埃姆台一书中所取下来的表 6.7 以及公式(6.7), 便可计算积分 $E(41°,52°)$.

表 6.8  第二类椭圆积分的值的表

|  | $\varphi = 40°$ | $\varphi = 45°$ | $\varphi = 50°$ | $\varphi = 55°$ |
|---|---|---|---|---|
| $\alpha = 50°$ | 0.666 7 | 0.741 4 | 0.813 4 | 0.882 7 |
| $\alpha = 55°$ | 0.662 0 | 0.734 7 | 0.804 2 |  |
| $\alpha = 60°$ | 0.657 5 | 0.728 2 |  |  |
| $\alpha = 65°$ | 0.653 3 |  |  |  |

如所见,对于变量 $\varphi$ 和 $\alpha$, 表的步度是相同的, 都等于 5°. 欲确定 $t$ 和 $T$, 我们得到方程

$$40° + 5° \cdot t = 41°, 50° + 5° \cdot T = 52°$$

因此

$$t = \frac{1}{5}, T = \frac{2}{5}$$

今计算为利用公式(6.7)所需要的差分. 为此,只需采用以上所列的表 6.8 并根据它来作差分表(表 6.9).

表 6.10 是根据表 6.9 的四个小表中的最前面的下降各列组成的. 由此我们便可作出所欲求的差分表(表 6.11).

因此

$\Delta_k u_{00} = -0.004\,7, \Delta_{kk}^2 u_{00} = 0.000\,2, \Delta_{kkk}^3 u_{00} = 0.000\,1$

$\Delta_h u_{00} = 0.074\,7, \Delta_{hh}^2 u_{00} = -0.002\,7, \Delta_{hhh}^3 u_{00} = 0.000\,0$

$\Delta_{kh}^2 u_{00} = -0.002\,0, \Delta_{khh}^3 u_{00} = -0.000\,5, \Delta_{kkh}^3 u_{00} = 0.000\,0$

## Lagrange 内插公式

**表 6.9　由带 $E(\varphi,\alpha)$ 的值的行所形成的表**

| | | | |
|---|---|---|---|
| 0.666 7 | | | |
| 0.662 0 | −0.004 7 | 0.000 2 | |
| 0.657 5 | −0.004 5 | 0.000 3 | 0.000 1 |
| 0.653 3 | −0.004 2 | | |
| | | | |
| 0.741 4 | | | |
| 0.734 7 | −0.006 7 | −0.000 2 | |
| 0.728 2 | −0.006 5 | | |
| | | | |
| 0.813 4 | | | |
| 0.804 2 | −0.009 2 | | |
| | | | |
| 0.882 7 | | | |

**表 6.10　由下降各列所组成的表**

| | | | |
|---|---|---|---|
| 0.666 7 | −0.004 7 | 0.000 2 | 0.000 1 |
| 0.741 4 | −0.006 7 | 0.000 2 | |
| 0.813 4 | −0.009 2 | | |
| 0.882 7 | | | |

**表 6.11　带所求差分的表**

| | | | |
|---|---|---|---|
| 0.666 7 | | | |
| 0.741 4 | 0.074 7 | −0.002 7 | |
| 0.813 4 | 0.072 0 | −0.002 7 | 0.000 0 |
| 0.882 7 | 0.069 3 | | |
| | | | |
| −0.004 7 | | | |
| −0.006 7 | −0.002 0 | −0.000 5 | |
| −0.009 2 | −0.002 5 | | |
| | | | |
| 0.000 2 | 0.000 0 | | |
| 0.000 2 | | | |

Lagrange's Interpolation Formula

容易知道,第三阶差分不会影响到最终结果的准确度. 如停止在二阶差分上,我们便求得对于计算 $E(41°,52°)$ 的下一表达式

$$E(41°,52°) = 0.6667 + 0.0747 \cdot \frac{1}{5} - 0.0074 \cdot \frac{2}{5} -$$

$$- 0.0027 \frac{\frac{1}{5}\left(-\frac{4}{5}\right)}{1 \cdot 2} - 0.0020 \cdot \frac{1}{5} \cdot \frac{2}{5} +$$

$$0.0002 \frac{\frac{2}{5}\left(-\frac{3}{5}\right)}{1 \cdot 2} =$$

$$0.6798$$

(3) 今来详细研究一下按照由函数 $f(x,y)$ 的值所组成的表的形式的另外一些内插的情形. 例如,我们考察所列出的 $u_{\nu,\mu} = f(a+\nu h, b+\mu k)$ 的值的表 6.12.

表 6.12　为了求包含在公式(6.8) 中的差分的 $u_{\nu,\mu}$ 值的表

| | … | | | |
|---|---|---|---|---|
| $y = b - 3k$ | $u_{0,-3}$ | … | | |
| $y = b - 2k$ | $u_{0,-2}$ | $u_{1,-2}$ | … | |
| $y = b - k$ | $u_{0,-1}$ | $u_{1,-1}$ | $u_{2,-1}$ | … |
| $y = b$ | $u_{0,0}$ | $u_{1,0}$ | $u_{2,0}$ | $u_{3,0}$ |
| | $x = a$ | $a + h$ | $a + 2h$ | $a + 3h$ |

与以上所述的同样来论述,便知对于根据列在表 6.12 中的 $u_{\nu,\mu}$ 值 $(\nu = 0,1,\cdots,n; \mu = 0, -1, \cdots, -m)$ 的内插,最好利用内插公式

$$f(a + th, b + kT) =$$

Lagrange 内插公式

$$\sum_{\nu=0}^{n}\sum_{\mu=0}^{m}\frac{\Delta_{h^\nu k\mu}^{\nu+\mu}f(a,b-\mu h)}{\nu!\mu!}\prod_{r=0}^{\nu-1}(t-r)\prod_{r=0}^{\mu-1}(T+r)+R$$

(6.8)

其中

$$R=\frac{h^{n+1}D_\xi^{n+1}}{(n+1)!}\prod_{r=0}^{n}(t-r)+\frac{k^{m+1}D_\eta^{m+1}}{(m+1)!}\prod_{r=0}^{m}(T+r)-$$

$$\frac{h^{n+1}k^{m+1}D_\xi^{n+1}D_\eta^{m+1}}{(n+1)!(m+1)!}\prod_{r=0}^{n}(t-r)\prod_{r=0}^{m}(T+r)$$

借助于 $u_{\nu,\mu}$ 的值的表,容易求得上一公式的所有系数. 为此,只须计算差分 $\Delta_{h^\nu k\mu}^{\nu+\mu}f(a,b-\mu h)$. 这个计算最好是按照以上所制定的表格来进行. 我们并不叙述应以怎样的次序来计算在内插公式(6.8)中所出现的差分,而仅仅指出,如果说在以前它们是按照下降差分来计算的,那么在此处,与以前不同,它们是按上升差分来计算.

还可引出两个公式,它们与以上所得到的公式非常相似. 它们也是与表的特殊形式相联系的. 其中第一表(表6.13)以及相应的公式(公式(6.9))为

$$f(a+th,b+Tk)=$$

$$\sum_{\nu=0}^{n}\sum_{\mu=0}^{m}\frac{\Delta_{h^\nu k\mu}^{\nu+\mu}f(a-\nu h,b-\mu h)}{\nu!\mu!}\cdot$$

$$\prod_{r=0}^{\nu-1}(t+r)\prod_{r=0}^{\mu-1}(T+r)+R \quad (6.9)$$

$$R=\frac{h^{n+1}D_\xi^{n+1}}{(n+1)!}\prod_{r=0}^{n}(t+r)+\frac{k^{m+1}D_\eta^{m+1}}{(m+1)!}\prod_{r=0}^{m}(T+r)-$$

$$\frac{h^{n+1}k^{m+1}D_\xi^{n+1}D_\eta^{m+1}}{(n+1)!(m+1)!}\prod_{r=0}^{n}(t+r)\prod_{r=0}^{m}(T+r)$$

第二个表(表 6.14)及其相应的公式(公式(6.10))为

## Lagrange's Interpolation Formula

$$f(a + th, b + Tk) =$$

$$\sum_{\nu=0}^{n}\sum_{\mu=0}^{m}\frac{\Delta_{h^\nu k^\mu}^{\nu+\mu}f(a-\nu h,b)}{\nu!\,\mu!}\cdot$$

$$\prod_{r=0}^{\nu-1}(t+r)\prod_{r=0}^{\mu-1}(T-r) + R \qquad (6.10)$$

$$R = \frac{h^{n+1}D_\xi^{n+1}}{(n+1)!}\prod_{r=0}^{n}(t+r) + \frac{k^{m+1}D_\eta^{m+1}}{(m+1)!}\prod_{r=0}^{m}(T-r) -$$

$$\frac{h^{n+1}k^{m+1}D_\xi^{n+1}D_\eta^{m+1}}{(n+1)!\,(m+1)!}\prod_{r=0}^{n}(t+r)\prod_{r=0}^{m}(T-r)$$

表6.13　为了求包含在公式(6.9)中的差分的表

| | | | | | |
|---|---|---|---|---|---|
| $y = b - mk$ | | | | | $u_{0,-m}$ |
| $\vdots$ | | | | | $\vdots$ |
| $y = b - 3k$ | | | | | $u_{0,-3}$ |
| $y = b - 2k$ | | | | $u_{-1,-2}$ | $u_{0,-2}$ |
| $y = b - k$ | | | $u_{-2,-1}$ | $u_{-1,-1}$ | $u_{0,-1}$ |
| $y = b$ | $u_{-n,0}$ | $\cdots$ | $u_{-2,0}$ | $u_{-1,0}$ | $u_{0,0}$ |
| | $x = a - nh$ | $\cdots$ | $a - 2h$ | $a - h$ | $a$ |

表6.14　为了求包含在公式(6.10)中的差分的表

| | $x = a - nh$ | $\cdots$ | $a - 3h$ | $a - 2h$ | $a - h$ | $a$ |
|---|---|---|---|---|---|---|
| $y = b$ | $u_{-n,0}$ | $\cdots$ | $u_{-3,0}$ | $u_{-2,0}$ | $u_{-1,0}$ | $u_{0,0}$ |
| $y = b + k$ | | | | $u_{-2,1}$ | $u_{-1,1}$ | $u_{0,1}$ |
| $y = b + 2k$ | | | | | $u_{-1,2}$ | $u_{0,2}$ |
| $\vdots$ | | | | | | $\vdots$ |
| $y = b + mk$ | | | | | | $u_{0,m}$ |

所得到的一些结果可结合成为以下的一段话. 今

**Lagrange 内插公式**

考虑函数值 $u_{\nu,\mu} = f(a+\nu h, b+\mu k)$ 的长方形表. 如果在长方形的左上角顶点的附近来作内插,那么从以上所得到的公式中,利用拉姆贝尔特公式最为方便;其他的一些公式是更适于分别用在左下角顶点,右下角顶点和右上角顶点的附近的内插. 虽然,借助于这四个公式恒可求得所要的函数值,然而在某些情形下,利用其他一些内插公式可大有成效. 例如,对两个变量函数的内插的斯特林内插公式,贝塞尔内插公式以及其他一些内插公式就是如此的. 它们是从带一个变量的一些相应公式导出的.

Lagrange's Interpolation Formula

# 分片拉格朗日多项式

## 第 7 章

### §1 分片拉格朗日多项式的多种逼近

工程师对分片拉格朗日多项式特别熟悉,将 $x$ 方向和 $y$ 方向的分片拉格朗日多项式的基函数相乘,再乘以常数并求和就可构成二维情况的分片拉格朗日多项式. 如果 $x,y$ 方向分片多项式的次数是相同的,那么得到的是矩形域上的分片双线性、分片双二次、分片双三次等的拉格朗日多项式. 图 7.1 就是分片双线性拉格朗日多项式的基函数 $\phi_{ij}(x,y)$ 的图形.

## Lagrange 内插公式

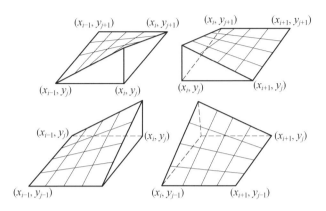

图 7.1 双线性拉格朗日多项式的典型基函数在其支集区域上的图形

应该指出,除以对应点$(x_i,y_j)$作顶点的四个矩形之外,$\phi_{ij}$均取零值.这种特点(用数学术语讲为具有小的紧支集)使得$\phi_{ij}(x,y)$对于偏微分方程近似解很有用.分片拉格朗日多项式的误差分析,可按照矩形网格上拉格朗日多项式误差分析的方法进行,这是和一维情况一样的.具体地讲,若$s_1(x,y)$是分片双线性拉格朗日多项式,则

$$s_1(x,y) = \sum_{\substack{0 \leqslant i \leqslant n \\ 0 \leqslant j \leqslant m}} f(x_i,y_j)\phi_{ij}(x,y)$$

式中的$\phi_{ij}$是图 7.1 所示的形状函数.根据本节得到的误差估计式,若$f \in C^2[R]$,则

$$\|f - s_1\| \leqslant \beta_{11} h^2$$
$$\|D_x f - D_x s_1\| \leqslant \alpha_{11} h$$
$$\|D_y f - D_y s_1\| \leqslant \alpha_{11} h$$

当区域如图 7.2 所示时,$\phi_{ij}$的表达式如下

## Lagrange's Interpolation Formula

$$\phi_{ij}(x,y) = \begin{cases} \dfrac{(x_{i+1} - x)}{(x_{i+1} - x_i)} \dfrac{(y - y_{j-1})}{(y_j - y_{j-1})} & \text{① 区} \\[4pt] \dfrac{(x_{i+1} - x)}{(x_{i+1} - x_i)} \dfrac{(y_{j+1} - y)}{(y_{j+1} - y_j)} & \text{② 区} \\[4pt] \dfrac{(x - x_{i-1})}{(x_i - x_{i-1})} \dfrac{(y_{j+1} - y)}{(y_{j+1} - y_j)} & \text{③ 区} \\[4pt] \dfrac{(x - x_{i-1})}{(x_i - x_{i-1})} \dfrac{(y - y_{j-1})}{(y_j - y_{j-1})} & \text{④ 区} \\[4pt] 0 & \text{其余} \end{cases}$$

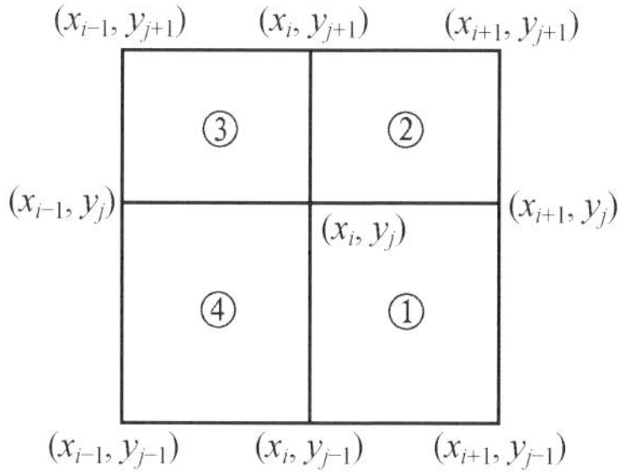

图 7.2

**分片双三次埃尔米特插值多项式** 下面我们来寻找满足下列插值条件

$$\begin{cases} f_N(x_i, y_j) = f(x_i, y_j) \\ \dfrac{\partial f_N}{\partial x}(x_i, y_j) = \dfrac{\partial f}{\partial x}(x_i, y_j) \\ \dfrac{\partial f_N}{\partial y}(x_i, y_j) = \dfrac{\partial f}{\partial y}(x_i, y_j) \\ \dfrac{\partial^2 f_N}{\partial x \partial y}(x_i, y_j) = \dfrac{\partial^2 f}{\partial x \partial y}(x_i, y_j) \end{cases} \quad (0 \leqslant i, j \leqslant n)$$

的分片双三次多项式 $f_N(x,y)$(这里假设 $m=n$,这并不损失一般性). 回忆一下单变量埃尔米特多项式的基

**Lagrange 内插公式**

底函数 $\phi_i(x) = \phi_{i0}(x)$ 和 $\psi_i(x) = \phi_{i1}(x)$ $(0 \leqslant i \leqslant n)$，$f_N(x,y)$ 就很容易得到. 具体地讲

$$f_N(x,y) = \sum_{i,j=0}^{n} f(x_i, y_j) \phi_i(x) \phi_j(y) +$$

$$\sum_{i,j=0}^{n} \frac{\partial f(x_i, y_j)}{\partial x} \psi_i(x) \phi_j(y) +$$

$$\sum_{i,j=0}^{n} \frac{\partial f(x_i, y_j)}{\partial y} \phi_i(x) \psi_j(y) +$$

$$\sum_{i,j=0}^{n} \frac{\partial^2 f(x_i, y_j)}{\partial x \partial y} \psi_i(x) \psi_j(y)$$

这就说明 $f_N(x,y)$ 是存在的. $f_N(x,y)$ 的唯一性的证明留作习题，这可按证明拉格朗日多项式唯一性的思路同样进行.

误差估计也是方便的，只要用推导拉格朗日多项式误差估计式同样的方法就可得到. 若 $f \in C^4[R]$，则可以证明下列各式均成立

$$\|f - f_N\| \leqslant \gamma_0 h^4$$

$$\gamma_0 = \frac{1}{384} \{ \|D_x^4 f\| + 24\|D_x^2 D_y^2 f\| + \|D_y^4 f\| \}$$

$$\max_{p \in R} |D^{|j|} f(p) - D^{|j|} f_N(p)| \leqslant \gamma_{ij} \max\{h_x^{4-j_1}, h_y^{4-j_2}\}$$

式中的

$$j = (j_1, j_2)$$

$$|j| = j_1 + j_2 \quad (1 \leqslant j_1, j_2 \leqslant 4)$$

$$D^{|j|} f = \frac{\partial^{|j|} f}{\partial x^{j_1} \partial y^{j_2}}$$

而 $\gamma_{ij}$ 是一个常数，它取决于函数 $f$ 直至四阶的混合偏导数的切比雪夫范数. 因为用变分法求解偏微分方程时，导数的误差估计式很重要. 至于函数 $f$ 只具有较低

阶导数,如 $f \in C^k[R]$ $(0 \leq k \leq 3)$ 的情况,可以从同样光滑度的一维问题的误差估计式出发进行推导.

应该指出,$f_N(x,y)$ 是在所有方向上都是一阶导数连续的,因此 $f_N \in C^1[R]$. 但是一般来说,$f_N \in C^2[R]$ 是不成立的,因为在越过各子矩形的共同边界时法向二阶导数要发生跳跃.

**双三次样条函数** 双三次埃尔米特多项式也是双三次样条函数,不过术语双三次样条函数通常指的是,属于 $C^2[R]$ 的矩形网格上的分片三次多项式. 即函数 $f$ 的双三次样条函数 $s_N$ 是属于 $C^2[R]$ 的双三次多项式,它满足的插值条件是

$$\begin{cases} s_N(x_i,y_j) = f(x_i,y_j) & (0 \leq i,j \leq n) \\ \dfrac{\partial s_N}{\partial x}(x_i,y_j) = \dfrac{\partial f}{\partial x}(x_i,y_j) & (0 \leq j \leq n, i = 0, n) \\ \dfrac{\partial s_N}{\partial y}(x_i,y_j) = \dfrac{\partial f}{\partial y}(x_i,y_j) & (0 \leq i \leq n, j = 0, n) \\ \dfrac{\partial^2 s_N}{\partial y \partial x}(x_i,y_j) = \dfrac{\partial^2 f}{\partial y \partial x}(x_i,y_j) & (i,j = 0, n) \end{cases}$$

(7.1)

可以证明,满足插值条件(7.1)的双三次样条函数

$$s_N(x,y) = \sum_{i,j=-1}^{n+1} c_{ij} B_i(x) B_j(y) \qquad (7.2)$$

存在且唯一,式(7.2)中的 $B_i(x)$ 和 $B_j(y)$ 是三次基样条函数. 图 7.3 是基样条函数 $B_i(x) B_j(y)$ 的图形.

误差估计可完全仿照一维情况进行推导,由此可以得到

$$\|f - s_N\| \leq \beta_0 h^4$$
$$\|D^{|1|}f - D^{|1|}s_N\| \leq \beta_1 h^3$$

## Lagrange 内插公式

$$\| D^{|2|}f - D^{|2|}s_N \| \leq \beta_2 h^2$$

这些误差估计式都是节点等间距配置情况的结果，$\beta_0$，$\beta_1$，$\beta_2$ 则仅与函数 $f$ 直至 $k$ 阶 $(k=0,1,2)$ 的混合偏导数的切比雪夫范数有关.

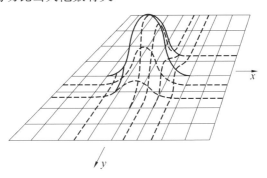

图 7.3 典型三次基样条函数 $B_{ij}(x,y) = B_i(x)B_j(y)$

为了证明满足插值条件 (7.1) 的 $s_N$ 确实存在，设 $f(x,y)$ 为定义在 **R** 上的给定函数，它在 **R** 的边界节点上具有偏导数，而在角节点上具有混合偏导数. 在 $[a,b]$ 上选择一点 $\bar{x}$，并令其固定，让 $I_y f(\bar{x},y)$ 表示函数 $f(\bar{x},y)$ 在 $y$ 方向的三次样条插值函数. 根据一维情况的对应定理，这种样条函数是存在且唯一的. 对 $[c,d]$ 上之固定点 $\bar{y}$，设 $I_x f(x,\bar{y})$ 表示 $f(x,\bar{y})$ 在 $x$ 方向的三次样条函数，显然它也是唯一的. 很容易证明 $I_x I_y f(x,y) = I_y I_x f(x,y)$，且

$$s_N(x,y) = I_x I_y f(x,y)$$

因为对 $[a,b]$ 上的每个 $x$

$$I_x f(x,y) = \sum_{j=-1}^{n+1} a_j(x) B_j(y)$$

式中的系数 $a_j(x)$ 要随 $x$ 而变化，又因为

## Lagrange's Interpolation Formula

$$I_y I_x f(x,y) = \sum_{j=-1}^{n+1} I_y a_j(x) B_j(y) \quad (7.3)$$

但是

$$I_y a_j(x) = \sum_{i=-1}^{n+1} a_{ij} B_i(x) \quad (7.4)$$

再把式(7.4)代入式(7.3)就得到式(7.2).唯一性的证明也需要利用式(7.3),(7.4),但证明过程同拉格朗日多项式的情况很相似,这里不予证明而留作习题.

本节研究的几种方法,都是在张量乘积空间中逼近函数的实例.下节就将介绍这种概念.

## §2 张量乘积

上节讨论的各种逼近方法都是在有限维张量乘积空间中进行函数逼近的具体例子.为了简明地定义张量乘积空间,设 $X = C[a,b]$,$Y = C[c,d]$.而

$$X_N = \mathrm{span}\{\phi_1,\phi_2,\cdots,\phi_N\}$$
$$Y_M = \mathrm{span}\{\psi_1,\psi_2,\cdots,\psi_M\}$$

分别是 $X$ 和 $Y$ 的 $N$ 维与 $M$ 维子空间.

**$X_N \otimes Y_M$ 的定义** 张量乘积

$$X_N \otimes Y_M = \mathrm{span}\{\phi_i(x)\psi_j(y):1 \leqslant i \leqslant N,1 \leqslant j \leqslant M\}$$

这就是说,$X_N \otimes Y_M$ 是由 $\phi_i(x)(1 \leqslant i \leqslant N)$ 和 $\psi_j(y)$ $(1 \leqslant j \leqslant M)$ 乘积的一切线性组合构成的.因为它由 $NM$ 个函数的一切线性组合所构成,所以 $X_N \otimes Y_M$ 是一个线性空间.不过它仍然是 $C[R]$ 的子空间,因为它的元素是连续函数乘积之和.

**Lagrange 内插公式**

当研究 $X_N \otimes Y_M$ 空间时,立即会引出许多有趣的问题;有些易于回答,而另一些则富于挑战性. 例如,解决 $X_N \otimes Y_M$ 的维数问题就很容易,即

**定理 7.1** 集 $\mathscr{B} = \{\phi_i(x)\psi_j(y) : 1 \leqslant i \leqslant N, 1 \leqslant j \leqslant M\}$ 是线性无关的,它构成了 $X_N \otimes Y_M$ 的一组基. 因此 $X_N \otimes Y_M$ 的维数为 $NM$.

**证明** 设在 $R = [a,b] \times [c,d]$ 上, $\sum_{i,j} a_{ij}\phi_i(x)\psi_j(y) = 0$, 而 $C_j(x) = \sum_{i=1}^{N} a_{ij}\phi_i(x)$. 因为在 $[c,d]$ 上, 对 $[a,b]$ 上每个固定的 $\bar{x}$, 下式成立

$$\sum_{j=1}^{N} C_j(\bar{x})\psi_j(y) = 0$$

但在 $[c,d]$ 上, $\psi_j(j = 1,2,\cdots,M)$ 是线性无关的,因此对 $[a,b]$ 上的每个 $\bar{x}$ 和每个 $j(j = 1,2,\cdots,M)$, $C_j(\bar{x}) = 0$. 所以在 $[a,b]$ 上, $C_j(x) \equiv 0$. 又因为对每个 $j(1 \leqslant j \leqslant M)$, $\sum_{i=1}^{N} a_{ij}\phi_i(x) \equiv 0$, 而 $\phi_i(i = 1,2,\cdots,N)$ 又是线性无关的,所以 $a_{ij} = 0 (1 \leqslant i \leqslant N, 1 \leqslant j \leqslant M)$.

这里很自然地会产生以下两个问题: $X_N \otimes Y_M$ 是否和

$$X_N \cdot Y_M = \{f(x)g(y) : f \in X_N, g \in Y_M\}$$

相同? 以及 $X_N \cdot Y_M$ 是否为线性空间? 既然 $X_N \cdot Y_M$ 也是 $C[R]$ 的一个子集,因此只要证明在求和与标量乘积时, $X_N \cdot Y_M$ 是闭合的,则它就是一个线性空间. 证明在标量乘积时 $X_N \cdot Y_M$ 是闭合的很容易. 而要证明在求和时也闭合,即使能做,也不那么方便. 证明 $X_N \cdot Y_M \subset X_N \otimes Y_M$ 很简单,但反之也这样吗? 应该指出,代数学家对这些问题是研究得很透彻的,对此感兴趣的读者建议参考代数学中有关张量乘积空间与多重线性代数

的论述:

函数逼近理论及数值分析的学者都很关心这种空间,因为他们要在 $X_N \otimes Y_M$ 中寻找两个变量的近似函数,以完成满足约束条件下的函数逼近,这些约束条件包括有纯插值约束条件、纯变分约束条件、混合约束条件、正交约束条件等. $X_N \otimes Y_M$ 中所有的近似函数都具有如下形式

$$f(x,y) = \sum_{\substack{1 \leqslant i \leqslant N \\ 1 \leqslant j \leqslant M}} a_{ij} \phi_i(x) \psi_j(y)$$

§1 节提供的三种近似函数,都是在节点集 $\pi = \pi_x \cdot \pi_y$ 上满足纯插值约束条件的例子. 构成这类近似函数,例如双五次埃尔米特插值函数、双五次样条插值函数、三次乘五次样条插值函数等,都很容易. 应该指出,满足插值条件的点,并非必须属于 $R$ 上的 $\pi$ 节点集.

## §3 三角形网格上的逼近函数

以下讨论中,要求节点集 $\pi\{p_0, p_1, \cdots, p_n\}$ 能将域 $\Omega$ 作真三角形剖分. 非退化三角形集 $\tau = \{T_0, T_1, \cdots, T_{n-1}\}$,若满足下列条件

1. $\tau$ 中所有三角形的顶点均属于 $\pi$;

2. $\tau$ 中的任意两个三角形 $T_i$ 和 $T_j$ 之间,必属于下列三种情况之一:只有一个顶点重合;只有一条边重合;任何部分都不重合;

3. 所有三角形 $\tau_i$ 及其内部构成的并集为域 $\Omega$;

则称为 $\Omega$ 的真三角形剖分. 容易看出,给定的平面多边形有界域,其三角形剖分方案可以有很多种. 图 7.4 就

Lagrange 内插公式

说明了这一点.

 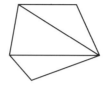 

图 7.4　域 $\Omega$ 的三种不同的三角形剖分

以下均假设 $\Omega$ 是一个多边形有界域，$\tau$ 是它的某种真三角形剖分. 本节将给出构成 $\Omega$ 上分段多项式的两种方法，并指出它们可以推广及需要推广的某些方面. 给出域 $\Omega$ 的三角形剖分是一个有意义的程序设计问题，它已经引起了工程师们的注意，并称之为"自动网格形成". 后面我们将研究两种自动网格形成的方案. 在此之前，将认为域 $\Omega$ 的三角形剖分已经完成，以此作为讨论的前提. 第一种方法是三点方案，一般称为"板法"；第二种方法是六点方案. 这两种方法都能在三角形剖分网格上，完成分段拉格朗日插值，而无须是矩形剖分网格. 方法 I 构成的是分段线性多项式，而方法 II 则构成分段二次多项式.

在以下的讨论中，$\tau$ 的网格尺寸 $h$ 都是指 $\tau$ 所包括的所有三角形的边长的最大值.

**板法**　板法的思路是用分片的平面来逼近函数 $f$，它在节点（即三角形之顶点）上满足函数 $f$ 的插值条件，而节点则由域 $\Omega$ 的某种真三角形剖分所形成. 例如，可以设 $\Omega$ 为图 7.5 所示的域，其三角形剖分为 $\tau$.

对 $\Omega$ 上的每一个三角形 $T_i$，都可以构造一个平面 $p_i(x,y)$

$$p_i(x,y) = a_i x + b_i y + c_i$$

## Lagrange's Interpolation Formula

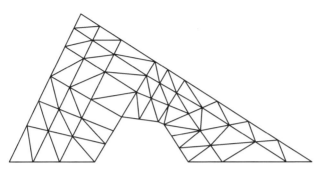

图 7.5　域 $\Omega$ 及其真三角形剖分 $\tau$

它满足 $f$ 在 $T_i$ 顶点上的插值条件. 则函数 $f$ 的分段线性插值函数 $s_N(x,y)$ 可定义如下

$$s_N(x,y) = p_i(x,y)$$

点 $(x,y)$ 处于三角形 $T_i$ 及其内部. $s_N(x,y)$ 即分片一次拉格朗日多项式, 图 7.6 为其图形. 计算 $s_N(x,y)$ 时要用到形状函数集 $\{\phi_0, \phi_1, \cdots, \phi_n\}$ 构成的典型基, 其中 $\phi_i (0 \leq i \leq n)$ 是分片线性多项式, 它满足插值条件

$$\phi_i(p_j) = \delta_{ij} \quad (0 \leq i, j \leq n)$$

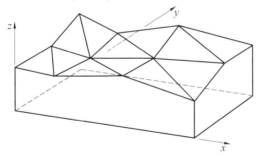

图 7.6　分片线性拉格朗日多项式之图形

图 7.7 是相应于 $\Omega$ 之内部节点 $p_i$ 的形状函数的典型图形.

Lagrange 内插公式

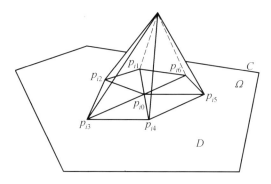

图 7.7 基函数 $\phi_i(x,y)$

由上可得

$$s_N(x,y) = \sum_{i=0}^{n} f(p_i)\phi_i(x,y)$$

且 $s_N$ 是唯一的，它的每一个平面都由三个不共线的点唯一地予以确定. 应该指出，在域 $\Omega$ 上，$s_N$ 是连续的，这是因为延着相邻三角形 $T_i$ 和 $T_j$ 的公共边，$p_i(x,y) = p_j(x,y)$ 之故. 不过 $s_N$ 不是一次可微的函数，因为在所有三角形的交界线上，法向导数要发生跳跃.

为了计算 $s_N$，需要求得 $\phi_i (0 \le i \le n)$. 设三角形 $T$ 的顶点为 $p_i = (x_i, y_i)(i = 0,1,2)$（图 7.8），则通过 $(x_0,y_0,1),(x_1,y_1,0)$ 和 $(x_2,y_2,0)$ 的平面方程为

$$\phi(x,y) = \left(1 - \frac{(y_0 - y_2)}{(y_1 - y_2)} - \frac{(x_0 - x_1)}{(x_2 - x_1)}\right)^{-1} \cdot$$
$$\left(1 - \frac{(y - y_2)}{(y_1 - y_2)} - \frac{(x - x_1)}{(x_2 - x_1)}\right)$$

所以

$$\phi_i(x,y) = \left(1 - \frac{(y_{0i} - y_{2i})}{(y_{1i} - y_{2i})} - \frac{(x_{0i} - x_{1i})}{(x_{2i} - x_{1i})}\right)^{-1} \cdot$$

$$\left(1 - \frac{(y - y_{2i})}{(y_{1i} - y_{2i})} - \frac{(x - x_{1i})}{(x_{2i} - x_{1i})}\right)$$

此式对三角形 $T_i$ 及其内部有效(图 7.9).

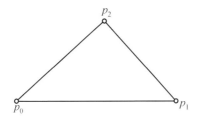

图 7.8

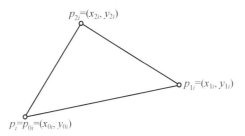

图 7.9

误差估计式 $(f - s_N)$ 也是易于得到的. 若 $f \in C^2[\Omega]$,则可以证明

$$\|f - s_N\| \leq \frac{3}{2} M_2 h^2$$

式中的 $M_2$ 与 $h$ 无关(下面即将推导),还有

$$\|f - s_N\| = \begin{cases} \beta_1 h & (f \in C^1[R]) \\ \beta_0 \omega(f, h) & (f \in C[R]) \end{cases}$$

式中的 $\beta_1, \beta_0$ 也是与 $h$ 无关的常数, $\omega(f, h)$ 为 $f$ 的连续性模. 方向导数的误差也可以估计. 若 $f \in C^2[\Omega]$, 对 $\tau$ 中的每个三角形 $T_i$, 下式成立

## Lagrange 内插公式

$$\| D_{\boldsymbol{\beta}} f(p) - D_{\boldsymbol{\beta}} s_N(p) \| \leq 2M_2 h$$

为了简洁起见,先研究顶点为 $p_0, p_1, p_2$ 的三角形 $T$(图 7.8). 因为 $T$ 上的 $s_N(x, y)$ 是满足函数 $f$ 在顶点 $p_i$ 上的插值条件的唯一平面函数,故

$$s_N(p_i) = f(p_i) \quad (i = 0, 1, 2)$$

对每一对有序整数 $i = (i_1, i_2)(0 \leq i_1, i_2 \leq 2)$,设 $|i| = i_1 + i_2$,$D^{|i|}f = \partial^{|i|}f/\partial x^{i_1} \partial y^{i_2}$,$M_k = \max_{|i|=k} \| D^{|i|}f \|$ ($k = 1, 2$),及 $M_0 = \|f\|$. 而对每一个单位向量 $\boldsymbol{\beta} = (\cos\theta, \sin\theta)$ 以及在 $T$ 上有定义的每一个函数 $g(x, y)$,若 $g \in C^1[R]$,则方向导数 $D_{\boldsymbol{\beta}} g(p)$ 为

$$D_{\boldsymbol{\beta}} g(p) = \lim_{t \to 0} \frac{g(p + t\boldsymbol{\beta}) - g(p)}{t} =$$

$$D_x g(p)\cos\theta + D_y g(p)\sin\theta = \text{grad } g(p) \cdot \boldsymbol{\beta}$$

**引理 7.1**  设 $f \in C^2[T]$,则

1. $\max_{p \in T} | f(p) - s_N(p) | \leq \dfrac{3}{2} M_2 h^2$;

2. $\max_{p \in T} | D_{\boldsymbol{\beta}} f(p) - D_{\boldsymbol{\beta}} s_N(p) | \leq 2M_2 h$.

其中 $\boldsymbol{\beta}$ 可为指向三角形内部的任一方向.

**证明**  设 $g(p) = f(p) - s_N(p)$. 因为 $f$ 和 $s_N$ 均属于 $C^2[T]$,故 $g \in C^2[T]$. 设 $p_0$ 是顶角 $\theta_0$ 为锐角的顶点,而 $p$ 是 $T$ 内部的一点,并设 $\boldsymbol{\beta} = p - \dfrac{p_0}{|p - p_0|}$,式中的 $|p - p_0| = \sqrt{(x - x_0)^2 + (y - y_0)^2}$,$p = (x, y)$ (图 7.10). 在点 $p_0$,按 $\boldsymbol{\beta}$ 方向将 $g$ 以泰勒级数展开. 即

$$g(p) = g(p_0) + D_{\boldsymbol{\beta}} g(p_0)(p - p_0) +$$

$$\frac{D_{\boldsymbol{\beta}}^2 g(\tilde{p})}{2}(p - p_0)^2$$

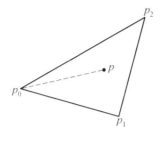 

图 7.10

式中的 $\tilde{p}$ 为线段 $\overline{p_0 p}$ 上不同于 $p_0$ 和 $p$ 的某一点. 因为在 $T$ 上 $s_N(x,y) = ax + by + c$, 式中的 $a, b, c$ 均为常数, 所以 $D_{\boldsymbol{\beta}}^2 g(\tilde{p}) = D_{\boldsymbol{\beta}}^2 f(\tilde{p})$. 又因为 $p \in T$, 所以

$$| p - p_0 | \leqslant h$$

因此

$$\frac{D_{\boldsymbol{\beta}}^2 g(\tilde{p})}{2} | p - p_0 |^2 = \frac{D_{\boldsymbol{\beta}}^2 f(\tilde{p})}{2} | p - p_0 |^2 \leqslant \frac{1}{2} M_2 h^2$$

(7.5)

设

$$\boldsymbol{\beta}_1 = \frac{p_1 - p_0}{| p_1 - p_0 |}, \boldsymbol{\beta}_2 = \frac{p_2 - p_0}{| p_2 - p_0 |}$$

因为 $T$ 是真三角形, 所以 $\boldsymbol{\beta}_1$ 和 $\boldsymbol{\beta}_2$ 是线性无关的向量, 因而存在常数 $b_1$ 和 $b_2$, $0 \leqslant | b_1 |, | b_2 | \leqslant 1$, 使得

$$\boldsymbol{\beta} = b_1 \boldsymbol{\beta}_1 + b_2 \boldsymbol{\beta}_2$$

因此

$D_{\boldsymbol{\beta}} g(p_0) = \operatorname{grad} g(p_0) \cdot \boldsymbol{\beta} =$
$\quad b_1 \operatorname{grad} g(p_0) \cdot \boldsymbol{\beta}_1 + b_2 \operatorname{grad} g(p_0) \cdot \boldsymbol{\beta}_2 =$
$\quad b_1 D_{\boldsymbol{\beta}_1} g(p_0) + b_2 D_{\boldsymbol{\beta}_2} g(p_0)$

因为沿着线段 $\overline{p_0 p_1}$ 和 $\overline{p_0 p_2}$, $s_N(p)$ 是直线方程(一次拉格朗日多项式), 它们分别满足函数 $f$ 在 $p_0, p_1$ 和 $p_0, p_2$

**Lagrange 内插公式**

点的插值条件. 根据拉格朗日插值多项式的误差估计式, 对 $\overline{p_0p_1}$ 上的任意点 $\bar{p}$, 下式成立

$$|D_{\boldsymbol{\beta}_1}f(\bar{p}) - D_{\boldsymbol{\beta}_1}s_N(\bar{p})| \leq \frac{\|D_{\boldsymbol{\beta}_1}^2 f\|}{2}h \leq \frac{M_2 h}{2}$$

而对 $\overline{p_0p_2}$ 上之任意点 $\bar{\bar{p}}$, 有

$$|D_{\boldsymbol{\beta}_2}f(\bar{\bar{p}}) - D_{\boldsymbol{\beta}_2}s_N(\bar{\bar{p}})| \leq \frac{\|D_{\boldsymbol{\beta}_2}^2 f\|}{2}h \leq \frac{M_2 h}{2}$$

点 $p_0$ 同时处于 $\overline{p_0p_1}$ 和 $\overline{p_0p_2}$ 上. 因此

$$|D_{\boldsymbol{\beta}}f(p_0) - D_{\boldsymbol{\beta}}s_N(p_0)| =$$
$$|D_{\boldsymbol{\beta}}q(p_0)| =$$
$$|b_1 D_{\boldsymbol{\beta}_1}g(p_0) + b_2 D_{\boldsymbol{\beta}_2}g(p_0)| \leq$$
$$|b_1||D_{\boldsymbol{\beta}_1}g(p_0)| + |b_2||D_{\boldsymbol{\beta}_2}g(p_0)| \leq$$
$$\frac{M_2 h}{2} + \frac{M_2 h}{2} \leq$$
$$M_2 h$$

所以

$$|D_{\boldsymbol{\beta}}g(p_0)||p - p_0| \leq M_2 h^2 \qquad (7.6)$$

因为 $s_N(p_0) = f(p_0)$, 故从式 (7.5), (7.6) 可得, 对 $T$ 内一切点 $p$, 均有

$$|f(p) - s_N(p)| \leq \frac{3}{2}M_2 h^2$$

若点 $p$ 在三角形的边上, 则可直接利用拉格朗日插值多项式的误差估计式. 二式可同法加以证明.

因为上述引理可用于 $\tau$ 中的任意三角形 $T_i$, 所以若 $f \in C^2[\Omega]$, 则

$$\|f - s_N\| \leq \frac{3}{2}M_2 h^2$$

因为 $D_{\boldsymbol{\beta}}f(p) - D_{\boldsymbol{\beta}}s_N(p)$ 对处在 $\tau$ 中所有三角形边界上

的点和顶点可能不存在,而在所有的内部点 $p$ 上均存在. 因此对所有的单位向量 $\boldsymbol{\beta}$,有
$$\operatorname{ess\,sup} | D_{\boldsymbol{\beta}} f(p) - D_{\boldsymbol{\beta}} s_N(p) | \leqslant 2 M_2 h$$
此处
$$\operatorname*{ess\,sup}_{p \in Q} | D_{\boldsymbol{\beta}} f(p) - D_{\boldsymbol{\beta}} s_N(p) | = \sup_{\substack{p \in T_i^0 \\ T_i \in \tau}} | D_{\boldsymbol{\beta}} f(p) - D_{\boldsymbol{\beta}} s_N(p) |$$
$T_i^0$ 表示 $T_i$ 的内部.

**三角形网格上的六点方案** 板法在三角形网格上构成的是分片线性拉格朗日插值多项式. 以下讨论在三角形网格上,构成分片二次拉格朗日多项式的问题. 设 $\tau = \{T_0, T_1, \cdots, T_{n-1}\}$ 是域 $\Omega$ 的三角形剖分. 在三角形 $T_i (0 \leqslant i \leqslant n-1)$ 的各边上求出中点. 因此每个 $T_i$ 都有六个网格点:三个顶点 $p_{i0}, p_{i2}, p_{i4}$ 和三个边的中点 $p_{i1}, p_{i3}, p_{i5}$ (图 7.11).

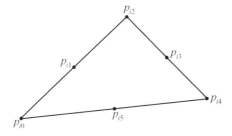

图 7.11 三角形 $T_i$ 及其网格点 $p_{ij} (0 \leqslant j \leqslant 5)$

在每个 $T_i$ 上,计算一个二次曲面
$$P_i(x, y) = a_i x^2 + b_i xy + c_i y^2 + d_i x + e_i y + f_i$$
使其在点 $p_{ij} (0 \leqslant j \leqslant 5)$ 上,满足函数 $f$ 的插值条件,即
$$P_i(p_{ij}) = f(p_{ij}) \quad (0 \leqslant j \leqslant 5)$$
在三角形 $T_i$ 及其内部的点 $(x, y)$ 上,令

**Lagrange 内插公式**

$$s_N(x,y) = P_i(x,y)$$

则 $s_N(x,y)$ 构成了函数 $f$ 在 $\tau$ 上的分片二次插值多项式,$s_N(x,y)$ 的图形是分片抛物面(图 7.12). 以下通过计算 $s_N(x,y)$(即给出计算方法)来证明其存在性与唯一性.

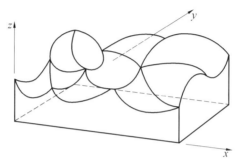

图 7.12　分片二次曲面

分片二次插值多项式是工程界很偏爱的一种方法(见坚凯维奇(Zienkewicz),德赛(Desai)和阿贝尔(Abel)的书). 它的计算也通过典型基函数(即形状函数)来进行,这些典型基函数 $\phi_i(x,y)$,应满足下列插值条件

$$\phi_i(p_j) = \delta_{ij} \quad (0 \leqslant i,j \leqslant N)$$

此处 $\{p_0,p_1,\cdots,p_N\}$ 是 $\tau$ 中所有节点构成的集. 图 7.13 是 $T_i$ 上典型形状函数的图形. 由上可得

$$s_N(x,y) = \sum_{i=0}^{N} f(x_i,y_i)\phi_i(x,y) \quad (7.7)$$

$\phi_i$ 很容易计算,只要通过两个平面的乘积即可得到. 例如,若三角形 $T_0$ 的顶点和边中点为 $p_0,p_1,\cdots,p_5$(图 7.14),而 $Q_0$ 是满足插值条件为点 $p_0,p_5,p_1$ 分别取 $1$,$0,0$ 的唯一平面;$\tilde{Q}_0$ 是满足插值条件为点 $p_0,p_4,p_2$ 分

## Lagrange's Interpolation Formula

别取 $1,0,0$ 的唯一平面,则很显然,在三角形 $T_0$ 上

$$\phi_0(x,y) = Q_0(x,y) \cdot \widetilde{Q}_0(x,y)$$

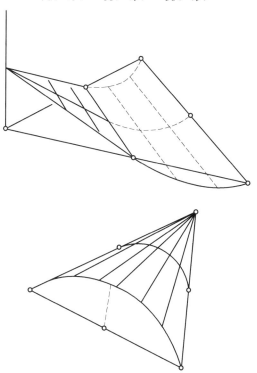

图 7.13 分段二次拉格朗日多项式的基函数

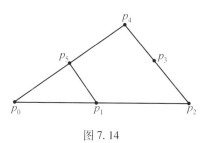

图 7.14

## Lagrange 内插公式

在顶点包含 $p_0$ 的其他三角形上, $\phi_0(x,y)$ 可由类似的平面乘积得到. 而对顶点不包含 $p_0$ 的所有三角形, $\phi_0$ 均取零值. 将 $T_0$ 按图 7.15 所示分割. 设 $Q_1$ 是满足插值条件为点 $p_1, p_0, p_4$ 分别取 $1,0,0$ 的唯一平面, 而 $\widetilde{Q}_1$ 是满足插值条件为点 $p_1, p_2, p_4$ 分别取 $1,0,0$ 的唯一平面, 则在三角形 $T_0$ 上

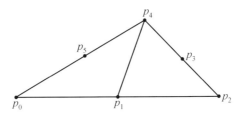

图 7.15

$$\phi_1(x,y) = Q_1(x,y) \cdot \widetilde{Q}_1(x,y)$$

在和 $T_0$ 有公共边 $\overline{p_0 p_1 p_2}$ 的另一个三角形 $\widetilde{T}_0$ 上, $\phi_1(x,y)$ 可由另外两个平面的乘积得到. 在 $T_0$ 和 $\widetilde{T}_0$ 外, $\phi_1$ 全等于 $0$. $\phi_0, \phi_1$ 的这些性质保证了给定函数 $f$ 的分片二次插值多项式 $s_N$ 是存在的, 而插值点是 $\tau$ 中所有三角形的顶点和边的中点. 应该指出, 边界内部点并非必须选边的中点, 在各边上任选一点也是可以的. 公式 (7.6) 和 (7.7) 提供了 $s_N(x,y)$ 的一种算法. 而为了说明其唯一性, 需要证明如下定理. 设 $p_0, p_2, p_4$ 是任一非退化三角形 $T$ 的顶点, $f(x,y)$ 为 $T$ 上有定义的函数. 在 $T$ 的三条边上, 各选取和顶点不同的一个点, 并分别编号为 $p_1, p_3, p_5$(图 7.16), 则

**定理 7.2** 满足插值条件 $q(p_i) = f(p_i) (0 \leqslant i \leqslant 5), p_i = (x_i, y_i)$ 的二次多项式

$$q(x,y) = ax^2 + bxy + cy^2 + dx + ey + f$$

是唯一的.

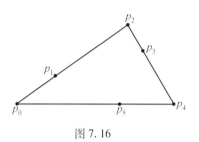

图 7.16

**证明** 对单个三角形,利用式(7.6),(7.7) 可证明二次多项式的存在. 为了证明唯一性, 设 $R = [a,b] \times [c,d]$ 是三角形 $T$ 内的任意一矩形. 集 $\mathscr{A} = \{1, x, x^2\}$ 在 $[a,b]$ 上是线性无关的,则 $\mathscr{B} = \{1, y, y^2\}$ 在 $[c,d]$ 上线性无关. 设 $A = \text{span}\,\mathscr{A}, B = \text{span}\,\mathscr{B}$,则张量乘积 $A \otimes B$ 维数为 9,它由 $\{1, x, y, x^2, xy, y^2, x^2y, xy^2, x^2y^2\}$ 所构成. 子集 $\{1, x, y, x^2, xy, y^2\}$ 在 $R$ 上是线性无关的,因此在比 $R$ 大的三角形 $T$ 及其内部构成的点集上,它也是线性无关的. 设 $W = \text{span}\{1, x, y, x^2, xy, y^2\}, Z = \text{span}\{\phi_0, \phi_1, \cdots, \phi_5\}$,式中的 $\phi_i$ 是与三角形 $T$ 有关的形状函数. 因为 $W$ 由 $\{1, x, y, x^2, xy, y^2\}$ 所构成,而 $Z$ 所对应的矩阵 $(\phi_i(p_j))(0 \leqslant i \leqslant 5, 0 \leqslant j \leqslant 5)$ 是单位矩阵,所以 $W$ 和 $Z$ 都是六维空间. 但是每一个 $\phi_i$,作为两个平面的乘积,都属于 $W$,因此 $Z \subset W$. 又因为 $W$ 和 $Z$ 的维数相等,所以 $W = Z$. 故 $W$ 空间中,满足条件 $q(p_i) = f(p_i)$ 的 $q(x, y)$ 是唯一的. 由此定理得证.

应该指出, $s_N(x, y)$ 在整个域 $\Omega$ 上连续,因为在三角形的公共边上, $s_N(x, y)$ 退化为唯一的抛物线之故. 一般来讲, $s_N$ 不具有一阶导数连续的性质,因为在通过公共边时, $s_N$ 的法向导数通常要产生跳跃性的不连续

Lagrange 内插公式

现象.

以下估计误差 $\|f - s_N\|$. 这需要先证明一个引理. 设 $T$ 为一非退化的三角形,其顶点为 $p_0, p_1, p_2$,顶角为 $\theta_0, \theta_1, \theta_2$(图 7.17). 假定 $\theta_0$ 是 $T$ 的最小顶角

$$\boldsymbol{\beta}_1 = \frac{p_1 - p_0}{|p_1 - p_0|}, \boldsymbol{\beta}_2 = \frac{p_2 - p_0}{|p_2 - p_0|}, \boldsymbol{\beta}_3 = \frac{p_1 - p_2}{|p_1 - p_2|}$$

为沿着 $T$ 的三个边方向的单位向量. 对 $T$ 内的任意一点 $p$,设

$$\boldsymbol{\beta} = \frac{p - p_0}{|p - p_0|}$$

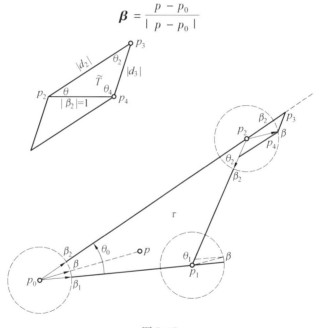

图 7.17

**引理 7.2** 存在着绝对值小于 $1/\sin \theta_0$ 的六个常数 $b_1, b_2, c_1, c_3, d_3, d_2$ 使得

$$\boldsymbol{\beta} = b_1 \boldsymbol{\beta}_1 + b_2 \boldsymbol{\beta}_2 = c_1 \boldsymbol{\beta}_1 + c_3 \boldsymbol{\beta}_3 = d_3 \boldsymbol{\beta}_3 + d_2 \boldsymbol{\beta}_2$$

**证明** 因为 $\boldsymbol{\beta}_i(i=1,2,3)$ 中的任意一对向量都是线性无关的,所以这六个常数必存在. 因为 $\theta_0$ 是锐角,而 $\boldsymbol{\beta}$ 是指向三角形内部的单位向量,故 $|b_1|$,$|b_2|\leqslant 1$. 研究 $T$ 的另外的顶点,例如 $p_2$. 按图 7.17 所示,以 $p_2$ 为圆心作单位圆,并以 $p_2,p_3,p_4$ 作顶点,构成三角形 $\tilde{T}$,这里 $p_4-p_2=\boldsymbol{\beta}$,$p_3-p_4=d_3\boldsymbol{\beta}_3$,$p_3-p_2=d_2\boldsymbol{\beta}_2$. 设 $\theta_3,\theta_4$ 和 $\theta$ 为 $\tilde{T}$ 之顶角. 显然,$\theta_3=\theta_2,0<\theta_1<\theta_4,0<\theta_0<\theta_2$. 因为 $|\boldsymbol{\beta}|=1$,以及

$$\frac{|d_3|}{\sin\theta}=\frac{1}{\sin\theta_2}=\frac{|d_2|}{\sin\theta_4}$$

故 $|d_3|=\sin\theta/\sin\theta_2<1/\sin\theta_0$,$|d_2|=\sin\theta_4/\sin\theta_2<1/\sin\theta_0$. 顶点为 $p_1$ 时,证明过程类似.

**定理 7.3(误差估计式)** 设 $f\in C^3[\Omega]$,$s_N$ 是函数 $f$ 在三角形剖分网格 $\tau$ 上的分片二次拉格朗日插值多项式,$\theta_0$ 为 $\tau$ 中所有三角形顶角之最小值,则

(a) $\|f-s_N\|\leqslant\dfrac{\dfrac{5}{2}M_3}{\sin\theta_0}h^3$;

(b) ess sup $|D_{\boldsymbol{\beta}}f(p)-D_{\boldsymbol{\beta}}s_N(p)|\leqslant\dfrac{\dfrac{5}{2}M_3}{\sin\theta_0}h^2$;

(c) ess sup $|D_{\boldsymbol{\beta}}^2 f(p)-D_{\boldsymbol{\beta}}^2 s_N(p)|\leqslant\dfrac{9M_3}{\sin^2\theta_0}h$

其中 $\boldsymbol{\beta}$ 为任意单位向量

$$M_3=\max_{|i|=3}\{\|D^{|i|}f\|\},i=(i_1,i_2),0\leqslant i_1,i_2\leqslant 3$$

**证明** 证明过程比板法稍复杂一些. 设 $T$ 为 $\tau$ 中任意一三角形. 在 $T$ 内,$f$ 和 $s_N$ 在任何方向上都是三阶导数连续的. 在 $T$ 的内部选取一点 $p$(图 7.18),并设 $g(p)=f(p)-s_N(p)$. 令

**Lagrange 内插公式**

$$\boldsymbol{\beta}_5 = \frac{p_5 - p_0}{|p_5 - p_0|}, \boldsymbol{\beta}_1 = \frac{p_1 - p_0}{|p_1 - p_0|}, \boldsymbol{\beta}_3 = \frac{p_3 - p_2}{|p_3 - p_2|}$$

为平行于三角形 $T$ 的三边之单位向量,而

$$\boldsymbol{\beta} = \frac{p - p_0}{|p - p_0|}$$

因为 $T$ 是非退化的三角形,根据引理,可以找到六个常数 $b_1, b_5, c_1, c_3, d_3, d_5$,其绝对值均小于 $1/\sin\theta_0$,且使得下式成立

$$\boldsymbol{\beta} = b_1\boldsymbol{\beta}_1 + b_5\boldsymbol{\beta}_5 = c_1\boldsymbol{\beta}_1 + c_3\boldsymbol{\beta}_3 = d_3\boldsymbol{\beta}_3 + d_5\boldsymbol{\beta}_5$$

由于沿着三角形 $T$ 的每一边,$s_N$ 都退化为一维的二次拉格朗日插值多项式. 可知 $|D_{\boldsymbol{\beta}_1}g(p_0)|$,$|D_{\boldsymbol{\beta}_5}g(p_0)|$,$|D_{\boldsymbol{\beta}_1}g(p_2)|$,$|D_{\boldsymbol{\beta}_3}g(p_2)|$,$|D_{\boldsymbol{\beta}_3}g(p_4)|$,$|D_{\boldsymbol{\beta}_5}g(p_4)|$ 都小于或等于 $\frac{1}{2}M_3h^2$. 故

$$|D_{\boldsymbol{\beta}}g(p_0)| = |b_1 D_{\boldsymbol{\beta}_1}g(p_0) + b_5 D_{\boldsymbol{\beta}_5}g(p_0)| \leq \frac{M_3}{\sin\theta_0}h^2$$

$$|D_{\boldsymbol{\beta}}g(p_2)| = |c_1 D_{\boldsymbol{\beta}_1}g(p_2) + c_3 D_{\boldsymbol{\beta}_3}g(p_2)| \leq \frac{M_3}{\sin\theta_0}h^2$$

$$|D_{\boldsymbol{\beta}}g(p_4)| = |d_3 D_{\boldsymbol{\beta}_3}g(p_4) + d_5 D_{\boldsymbol{\beta}_5}g(p_4)| \leq \frac{M_3}{\sin\theta_0}h^2$$

因为 $s_N(p) = s_N(x,y) = ax^2 + bxy + cy^2 + dx + ey + f$,所以在 $T$ 上,$D_{\boldsymbol{\beta}}s_N(p)$ 具有平面表达式 $Ax + By + C$ 的形式,而在顶点 $p_0, p_2, p_4$ 上

$$|D_{\boldsymbol{\beta}}g(p_i)| = |D_{\boldsymbol{\beta}}f(p_i) - D_{\boldsymbol{\beta}}s_N(p_i)| \leq$$
$$\frac{M_3}{\sin\theta_0}h^2 \quad (i = 0, 2, 4)$$

设 $\tilde{s}(p)$ 是满足点 $p_0, p_2, p_4$ 上 $D_{\boldsymbol{\beta}}f(p)$ 的插值条件的唯一平面表达式,则根据板法中得到的结果,对 $T$ 上的所有点 $p$,都有

$$|D_{\boldsymbol{\beta}}f(p) - \tilde{s}(p)| \leq \frac{3}{2}M_3 h^2 \qquad (7.8)$$

因为

$$|\tilde{s}(p_i) - D_{\boldsymbol{\beta}}s_N(p_i)| = |D_{\boldsymbol{\beta}}f(p_i) - D_{\boldsymbol{\beta}}s_N(p_i)| =$$
$$|D_{\boldsymbol{\beta}}g(p_i)| \leq \frac{M_3}{\sin\theta_0}h^2$$
$$(i = 0,2,4)$$

则根据平面的几何特性,对 $T$ 内的所有点 $p$ 及所有的方向 $\boldsymbol{\beta}$,均有

$$|\tilde{s}(p) - D_{\boldsymbol{\beta}}s_N(p)| \leq \frac{M_3}{\sin\theta_0}h^2 \qquad (7.9)$$

这是因为 $\tilde{s}(p)$ 和 $D_{\boldsymbol{\beta}}s_N(p)$ 均为平面,故三角点之差决定了最大差值. 把式(7.8),(7.9)结合起来,利用三角不等式可得

$$|D_{\boldsymbol{\beta}}f(p) - D_{\boldsymbol{\beta}}s_N(p)| \leq \frac{\frac{5}{2}M_3}{\sin\theta_0}h^2 \qquad (7.10)$$

定理的(b)得证.

在点 $p_0$,按 $\boldsymbol{\beta}$ 方向,将 $g(p) = f(p) - s_N(p)$ 以泰勒级数展开. 因为 $g(p_0) = 0$,故

$$g(p) = g(p_0) + D_{\boldsymbol{\beta}}g(\tilde{p})|p - p_0| =$$
$$D_{\boldsymbol{\beta}}g(\tilde{p})|p - p_0|$$

式中的 $\tilde{p}$ 是线段 $\overline{p_0 p}$ 上的某一点. 利用式(7.10)

$$|g(p)| = |f(p) - s_N(p)| \leq |D_{\boldsymbol{\beta}}g(\tilde{p})||p - p_0| \leq$$
$$|D_{\boldsymbol{\beta}}g(\tilde{p})|h \leq \frac{\frac{5}{2}M_3}{\sin\theta_0}h^3$$

定理的(c)留给读者证明.

利用杰克逊定理,结果可以推广到 $f \in C^k[\Omega]$

**Lagrange 内插公式**

($0 \leq k < 3$)的情况.

在三角形剖分网格上,构成分片多项式逼近函数的方案还很多. 分片高次拉格朗日多项式,如分片三次、四次、五次都属此列. 要构成分片三次多项式逼近函数,就需要在所有三角形的边上,都有四个节点(包括顶点),而且每个三角形还需引入一个内部节点;至于分片四次多项式,则需要在所有三角形的边上,都有五个节点(包括顶点),内部节点数也要增至三个. 这些情况中,为要在 $\tau$ 的所有三角形上构成指定次数的分片拉格朗日多项式,需要解下列插值方程

$$s(p_i) = f(p_i) \quad (1 \leq i \leq N)$$

式中的 $f(p)$ 为 $\Omega$ 上有定义的给定函数,而 $\{p_i, 1 \leq i \leq N\}$ 是 $\tau$ 中三角形的顶点、内部节点、边中节点构成的点集. 为了证明这种插值函数是存在且唯一的,只需构成典型基函数集 $\mathscr{B} = \{\phi_i(p) : 1 \leq i \leq N\}$ 即可,其中的 $\phi_i(p)$ 满足下列条件

$$\phi_i(p_j) = \delta_{ij} \quad (1 \leq i, j \leq N)$$

于是

$$s(p) = \sum_{i=1}^{N} f(p_i)\phi_i(p)$$

就是 $f$ 的插值函数,它是唯一的,且属于 $\mathscr{B}$ 所构成的空间. 基函数 $\phi_i(p)$ 是易于构成的,它可以通过低次的基函数的乘积来得到. 例如,分片三次拉格朗日多项式的基函数集 $L_3(\tau)$,就可依次对每个三角形,取平面 $P = ax + by + c$ 和二次曲面 $Q = Ax^2 + Bxy + Cy^2 + Dx + Ey + F$ 的乘积来构成. 这里的 $P$ 和 $Q$ 本身就是较低次的典型基函数.

应该指出,$L_3(\tau)$ 并不是 $\tau$ 上唯一的分片三次多项

式空间.还存在着其他的分片三次多项式空间.例如：

（a）在每个三角形的各顶点上规定插值多项式及其一阶导数的值,在每个三角形重心处规定函数值,以此来确定分片三次多项式.

（b）在三角形顶点规定插值多项式的值,在各边中节点规定函数及其法向导数值,在重心处规定函数值,以此确定分片三次多项式.以上两种情况的误差估计式都可以得到,其途径或是 $L_1(\tau)$ 和 $L_2(\tau)$ 所用方法的推广,或是其他办法(见斯特朗(Strang)和菲克斯(Fix)(1973), 茨拉玛(Zlamal)(1968,1969)的文章).分片三次多项式的工作量就够大的了,而随着次数的增加,工作量将变得令人吃惊.尽管如此,三角形网格上的逼近问题的现况,远非是令人满意的.事实上,至今还未找到简便方法,使得构成属于 $C^1[\Omega]$, $C^2[\Omega]$ 的三角形网格和非规则网格上分段逼近函数很方便.在现有的算法中,若要求插值函数的光滑度越高,基函数集的规模就越大(即每个三角形的待定系数变得更多). 这些算法的例子可从齐尼西克(Zenicek)(1970),曼斯菲尔德(Mansfield),伯克霍夫(Birkhoff)与曼斯菲尔德(1974),C. A. 霍尔(C. A. Hall)(1969),休姆(Hulme)(1968)的文章中找到.有关这方面的工程文献也很多.非多项式逼近也可产生良态矩阵,这方面的工作才开始(关于某些有理逼近函数,可见伯克霍夫与曼斯菲尔德(1974)).

应该指出,在三角形网格和曲线网格上,实行二维及高维插值的发明者是工程师们,数学家只是后来才参与进来的(见坚凯维奇(1967,1971), 乌贝克(de Veubeke)(1968), 厄加托蒂斯(Ergatoudis)(1968)的

**Lagrange 内插公式**

著作).只是在最近,数学家们才对这些问题感到真正的兴趣.事实上,有些数学家已经得到了丰硕的成果,使得工程师发明的方法有了牢固的数学基础(按数学家的思路,而不是按工程师的,见茨拉玛(1968,1969,1970)).因此数学的这个领域变得繁荣起来了.但是尽管已经做了一些工作,需要做的则更多,前面列举的一些问题只是一些例子而已,决非就是全部.

## §4 自动网格形成与等参数变换

至此已经有了几种方法(有限元素法),使得我们能在 $x$-$y$ 平面之多边形有界域 $\Omega$ 上,当三角形网格为已知时,进行函数逼近.为了利用这些方法对偏微分方程近似求解或进行函数的直接逼近,就必须能用一种系统的方法,实现给定域的真三角形剖分.如果不借助于计算机,工作量是很大的,特别当三角形剖分所形成的三角形数量很大时,问题就更为严重(在大型计算工作中,域 $\Omega$ 分成几百个三角形是平常的事,不这样倒是例外).对域 $\Omega$ 进行计算机辅助三角形剖分,或其他几何图形的剖分,称为自动网格形成.

**问题 1**(自动网格形成)  设 $\Omega$ 是实平面上有界连通的封闭多边形,为了对 $\Omega$ 实行真三角形剖分,计算机程序应如何设计?

图 7.18,7.19 是三角形剖分的实例,而图 7.20 为非多边形有界域的三角形剖分.

需要解答的第二个问题是:在非多边形有界域上,如何进行有限元素逼近(分片多项式)? 具体讲,也就是曲线边界如何处理?我们仍然倾向于将域$\Omega$或其近似域$\Omega_N$实行真三角形剖分(如图7.18,7.19,7.20所示).这个问题已经部分地得到了解决(坚凯维奇和菲利普(Phillips)(1971),B.M.艾恩斯(Irons)(1970),厄加托蒂斯、艾恩斯和坚凯维奇(1968)),他们用的方法,文献中称为等参数变换.如果域$\Omega$的边界由多项式曲线段或样条曲线段组成,就可以用带参数的、同样次数的对应函数,把正方形映射到$\Omega$上,使得边界精确地或近似地互相对应,因而变换是一一对应的.于是第二个问题是

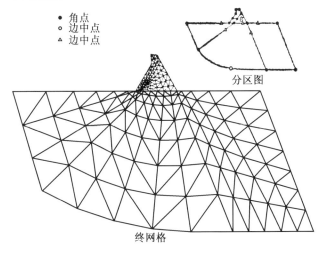

图7.18 多边形有界域的自动网格形成

**问题 2**(等参数变换) 对于给定的,具有曲线边界的域$\Omega$,为了对它或它的近似域实行自动的"三角形剖分",计算机程序应如何编制?在形成的"三角形"上,跟板法与分段二次拉格朗日插值相对应的方法是什么?

## Lagrange 内插公式

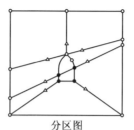

**分区图**

**终网格**

图 7.19　多边形有界域的自动网格形成

为了有说服力起见,下面用一简例,说明解决这些问题的过程.

**例**　设 $I=[-1,1]$, $\mathscr{L}=[-1,1]\times[-1,1]$ 是图 7.21 所示的正方形. 而 $\Omega$ 为图 7.21 中的"四边形",其两条边界是抛物线,另两条是直线. 我们需要找到一种一一对应的映射 $T$,使得 $\mathscr{L}$ 映射成 $\Omega$,且边界也映射

## Lagrange's Interpolation Formula

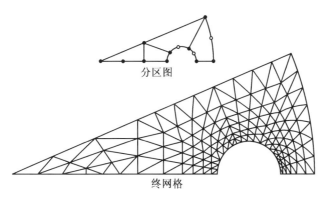

图 7.20 非多边形有界域的自动网格形成

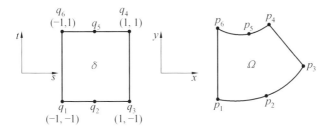

图 7.21

成边界. 为此目的, 设 $p_1, p_2, \cdots, p_6, p_i = (x_i, y_i)$ 是 $\Omega$ 的角顶点和边中点, $q_1, q_2, \cdots, q_6, q_i = (s_i, t_i)$ 是 $p_i$ 在 $\mathscr{L}$ 上的对应点. 在 $\mathscr{L}$ 上, 以参量方程的形式, 定义映射 $T$, 使得 $\mathscr{L}$ 映射成 $\Omega$. 即设

$$\binom{x}{y} = T(s,t) = \begin{pmatrix} \sum_{i=1}^{6} x_i L_i(s,t) \\ \sum_{i=1}^{6} y_i L_i(s,t) \end{pmatrix} \qquad (7.11)$$

式中的 $L_i$ 是 $s$ 为二次, $t$ 为一次的二次多项式, 它满足的插值条件是

## Lagrange 内插公式

$$L_i(q_j) = \delta_{ij} \quad (1 \leqslant i,j \leqslant 6) \qquad (7.12)$$

且是唯一的. 很明显, $T(s_i,t_i) = T(q_i) = p_i$. 为了得到 $L_i$, 令

$$s_1 = -1, s_2 = 0, s_3 = 1$$
$$t_1 = -1, t_6 = 1$$

设 $l_i(s)$ 是单变量二次拉格朗日多项式的基函数,其满足的插值条件是

$$l_i(s_\mu) = \delta_{i\mu} \quad (1 \leqslant i,\mu \leqslant 3)$$

$l_j(t)$ 是单变量的线性拉格朗日多项式的基函数,其满足的插值条件是

$$l_j(t_k) = \delta_{jk} \quad (j,k = 1,6)$$

则六个函数 $\{l_i(s)l_j(t) : 1 \leqslant i \leqslant 3, j = 1,6\}$ 构成了集 $\{L_1(q), L_2(q), \cdots, L_6(q)\}$,其中 $L_i(q)(1 \leqslant i \leqslant 6)$ 是 $q = (s,t)$ 的二次多项式,它们相互线性无关,且满足插值条件(7.12). 以下需要证明

1. $T$ 将 $\mathscr{L}$ 映射成 $\Omega$,且一一对应.

2. 映射 $T$ 使 $\mathscr{L}$ 的边界映射成 $\Omega$ 的边界.

**定理 7.4** 映射 $T$ 将边界映射成边界.

**证明** 研究 $\Omega$ 的任一边界线,例如取 $\widehat{p_1p_2p_3}$. 它是一条抛物线,因此其表达式是 $y = Ax^2 + Bx + C$. 其参数表达式为

$$\begin{cases} x = s = \phi_1(s) \\ y = As^2 + Bs + C = \phi_2(s) \end{cases}$$

但是, $T(s,-1) = (T_1(s,-1), T_2(s,-1))^T$ 是一条二次抛物线,它和有序偶 $(\phi_1(s), \phi_2(s))^T$ 在 $s = -1, 0, 1$ 三点相重合. 因为三个点唯一地确定一条抛物线,所以 $\phi_1(s) = T_1(s,-1), \phi_2(s) = T_2(s,-1)$,故 $\{T_2(s,-1):$

$-1 \leqslant s \leqslant 1\}$ 就是 $\widehat{p_1p_2p_3}$. 其他边界的证明过程类似.

**定理 7.5** 映射 $T$ 是一一对应的.

为了证明这点, 取 $s$ 为固定值, 且 $-1 \leqslant s \leqslant 1$. 因为当 $s$ 固定时, 线段 $l_s = \{(s,t): -1 \leqslant t \leqslant 1\}$ 在 $\mathscr{L}$ 中平行于 $t$ 轴, 而映射后, 成为 $\Omega$ 中的 $\lambda_s$ 线段, 且一一对应. 若 $s \neq \bar{s}$, 则 $\lambda_s$ 和 $\lambda_{\bar{s}}$ 并不相交, 故 $\Omega$ 中的任意一点, 都仅仅处在某一条 $\lambda_s$ 上. 因而定理得证. 图 7.22 说明了 $l_s$ 和 $\lambda_s$ 的对应关系. 由此可见, 映射 $T$ 为域 $\Omega$ 构成了一个坐标系, 其坐标线为 $x$ - $y$ 平面上相应于 $s$ = 常数, $t$ = 常数的曲线.

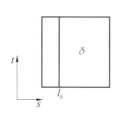
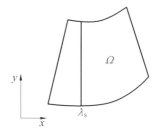

图 7.22

虽然, 上例中的映射 $T$, 证明它具有一一对应的性质很容易, 但对于一般形式的参数变换 $T$, 要证明它具有一一对应性质和边界映射成边界的性质就复杂得多. 应该指出, 并非所有的参数坐标变换都是一一对应的. 一一对应的参数变换称为等参数变换. 例如, 从 $s$ - $t$ 平面的正方形 $\mathscr{L}$ 映射成 $x$ - $y$ 平面的域 $\widetilde{Q}$, 以及多维空间的类似变换就是等参数变换的例子. 从应用的观点看, 感兴趣的是能使 $\widetilde{\Omega}$ 良好地近似于 $\Omega$ 的等参数变换. 我们采用映射 $T$ 就具有这种性质, 因此可以用来对域 $\Omega$ 或 $\Omega$ 的近似域实行自动网格形成. 以下就是利用

Lagrange 内插公式

映射 $T$ 实行自动网格形成的二种算法.

**自动网格形成算法 Ⅰ:曲边三角形元素**

**步骤1** 设 $-1=s_0<s_1<\cdots<s_n=1$ 和 $-1=t_0<t_1<\cdots<t_m=1$ 分别是方向 $s$ 和 $t$ 上,$[-1,1]$ 的划分点集.

**步骤2** 设 $\{T(s_i,t):-1\leqslant t\leqslant 1\}$ 和 $\{T(s,t_j):-1\leqslant s\leqslant 1\}(0\leqslant i\leqslant n,0\leqslant j\leqslant m)$ 是 $\Omega$ 中的两组坐标曲线集(图7.23).

**步骤3** 步骤2将 $\Omega$ 划分成 $mn$ 个曲边四边形 $R_{ij}$. 对每个 $R_{ij}$ 作较短的对角线. 得到的结果为域 $\Omega$ 的三角形剖分(图7.24),不过三角形的边界可能是曲线.

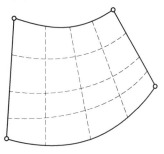

图 7.23

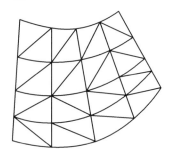

图 7.24

## Lagrange's Interpolation Formula

对给定的函数 $f(x,y)$,采用方案 I 形成的三角形剖分网格来计算逼近函数,需要求得曲边三角形上对应于分片线性、分片二次拉格朗日多项式等的形状函数 $\phi_i(x,y)$. 如果 $\Omega$ 的所有边界都是直线,那么 $\phi_i$ 就是上节讨论过的形状函数. 但当某些边界是曲线时,就需要一组在曲边上保持光滑性的形状函数. 这就需要求出 $T^{-1}$ 的具体公式. 事实上, 曲边三角形的形状函数 $\phi_i$ 具有以下形式

$$\phi_i(x,y) = \psi_i(T^{-1}(x,y))$$

式中的 $\psi_i$ 是 $s-t$ 平面的 $\mathscr{L}$ 域中对应三角形(图7.25)的形状函数.

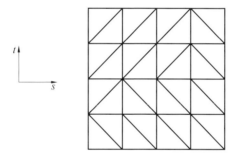

图 7.25  $\mathscr{L}$ 中对应的三角形剖分

这种方法的困难在于通常得不到 $T^{-1}$ 的显式表达式. 为了解决这个问题,可采取把三角形的所有曲边都取直,使它成为真正的三角形的办法. 这种做法付出的代价是:现在不是将域 $\Omega$,而是将它的近似域 $\Omega_N$ 实行三角形剖分. 但收获是可以直接利用上节的结果进行函数逼近,而无须求得 $T^{-1}$. 于是算法 I 应稍加修改.

**自动网格形成算法 II:非曲边三角形元素**

**步骤1**  同算法 I.

Lagrange 内插公式

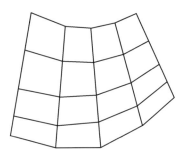

图 7.26

**步骤 2** 取 $\{x_i, y_j = T(s_i, t_j)\}$ $(0 \leq i \leq n, 0 \leq j \leq m)$ 作网格点.

**步骤 3** 将相邻点偶 $(x_i, y_j)$ 与 $(x_{i+1}, y_j)$；$(x_i, y_j)$ 与 $(x_i, y_{j+1})$ 连成直线. 构成四边形 $R_{ij}$ 的集合（图 7.27），其中有些四边形未能全部落入 $\Omega$ 域内（这在 $(x_i, y_j)$ 为边界点时有可能发生）.

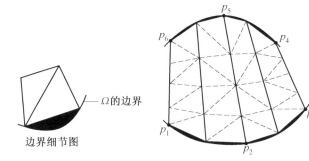

■ $=\Omega$ 未被 $\Omega_N$ 覆盖的区域

图 7.27 域 $\Omega$ 的三角形剖分

**步骤 4** 对每个 $R_{ij}$ 作较短的对角线.

这种算法构成的是 $\Omega_N$ 的真三角形剖分 $\tau_N$，其中 $\Omega_N = \cup \{R_{ij}; 0 \leq i \leq n-1, 0 \leq j \leq m-1\}$（读作 $\Omega_N$ 为

## Lagrange's Interpolation Formula

$R_{ij}$ 所覆盖). 若 $\Omega$ 具有曲线边界, 则 $\Omega_N$ 是 $\Omega$ 的近似域 (图 7.27).

假定 $f(x,y)$ 是定义在 $\Omega$ 上的函数, 并希望用上节的方法来逼近它. 则在域 $\Omega_N$ 的三角形剖分 $\tau_N$ 上, 分段线性多项式总是有定义的, 因为 $\tau_N$ 中所有三角形的顶点必属于 $\Omega$. 但是沿着 $\Omega_N$ 的边界, 分段二次拉格朗日多项式就不一定有定义, 因为处于边界上的三角形的边中点有可能处在 $\Omega$ 之外. 对这类点, 一般先用分段线性多项式插值求出 $f$ 的近似值. 然后再用分段二次多项式进行函数逼近(这些点上 $f$ 取近似值作为插值条件). 若 $f \in C^3[\Omega]$, 则这种做法在边界附近误差的量级最差可达 $o(h^2)$, 而在 $\Omega$ 的内部为 $o(h^3)$. 除非加以连续地外延, 自动网格形成方案 II 得到的近似函数在图 7.28 所示的点 $p^*$ 上是无定义的, 也就是说, 在属于 $\Omega$, 但不属于 $\Omega_N$ 的点上无定义.

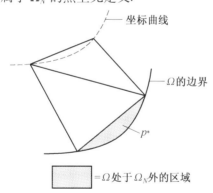

图 7.28  $\Omega$ 的一部分和其对应的 $\Omega_N$ 部分的比较

选用其他形式的 $L_i(s,t)$, 可把上述方法推广到更一般的曲线边界的情况. 例如, 设 $\Omega$ 是平面上某个封闭的有界复连通域(图 7.29). 为了将 $\Omega$(实际是 $\Omega$ 的近

## Lagrange 内插公式

似域)实行三角形剖分,在边界上引入节点,将 $\Omega$ 分成图 7.29 所示的几个"四边形"区域(图 7.29 中共引入了九个边界节点). 然后对区域 Ⅰ,Ⅱ,Ⅲ,Ⅳ 分别实行三角形剖分,其办法是对每个区域的四个边界均采用参数样条函数,或参数分段多项式来逼近,它们的次数对每条边界曲线都是固定的,因而确保了相邻区域的交界线上,插值函数的次数是唯一的. 例如,在四边形区域的每条边界线上,都引入 $n$ 个节点 $p_i(1 \leqslant i \leqslant n)$(包括边界端节点),然后用三次样条函数来逼近边界线. 因此,每个四边形的节点总数为 $4(n-1)$ 个. 设区域 Ⅰ 的节点为 $p_i = (x_i, y_i)(1 \leqslant i \leqslant 4(n-1))$. 定义映射 $T: \mathscr{L} \to I$,其表达式为

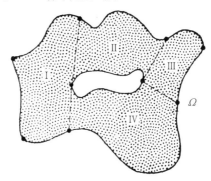

图 7.29 $x-y$ 平面内的域 $\Omega$,采用自动网格形成方案实行三角形剖分

$$\binom{x}{y} = T(s,t) = \binom{T_1(s,t)}{T_2(s,t)}$$

$$T_1(s,t) = \sum_{i=1}^{4(n-1)} x_i C_i(s,t)$$

## Lagrange's Interpolation Formula

$$T_2(s,t) = \sum_{i=1}^{4(n-1)} y_i C_i(s,t)$$

函数 $C_i(s,t) = C_\lambda(s) C_k(t)$,其中 $C_\lambda(s)$ 和 $C_k(t)$ 是基础三次样条函数,它满足的插值条件是

$$C_\lambda(s_\mu) = \delta_{\lambda\mu} \quad (1 \leq \lambda, \mu \leq n)$$
$$C_k(t_j) = \delta_{jk} \quad (1 \leq j, k \leq n)$$

而 $-1 = s_1 < s_2 < \cdots < s_n = 1$,$-1 = t_1 < t_2 < \cdots < t_n = 1$。则映射 $T$ 把 $\mathscr{L}$ 映射成区域 Ⅰ 的某个近似域,且边界节点相互对应. 对区域 Ⅱ,Ⅲ,Ⅳ 可用同法进行. 虽然边界并非映射成精确的边界,但边界却映射成近似得很好的边界. 如果这种映射是一一对应的,就可用方案 Ⅰ 或 Ⅱ,对 $\Omega$ 实行三角形剖分,构成它的近似域 $\Omega_N$. 问题的症结在于映射 $T$ 必须是一一对应的. 在具体使用中,这意味着在 $x-y$ 平面内作出坐标曲线 $s=$ 常数,$t=$ 常数,并检查不同的"坐标曲线" $s_1=$ 常数与 $s_2=$ 常数($s_1 \neq s_2$),或 $t_1=$ 常数与 $t_2=$ 常数($t_1 \neq t_2$)是否相交. 如果是相交的,那么 $T$ 不适用于自动网格形成(图 7.30). 这里的数学问题是:对于域 $\Omega$,为了既能形成适用的曲线坐标系,又能形成跟 $\Omega$ 的边界尽可能相近的近似边界,分段参数多项式变换的次数应该是多少?

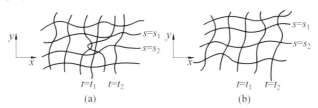

图 7.30

Lagrange 内插公式

## §5 混合插值和曲面拟合

本章至此研究了在平面上的一组给定点上,对给定函数 $f(x,y)$ 进行插值逼近的问题. 还有另外一种函数逼近的方法,它是沿着平面上的整条曲线或曲线段,对函数 $f$ 进行插值逼近来实现的. 这种方法,在伯克霍夫和戈登(Gordon)(1968)以及戈登(1969)的文章中称为混合插值(blended interpolates),而在戈登和霍尔(1972)的文章中称为超限元素法. 同 §4 节所述的方法一样,这种概念也可应用于曲面拟合中. 等参数变换只要稍加推广,就可以用于三维曲面的拟合. 由于孔斯(Coons)在这方面的贡献,这种方法有时称为孔斯曲面拟合法.

以下是混合插值的一个简例. 设 $\pi = \{(x_i,y_j):(0\leqslant i\leqslant n, 0\leqslant j\leqslant m)\}(x_0 < x_1 < \cdots < x_n, y_0 < y_1 < \cdots < y_m)$ 是一个矩形网格点集,它被包含在 $\Omega$ 域内(图7.31). 再设 $l_i(x), l_j(y)$ 分别是 $x, y$ 方向,次数为 $n$ 和 $m$ 的拉格朗日多项式的基础基函数,则函数

$$I_x f(x,y) = s(x,y) = \sum_{i=0}^{n} f(x_i,y) l_i(x)$$

沿着每一条直线 $\{(x_i,y): -\infty < y < +\infty, 0\leqslant i\leqslant n\} \cap \Omega$ 均与 $f(x,y)$ 相重合,而

$$I_y f(x,y) = \bar{s}(x,y) = \sum_{j=0}^{m} f(x,y_j) l_j(y)$$

则沿着每一条直线 $\{(x,y_j): -\infty < x < +\infty, 0\leqslant j\leqslant m\} \cap \Omega$,均与 $f(x,y)$ 相重合. 由 $s(x,y)$ 或 $\bar{s}(x,y)$ 形成

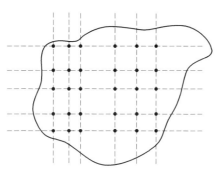

图 7.31

的曲面称为混合插值曲面,或超限插值曲面,这是因为沿着三维空间的整条曲线,它们与曲面$f(x,y)$都重合之故. 若$f$限于$[x_0,x_n]\times[y_0,y_m]$之中,利用§1节所示的方法,误差估计$|f-s|$和$|f-\bar{s}|$是很容易导得的. 事实上,若$f\in C^{n+1,0}[R]$,则

$$\|f^{(j)}-s^{(j)}\|=o(h_x^{n+1-j})\quad(0\leqslant j\leqslant n)$$

而若$f\in C^{0,m+1}[R]$,则

$$\|f^{(j)}-\bar{s}^{(j)}\|=o(h_y^{m+1-j})\quad(0\leqslant j\leqslant m)$$

在矩形网格上,如何构成各种分段多项式混合插值及其他形式的混合插值,都是一目了然的,而它们的误差则与$f$的光滑度有关,这也易于得到.

设$Bf$是下列线性组合

$$Bf=I_xf+I_yf-I_xI_yf$$

式中的$I_xf$和$I_yf$是函数$f$的混合插值,$I_xI_yf$是§1节研究过的张量乘积插值. $Bf$被称为函数$f$的混合样条逼近函数. 它的优点是精度比$I_xI_yf,I_xf,I_yf$均要高得多. 如若$R_xf=f-I_xf,R_yf=f-I_yf$,则

$$f-Bf=f-(I_xf+I_yf-I_xI_yf)=$$

Lagrange 内插公式

$$(I - ((I - R_x) + (I - R_y)) + (I - R_x)(I - R_y))f = (R_x f)(R_y f)$$

为了说明混合样条逼近函数收敛性的量级,设 $I_x I_y f$ 是函数 $f \in C^4[\Omega]$ 的分片双三次多项式插值函数,则 $\|R_x f\| = \|f - I_x f\|$,$\|R_y f\| = \|f - I_y f\|$,$\|f - I_x I_y f\|$ 都具有 $o(h^4)$ 的量级,因而

$$\|f - Bf\| = \|R_x f\| \|R_y f\| = o(h^8)$$

所以精度的提高极为显著.

将等参数变换推广到三维情况也很简单. 在工程设计中普遍采用着这种近似方法. 例如,为了进行飞机机身的风洞试验,希望制造一个 1∶100 的机械加工模型. 于是,可以在实际机身表面上(三维空间的曲面)建立曲线坐标系,并测量所有坐标曲线之交点的坐标 $(x_i, y_i, z_i)$,由此开始工作. 这里,几条坐标曲线相交在一起的情况是可能产生的(如图 7.32 中的点 $p_0, p_n$),计算时,应该将这些点看成是几个各不相同的点,它的数量等于从这点发射出来的坐标曲线的条数. 为了拟合曲面 $\Omega$,在正方形域 $\mathscr{L} = [-1,1] \times [-1,1]$ 上构成一个变换 $T$,使得 $\mathscr{L}$ 映射成 $\Omega$ 的近似曲面 $\Omega_N$. 即设

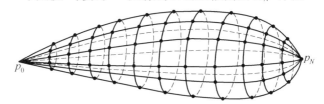

图 7.32 要求拟合的三维曲面,以及坐标曲线与坐标曲线的交点 $(x_i, y_i, z_i)$

## Lagrange's Interpolation Formula

$$\begin{pmatrix} x \\ y \\ z \end{pmatrix} = \tilde{T}(x,t) = \begin{pmatrix} \tilde{T}_1(s,t) \\ \tilde{T}_2(s,t) \\ \tilde{T}_3(s,t) \end{pmatrix}$$

其中

$$\tilde{T}_1(s,t) = \sum_{i=1}^{N} x_i l_i(s,t)$$

$$\tilde{T}_2(s,t) = \sum_{i=1}^{N} y_i l_i(s,t)$$

$$\tilde{T}_3(s,t) = \sum_{i=1}^{N} z_i l_i(s,t)$$

$l_i$ 满足的插值条件是

$$l_i(s_k, t_j) = \delta_{ik} \cdot \delta_{ij} \quad (1 \leq i,j,k \leq N)$$

它可以是分段双线性拉格朗日多项式,也可以是双三次样条函数等. 这样定义的变换 $\tilde{T}$,将使 $\mathscr{L}$ 映射成 $Q_N$,而我们希望的是 $\Omega_N$ 良好地拟合原始曲面 $\Omega$(图7.33). 为了保证比例,应该让 $T = 1/100 \tilde{T}$.

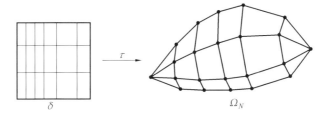

图 7.33 用分片双线性多项式拟合的半个机身曲面

以上用参数形式定义的 $T$ 属于等参数变换的充分必要条件是 $\tilde{T}$ 必须一一对应(两条坐标曲线相交不能多于一次),且边界应映射成边界. 有时拟合曲面采用分片构成,这和自动网格形成方案中采用的相类似. 具体的做法是把需要拟合的曲面分成几个区域,然后分

Lagrange 内插公式

别将 $\mathscr{L}$ 映射到每个区域上,形成其近似域,并保证了各区域界面上的连续性. 这样构成的曲面就是所谓的孔斯插值曲面. 为了保证 $T$ 是一一对应的,在没有把握时,作为初始检查,需要进行图形显示. 如果网格区间在 $s-t$ 平面足够小,那么只要被拟合的曲面变化不要太激烈,一一对应的关系一般是能够满足的.

　　以上的论述比较简单,但对进行曲面拟合及判别逼近方法是否合适足够用了.

# 拉格朗日插值公式与辛普生公式

## §1 拉格朗日插值公式

这一节从多项式开始,它们只在若干已给处和所给函数吻合.

设 $y = f(x)$,另取 $n$ 个 $x$ 值 $x = \alpha, \beta, \cdots, \nu$ 在这些处,希望所求多项式具有所给函数的纵标.

我们将采用熟知的拉格朗日插值公式,它给出满足要求的最低多项式,只含有 $n$ 个常数

$$Y = f(\alpha)\frac{(x-\beta)(x-\gamma)\cdots(x-\nu)}{(\alpha-\beta)(\alpha-\nu)\cdots(\alpha-\nu)} +$$
$$f(\beta)\frac{(x-\alpha)(x-\gamma)\cdots(x-\nu)}{(\beta-\alpha)(\beta-\gamma)\cdots(\beta-\nu)} + \cdots +$$
$$f(\nu)\frac{(x-\alpha)(x-\beta)\cdots}{(\nu-\alpha)(\nu-\beta)\cdots}$$

## Lagrange 内插公式

它是一个 $n-1$ 次多项式,在所给各处,它和函数 $y=f(x)$ 的确有相同的纵标. 例如,当 $x=\beta$ 时,$Y=f(\beta)$.

现在要考察,在所给 $n$ 处以外,拉格朗日插值多项式和我们的函数接近到什么程度?

为了作出判断,我们用 $\Theta(x)$ 表式多项式 $Y$,并用 $R(x)$ 表示余项 $y-Y$,则
$$y=\Theta(x)+R(x)$$
由于 $x=\alpha,\beta,\cdots$ 时,$R(x)$ 等于 0,可以把因子 $\varphi(x)=(x-\alpha)(x-\beta)\cdots(x-\nu)\cdots$ 提出来,得
$$y=\Theta(x)+\varphi(x)\cdot r(x)$$
同时拉格朗日公式就可以写成
$$\Theta(x)=\frac{f(\alpha)}{\varphi'(\alpha)}\frac{\varphi(x)}{x-\alpha}+\cdots+\frac{f(\nu)}{\varphi'(\nu)}\frac{\varphi(x)}{x-\nu}$$
若要拉格朗日公式在已给节里能用,$|r(x)|$ 在这个节里必须保持充分地小,$\varphi(x)$ 在每个闭节里是有界的. 于是我们有以下的中心问题:

能否把 $r(x)$ 限制在一定幅度里,使得 $\Theta(x)$ 可用作 $f(x)$ 的一个近似式?

我们这里所讨论的内容通常叫作内插法,这个名词的来源是,我们本来设想,把对 $f(x)$ 的近似表示只限于在节 $\alpha,\beta,\cdots,\nu$ 里的 $x$ 值. 可是我们的问题也涉及在这个节外的 $x$(外插法).

从这个一般的讨论,我们要进入两个或更多的 $\alpha,\beta,\cdots$ 重合的特殊情况,即在某些地方,一阶或更高阶的导数已经给定的情况.

若除了 $f(\alpha),f(\beta),\cdots$ 以外,还给定了 $f'(\alpha),f'(\beta),\cdots$,就有如下问题:

如何作出一个多项式,它在 $\alpha,\beta,\gamma,\cdots$ 处不但有所要求的纵标,还有所给的导数(密切插值)?

这个问题我们可以直接处理,也可以由拉格朗日公式通过极限过程解决. 下一个问题是,这样所得到的多项式在多大程度上可以用来近似表示 $f(x)$ 和它的导数?

特殊地,令一切点 $\alpha,\beta,\cdots,\nu$ 重合到一个点 $a$,就得到泰勒公式

$$f(x) = f(a) + \frac{f'(a)}{1}(x-a) + \frac{f''(a)}{2!}(x-a)^2 + \cdots + \frac{f^{(n-1)}(a)}{(n-1)!}(x-a)^{n-1} + r(x) \cdot (x-a)^2$$

从拉格朗日公式不难推得这个结果,在这里我们不加说明.

现在对拉格朗日公式和它的特款,我们特别感兴趣的是,如上边已经提出的,余项的估计.

作为余项估计的基础,我们利用罗尔定理,它是微分学里中值定理的特款. 罗尔定理说:设 $F(z)$ 是在闭节 $a \leqslant z \leqslant b$ 连续的函数,它在节内部的每一点有导数,此外,设 $F(a) = F(b) = 0$,则导数 $F'(z)$ 在节的内部至少有一个零点(图 8.1).

这个定理的证明是容易的. 按照魏尔斯特拉斯定理,每一个在闭节里连续的函数在节的内部或在节的一个端点有最大值.

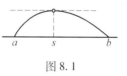

图 8.1

我们不考虑 $F(z) = $ 常数的平凡款,并且先假定 $F(z)$ 在节 $a\cdots b$ 内部的一些地方有正值. 这时 $F(z)$ 必在节的内部某处 $\xi$ 有最大值. 根据导数的唯一性,立刻就得

## Lagrange 内插公式

$F'(\xi) = 0$.

若 $F(z)$ 在节的内部只有负值,我们就考虑 $-F(z)$ 的最大值,从而得到相同结论.

如你们所看到的,这个定理的简单基础是魏尔斯特拉斯定理和 $F(z)$ 的一次可微性.

下面我们把定理推广到 $F(z)$ 在三点 $a, b, c$ 等于 0 的款. 应用我们的定理两次,可知在节 $a \cdots c$ 里 $F''(z)$ 至少有一次等于 0. 这样就得以下的定理,我把它写成适合后面应用的形式:

设 $F(z)$ 有 $k$ 个零点,再设 $F(z)$ 在一个含有这些零点的一个闭节里连续,而且充分多次可微,则在该节里, $F(z)$ 的 $k-1$ 阶导数至少有一个零点.

我们按下述方法利用这个定理来估计拉格朗日插入公式中的余项.

考虑函数
$$F(z) = f(z) - \Theta(z) - r(x) \cdot \varphi(x)$$
其中 $\Theta(z)((n-1)\text{次})$ 表示不带余项的拉格朗日多项式, $\varphi(z)(n\text{次})$ 是引用的因子,而 $x$ 是任意选定的自变量 $z$ 的一个固定值. 现在,我们知道函数 $F(z)$ 有一系列的零点. 首先,当 $z$ 等于 $\alpha, \beta, \cdots$ 时, $f(z) - \Theta(z)$ 和 $\varphi(z)$ 都等于 0,因而 $F(z) = 0$. 此外, $x$ 也是零点,因为当 $z = x$ 时,根据定义 $f(x) = \Theta(x) + r(x) \cdot \varphi(x)$,所以 $F(x) = 0$.

于是我们可以把一般形式的罗尔定理应用于 $F(z)$,在这里,我们令 $k = n + 1$. 根据该定理, $f^{(n)}(z)$ 在节 $a, \cdots, \nu, z$ 内部至少有一个零点 $\xi$,把这个 $n$ 阶导数算出来,得
$$F^{(n)}(z) = f^{(n)}(z) - r(x) \cdot n!$$

### Lagrange's Interpolation Formula

($\Theta(z)$ 作为一个 $n-1$ 阶多项式,它的 $n$ 项导数是 $0$,$r(x)$ 是常数,$\varphi(z)=z^n+\cdots$ 的 $n$ 阶导数是 $u!$),所以对于上述的 $\xi$,有

$$f^{(n)}(\xi)-r(x)n!=0$$

因而

$$r(x)=\frac{f^{(n)}(\xi)}{n!}$$

把这个通过如此简单但却富有意义的方法所得到的 $r(x)$ 的值代进带余项的拉格朗日公式,就得

$$f(x)=\Theta(x)+\varphi(x)\frac{f^{(n)}(\xi)}{n!}$$

其中的 $\xi$,除了知道它在那个节 $\alpha,\beta,\cdots,\nu,x$ 内某处之外,是未知量.

于是我们有以下结果:

只要 $\varphi(x)\cdot f^{(n)}(\xi):n!$ 对于节里的一切 $\xi$ 是一个充分小的值. 拉格朗日公式就是可以用的,即,$f(x)$ 可以用 $\Theta(x)$ 近似地表示无论 $x$ 在 $\alpha\cdots\nu$ 之间或者之外,这话都适用. 这个带余项的公式对于内插或外插同样适用.

## §2 泰勒定理和泰勒级数

特殊地,若要同泰勒公式联系起来,就有

$$f(x)=f(a)+\frac{f'(a)}{1}(x-a)+\cdots+$$
$$\frac{f^{(n-1)}(a)}{(n-1)!}(x-a)^{n-1}+$$

## Lagrange 内插公式

$$\frac{f^{(n)}(\xi)}{n!}(x-a)^n$$

这里的余项和通常在微积分学中论述泰勒级数时所得的拉格朗日余项形式相同.

泰勒公式只涉及外插,因为在这里,所有 $\alpha, \beta, \cdots, \nu$ 都重合到同一点 $a$.

我们现在通过一系列的例来说明上面所论内容.

首先我们考虑,在使用对数表中拉格朗日公式的应用. 在对数表中,我们先找到两个数 $a$ 和 $a+1$. 问题是:我们能否利用直线来进行内插,即能否把纵标 $\lg a$ 和 $\lg(a+1)$ 之间的那段对数曲线用它的弦来代替(图 8.2)?

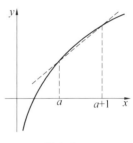

图 8.2

令 $f(x) = \lg x$,则 $n = 2$ 时,拉格朗日公式是

$$\lg x = \lg a + (x-a)(\lg(a+1) - \lg a) + R$$

为了估计余项

$$R = \frac{f''(\xi)}{2}(x-a)(x-a-1)$$

我们有 $f'(x) = \dfrac{\mathrm{d}\lg x}{\mathrm{d}x} = \dfrac{M}{x}$ 和 $f''(x) = -\dfrac{M}{x^2}$,其中 $M$ 是常用对数的模①. 乘积 $(x-\alpha)(x-\alpha-1)$ 的曲线图像是一条抛物线. 在节 $a \leqslant x \leqslant a+1$ 里,当 $x = \dfrac{a+(a+1)}{2} =$

---

① $M = \lg \mathrm{e}$. ——编校注

## Lagrange's Interpolation Formula

$a+\dfrac{1}{2}$ 时,它的纵标的绝对值最大,这时纵标等于 $-\dfrac{1}{4}$ (图 8.3). 把它代入上面的公式,就可看出略去余项所产生的误差的绝对值 $|r(x)|$ 的上界是 $\dfrac{M}{8\xi^2}$.

图 8.3

所以,当我们用比例方法来计算一个对数值时,所得到的值是小了些,但最多只差 $\dfrac{M}{8\xi^2}$. 在这里,$\xi$ 是 $a$ 和 $a+1$ 之间的任何值. 因此,误差的绝对值肯定小于 $\dfrac{M}{8a^2}$.

我们再通过一个数值的例来说明误差的大小. 假定我们用的是七位对数表,在那里,对数的值已经给出了五位数. 这样,$a$ 以及 $\xi$ 都是五位数. 对于常用对数的模 $M = 0.43429\cdots$,我们用一个较大的数 $0.5$ 替代,就得到,当选取 $a$ 为最小的五位数时(这时误差最大),误差的上界是 $\dfrac{0.5}{8 \cdot 10\,000^2} = \dfrac{1}{16 \cdot 10^8}$. 这比用五位对数表算七位对数值所产生的误差还肯定要小.

作为第二个例,我们对泰勒定理

$$f(x) = f(a) + \dfrac{f'(a)}{1!}(x-a) + \cdots + \dfrac{f^{(n-1)}(a)}{(n-1)!}(x-a)^{n-1} + \dfrac{f^{(n)}(\xi)}{n!}(x-a)^n$$

作一次说明. 当 $f(x)$ 不是无限制地可微时,这个公式仍然有良好的意义. 另外,在所有课本里,通常假定了

## Lagrange 内插公式

$f(x)$ 是无限可微的. 这时, 当 $n$ 增大时, 余项的绝对值无限制地减小, $f(x)$ 就等于这样所得到的无尽级数. 在众多情况下, 当 $|x-a|$ 充分小时, 就是如此; 这时, 我们就有一个"收敛节". 若级数对于一切有穷 $x$ 值收敛, $f(x)$ 就称为一个整函数.

当无尽级数有时收敛时, 考查泰勒级数的部分和所对应的近似曲线的情况是有意义的.

## §3 用拉格朗日多项式近似表示积分和导函数

现在我们进一步讨论以下问题: 带余项的拉格朗日公式在多大程度上可以用来得到一个函数 $f(x)$ 的积分和它的导函数的近似表示.

先考虑积分的近似表示.

在多数课本里, 这是最重要的, 因为拉格朗日公式普遍用来作一条曲线的面积的数值运算 (所谓的机械求积法或数值积分法). 可是误差的估计往往被省略了或者没有进行像公式实际运用中所需要的那样深入的讨论. 这里我们只对四个重要而简单的款作简短概括, 但不深入到具体的运算.

假定要计算积分 $\int_a^b f(x)\,dx$.

(1) 假定在 $a$ 和 $b$, 函数 $f(x)$ 的值已经给定, 在纵标 $f(a)$ 和 $f(b)$ 之间, 用弦去替代那一段曲线 (图 8.3). 在拉格朗日公式里令 $n=2$, 就得

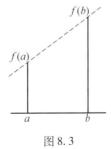

图 8.3

## Lagrange's Interpolation Formula

$$\int_a^b f(x)\,dx = \frac{f(a)+f(b)}{2}(b-a) - \frac{f''(\xi)(b-a)^3}{12}$$

即这个积分等于梯形面积加上一个余项,其中 $\xi$ 是在节 $a\cdots b$ 内的一个未知量.

(2)另一个用直线来插入的方法,是用在 $x = \dfrac{a+b}{2}$ 处的切线来代替曲线. 这时就得

$$\int_a^b f(x)\,dx = f\left(\frac{a+b}{2}\right)(b-a) + \frac{f''(\xi)(b-a)^3}{24}$$

这里的误差和上一款的误差相比,减少一半,而且有相反的符号.

值得注意的是,在最后公式里,斜率 $f'\left(\dfrac{a+b}{2}\right)$ 没有出现. 事实上,对于用以作为近似面积的那个梯形上,那条经过点 $x = \dfrac{a+b}{2}, y = f\left(\dfrac{a+b}{2}\right)$ 的边的方向,不影响梯形面积(图 8.4).

(3)写下 $n=4$ 时的拉格朗日公式就是用一条三次抛物线来近似表示曲线 $y=f(x)$,可以用 $(a, f(a))$ 和 $(b, f(b))$ 两点以及曲线在这两点的方向来确定那条抛物线,于是得

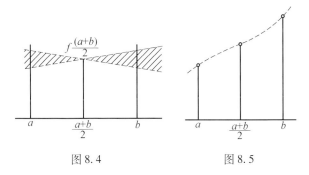

图 8.4         图 8.5

Lagrange 内插公式

$$\int_a^b f(x)\,\mathrm{d}x = \frac{f(a)+f(b)}{2}(b-a) - \frac{f'(b)-f'(a)}{12}(b-a)^2 + \frac{f^{(4)}(\xi)(b-a)^5}{720}$$

(所谓欧拉的"和公式"的最简单款.)

(4) 确定三次抛物线的另一种方法是用纵标 $f(a)$ 和 $f(b)$ 的终点和纵标 $f\left(\dfrac{a+b}{2}\right)$ 的终点以及那里已知的方向 $f'\left(\dfrac{a+b}{2}\right)$. 这时 $f'\left(\dfrac{a+b}{2}\right)$ 在最后的公式里还是不出现. 结果是

$$\int_a^b f(x)\,\mathrm{d}x = \frac{f(a)+4f\left(\dfrac{a+b}{2}\right)+f(b)}{6}(b-a) - \frac{f^{(4)}(\xi)(b-a)^5}{2\,880}$$

最后这一行含有利用所谓辛普生定则所得到的面积公式.

为了考察在多大程度上带余项的拉格朗日公式近似地表示 $f(x)$ 的导函数问题,我们谈论一个结果:

我们知道函数

$$f(x) - \Theta(x)$$

有 $n$ 个零点 $\alpha,\beta,\cdots,\nu$. 为了比较 $f'(x)$ 和 $\Theta'(x)$,我们考查函数 $f'(x) - \Theta'(x)$ 的零点.

由中值定理,我们立刻可知,它在 $\alpha,\cdots,\nu$ 之间至少有 $n-1$ 个根 $\alpha',\beta',\cdots,\mu'$. 若 $\psi(x)$ 表示乘积 $(x-\alpha')\cdots(x-\mu')$,可以令

$$f'(x) = \Theta'(x) + s(x)\cdot\psi(x)$$

## Lagrange's Interpolation Formula

其中 $s(x)$ 可以像 $r(x)$ 那样计算.

容易推得

$$s(x) = \frac{f^{(n)}(\xi)}{(n-1)!}$$

因而有以下结果:

我们可以令

$$f(x) = \Theta(x) + \frac{f^{(n)}(\xi)}{n!}\psi(x)$$

以得到良好结果;对于导函数,有近似公式

$$f'(x) = \Theta'(x) + \frac{f^{(n)}(\xi)}{(n-1)!}\psi(x)$$

其效果也同样好,其中 $\psi(x)$ 是新因子 $(x-\alpha'), \cdots, (x-\mu')$ 之积而 $\xi$ 是节 $\alpha', \cdots, \mu', x$ 里的一个未知量.

对具体的款,我们当然要设法求出函数 $\psi(x)$. 当 $\psi(x)$ 不能具体确定时,有时可以对它的值作出估计.

Lagrange 内插公式

# 两类插值多项式

## 第 9 章

### §1 拉格朗日插值多项式

设 $x_1,\cdots,x_{n+1}$ 为复平面 $C$ 上互异的点. 这时存在恰好一个不高于 $n$ 次的多项式 $P(x)$，它在点 $x_i$ 取已知值 $a_i$，事实上，唯一性可如此推出，两个这样的多项式的差在点 $x_1,\cdots,x_{n+1}$ 取零值，而这时其次数不大于 $n$. 又显然如下多项式具有所有要求的性质

$$P(x) = \sum_{k=1}^{n+1} a_k \cdot \frac{(x-x_1)\cdots(x-x_{k-1})(x-x_{k+1})\cdots(x-x_{n+1})}{(x_k-x_1)\cdots(x_k-x_{k-1})(x_k-x_{k+1})\cdots(x_k-x_{n+1})} = \sum_{k=1}^{n+1} a_k \frac{w(x)}{(x-x_k)w'(x_k)}$$

## Lagrange's Interpolation Formula

其中
$$w(x) = (x - x_1)\cdots(x - x_{k+1}).$$

这时多项式 $P(x)$ 称为拉格朗日插值多项式,而点 $x_1,\cdots,x_{n+1}$ 称为插值节点. 如果 $a_k = f(x_k)$, $f$ 为某个函数, 那么多项式 $P$ 称为对函数 $f$ 的拉格朗日插值多项式.

**定理 9.1** 设 $f \in C^{n+1}([a,b])$. 而 $P$ 为对函数 $f$ 的带插值节点 $x_1,\cdots,x_{n+1} \in [a,b]$ 的拉格朗日插值多项式,则

$$\max_{a\leq x\leq b} |P(x) - f(x)| \leq \frac{M}{(n+1)!} \max_{a\leq x\leq b} |w(x)|$$

其中
$$M = \max_{a\leq x\leq b} |f^{(n+1)}(x)|$$

与
$$w(x) = (x - x_1)\cdots(x - x_{k+1}).$$

**证明** 只要验证,对任何点 $x_0 \in [a,b]$ 可找出这样的点 $\xi \in [a,b]$, 使

$$f(x_0) - P(x_0) = \frac{f^{(n+1)}(\xi)}{(n+1)!} w(x_0)$$

对 $x_0 = x_i (1 \leq i \leq n)$ 这等式显然,因而可认为 $x_0 \neq x_i$. 考察函数

$$u(x) = f(x) - P(x) - \lambda w(x)$$

其中 $\lambda$ 为某常数. 由于 $w(x_0) \neq 0$, 可选取这常数使 $u(x_0) = 0$. 又显然 $u(x_1) = \cdots = u(x_{n+1}) = 0$. 函数 $u(x)$ 在线节 $[a,b]$ 至少有 $n+2$ 个零点. 因此函数 $u'(x)$ 在这线节至少有 $n+1$ 个零点,而函数 $u^{(k)}(x)$ 在这线节至少有 $n+2-k$ 个零点. 当 $k = n+1$ 得函数 $u^{(n+1)}(x) = f^{(n+1)}(x) - (n+1)!\lambda$ 在某个点 $\xi \in [a,b]$ 等于 0. 这

Lagrange 内插公式

意味着 $\lambda = \dfrac{f^{(n+1)}(\xi)}{(n+1)!}$,即

$$f(x_0) - P(x_0) = \dfrac{f^{(n+1)}(\xi)}{(n+1)!} w(x_0)$$

对于固定的线节 $[a,b]$ 与固定的次数 $n$,由定理 9.1 给出的最优估计在这情形,当 $w(x)$ 为最高次项系数为 1 的 $n+1$ 次①多项式,在线节 $[a,b]$ 与 0 有最小偏差. 例如,如果 $[a,b] = [-1,1]$,那么 $w(x) = \dfrac{1}{2^n} T_{n+1}(x)$,其中 $T_{n+1}(x)$ 为切比雪夫多项式. 注意 $T_{n+1}(x) = \cos((n+1)\cos^{-1}x)$ 对 $|x| \leqslant 1$.②多项式 $T_{n+1}$ 的根形如

$$x_k = \cos \dfrac{(2k-1)\pi}{2(n+1)} \quad (k=1,\cdots,n+1)$$

对这些插值节点多项式形如

$$P(x) = \dfrac{1}{n+1} \sum_{k=1}^{n+1} f(x_k)(-1)^{k-1} \sqrt{1-x_k^2} \, \dfrac{T_{n+1}(x)}{x-x_k}$$

事实上,如果 $w(x) = \dfrac{1}{2^n} T_{n+1}(x)$,那么

$$\dfrac{w(x)}{(x-x_k)w'(x_k)} = \dfrac{T_{n+1}(x)}{(x-x_k)T'_{n+1}(x_k)}$$

因而要证

$$T'_{n+1}(x_k) = \dfrac{(n+1)(-1)^{k-1}}{\sqrt{1-x_k^2}}$$

考虑到 $T_{n+1}(x) = \cos(n+1)\varphi$,其中 $x = \cos\varphi$,得

$$T'_{n+1}(x_k) = \dfrac{(n+1)\sin(n+1)\varphi}{\sin\varphi}$$

---

① 原文为 $n$ 次.
② 原文为 $x \leqslant 1$.

## Lagrange's Interpolation Formula

如果 $\cos\varphi = x_k$,那么

$$\sin\varphi = \sqrt{1 - x_k^2}\,①$$

与

$$\sin(n+1)\varphi = (-1)^{k-1}$$

除切比雪夫插值节点外,常利用均匀分布于线节或圆上的节点. 对节点

$$x_k = \exp\left(\frac{2\pi\mathrm{i}k}{n+1}\right) \quad (k = 1,\cdots,n+1)$$

插值多项式形如

$$P(x) = \frac{1}{n+1}\sum_{k=1}^{n+1} x_k f(x_k) \frac{x^{n+1}-1}{x-x_k}\,②$$

为证明这公式,只要注意

$$\frac{\mathrm{d}}{\mathrm{d}x}(x^{n+1}-1)\bigg|_{x=x_k} = (n+1)x_k^n = (n+1)x_k^{-1}$$

对节点 $x_k = a + (k-1)h\,(k=1,\cdots,n+1)$,插值多项式可写成下形

$$P(x) = f(a) + \frac{\Delta f(a)}{h}(x-a) +$$

$$\frac{\Delta^2 f(a)}{h^2}\frac{(x-a)(x-a-h)}{2!} + \cdots + \frac{\Delta^n f(a)}{h^n} \cdot$$

$$\frac{(x-a)(x-a-h)\cdots(x-a-(n-1)h)}{n!}$$

其中

$$\Delta f(x) = f(x+h) - f(x)$$
$$\Delta^{k+1} f(x) = \Delta(\Delta^k f(x))$$

则

---

① 因 $\varphi = \cos^{-1} x_k \in [0,\pi]$,故 $\sin\varphi \geqslant 0$.
② 改原文 $x^n$ 为 $x^{n+1}$.

**Lagrange 内插公式**

$$\Delta^k f(x) = \sum_{j=0}^{k} (-1)^{k-j} \binom{k}{j} f(x+jh)$$

$$(\Delta^1 f(x) = \Delta f(x))^{①}$$

这时多项式 $P(x)$ 称为牛顿插值多项式. 容易验证, $P(x_k) = f(x_k)$，事实上

$$P(a) = f(a)$$
$$P(a+h) = f(a) + \Delta f(a)$$
$$P(a+2h) = f(a) + 2\Delta f(a) + \Delta^2 f(a)$$
$$\vdots$$
$$P(a+mh) = \sum_{j=0}^{m} \binom{m}{j} \Delta^j f(a) = f(a+mh)$$

最后的等式可从 $\Delta^k f(x+h) = \Delta^{k+1} f(x) + \Delta^k f(x)$ 推出②.

**注** 证明:$\Delta^k f(x) = \sum_{j=0}^{k} (-1)^{k-j} \binom{k}{j} f(x+jh)$.

$k = 1$ 时,易见此式即 $\Delta f(x) = f(x+h) - f(x)$. 设此式对 $k$ 成立,则

$$\Delta^{k+1} f(x) = \Delta(\Delta^k f(x)) =$$

$$\Delta\left( \sum_{j=0}^{k} (-1)^{k-j} \binom{k}{j} f(x+jh) \right) =$$

$$\sum_{j=0}^{k} (-1)^{k-j} \binom{k}{j} \Delta f(x+jh) =$$

$$\sum_{j=0}^{k} (-1)^{k-j} \binom{k}{j} (f(x+(j+1)h) - f(x+jh)) =$$

$$\sum_{j=0}^{k} (-1)^{k-j} \binom{k}{j} f(x+(j+1)h) -$$

---

① 原文为 $\Delta^{k+1} f(x) = \Delta(\Delta^k f(x)) = \sum_{j=0}^{k} (-1)^{k-j} \binom{k}{j} f(x+jh)$.

② 其中 $\Delta^0 f(a) = f(a)$,又 $m = 1,2,\cdots,n+1$.

# Lagrange's Interpolation Formula

$$\sum_{j=0}^{k}(-1)^{k-j}\binom{k}{j}f(x+jh) =$$

$$\sum_{j=1}^{k+1}(-1)^{k-(j-1)}\binom{k}{j-1}f(x+jh) -$$

$$\sum_{j=0}^{k}(-1)^{k-j}\binom{k}{j}f(x+jh) =$$

$$f(x+(k+1)h) +$$

$$\sum_{j=1}^{k}\left((-1)^{k-j+1}\binom{k}{j-1}+(-1)^{k-j+1}\binom{k}{j}\right) \cdot$$

$$f(x+jh) - (-1)^{k}f(x) =$$

$$f(x+(k+1)h) + \sum_{j=1}^{k}(-1)^{k+1-j}\binom{k+1}{j} \cdot$$

$$f(x+jh) + (-1)^{k+1}f(x) =$$

$$\sum_{j=0}^{k+1}(-1)^{k+1-j}\binom{k+1}{j}f(x+jh)$$

证明：$f(a+mh) = \sum_{j=0}^{m}\binom{m}{j}\Delta^{j}f(a)$.

易见 $m=1$ 时,此式成立. 设此式对 $m$ 成立,则
$f(a+(m+1)h) = f(a+mh) + \Delta f(a+mh) =$

$$\sum_{j=0}^{m}\binom{m}{j}\Delta^{j}f(a) + \sum_{j=0}^{m}\binom{m}{j}\Delta^{j+1}f(a) =$$

$$\sum_{j=0}^{m}\binom{m}{j}\Delta^{j}f(a) + \sum_{j=1}^{m+1}\binom{m}{j-1}\Delta^{j}f(a) =$$

$$f(a) + \sum_{j=1}^{m}\left(\binom{m}{j}+\binom{m}{j-1}\right)\Delta^{j}f(a) +$$

$$\Delta^{m+1}f(a) =$$

$$f(a) + \sum_{j=1}^{m}\binom{m+1}{j}\Delta^{j}f(a) + \Delta^{m+1}f(a) =$$

$$\sum_{j=0}^{m+1}\binom{m+1}{j}\Delta^{j}f(a)$$

Lagrange 内插公式

## §2 埃尔米特插值多项式

设 $x_1,\cdots,x_n$ 为复平面上互异的点,$\alpha_1,\cdots,\alpha_n$ 为自然数,它们之和等于 $m+1$. 假设,在每一点 $x_i$ 给出数 $y_i^{(0)},y_i^{(1)},\cdots,y_i^{(\alpha_i-1)}$. 这时存在唯一的次数不高于 $m$ 的多项式 $H_m(x)$,使它适合下列等式
$$H_m(x_i)=y_i^{(0)}, H'_m(x_i)=y_i^{(1)},\cdots,$$
$$H_m^{(\alpha_i-1)}(x_i)=y_i^{(\alpha_i-1)} \quad (i=1,\cdots,n)$$

换句话说,在点 $x_i$ 处多项式 $H_m$ 具有已知的直到 $\alpha_i-1$ 阶导数值. 这个多项式称为埃尔米特插值多项式.

埃尔米特插值多项式的唯一性十分显然,事实上,如果 $G(x)$ 为两个埃尔米特插值多项式之差. 那么 $\deg G \leqslant m$ 且 $G(x)$ 被 $(x-x_1)^{\alpha_1}\cdots(x-x_n)^{\alpha_n}$ 整除.①

令 $\Omega(x)=(x-x_1)^{\alpha_1}\cdots(x-x_n)^{\alpha_n}$. 为了作出埃尔米特插值多项式. 只要指出具有如下性质的多项式 $\varphi_{ik}(x)(i=1,\cdots,n;k=0,1,\cdots,\alpha_i-1)$.

(1) $\deg \varphi_{ik} \leqslant m$;

(2) $\varphi_{ik}(x)$ 被多项式 $\Omega(x)/(x-x_i)^{\alpha_i}$ 整除,即 $\varphi_{ik}(x)$ 被 $(x-x_j)^{\alpha_j}$ 整除对 $j \neq i$.

(3) $\varphi_{ik}(x)$ 按 $x-x_i$ 的幂的展开式从 $\dfrac{1}{k!}(x-$

---

① 不高于 $m$ 次的多项式被后者为 $\alpha_1+\cdots+\alpha_n=m+1$ 次多项式整除,故 $G \equiv 0$.

$x_i)^k + (x - x_i)^{\alpha_i}$ 开始.

事实上，$\varphi_{jk}^{(0)}(x_i) = \cdots = \varphi_{jk}^{(\alpha_i-1)}(x_i) = 0$ 对 $j \neq i$①，$\varphi_{ik}^{(k)}(x_i) = 1$ 与 $\varphi_{ik}^{(l)}(x_i) = 0$，当 $0 \leq l \leq \alpha_i - 1, l \neq k$. 因而可设

$$H_m(x) = \sum_{i=1}^{n} \sum_{k=0}^{\alpha_i-1} y_i^{(k)} \varphi_{ik}(x) ②$$

函数 $\dfrac{1}{k!} \dfrac{(x-x_i)^{\alpha_i}}{\Omega(x)}$ 在点 $x_i$ 正则，因此在点 $x_i$ 的邻域可展开为泰勒级数

$$\frac{1}{k!} \frac{(x-x_i)^{\alpha_i}}{\Omega(x)} = \sum_{s=0}^{\infty} a_{iks}(x-x_i)^s =$$

$$l_{ik}(x) + \sum_{s=\alpha_i-k}^{\infty} a_{iks}(x-x_i)^s$$

其中 $l_{ik}(x)$ 为次数不高于 $\alpha_i - k - 1$ 的多项式，是泰勒级数的开头部分. 不难验证，多项式

$$\varphi_{ik}(x) = \frac{\Omega}{(x-x_i)^{\alpha_i}}(l_{ik}(x)(x-x_i)^k)$$

具有所要求的全部性质. 性质(1) 与(2) 显然，而性质(3) 可按如下方式证明

$$\varphi_{ik}(x) = \frac{l_{ik}(x)(x-x_i)^k}{k! \, l_{ik}(x) + a(x-x_i)^{\alpha_i-k} + \cdots} =$$

$$\frac{(x-x_i)^k}{k!}(1 + b(x-x_i)^{\alpha_i-k} + \cdots)$$

---

① 把原文 $i,j$ 以调，为了以下证明方便.

② $H_m^{(l)}(x_{i'}) = \sum\limits_{k=0}^{\alpha_{i'}-1} y_{i'}^{(k)} \varphi_{i'k}^{(l)}(x_{i'}) = y_{i'}^{(l)} \varphi_{i'l}^{(l)}(x_{i'}) = y_{i'}^{(l)} \cdot 1 = y_{i'}^{(l)}.$

**Lagrange 内插公式**

写出 $l_{ik}(x)$ 的泰勒级数的开头部分的明显形式,得①

$$H_m(x) = \sum_{l=1}^{n} \sum_{k=0}^{\alpha_i-1} \sum_{s=0}^{\alpha_i-k-1} y_i^{(k)} \frac{1}{k!} \frac{1}{s!} \cdot$$

$$\left( \frac{(x-x_i)^{\alpha_i}}{\Omega(x)} \right)^{(s)}_{x=x_i} \frac{\Omega(x)}{(x-x_i)^{\alpha_i-k-s}}$$

在导数零点有预给值的多项式. 论述:

**定理 9.2** 对任何已知数 $a_1,\cdots,a_n \in \mathbf{C}$,存在这样的数 $b_1,\cdots,b_n \in \mathbf{C}$ 与这样的多项式 $P(x) = x^{n+1} + p_1 x^n + \cdots + p_n x$(原文最后一项为 $x$),使 $P(b_i) = a_i$ 且 $P'(b_i) = 0$ 对 $i = 1,\cdots,n$. 又如果在序列 $b_1,\cdots,b_n$ 中遇到 $k$ 次数 $\beta$,那么 $P(x) - P(\beta)$ 被 $(x-\beta)^{k+1}$ 整除.

在其证明中证多项式

$$P_b(x) = (n+1) \int_0^x \prod_{i=1}^{n} (t - b_i) \mathrm{d}t$$

(向量 $\boldsymbol{b} = (b_1,\cdots,b_n)$)

为所求. 其中证由公式 $\varphi(b) = (P_b(b_1),\cdots,P_b(b_n))$ 所给定的映射 $\varphi: C^n \to C^n$ 是满射时要引用一般课本所无的"复 $n$ 维射影空间 $CP^n$"的概念(在高等几何及射影几何课本中只论述"实二维射影空间(射影平面)"). 未学过 $CP^n$,颇难理解.

---

① 因 $l_{ik}(x)$ 为 $\dfrac{(x-x_i)^{\alpha_i}}{k! \Omega(x)}$ 的所有对 $x - x_i$ 的不高于 $\alpha_i - k - 1$ 的项,故

$$l_{ik}(x) = \sum_{s=0}^{\alpha_i-k-1} \frac{1}{s!} l_{ik}^{(s)}(x_i)(x-x_i)^s =$$

$$\sum_{s=0}^{\alpha_i-k-1} \frac{1}{s!} \frac{1}{k!} \left( \frac{(x-x_i)^{\alpha_i}}{\Omega(x)} \right)^{(s)}_{x=x_i} (x-x_i)^s$$

再代入 $\varphi_{ik}(x)$ 及 $H_m(x)$ 的表达式得所述下 $H_m(x)$ 的表达式.

# 拉格朗日多项式与特殊多项式

## §1 三个问题的解答

在克莱鲍尔主编的《数学分析的问题与结果》一书中有这样三个问题.

**问题 22** 令 $\cos\theta = x$, 表达式
$$T_n(x) = \cos n\theta = \cos(n\arccos x)$$
是 $x$ 的 $n$ 阶多项式称为切比雪夫多项式. $T_n(x)$ 的首项系数等于 $2^{n-1}$. 这类多项式的前五个是
$$T_1(x) = x$$
$$T_2(x) = 2x^2 - 1$$
$$T_3(x) = 4x^3 - 3x$$
$$T_4(x) = 8x^4 - 8x^2 + 1$$
$$T_5(x) = 16x^5 - 20x^3 + 5x$$

## Lagrange 内插公式

$T_n$ 的根都是位于区间 $(-1,1)$ 内的不同的实数,即

$$\cos\frac{(2^k-1)\pi}{2^n} \quad (k=1,2,\cdots,n)$$

设 $x_1, x_2, \cdots, x_n$ 是任意个不同的实数或复数,且

$$f(x) = a_0(x-x_1)(x-x_2)\cdots(x-x_n) \quad (a_0 \neq 0)$$

令

$$f_k(x) = \frac{1}{f'(x_k)}\frac{f(x)}{x-x_k} =$$

$$\frac{(x-x_1)\cdots(x-x_{k-1})(x-x_{k+1})\cdots(x-x_n)}{(x_k-x_1)\cdots(x_k-x_{k-1})(x_k-x_{k+1})\cdots(x_k-x_n)}$$

每一个 $n-1$ 次多项式 $p$ 都可用它在点 $x_1, x_2, \cdots, x_n$ 处的值表示为

$$p(x) = p(x_1)f_1(x) + p(x_2)f_2(x) + \cdots + p(x_n)f_n(x)$$

这就是拉格朗日插值公式. 多项式 $f_k$ 叫作基本插值公式. 证明下述结果:设

$$x_k = \cos\frac{(2^k-1)\pi}{2^n} \quad (k=1,2,\cdots,n)$$

是切比雪夫多项式 $T_n$ 的根. 若 $Q$ 是次数小于或等于 $n-1$ 的多项式,则

$$Q(x) = \frac{1}{n}\sum_{k=1}^{n}(-1)^{k-1}\sqrt{1-x_k^2}\,Q(x_k)\frac{T_n(x)}{x-x_k}$$

**证明** 因为 $T_n(x) = \cos(n\arccos x)$,我们得

$$T'_n(x) = \frac{n}{\sqrt{1-x^2}}\sin(n\arccos x)$$

从

$$\arccos x_k = \frac{(2^k-1)\pi}{2^n}$$

得

## Lagrange's Interpolation Formula

$$\sin(n\arccos x) = \sin\frac{(2^k-1)\pi}{2} = (-1)^{k-1}$$

所以

$$T'_n(x_k) = \frac{(-1)^{k-1}n}{\sqrt{1-x_k^2}}$$

为了证明上述等式,我们注意等式两边是次数 $\leqslant n-1$ 的多项式,所以,只要证明等式两边对 $n$ 个 $x_k$ 的值相同即可. 当 $x \to x_k$ 时

$$\frac{T_n(x)}{x-x_k} \to T'_n(x_k) = \frac{n(-1)^{k-1}}{\sqrt{1-x_k^2}}$$

而当 $x = x_k$ 时右边的每一项除第 $k$ 项外都为 $0$,因为对 $i = 1,2,\cdots,n$ 及 $k \neq 1$,当 $x_i$ 是 $T_n$ 的根时

$$\frac{T_n(x_i)}{x_i-x_k} = 0$$

因此,右边的表达式是关于 $Q$ 的拉格朗日插值多项式.

**问题 23**   设 $Q$ 是次数不大于 $n-1$ 的多项式,且对 $x \in [-1,1]$,有

$$|Q(x)| \geqslant \frac{1}{\sqrt{1-x^2}}$$

证明在 $[-1,1]$ 内有估计式 $|Q(x)| \leqslant n$ 成立.

**证明**   利用问题 22 的符号表示,若 $-x_1 = x_n \leqslant x \leqslant x_1$,则

$$\sqrt{1-x^2} \geqslant \sqrt{1-x_1^2} = \sin\frac{\pi}{2n} \geqslant \frac{1}{n}$$

于是断言对 $x_n \leqslant x \leqslant x_1$ 为真. 对于 $[-1,1]$ 上的其余的点,我们把问题 22 中求出的拉格朗日插值公式应用多项式

$$Q(x) = \frac{1}{n}\sum_{k=1}^{n}(-1)^{k-1}\sqrt{1-x_k^2}Q(x_k)\frac{T_n(x)}{x-x_k}$$

Lagrange 内插公式

因为不论 $x < x_n$ 还是 $x > x_1$,数 $x - x_k$ 都是同号的. 于是

$$|Q(x)| \leqslant \frac{1}{n} \sum_{k=1}^{n} \left| \frac{T_n(x)}{x - x_k} \right|$$

但是

$$T_n(x) = 2^{n-1} \sum_{k=1}^{n} (x - x_k)$$

所以

$$\frac{T'_n(x)}{T_n(x)} = \sum_{k=1}^{n} \frac{1}{x - x_k}$$

因此

$$|Q(x)| \leqslant \frac{1}{n} |T'_n(x)|$$

而且,由于

$$x = \cos\theta$$

$$T'_n(x) = \frac{n\sin n\theta}{\sin\theta}$$

利用数学归纳法容易验证,当 $-\infty < \theta < +\infty$ 时,有 $|\sin n\theta| \leqslant n|\sin\theta|$,因此 $|T'_n(x)| \leqslant n^2$.

**问题 24** 证明马尔可夫不等式:若 $p$ 是次数 $\leqslant n$ 的任一多项式,则对一切 $x \in [-1, 1]$,有

$$|p'(x)| \leqslant n^2 \{\sup_{-1 \leqslant x \leqslant 1} |p(x)|\}$$

**证明** 若 $\sup\limits_{-1 \leqslant x \leqslant 1} |p(x)| = M$,在问题 23 中取 $Q(x) = \dfrac{p'(x)}{Mn}$. 而我们知道,问题 23 中的条件是满足的.

**注** 取 $p(x) = T_n(x)$,其中 $T_n$ 如问题 22 所述,那么马尔可夫不等式是可能达到的最好的结果. 事实上

$$T'_n(x) = \frac{n\sin(n\arccos x)}{\sqrt{1-x^2}} = n\frac{\sin n\theta}{\sin \theta}$$

所以 $T'_n(1) = n^2$.

## §2 切比雪夫多项式在求最小二乘解中的应用

虽然说从原则上解决了最小二乘意义下的曲线拟合问题,但在实际计算时,由于当 $n \geqslant 7$ 时法方程往往是病态的,因而给求解工作带来了困难. 近年来,产生一些直接解线性最小二乘问题的新方法,例如正交三角化方法;此外,还有用改变函数类 $\Phi$ 的基底 $\varphi_0$, $\varphi_1, \cdots, \varphi_n$ 来改善法方程状态的做法,如进行多项式拟合时,可以先通过变量替换使 $x_i$ 都落在区间 $[-1,1]$ 上,然后把 $n$ 次多项式写成

$$a_0 T_0(x) + a_1 T_1(x) + \cdots + a_n T_n(x) \quad (10.1)$$

的形式,其中 $T_k(x)(k=0,1,\cdots,n)$ 为 $k$ 次切比雪夫多项式, $a_k$ 为待定系数. 下面介绍这个方法的理论根据与具体做法.

**定理 10.1** 设 $x_i(i=1,2,\cdots,n+1)$ 为 $n+1$ 次切比雪夫多项式 $T_{n+1}(x)$ 的零点,即

$$x_i = \cos\frac{(2i-1)\pi}{2(n+1)} \quad (i=1,2,\cdots,n+1)$$

则对任何不高于 $n$ 次的切比雪夫多项式 $T_j(x)$ 与 $T_k(x)$(这里 $j,k \leqslant n$)有

Lagrange 内插公式

$$(T_j, T_k) = \sum_{i=1}^{n+1} T_j(x_i) T_k(x_i) = \begin{cases} 0 & (i \neq k) \\ \dfrac{n+1}{2} & (j = k \neq 0) \\ n+1 & (j = k = 0) \end{cases}$$

**证明** 当 $j = k = 0$ 时,由于
$$T_j(x_i) = T_k(x_i) = 1 \quad (i = 1, 2, \cdots, n+1)$$
故结论显然正确. 下面来考虑在 $j, k$ 中至少有一个不为 0 的情况.

$$(T_j, T_k) = \sum_{i=1}^{n+1} T_j(x_i) T_k(x_i) =$$

$$\sum_{i=1}^{n+1} (\cos(j\arccos x_i) \cdot \cos(k\arccos x_i)) =$$

$$\sum_{i=1}^{n+1} \left( \cos j \frac{(2i-1)\pi}{2(n+1)} \cdot \cos k \frac{(2i-1)\pi}{2(n+1)} \right) =$$

$$\frac{1}{2} \left( \sum_{i=1}^{n+1} \cos(2i-1) \frac{(j+k)\pi}{2(n+1)} + \sum_{i=1}^{n+1} \cos(2i-1) \frac{(j-k)\pi}{2(n+1)} \right)$$

若引入记号
$$S_1 = \sum_{i=1}^{n+1} \cos(2i-1) \frac{(j+k)\pi}{2(n+1)}$$
$$S_2 = \sum_{i=1}^{n+1} \cos(2i-1) \frac{(j-k)\pi}{2(n+1)}$$
则
$$(T_j, T_k) = \frac{1}{2}(S_1 + S_2)$$

由三角恒等式
$$\cos l\theta = \frac{\sin(l+1)\theta - \sin(l-1)\theta}{2\sin\theta}$$

立即可得

$$S_1 = \sum_{i=1}^{n+1} \frac{\sin i \frac{(j+k)\pi}{n+1} - \sin(i-1)\frac{(j+k)\pi}{n+1}}{2\sin \frac{(j+k)\pi}{2(n+1)}} =$$

$$\frac{\sin(j+k)\pi}{2\sin \frac{(j+k)\pi}{2(n+1)}}$$

由于 $j,k \leq n$ 且 $j,k$ 中至少有一个不为 $0$,故

$$S_1 = 0$$

同理可以证明

$$S_2 = \begin{cases} 0 & (j \neq k) \\ n+1 & (j = k \neq 0) \end{cases}$$

于是有

$$(T_j, T_k) = \begin{cases} n+1 & (j = k = 0) \\ \dfrac{n+1}{2} & (j = k \neq 0) \\ 0 & (j \neq k) \end{cases}$$

故定理得证.

定理 10.1 表明,在讨论多项式拟合问题时,如果取

$$\varphi_0 = T_0, \varphi_1 = T_1, \cdots, \varphi_n = T_n$$

而且所给的数据 $x_i (i = 1,2,\cdots,m; m > n)$ 刚好是 $m$ 次切比雪夫多项式 $T_m(x)$ 的零点,那么相应的法方程就简化为

$$\begin{pmatrix} (T_0,T_0) & & & \\ & (T_1,T_1) & & \\ & & \ddots & \\ & & & (T_n,T_n) \end{pmatrix} \begin{pmatrix} a_0 \\ a_1 \\ \vdots \\ a_n \end{pmatrix} = \begin{pmatrix} (T_0,f) \\ (T_1,f) \\ \vdots \\ (T_n,f) \end{pmatrix}$$

(10.2)

**Lagrange 内插公式**

只要由此方程组解出
$$a_k = a_k^* \quad (k = 0, 1, \cdots, n)$$
就得到了形如(10.1)的多项式拟合曲线
$$\varphi_n(x) = a_0^* T_0(x) + a_1^* T_1(x) + \cdots + a_n^* T_n(x)$$
(10.3)

显然,解方程组(10.2)是毫无困难地. 事实上,由定理 10.1 容易看出

$$a_k^* = \frac{(T_k, f)}{(T_k, T_k)} = \frac{\sum_{i=1}^{m} T_k(x_i) f(x_i)}{\sum_{i=1}^{m} T_k(x_i) T_k(x_i)} =$$

$$\begin{cases} \dfrac{1}{m} \sum_{i=1}^{m} y_i & (k = 0) \\ \dfrac{2}{m} \sum_{i=1}^{m} y_i T_k(x_i) & (k = 1, 2, \cdots, n) \end{cases} \quad (10.4)$$

但是,在通常情况下 $x_i (i = 1, 2, \cdots, m)$ 不一定是 $m$ 次切比雪夫多项式的零点,这时,只要先根据给定的函数表 10.1

表 10.1

| $x$ | $x_1$ | $x_2$ | $\cdots$ | $x_m$ |
|---|---|---|---|---|
| $f(x)$ | $y_1$ | $y_2$ | $\cdots$ | $y_m$ |

(其中 $x_i \in [-1, 1]$) 用插值法求出 $n + 1$ 次(这里不用 $m$ 次是为了减少计算量. 实际上,只要次数高于 $n$ 都可以) 切比雪夫多项式的零点

$$\tilde{x}_i = \cos \frac{(2i - 1)\pi}{2(n + 1)} \quad (i = 1, 2, \cdots, n + 1)$$

处的函数值 $\tilde{y}_i$;然后从数据表 10.2

## Lagrange's Interpolation Formula

表 10.2

| $\tilde{x}_i$ | $\tilde{x}_1$ | $\tilde{x}_2$ | $\cdots$ | $\tilde{x}_{n+1}$ |
|---|---|---|---|---|
| $\tilde{y}_i$ | $\tilde{y}_1$ | $\tilde{y}_2$ | $\cdots$ | $\tilde{y}_{n+1}$ |

出发,求出多项式拟合曲线(10.3). 同时,计算 $a_k^*$ 的公式(10.4)应改为

$$a_k^* = \begin{cases} \dfrac{1}{n+1}\sum_{i=1}^{n+1}\tilde{y}_i & (k=0) \\ \dfrac{2}{n+1}\sum_{i=1}^{n+1}\tilde{y}_i T_k(\tilde{x}_i) & (k=1,2,\cdots,n) \end{cases}$$

(10.5)

下面举例说明用切比雪夫多项式拟合曲线的具体做法.

**例 10.1**  已知一组实验数据$(x_i,y_i)(i=1,2,\cdots,7)$如表 10.3 最左边两列所示,试用切比雪夫多项式求它的二次多项式拟合曲线.

表 10.3

| $x_i$ | $y_i$ | $x'_i$ | $\tilde{x}_i$ | $\tilde{y}_i$ |
|---|---|---|---|---|
| 1 | 2 | -1 | -0.866 | 3.1 |
| 2 | 4.8 | -0.667 | | |
| 3 | 7 | -0.333 | | |
| 4 | 8 | 0 | 0 | 8.0 |
| 5 | 10 | 0.333 | | |
| 6 | 9 | 0.667 | 0.866 | 7.7 |
| 7 | 6.9 | 1 | | |

**解**  我们分如下几步来完成这一工作.
(1) 通过变量替换

Lagrange 内插公式

$$x = \frac{a+b}{2} + \frac{b-a}{2}x'$$

即

$$x' = \frac{2x-(a+b)}{b-a}$$

将 $x_i$ 变为 $x'_i \in [-1,1]$. 在本例中,只需取 $a=1, b=7$,此时

$$x'_i = \frac{x_i - 4}{3} \quad (i=1,2,\cdots,7)$$

计算结果见表 10.3 的第三列.

(2)计算 $T_{n+1}(x)$ 的零点

$$\tilde{x}_i = \cos\frac{(2i-1)\pi}{2(n+1)} \quad (i=1,2,\cdots,n+1)$$

在本例中 $n=2$,故

$$\tilde{x}_1 = \cos\frac{\pi}{6} \approx 0.866$$

$$\tilde{x}_2 = \cos\frac{\pi}{2} = 0$$

$$\tilde{x}_3 = \cos\frac{5\pi}{6} \approx -0.866$$

(3)根据函数表中 $x'_i, y_i$ 的值($i=1,2,\cdots,m$),用拉格朗日插值公式计算在 $\tilde{x}_i$ 处的函数值 $\tilde{y}_i$($i=1,2,\cdots,n+1$). 在本例中,用分段拉格朗日插值公式进行计算. 结果见表 10.3 最右边一列.

(4)利用公式(10.5)计算 $a_k^*$($k=0,1,\cdots,n$). 在本例中,有

$$a_0^* = \frac{1}{3}(\tilde{y}_1 + \tilde{y}_2 + \tilde{y}_3) = 6.2667$$

$$a_1^* = \frac{2}{3}(\tilde{y}_1 T_1(\tilde{x}_1) + \tilde{y}_2 T_1(\tilde{x}_2) + \tilde{y}_3 T_1(\tilde{x}_3)) = 2.6557$$

$$a_2^* = \frac{2}{3}(\tilde{y}_1 T_2(\tilde{x}_1) + \tilde{y}_2 T_2(\tilde{x}_2) + \tilde{y}_3 T_3(\tilde{x}_3)) =$$
$$-1.734\ 1$$

(5) 写出拟合多项式

$$y_n(x') = a_0^* T_0(x') + a_1^* T_1(x') + \cdots + a_n^* T_n(x')$$

在本例中

$$y_2(x') = a_0^* T_0(x') + a_1^* T_1(x') + a_2^* T_2(x') =$$
$$a_0^* + a_1^* x' + a_2^* (2x'^2 - 1) =$$
$$8.000\ 8 + 2.655\ 7x' - 3.468\ 2x'^2$$

(6) 用 $x' = \dfrac{2x - (a+b)}{b-a}$ 代入上式,将 $[-1,1]$ 上的多项式 $y_n(x')$ 转变为 $[a,b]$ 上的多项式

$$\varphi_n(x) = A_0 + A_1 x + \cdots + A_n x^n$$

在本例中,只要用 $x' = \dfrac{x-4}{3}$ 代入 $y_2(x')$,整理后即得所求的二次多项式拟合曲线

$$\varphi_2(x) = -1.705\ 8 + 3.968\ 0x - 0.385\ 4x^2$$

## §3 连续函数的多项式逼近

在数值计算中,经常需要用一个构造简单、计算量小的函数 $P(x)$ 来近似所讨论的函数 $f(x)$,以便迅速求出函数值的近似值.

用 $f(x)$ 的泰勒展开式的部分和,例如

$$f(x) = e^x = 1 + x + \frac{1}{2!}x^2 + \frac{1}{3!}x^3 + \frac{1}{4!}x^4 + \cdots$$

的前五项之和

## Lagrange 内插公式

$$\tilde{P}_4(x) = 1 + x + \frac{1}{2}x^2 + \frac{1}{6}x^3 + \frac{1}{24}x^4$$

去逼近 $f(x)$，也是一种常用的方法. 其特点是：在展开点 $x_0$（在上面的例子中 $x_0 = 0$）附近的近似值准确程度可以很高，但是随着 $x$ 远离 $x_0$，误差可以越来越大. 例如用 $\tilde{P}_4(x)$ 去近似地代替 $f(x) = e^x$，则其误差

$$R(x) = f(x) - \tilde{P}_4(x)$$

的图像如图 10.1 所示. 它表明对于不同的 $x$，误差 $R(x)$ 是很不均匀的. 这样，$\tilde{P}_4(x)$ 在有的点过分准确；在有的点则达不到精度要求. 为了使这种逼近在整个所讨论的区间上都达到精度要求，只能在展开式中取更多的项，从而使计算量成倍增加. 因此，如何在给定精度下，求出最简单、计算量最小的近似关系式是值得关心的问题. 这个问题的一般提法是：

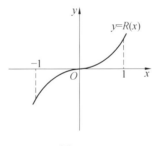

图 10.1

对于函数类 $A$ 中给定的函数 $f(x)$，要求在一个较简单且便于计算的函数类 $B(\subset A)$ 中寻找一个函数 $P(x)$，使误差 $|f(x) - P(x)|$ 在某种度量意义下最小.

最常用的函数类 $A$ 是区间 $[a,b]$ 上的连续函数，即 $f(x) \in C[a,b]$.

最常用的函数类 $B$ 有代数多项式,三角多项式以及有理函数等.

最常用的度量标准有两种. 一种是以最大误差
$$\max_{x \in [a,b]} |f(x) - P(x)| \qquad (10.6)$$
作为度量误差 $f(x) - P(x)$ 的"大小"的标准,在这种意义下的函数逼近称为一致逼近或均匀逼近;另一种是以均方误差.

## §4 魏尔斯特拉斯定理与Бернштейн多项式

能否用多项式一致逼近任意的连续函数,使之具有预先任意给定的误差? 魏尔斯特拉斯在 1885 年对于这个基本逼近问题作出了肯定的答复.

**定理 10.2** 设 $f(x) \in C[a,b]$,对于任意的 $\varepsilon > 0$,必存在这样的多项式 $p(x)$,使
$$\|f - p\| < \varepsilon$$

该定理有很多证明方法. 下面介绍一种构造性证法,是 Бернштейн 于 1912 年给出的一个著名结果,它不仅有其理论价值. 有趣的是,由于样条曲线在近代曲线造型中的广泛应用,这个古老的多项式现在也恢复了它的青春活力.

不失一般性,可假定 $f(x) \in C[0,1]$(否则只需作变换 $t = \dfrac{x-a}{b-a}$ 即可). 根据 $f(x)$ 在 $n$ 等分点处的值构造如下的 Бернштейн 多项式
$$B_n(f;x) = \sum_{k=0}^{n} f\left(\frac{k}{n}\right) C_n^k x^k (1-x)^{n-k} \qquad (10.7)$$

Lagrange 内插公式

于是,只需证明,对于 $0 \leqslant x \leqslant 1$,一致地有

$$\lim_{n\to\infty} B_n(f;x) = f(x) \qquad (10.8)$$

记基函数

$$M_{n,k}(x) = C_n^k x^k (1-x)^{n-k} \qquad (10.9)$$

$M_{n,k}(x)$ 在概率论中表示在 $n$ 次独立试验中事件 $E$ 出现 $k$ 次的概率,这里 $x$ 是该事件 $E$ 单独发生的概率. 根据大数定律,此概率与相应的频率 $\dfrac{k}{n}$ 之差大于任意 $\delta > 0$ 的概率小于 $\dfrac{1}{4n\delta^2}$. 把整数集合 $k: \{0, 1, \cdots, n\}$ 按是否满足不等式

$$\left| \frac{k}{n} - x \right| \leqslant \delta$$

分成两组 $A$ 与 $\overline{A}$,应用大数定律,于是有

$$\sum_{k \in \overline{A}} M_{n,k}(x) < \frac{1}{4n\delta^2}$$

容易看出,基函数 $M_{n,k}(x)$ 有下面两个重要性质

$$M_{n,k}(x) \geqslant 0, \sum_{k=0}^n M_{n,k}(x) = 1 \qquad (10.10)$$

因而

$$B_n(f;x) - f(x) = \sum_{k=0}^n \left( f\left(\frac{k}{n}\right) - f(x) \right) M_{k,n}(x)$$

$$|B_n(f;x) - f(x)| \leqslant$$

$$\sum_{k \in A} \left| f\left(\frac{k}{n}\right) - f(x) \right| M_{k,n}(x) +$$

$$\sum_{k \in \overline{A}} \left| f\left(\frac{k}{n}\right) - f(x) \right| M_{n,k}(x) \leqslant$$

$$\omega(\delta) + \frac{\|f\|}{2n\delta^2}$$

对于给定的任意 $\varepsilon > 0$,先取足够小的 $\delta$,使 $\omega(\delta) < \varepsilon/2$,然后再取充分大的 $n$,使 $n > \dfrac{\|f\|}{\varepsilon \delta^2}$. 因此,总可使

$$|B_n(f;x) - f(x)| < \varepsilon$$

定理 10.2 证毕.

需要强调指出,上面的 $B_n(f;x)$ 一般并不是 $f(x)$ 的插值多项式(二者通常只在区间两端的值相同),而是 $f(x)$ 的一个逼近多项式. 不难证明,当且仅当 $f(x)$ 是一次多项式时,上述逼近多项式(10.7)才是精确的. 尽管如此,该逼近多项式对于一般函数仍然具有较强的整体逼近性质,这个特点则是一般插值多项式(即使它具有较高的逼近阶)所不具备的.

**定理 10.3** 若 $f(x) \in C^v[0,1]$,则 $B_n^{(v)}(f;x)$ 对于 $0 \leq x \leq 1$ 一致收敛于 $f^{(v)}(x)$.

该定理表明,对于光滑的被逼函数,不仅 $B_n(f;x)$ 本身一致收敛于被逼函数,而且 $B_n(f;x)$ 的若干阶导数也一致收敛到被逼函数的相应阶导数. 这是个很强的收敛性质.

利用基函数 $M_{n,k}(x)$ 的基本关系式(10.10),容易验证,$B_n(f;x)$ 逼近 $f(x)$ 在下列意义下是稳定的:

**定理 10.4** 若 $f(x)$ 与 $f(x) + \delta f(x)$ 均属于 $C[0,1]$,则

$$\|B_n(f+\delta f) - B_n(f;x)\| \leq \|\delta f\| \quad (10.11)$$

上式表明,如果被逼函数有个小扰动,那么,逼近多项式出现的扰动不会超过它. 这就保证了 $B_n(f;x)$ 在逼近计算时是稳定的. 但是,从点点逼近精度的经典意义上看,Бернштейн 多项式的收敛阶是很低的. 已

## Lagrange 内插公式

经证明,即使 $f(x)$ 有高于二阶的光滑度,$B_n(f;x)$ 收敛于 $f(x)$ 的阶不超过 $O(n^{-1})$,而对只是连续的函数 $f(x)$,收敛估计式为

$$\|f(x) - B_n(f;x)\| \leq \frac{5}{4}\omega\left(\frac{1}{\sqrt{n}}\right) \quad (10.12)$$

另外,如果 $f(x) \in C^1[a,b]$,且存在常数 $M$ 使

$$|f(x) - f(y)| \leq M|x-y| \quad (0 \leq x,y \leq 1)$$

那么有估计式

$$|f(x) - B_n(f;x)| \leq \frac{M}{2n}x(1-x)$$

成立,反之亦然.

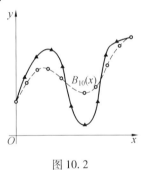

图 10.2

## §5 佩亚诺定理

这是估计线性插值与线性逼近算子误差常用的一个工具.

设 $f(x) \in C^{n+1}[a,b]$,$L[f]$ 是如下定义的线性泛函

$$L[f] = \int_a^b (a_0(x)f(x) + a_1(x)f'(x) + \cdots +$$

$$a_n f^{(n)}(x))\mathrm{d}x +$$

$$\sum_{i=1}^{j_0} b_{i0} f(x_{i0}) + \sum_{i=1}^{j_1} b_{i1} f'(x_{i1}) + \cdots +$$

$$\sum_{i=1}^{j_n} b_{in} f^{(n)}(x_{in}) \qquad (10.13)$$

这里函数 $a_i(x)$ 均假定为 $[a,b]$ 上分段连续的函数,点 $x_{ij}$ 均在 $[a,b]$ 上.

**定理 10.5(佩亚诺(Peano)核定理)** 如果
$$L[P(x)] = 0$$
对一切 $n$ 次多项式 $P(x)$ 成立,那么对任意的 $f \in C^{n+1}[a,b]$,均有

$$L[f] = \int_a^b f^{(n+1)}(t) k(t) \mathrm{d}t \qquad (10.14)$$

其中佩亚诺核

$$k(t) = \frac{1}{n!} L_x[(x-t)_+^n] \qquad (10.15)$$

这里记号 $L_x[(x-t)_+^n]$ 表示线性泛函 $L$ 作用在作为 $x$ 函数的截断幂函数 $(x-t)_+^n$ 上,此时 $t$ 视为参数.

**证明** 由泰勒积分余项表示,当 $f \in C^{n+1}[a,b]$ 时,对任意 $a \leq x \leq b$,有

$$f(x) = f(a) + f'(a)(x-a) + \cdots +$$

$$\frac{1}{n!} f^{(n)}(a)(x-a)^n +$$

$$\frac{1}{n!} \int_a^x f^{(n+1)}(t)(x-t)^n \mathrm{d}t$$

应用截断幂函数记号,最后一项可以改写为

$$\frac{1}{n!} \int_a^b f^{(n+1)}(t)(x-t)_+^n \mathrm{d}t$$

按照假定 $L[P(x)] = 0$,对展开式两边作用泛函 $L$,因

**Lagrange 内插公式**

为 $L$ 是线性泛函,故有

$$L[f] = \frac{1}{n!}\int_a^b f^{(n+1)}(t) L_x[(x-t)_+^n] dt$$

证毕.

## §6 拉格朗日插值多项式及其不稳定性

给定函数 $f(x)$ 在分割

$$\Delta: a = x_0 < x_1 < \cdots < x_n = b \quad (10.16)$$

节点处的值 $y_i = f(x_i)$ $(i=0,1,\cdots,n)$,存在唯一的 $n$ 次多项式 $L(x)$ 满足在节点处具有给定值

$$L(x_i) = y_i \quad (i = 0,1,\cdots,n) \quad (10.17)$$

这个多项式称为拉格朗日插值多项式.

唯一性的证明可用反证法. 若不然,设 $L_1(x)$ 也是满足条件(10.17)的 $n$ 次多项式,显然 $L(x) - L_1(x)$ 也为 $n$ 次多项式,但它具有 $n+1$ 个零点,因此它只可能恒等于 0. $L(x)$ 的具体表达式可随不同基函数的选取而改变. 例如,可以写成基型插值公式

$$L(x) = \sum_{i=0}^n y_i l_i(x) \quad (10.18)$$

这时基函数

$$l_i(x) = \frac{\omega(x)}{\omega'(x_i)(x-x_i)}$$

$$\omega(x) = \prod_{j=0}^n (x - x_j) \quad (10.19)$$

且

$$l_j(x_i) = \delta_{ij}$$

根据 $L(x)$ 的唯一性,特别对于次数不超过 $n$ 的多项式

## Lagrange's Interpolation Formula

$P(x)$ 成立恒等式

$$P(x) = \sum_{k=0}^{n} P(x_k) l_k(x)$$

这等价于有下面 $n+1$ 个恒等式成立

$$\sum_{k=0}^{n} l_k(x) = 1$$

$$\sum_{k=0}^{n} x_k^v l_k(x) = x^v \quad (v = 1, 2, \cdots, n) \quad (10.20)$$

上式后半部可改写为

$$\sum_{k=0}^{n} (x - x_k)^v l_k(x) = 0 \quad (v = 1, 2, \cdots, n)$$

$$(10.21)$$

所有基函数之和恒等于 $1$，$l_k(x)$ 的这一性质与 $M_{n,k}(x)$ 相同. 但是, 这里 $l_k(x)$ 不再具有非负性质, 也没有局部支柱性质. 因而, 作为函数级数, $\Sigma |l_k(x)|$ 的有界性得不到保证, 这个弱点正是后面要提到的有关高次拉格朗日插值存在一系列问题的症结所在.

现在进行 $L(x)$ 的误差误计. 设 $f(x) \in C^k[a,b]$, 应用泰勒展开式, 存在某个 $\xi_j \in (a,b)$ 使得

$$y_j = f(x) + \sum_{v=1}^{k-1} \frac{f^{(v)}(x)}{v!} (x_j - x)^v + \frac{f^{(k)}(\xi_j)}{k!} (x_j - x)^k$$

成立, 将其代入式(10.18), 并利用式(10.21), 即可得 $L(x)$ 的一种余项公式

$$L(x) = f(x) + \frac{1}{k!} \sum_{j=0}^{n} f^{(k)}(\xi_j)(x_j - x)^k l_j(x)$$

$$(10.22)$$

**Lagrange 内插公式**

当 $k \leq n$ 时,令 $j_0 = \left[\dfrac{n+1}{2}\right]$ ($\dfrac{n+1}{2}$ 的整数部分),由式(10.21),余项公式可写成另一种形式

$$L(x) - f(x) = \frac{1}{k!} \sum_{j \neq j_0} (x_j - x)^k l_j(x) \cdot$$
$$(f^{(k)}(\xi_j) - f^{(k)}(\xi_{j_0})) \quad (10.23)$$

应用佩亚诺核定理,因为 $k$ 次拉格朗日插值多项式对于同次的多项式精确成立,于是根据式(10.14),当 $f(x) \in C^{k+1}[a,b]$ 时,$L(x)$ 的积分余项表示为

$$L(x) - f(x) = -\frac{1}{k!} \sum_{j=0}^{n} l_j(x) \int_{x_j}^{x} (x_j - t)^k f^{(k+1)}(t) \mathrm{d}t$$

特别,当 $f(x) \in C^{n+1}[a,b]$ 时,由插值条件,对于任一 $x \in [a,b]$,根据中值定理,必存在某一 $\xi \in (a,b)$,使

$$e(x) = L(x) - f(x) = -\frac{f^{(n+1)}(\xi)}{(n+1)!} \omega(x)$$

(10.24)

为了估计 $e(x)$ 的范数,先设 $x_{j-1} \leq x \leq x_j$,记

$$h_j = x_j - x_{j-1}, h = \max_j h_j$$

因为

$$(x - x_{j-1})(x_j - x) \leq \left(\frac{x_j - x_{j-1}}{2}\right)^2$$

$$|\omega(x)| \leq \frac{h^{n+1}}{4} j! (n+1-j)!$$

$$|L(x) - f(x)| \leq \frac{h^{n+1}}{4 C_{n+1}^j} \|f^{(n+1)}\|$$

因此,此时有范数估计式

$$\|f - L\| \leq \frac{h^{n+1}}{4(n+1)} \|f^{(n+1)}\| \quad (10.25)$$

类似地,可证明对于 $\alpha = 1, 2, \cdots, n$,有

## Lagrange's Interpolation Formula

$$\|f^{(\alpha)} - L^{(\alpha)}\| \leq \frac{h^{n+1-\alpha}}{C_n^{\alpha-1}} \|f^{(n+1)}\| \quad (10.26)$$

应该指出,上面两个估计式中的逼近阶都是在 $f(x) \in C^{n+1}[a,b]$ 的假定下才成立的。如果 $f(x) \in C^k[a,b] (k \leq n)$,根据有关最佳逼近的杰克逊定理,由式(10.22)或(10.23)出发可得到相应的误差估计式

$$\|f - L\| \leq (1 + (2\beta)^n) g_k(f;n)$$

其中

$$\beta = \max_{1 \leq j \leq n} \frac{h}{h_j}$$

$g_k(f;n) =$

$$\begin{cases} 6\omega\left(f; \dfrac{b-a}{2n}\right) & (k = 0) \\ \dfrac{3(b-a)}{n} \|f'\| & (k = 1) \\ \dfrac{6^k(k-1)^{k-1}}{(k-1)! \, n^k} k(b-a)^k \|f^{(k)}\| & (1 < k < n+1) \end{cases}$$

由此可见,拉格朗日插值多项式收敛到被逼函数是有严格限制的。

如果被插函数是整函数,由估计式(10.25)即可得到下面的定理:

**定理 10.6** 整函数的拉格朗日插值多项式当次数趋于无穷大时一致收敛于该函数。

为了说明拉格朗日插值多项式收敛性中的问题,下面我们不加证明地引用一些正反两方面的结论。

**定理 10.7** 对于每个固定的函数 $f(x) \in C[a,b]$,都存在一组节点排列

$$a \leq x_0^{(n)} < x_1^{(n)} < \cdots < x_n^{(n)} \leq b \quad (10.27)$$

使得相应的拉格朗日插值多项式序列一致收敛于 $f(x)$.

**定理 10.8** 不论节点序列(10.27)如何排列,总存在某函数 $f(x) \in C[a,b]$,对它而言,由节点序列(10.27) 所产生的 $L_n(x)$ 不一致收敛于 $f(x)$.

特别,当节点(10.27)是等距时,至少可以给出两个反例.

**定理 10.9** 函数 $|x|$ 对于 $[-1,1]$ 上的等距节点
$$(x_0^{(n)} \equiv -1, x_n^{(n)} \equiv 1)$$
所构成的内插多项式 $L_n(x)$,当 $n$ 无限增大时,除去 $-1,0,1$ 三点之外,$[-1,1]$ 上其他任何点处 $L_n(x)$ 都不收敛于 $|x|$.

**定理 10.10** 对于区间 $[-5,5]$ 上的函数 $f(x) = \dfrac{1}{1+x^2}$,等距网格所构成的 $L_n(x)$ 仅当 $|x| < 3.65$ 时收敛,而当 $|x| > 3.65$ 时发散.

## §7 关于埃尔米特多项式的微分方程

下面三个问题的中心是研究埃尔米特多项式 $P_n(x)$. 在第一个问题中,这些多项式定义为一个依赖于整数 $n$ 的二阶线性微分方程的解. 这个方程可以用广义拉普拉斯变换来求解. 由此我们可以推出 $P_n(x)$ 的形式以及它们在区间 $(-\infty, +\infty)$ 上具有权 $e^{-x^2}$ 的正交性.

在第二个问题中,多项式 $P_n(x)$ 由正交条件来定义,然后建立各种递推关系,特别地,我们还要找出上

## Lagrange's Interpolation Formula

面提到的微分方程.

在第三个问题中,多项式 $P_n(x)$ 由生成函数的泰勒展开式的系数来定义.我们将再一次推导正交性,并计算多项式 $P_n(x)$ 的范数(在希尔伯特空间中).

在所有的这些练习中,我们都将程度不同地引进一个实的赋范向量空间 $E$(希尔伯特空间). 空间 $E$ 由使

$$\int_{-\infty}^{+\infty} f^2(x) e^{-x^2} dx$$

存在的实函数 $f(x)$ 所组成.

这个积分是 $f$ 的范数的平方,积分

$$(f,g) = \int_{-\infty}^{+\infty} f(x) g(x) e^{-x^2} dx$$

是函数 $f$ 与 $g$ 的内积. 特别地,若两个函数的内积是 $0$,则称它们是正交的. 埃尔米特多项式是彼此正交的.

我们将证明埃尔米特多项式的集合构成空间 $E$ 的一组正交基. 下面将用这组基去表示空间 $E$ 中的函数,也就是将 $E$ 中的函数表示为多项式 $P_n$ 的线性组合.

存在着大量的其他的多项式的赋范向量空间. 例如,考虑定义在 $[0, +\infty)$ 上使得积分

$$\int_{0}^{+\infty} f^2(x) e^{-x} dx$$

存在的函数 $f$ 的空间. 然后考虑这个空间的一个这样的子空间:它由在半无穷区间 $[0, +\infty)$ 上彼此正交的多项式 $L_n(x)$ 所组成,也就是由当 $m \neq n$ 时,使

$$\int_{0}^{+\infty} L_n(x) L_m(x) e^{-x} dx = 0$$

的多项式 $L_n(x)$ 所组成. 这些多项式叫作拉盖尔(Laguerre)多项式,它们满足下述关系

**Lagrange 内插公式**

$$xL''_n + (1-x)L'_n + nL_n = 0$$

$$L_{n+1} - (2n+1-x)L_n + n^2 L_{n-1} = 0$$

$$L_n(x) = e^x \frac{d^n}{dx^n}(x^n e^{-x})$$

$$\frac{1}{1-t}\exp\left(-\frac{xt}{1-t}\right) = \sum_{n=0}^{\infty} \frac{t^n}{n!} L_n(x) \quad (|t|<1)$$

可以用研究埃尔米特多项式一样的办法来研究它们.

**问题** (1) 在微分方程

$$y'' + (2n+1-x^2)y = 0 \quad (10.28)$$

中,这里 $n$ 是一个非负整数,作替换

$$y = (\exp(-x^2/2))z$$

就得出一个新的微分方程(E).

(2) 为了解(E),设

$$z(x) = \int_C e^{ux} f(u) du$$

这里 $C$ 是复的 $u$-平面上的一个回路, $f(u)$ 是一个未知的解析函数.

构造 $f(u)$ 所满足的微分方程. 解这个微分方程. 选取一个适当的闭回路 $C$,并应用留数定理,证明多项式

$$P_n(x) = (-1)^n \exp(x^2) \frac{d^n}{dx^n} \exp(-x^2)$$

(10.29)

满足(E).

(3) 设

$$y_n(x) = (\exp(-x^2/2)) P_n(x)$$

则 $y_n(x)$ 是微分方程(10.28)的一个解. 证明

$$\int_{-\infty}^{+\infty} y_k(x) y_n(x) dx = 0 \quad (k \neq n)$$

**解** (1) 变换后的方程. 设 $y = (\exp(-x^2/2))z$, 微分可得

$$y' = (\exp(-x^2/2))z' - x(\exp(-x^2/2))z$$
$$y'' = (\exp(-x^2/2))z'' - 2x(\exp(-x^2/2))z' - (\exp(-x^2/2))(1-x^2)z$$

将这些表达式代入式(10.28),立即有

$$z'' - 2xz' + 2nz = 0 \qquad (E)$$

(2) 方程(E)的解. 我们采用广义拉普拉斯变换. 设

$$z(x) = \int_C e^{ux} f(u) \, du$$

若假定在积分号下可以微商,则有

$$z'(x) = \int_C u e^{ux} f(u) \, du$$

$$z''(x) = \int_C u^2 e^{ux} f(u) \, du$$

若对 $xz'$ 分部积分,则得

$$xz'(x) = (e^{ux} u f(u))_C - \int_C e^{ux} (u f(u))' \, du$$

若将已得到的表达式代入方程(E),则有

$$(-2e^{ux} u f(u))_C + \int_C e^{ux} ((u^2 + 2n) f(u) - (-2u f(u))') \, du = 0 \qquad (10.30)$$

若两项分别为0,则此方程就成立,若 $f(u)$ 满足微分方程

$$-(2u f(u))' = (u^2 + 2n) f(u)$$

则含积分的一项为0,上述方程可写作

$$\frac{(u f(u))'}{u f(u)} = -\frac{u}{2} - \frac{n}{u}$$

直接积分,得到

**Lagrange 内插公式**

$$\lg(uf(u)) = -\frac{u^2}{4} - n\lg u + K$$

因为 $f(u)$ 确定到可以差一个常数因子,所以可以取 $K = 0$. 这时

$$f(u) = \frac{\exp(-u^2/4)}{u^{n+1}}$$

函数 $f(u)$ 在复平面上除原点外是一个全纯函数,在原点处它有 $n+1$ 阶极点. 因为它是一致的,所以可以取一个闭回路作为回路 $C$. 于是 (10.30) 的第一项是 0, 从而式 (10.30) 成立. 要 $z(x)$ 不为 0,只要把回路取为绕原点的圆就可以了. 于是 $z(x)$ 的值由留数定理给出

$$z(x) = \int_C \frac{\exp(ux - (u^2/4))}{u^{n+1}} \mathrm{d}u =$$

$$\mathrm{e}^{x^2} \int_C \frac{\exp(-(x-(u/2))^2)}{u^{n+1}} \mathrm{d}u$$

若设 $\zeta = x - (u/2)$,则有

$$z(x) = (\exp(x^2)) \int_{C'} \frac{\exp(-\zeta^2)}{(\zeta-x)^{n+1}} \cdot \frac{\mathrm{d}\zeta}{(-2)^n}$$

$C'$ 是包含点 $\zeta = x$ 的回路,全纯函数的 $n$ 阶导数的公式指出

$$\frac{n!}{2\mathrm{i}\pi} \int_{C'} \frac{\exp(-\zeta^2)}{(\zeta-x)^{n+1}} \mathrm{d}\zeta = \frac{\mathrm{d}^n(\exp(-x^2))}{\mathrm{d}x^n}$$

这样一来,函数

$$z(x) = \frac{2\mathrm{i}\pi}{n!} \frac{(-1)^n}{2^n} (\exp(x^2)) \cdot$$

$$\frac{\mathrm{d}^n}{\mathrm{d}x^n}(\exp(-x^2)) = \frac{2\mathrm{i}\pi}{2^n n!} P_n(x)$$

的确是 (E) 的一个特解,容易看出它是 $n$ 阶多项式.

若我们不指出回路 $C$ 是什么,则需要将留数定理

应用到计算 $z(x)$ 上. 除去一个因子 $2\mathrm{i}\pi$ 外, $z(x)$ 等于在原点的邻域里 $\exp(ux - u^2/4)$ 的泰勒展开式中 $u^n$ 的系数. 现在

$$\exp(ux) = 1 + ux + \cdots + u^k \frac{u^k}{k!} + \cdots$$

$$\exp(-u^2/4) = 1 - \frac{u^2}{4} + \cdots + \frac{(-1)^p}{p!} \cdot \frac{u^2 p}{4^p} + \cdots$$

将这两个级数乘起来,我们就会看到,$u^n$ 的系数是

$$\frac{x^n}{n!} - \frac{1}{4} \cdot \frac{x^{n-2}}{(n-2)!} + \cdots +$$

$$\frac{x^{n-2q}}{(n-2q)!} \cdot \frac{(-1)^q}{q! \, 4^q} + \cdots$$

最后一项依赖于 $n$ 是奇的还是偶的. 这样一来, $z(x)$ 的确是具有上面所指出的系数的 $n$ 次多项式.

以这种方式求出的多项式差一个常数因子. 精确地说, 正常的埃尔米特多项式由下式定义

$$P_n(x) = (-1)^n (\exp(x^2)) \frac{\mathrm{d}^n}{\mathrm{d}x^n}(\exp(-x^2)) =$$

$$(2x)^n + \cdots$$

(3) 特解的正交性. 若设

$$y_n(x) = (\exp(-x^2/2)) P_n(x)$$

则 $y_n(x)$ 是

$$y''_n + (2n + 1 - x^2) y_n = 0$$

的解, 而 $y_k(x)$ 是

$$y''_k + (2k + 1 - x^2) y_k = 0$$

的解. 若用 $y_k$ 乘第一个方程, 用 $-y_n$ 乘第二个方程, 然后把它们加起来, 则有

$$y''_n y_k - y''_k y_n + 2(n - k) y_n y_k = 0 \quad (10.31)$$

第一项是 $y'_n y_k - y'_k y_n$ 的导数.

Lagrange 内插公式

另外,函数 $y_n, y_k, y_k y_n$ 在 $(-\infty, +\infty)$ 上都是可积的,当 $x \to \pm\infty$ 时,它们都趋向于 0. 若从 $-\infty$ 到 $+\infty$ 对方程(10.31)积分,则有

$$(y'_n y_k - y'_k y_n)\Big|_{-\infty}^{+\infty} + 2(n-k)\int_{-\infty}^{+\infty} y_n y_k \mathrm{d}x = 0$$

第一项为 0,因为 $n \neq k$,所以

$$\int_{-\infty}^{+\infty} y_n(x) y_k(x) \mathrm{d}x = 0 \quad (k \neq n)$$

用多项式 $P_n(x)$ 来表示,这个方程就变为

$$\int_{-\infty}^{+\infty} (\exp(-x^2)) P_k(x) P_n(x) \mathrm{d}x = 0 \quad (k \neq n)$$

这样一来,埃尔米特多项式在 $(-\infty, +\infty)$ 上关于权 $\exp(-x^2)$ 是正交的.

## §8 用正交条件定义埃尔米特多项式

**问题** 埃尔米特多项式序列 $P_0(x), P_1(x), \cdots, P_n(x)$ 由下述条件定义:

(a) $P_n(x)$ 是一个 $n$ 阶多项式;

(b) $x^n$ 的系数是 $2^n$;

(c) 当 $m \neq n$ 时

$$\int_{-\infty}^{+\infty} P_m(x) P_n(x) \exp(-x^2) \mathrm{d}x = 0 \quad (10.32)$$

(1) 逐个计算 $P_0, P_1, P_2, P_3$.

(2) 假定 $Q(x)$ 是一个次数小于某个整数 $n$ 的埃尔米特多项式. 试证明

$$\int_{-\infty}^{+\infty} P_n(x) Q(x) \exp(-x^2) \mathrm{d}x = 0$$

## Lagrange's Interpolation Formula

(3) 证明:我们总可以将 $P_{n+1}$ 写为以下的形式

$$P_{n+1} = 2xP_n + a_n P_n + b_n P_{n-1} + \cdots + l_n P_0$$

(10.33)

这里 $a_n, \cdots, l_n$ 都是常系数,除去 $a_n$ 与 $b_n$ 可能不为 0 外其他都为 0.

(4) 证明:当 $m \leqslant n-2$ 时

$$\int_{-\infty}^{+\infty} (\exp(-x^2)) P_m(x) P'_n(x) \mathrm{d}x = 0$$

试证明,我们总可以将 $P'_n$ 写为下述形式

$$P'_n = 2nP_{n-1} + \alpha_n P_{n-2} + \beta_n P_{n-3} + \cdots + \lambda_n P_0$$

(10.34)

并且所有的系数 $\alpha_n, \beta_n, \cdots, \lambda_n$ 都是 0. 由此证明在 (10.33) 中 $a_n = 0, b_n = -2n$.

(5) 证明

$$P''_n - 2xP'_n + 2nP_n = 0$$

**解** (1) $n$ 阶多项式容许有 $n+1$ 个任意常数. 关系式

$$\int_{-\infty}^{+\infty} P_n(x) P_m(x) \exp(-x^2) \mathrm{d}x = 0 \quad (n \neq m)$$

使我们能够归纳地计算这些系数,直到相差乘上一个常数.

如果我们要求 $x^n$ 的系数等于 $2^n$,那么 $P_n(x)$ 就完全确定了.

为了进行具体的计算,我们将采用下面的公式

$$\int_{-\infty}^{+\infty} x^{2p+1} \exp(-x^2) \mathrm{d}x = 0$$

$$\int_{-\infty}^{+\infty} x^{2p} \exp(-x^2) \mathrm{d}x = \Gamma\left(p + \frac{1}{2}\right) = \frac{(2p)!}{2^{2p} p!} \sqrt{\pi}$$

$P_0$ 的计算. 从最后一个条件立即可得到 $P_0 = 1$.

### Lagrange 内插公式

$P_1$ 的计算. $P_1 = 2x + a$ 和
$$\int_{-\infty}^{+\infty}(2x+a)\exp(-x^2)\mathrm{d}x = 0$$
由此可得 $a = 0$.

$P_2$ 的计算. $P_2 = 4x^2 + bx + c$. 从后两个结果和正交条件,一定有
$$\int_{-\infty}^{+\infty}(4x^2+bx+c)\exp(-x^2)\mathrm{d}x = 0$$
$$\int_{-\infty}^{+\infty}x(4x^2+bx+c)\exp(-x^2)\mathrm{d}x = 0$$
因此
$$\int_{-\infty}^{+\infty}(4x^2+c)\exp(-x^2)\mathrm{d}x = 0$$
与
$$c = \frac{-4\Gamma\left(\frac{3}{2}\right)}{\Gamma\left(\frac{1}{2}\right)} = -2$$
所以 $b = 0$.

$P_3$ 的计算. $P_3 = 8x^3 + dx^2 + ex + f$. 一定有

(a) $\int_{-\infty}^{+\infty}(8x^3 + dx^2 + ex + f)\exp(-x^2)\mathrm{d}x = 0$

即
$$\int_{-\infty}^{+\infty}(dx^2 + f)\exp(-x^2)\mathrm{d}x = 0$$

(b) $\int_{-\infty}^{+\infty}(8x^3 + dx^2 + ex + f)x\exp(-x^2)\mathrm{d}x = 0$

即
$$\int_{-\infty}^{+\infty}(8x^4 + ex^2)\exp(-x^2)\mathrm{d}x = 0$$

(c) $\int_{-\infty}^{+\infty}(8x^3 + dx^2 + ex + f)\left(x^2 - \frac{1}{2}\right)\exp(-x^2)\mathrm{d}x = 0$

## Lagrange's Interpolation Formula

即
$$\int_{-\infty}^{+\infty}(dx^2+f)\left(x^2-\frac{1}{2}\right)\exp(-x^2)\,dx = 0$$

我们求出
$$d = f = 0 \quad \text{及} \quad e = -12$$

综上所述
$$P_0 = 1, P_1 = 2x, P_2 = 4x^2 - 2, P_3 = 8x^3 - 12x$$

(2) 设 $Q(x)$ 是一个 $m < n$ 次多项式.

我们总可以将 $Q(x)$ 表示为多项式 $P_k(x)$ 的线性组合
$$Q(x) = k_m P_m(x) + k_{m-1} P_{m-1}(x) + \cdots + k_1 P_1(x) + k_0 P_0$$

若算出
$$\int_{-\infty}^{+\infty} P_n(x) Q(x) \exp(-x^2)\,dx$$

则可得到一个 $n+1$ 项的和,根据 $P_k$ 的正交性,其中每一项都为 0,所以
$$\int_{-\infty}^{+\infty} P_n(x) Q(x) \exp(-x^2)\,dx = 0$$

(3) 在多项式 $P_{n+1}$ 与多项式 $2xP_n$ 中,$n+1$ 次幂的项都是 $2^{n+1}x^{n+1}$. 这样一来,$P_{n+1} - 2xP_n$ 就是 $n$ 次多项式,我们可以把它表示为多项式 $P_0, P_1, \cdots, P_n$ 的线性组合
$$P_{n+1} = 2xP_n + a_n P_n + b_n P_{n-1} + \cdots + l_n P_0$$

将形如
$$(f, g) = \int_{-\infty}^{+\infty} fg \exp(-x^2)\,dx$$

的积分看作是属于 $L^2$ 空间的两个函数 $f$ 与 $g$ 的内积,这个 $L^2$ 空间是由使得积分

**Lagrange 内插公式**

$$\int_{-\infty}^{+\infty} f^2(x)\exp(-x^2)\mathrm{d}x$$

存在的实函数 $f(x)$ 所组成. 利用这一术语, 我们取 (10.33) 的每一项与 $P_k$ 的内积, 这里 $k$ 是一个不超过 $n-2$ 的整数.

除 $(P_k, P_k)$ 外, 一切内积

$$(P_k, P_0), (P_k, P_1), \cdots, (P_k, P_n), (P_k, P_{n+1})$$

都是 0, 内积 $(P_k, xP_n)$ 也是 0, 这是因为

$$(P_k, xP_n) = (xP_k, P_n)$$

以及 $xP_k = Q$ 是一个次数小于 $n$ 的多项式. 因此, $P_k$ 的系数为 0, 从而式 (10.33) 化为

$$P_{n+1} = 2xP_n + a_n P_n + b_n P_{n-1} \qquad (10.35)$$

这样一来, 在任何三个埃尔米特多项式之间存在着线性递推关系.

(4) 类似地, 我们可以把 $P'_n$ 写成下面的形式

$$P'_n = 2nP_{n-1} + \alpha_n P_{n-2} + \beta_n P_{n-3} + \cdots + \lambda_n P_0$$

现在, 若 $k \leqslant n-2$, 则 $(P_k, P'_n) = 0$. 为了看出这一点, 注意

$$(P_k, P'_n) = \int_{-\infty}^{+\infty} P_k P'_n \exp(-x^2)\mathrm{d}x =$$
$$(P_k P_n \exp(-x^2))\Big|_{-\infty}^{+\infty} -$$
$$\int_{-\infty}^{+\infty} P_n(\exp(-x^2))(P'_k - 2xP_k)\mathrm{d}x$$

积分号外面的项是 0, 从而

$$(P_k, P'_n) = (2xP_k, P_n) - (P'_k, P_n)$$

当 $k \leqslant n-2$ 时, $xP_k$ 是一个次数小于 $n$ 的多项式. 因此 $(2xP_k, P_n) = 0$. 类似地, $(P'_k, P_n) = 0$. 于是, 结论随之可得.

式 (10.34) 的两端与 $P_k(k = 0, 1, 2, \cdots, n-2)$ 取

## Lagrange's Interpolation Formula

内积,除$(P_k,P_k)$外,所以这些内积都是 0. 因此,$P_k$ 的系数是 0,从而有

$$P_n = 2nP_{n-1} \quad (10.36)$$

让我们回到公式(10.36). 求导可得

$$P'_{n+1} = (2x + a_n)P'_n + 2P_n + b_n P'_{n-1}$$

由这个公式和式(10.35)可推得

$$2(n+1)P_n = (2x + a_n)2nP_{n-1} + 2P_n + b_n 2(n-1)P_{n-2}$$

这个关系式还可以写作

$$P_n = (2x + a_n)P_{n-1} + \frac{n-1}{n}b_n P_{n-2}$$

使 $P_n$ 的这个值与式(10.35)给出的值(用 $n-1$ 代替 $n$)相等,就可看出

$$a_n = a_{n-1}, b_{n-1} = \frac{n-1}{n}b_n$$

由此可见,$a_n$ 与 $b_n/n$ 都是常数. 我们借助于 $P_0, P_1, P_2$ 把它们算出来,得

$$P_2 = (2x + a_2)P_1 + b_1 P_0$$

或

$$4x^2 - 2 = 2x \cdot 2x + b_1, b_1 = -2, b_n = -2n, a_2 = 0$$

类似地,有一般结果

$$P_{n+1} = 2xP_n - 2nP_{n-1}$$

这是任何三个相连接的埃尔米特多项式之间的一个递推关系式.

(5) 我们有

$$P'_n = 2nP_{n-1}, P''_n = 2nP'_{n-1} = 4n(n-1)P_{n-2}$$

现在

$$P_n - 2xP_{n-1} + 2(n-1)P_{n-2} = 0$$

因此

## Lagrange 内插公式

$$P_n - 2x\frac{P'_n}{2n} + \frac{2(n-1)P''_n}{4n(n-1)} = 0$$

或

$$P''_n - 2xP'_n + 2nP_n = 0$$

这是埃尔米特多项式所满足的微分方程.

## §9 埃尔米特多项式的生成函数

**问题** 考虑展开式

$$\exp(-t^2 + 2tx) = \sum_{n=0}^{\infty} \frac{t^n}{n!} P_n(x) \quad (10.37)$$

这里 $x$ 是一个实的参变量.

(1) 证明:这一展开式对复数 $t$ 的每一个值都收敛,系数 $P_n(x)$ 是 $x$ 的 $n$ 次多项式,并且

$$P_n(x) = (-1)^n (\exp(x^2)) \frac{d^n}{dx^n} \exp(-x^2)$$

(2) 通过分别对 $t$ 与 $x$ 微分,证明关系式

$$P_{n+1} - 2xP_n + 2nP_{n-1} = 0$$

与

$$P'_n = 2nP_{n-1}$$

进而证明

$$P''_n - 2xP'_n + 2nP_n = 0$$

假定级数 (10.37) 可以对 $x$ 逐项微商.

(3) 设 $t = e^{i\theta}$,这里 $\theta$ 是一个实数. 于是级数 (10.37) 就变为傅里叶级数. 将帕塞瓦公式应用于这个级数,证明

$$\left|\frac{P_n(x)}{n!}\right| < e^{(1/2) + |x|}$$

再把这一推理用到由微商(10.37)所得到的级数上,试证明,对满足 $|t|<1$ 的每一个 $t$,级数关于 $x$ 是一致收敛的. 由此验证问题(2)中的推算.

(4) 将两个展开式

$$\exp(-t^2+2tx)=\sum_{n=0}^{\infty}\frac{t^n}{n!}P_n(x)$$

与

$$\exp(-u^2+2ux)=\sum_{n=0}^{\infty}\frac{u^n}{n!}P_n(x)$$

相乘. 用 $\exp(-x^2)$ 乘所得的积,然后从 $-\infty$ 到 $+\infty$ 积分. 由此证明

$$\int_{-\infty}^{+\infty}P_n(x)P_k(x)\exp(-x^2)\mathrm{d}x=0 \quad (n\neq k)$$

$$\int_{-\infty}^{+\infty}(P_n(x))^2\exp(-x^2)\mathrm{d}x=2^n n!\sqrt{\pi}$$

**解** (1) 函数 $\exp(-t^2+2tx)$ 在复的 $t$-平面上是处处全纯的. 因此,它可以展为 $t$ 的幂级数,其收敛半径为无穷. 为了求出系数 $P_n(x)$,我们可以把展开式

$$\exp(-t^2)=1-t^2+\frac{t^4}{2}+\cdots$$

与

$$\exp(2tx)=1+2tx+2t^2x^2+\cdots$$

逐项乘起来. 注意到 $t^2-2tx=(t-x)^2-x^2$ 与

$$\exp(-(t-x)^2)=\sum_{n=0}^{\infty}\frac{t^n}{n!}P_n(x)\exp(-x^2)$$

设 $t=-t'$. 我们看到

$$\sum(-1)^n(t'^n/n!)P_n(x)\exp(-x^2)$$

是 $\exp(-(t'+x)^2)$ 的展开式. 由泰勒展开式的系数公式,有

## Lagrange 内插公式

$$(-1)^n P_n(x)\exp(-x^2) = \frac{d^n}{dx^n}\exp(-x^2)$$

或

$$P_n(x) = (-1)^n \exp(x^2)\frac{d^n}{dx^n}\exp(-x^2)$$

这样一来，$P_n(x)$ 是 $n$ 次埃尔米特多项式.

(2) 级数(10.37) 关于 $t$ 可以逐项微商. 由此可得

$$2(x-t)\exp(-t^2+2tx) = \sum_{n=0}^{\infty}\frac{t^n}{n!}P_{n+1}(x)$$

或

$$2(x-t)\sum_{n=0}^{\infty}\frac{t^n}{n!}P_n(x) = \sum_{n=0}^{\infty}\frac{t^n}{n!}P_{n+1}(x)$$

使等式两边 $t^n/n!$ 的系数相等，可得

$$2xP_n - 2nP_{n-1} = P_{n+1}$$

或

$$P_{n+1} - 2xP_n + 2nP_{n-1} = 0 \qquad (10.38)$$

于是我们又一次得到了三个相邻的埃尔米特多项式的递推关系. 现在关于 $x$ 对式(10.37) 求微商. 得到

$$2t\exp(-t^2+2tx) = \sum_{n=0}^{\infty}\frac{t^n}{n!}P'_n(x)$$

或

$$2t\sum_{n=0}^{\infty}\frac{t^n}{n!}P_n(x) = \sum_{n=0}^{\infty}\frac{t^n}{n!}P'_n(x)$$

比较等式两边 $t^n/n!$ 的系数，可得

$$P'_n = 2nP_{n-1} \qquad (10.39)$$

如果在(10.38) 中用 $P'_{n+1}/2(n+1)$ 代替 $P_n$；用 $P''_{n+1}/4n(n+1)$ 代替 $P_{n-1}$，那么可得微分方程

$$P''_{n+1} - 2xP'_{n+1} + 2(n+1)P_{n+1} = 0 \quad (10.40)$$

(3) 现在我们来验证对(10.37) 中的级数进行逐

## Lagrange's Interpolation Formula

项微商的合理性:

将 $t$ 选为模是 1 的复数: $t = e^{i\theta}$. 我们有

$$\exp(-e^{2i\theta} + 2xe^{i\theta}) = \sum_{n=0}^{\infty} \frac{e^{ni\theta}}{n!} P_n(x)$$

读者会看出,右端是 $\theta$ 的傅里叶级数,左端是 $\theta$ 的连续函数,在区间 $0 \leq \theta \leq 2\pi$ 上是平方可积的. 因此我们可以应用帕塞瓦公式

$$\frac{1}{2\pi}\int_0^{2\pi} |f(\theta)|^2 d\theta = P_0^2 + \cdots + \frac{P_n^2(x)}{(n!)^2} + \cdots$$

现在

$$|f(\theta)| = e^{-\cos 2\theta + 2x\cos\theta}$$

指数 $-\cos 2\theta + 2x\cos\theta$ 小于 $1 + 2|x|$.

于是指数函数自身小于 $e^{1+2|x|}$,这是一个与 $\theta$ 无关的函数,因此它在 $[0, 2\pi]$ 上的平均值仍然小于这个值. 右端级数的每一项小于级数的和,因而一定小于 $e^{1+2|x|}$. 最后

$$\frac{|P_n(x)|}{n!} < e^{(1/2)+|x|}$$

注意这是一个严格的不等式.

我们现在回到级数 $\sum_{n=0}^{\infty} (t^n/n!) P_n(x)$. 这一级数的一般项以 $|t|^n e^{(1/2)+|x|}$ 为上界. 若 $|x|$ 总小于某个固定的数 $x_0$,则级数的一般项有形如 $A|t|^n$ 的上界,这里 $A$ 是一个常数. 现在,当 $|t| < 1$ 时,以 $A|t|^n$ 为一般项的级数收敛. 因此,对于每一个固定的模小于 1 的 $t$,级数(10.37) 关于 $x$ 是一致收敛的.

考虑函数 $e^{-t^2+2tx}$. 关于 $x$ 对它求微商

$$\frac{d}{dx}\exp(-t^2 + 2tx) = 2t\exp(-t^2 + 2tx) =$$

**Lagrange 内插公式**

$$2t \sum_{n=0}^{\infty} \frac{t^n}{n!} P_n(x) =$$

$$2 \sum_{n=1}^{\infty} \frac{t^n}{(n-1)!} P_{n-1}(x)$$

但是我们已经看到 $|P_{n-1}(x)|/(n-1)!$ 小于一个固定的数. 因此, 对于任何模小于 1 的固定的 $t$, 表示 $d\exp(-t^2+2tx)/dx$ 的级数关于 $x$ 是一致收敛的. 因为它表示了由 (10.37) 经逐项微商得到的级数, 所以有

$$2 \sum_{n=1}^{\infty} \frac{t^n}{(n-1)!} P_{n-1}(x) = \sum_{n=0}^{\infty} \frac{t^n}{n!} P'_n(x)$$

从而

$$P'_n(x) = 2n P_{n-1}(x)$$

(4) 将两个级数

$$\exp(-t^2+2tx-(x^2/2)) =$$
$$\sum_{n=0}^{\infty} \frac{t^n}{n!} P_n(x) \exp(-x^2/2)$$

与

$$\exp(-u^2+2ux-(x^2/2)) =$$
$$\sum_{k=0}^{\infty} \frac{u^k}{k!} P_k(x) \exp(-x^2/2)$$

乘起来, 可得

$$\exp(-t^2-u^2+2(t+u)x-x^2) =$$
$$\sum_{n,k} \frac{t^n u^k}{n! \, k!} P_n(x) P_k(x) \exp(-x^2) \quad (10.41)$$

假定逐项积分是合理的. 我们关于 $x$ 从 $-\infty$ 到 $+\infty$ 积分这个方程, 可得

$$\int_{-\infty}^{+\infty} \exp(-x^2+2(t+u)x-t^2-u^2) dx =$$
$$\sum_{n,k} \frac{t^n u^k}{n! \, k!} (P_n, P_k)$$

## Lagrange's Interpolation Formula

其中

$$(P_n, P_k) = \int_{-\infty}^{+\infty} P_n(x) P_k(x) \exp(-x^2) \, dx$$

表示在具有权 $\exp(-x^2)$ 的平方可积的函数空间中 $P_n$ 与 $P_k$ 的内积. 现在

$$x^2 - 2(t+u)x + t^2 + u^2 = (x-t-u)^2 - 2ut$$

因为

$$\int_{-\infty}^{+\infty} \exp(-(x-t-u)^2) \, dx = \sqrt{\pi}$$

所以有

$$\sqrt{\pi} \, e^{2ut} = \sum_{n,k} \frac{t^n u^k}{n! \, k!} (P_n, P_k)$$

上式左端可以展开为 $u$ 与 $t$ 的幂级数. 但是, 这一展开式只含有形如 $(ut)^n$ 的各项

$$\sqrt{\pi} \, e^{2ut} = \sqrt{\pi} \left(1 + 2ut + \cdots + \frac{2^n}{n!} u^n t^n + \cdots\right)$$

比较这两个展开式, 我们看到

$$(P_n, P_k) = 0 \quad (n \neq k)$$

这说明多项式 $P_k$ 都是正交的. 而

$$\frac{(P_n, P_n)}{(n!)^2} = \sqrt{\pi} \, \frac{2^n}{n!}$$

于是

$$\int_{-\infty}^{+\infty} P_n^2 \exp(-x^2) \, dx = 2^n n! \sqrt{\pi}$$

多项式 $P_n$ 不是正规化的. 分数形式

$$\frac{P_n}{(2^n n! \sqrt{\pi})^{1/2}}$$

的序列是正规化的正交序列.

剩下来的是验证这一计算的合理性: 在问题(3)

## Lagrange 内插公式

中,我们看到

$$\left|\frac{P_n}{n!}\right| < e^{(1/2)+|x|}$$

因此

$$\left|\frac{P_n}{n!} \cdot \frac{P_k}{k!}\right| \exp(-x^2) < \exp(1+2|x|-x^2)$$

现在,所提出的问题是关于一个参变量对一个二重级数逐项积分的问题. 这个二重级数是绝对收敛的,而且关于 $x$ 在每一个有限区间上是一致收敛的. 由于关于 $x$ 的积分是从 $-\infty$ 到 $+\infty$ 进行的,所以需要说明积分的合理性.

考虑级数的任意部分和. 因为级数是绝对收敛的,所以我们可以选取任意的特殊部分和,例如可以选取使得 $n<N,k<K$ 的部分和. 用 $R_{NK}$ 表示相应的余项,用 $S_{NK}$ 表示级数 $\sum_{n,k}|t^n u^k|$ 中相应的余项,于是

$$|R_{NK}| < S_{NK}\exp(1+2|x|-x^2)$$

从而

$$\int_{-\infty}^{+\infty}|R_{NK}|\,\mathrm{d}x < S_{NK}\int_{-\infty}^{+\infty}\exp(1+2|x|-x^2)\,\mathrm{d}x$$

上式右端的积分存在. 它是一个确定的数. 若 $|t|<1$,$|u|<1$,则我们可以选择 $N,K$ 足够大,使得 $S_{NK}$ 小于任意给定的正数 $\varepsilon$. 在这些条件下,级数 (10.41) 的余项的积分可以任意小,这就证明了逐项积分的合理性.

## §10  勒让德多项式

微分方程

## Lagrange's Interpolation Formula

$$(1-t^2)\frac{d^2x}{dt^2} - 2t\frac{dx}{dt} + n(n+1)x = 0$$

不是拉普拉斯方程,因为其中一个系数是二次多项式.因此,不可能像对埃尔米特多项式和其他场合下所做的那样,用复平面上的拉普拉斯变换去解它.

但是,有不同于拉普拉斯变换的另外的积分变换,可用于解比拉普拉斯方程更复杂的方程. 变换

$$x(t) = \int_C (t-u)^\alpha f(u)\,du$$

就是其中之一. 我们还要研究勒让德多项式的性质.

**问题** 考虑微分方程

$$(1-t^2)\frac{d^2x}{dt^2} - 2t\frac{dx}{dt} + n(n+1)x = 0 \quad (10.42)$$

这里 $n$ 是一个非负整数.

(1) 为了解这个方程,我们设

$$x(t) = \int_C (t-u)^\alpha f(u)\,du$$

这里 $C$ 是复平面 $u$ 上的一条曲线, $f(u)$ 是一个解析函数, $\alpha$ 是一个实数. 计算 $dx/dt$ 与 $d^2x/dt^2$. 证明,若 $x(t)$ 是方程(10.42)的解,则 $f(u)$ 是微分方程

$$\frac{d^2}{du^2}((1-u^2)f) - 2\alpha\frac{d}{du}(uf) + (n(n+1)-\alpha(\alpha+1))f = 0 \quad (10.43)$$

的解,我们必须对这个方程加某些限制条件.

取 $\alpha = -n-1$,可简化这个方程. 证明 $x(t)$ 可以表示为

$$x(t) = K\int_C \frac{(u^2-1)^n}{(t-u)^{n+1}}du \quad (10.44)$$

## Lagrange 内插公式

的形式,这里 $K$ 是任意一个常数.

(2) 证明可将某些闭曲线取作 $C$. 接着证明函数
$$P_n(t) = \frac{1}{2^n n!} \cdot \frac{d^n}{dt^n}(t^2-1)^n$$
是方程(10.42)的解. 注意 $P_n(t)$ 是一个多项式.

(3) 利用留数定理和多项式 $P_n$ 的表达式,对常数 $K$ 取一个方便的值,计算级数
$$\sum_{n=0}^{\infty} \lambda^n P_n(t)$$
的和,这里 $\lambda$ 是一个参变量.

(4) 不利用前一问题的结果,而借助于微分方程(10.42),证明函数
$$h(\lambda, t) = \sum_{n=0}^{\infty} \lambda^n P_n(t)$$
是变量
$$\lambda \sin\theta \cos\varphi, \lambda \sin\theta \sin\varphi, \lambda \cos\varphi$$
的调和函数,这里 $t = \cos\theta$. 拉普拉斯算子的球坐标表达式为
$$\Delta h = \frac{1}{\lambda^2}\frac{\partial}{\partial \lambda}\left(\lambda^2 \frac{\partial h}{\partial \lambda}\right) + \frac{1}{\lambda^2} \cdot \frac{1}{\sin\theta}\frac{\partial}{\partial \theta}\left(\sin\theta \frac{\partial h}{\partial \theta}\right) + \frac{1}{\lambda^2 \sin^2\theta} \cdot \frac{\partial^2 h}{\partial \varphi^2}$$
假定对各个变量逐项微商是合法的.

**解** (1) 对方程作变换. 我们应用一种推广了的拉普拉斯变换法. 设
$$x(t) = \int_C (t-u)^\alpha f(u) du \qquad (10.45)$$
这里用核 $(t-u)^\alpha$ 代替拉普拉斯积分的核 $e^{tu}$.

假设可以在积分号下求微商,我们有

## Lagrange's Interpolation Formula

$$\frac{dx}{dt} = \int_C \alpha(t-u)^{\alpha-1} f(u) \, du \qquad (10.46)$$

用分部积分法,可得

$$\frac{dx}{dt} = -\left((t-u)^\alpha f(u)\right)_C + \int_C (t-u)^\alpha \frac{df}{du} du$$
$$(10.47)$$

类似地,可得到

$$\frac{d^2 x}{dt^2} = -\left(\alpha(1-u)^{\alpha-1} f(u) + (t-u)^\alpha \frac{df}{du}\right)_C +$$
$$\int_C (t-u)^\alpha \frac{d^2 f}{du^2} du \qquad (10.48)$$

为了得到 $t\,dx/dt$ 的表达式,我们将式(10.46)写作下面的形式

$$t\frac{dx}{dt} = \int_C \alpha(t-u)(t-u)^{\alpha-1} f(u) \, du +$$
$$\int_C \alpha u(t-u)^{\alpha-1} f(u) \, du$$

然后用分部积分法变换第二个积分

$$t\frac{dx}{dt} = \int_C (t-u)^\alpha \alpha f \, du - \left((t-u)^\alpha uf\right)_C +$$
$$\int_C (t-u)^\alpha \frac{d}{du}(uf) \, du$$

也就是

$$t\frac{dx}{dt} = -\left((t-u)^\alpha uf\right)_C +$$
$$\int_C (t-u)^\alpha \left(\alpha f + \frac{d}{du^2}(uf)\right) du \qquad (10.49)$$

对 $t^2 d^2 x/dt^2$ 作类似的演算,可得

$$t^2 \frac{d^2 x}{dt^2} = -\left(2(\alpha-1)(t-u)^\alpha uf + \alpha(t-u)^{\alpha-1} u^2 f + \right.$$

**Lagrange 内插公式**

$$\left.(t-u)^{\alpha}\frac{\mathrm{d}}{\mathrm{d}u}(u^2 f)\right)_C +$$

$$\int_C (t-u)^{\alpha}\left(\frac{\mathrm{d}^2}{\mathrm{d}u^2}(u^2 f) +\right.$$

$$\left. 2(\alpha-1)\frac{\mathrm{d}}{\mathrm{d}u}(uf) + \alpha(\alpha-1)f\right)\mathrm{d}u \quad (10.50)$$

将这些表达式代入方程(10.42),可得

$$\int_C (t-u)^{\alpha}\left(\frac{\mathrm{d}^2}{\mathrm{d}u^2}((1-u^2)f) - 2\alpha\frac{\mathrm{d}}{\mathrm{d}u}(uf) - \right.$$

$$\alpha(\alpha+1)f + n(n+1)f\Big)\mathrm{d}u -$$

$$\Big((t-u)^{\alpha-1}\alpha(1-u^2)f -$$

$$(t-u)^{\alpha}\Big(2\alpha uf - \frac{\mathrm{d}}{\mathrm{d}u}((1-u^2)f)\Big)\Big)_C = 0$$

$$(10.51)$$

要这一关系式成立,只要它的两项分别为 0. 要第一项为 0,只要 $f(u)$ 是微分方程

$$\frac{\mathrm{d}^2}{\mathrm{d}u^2}((1-u^2)f) - 2\alpha\frac{\mathrm{d}}{\mathrm{d}u}(uf) +$$

$$(n(n+1) - \alpha(\alpha+1))f = 0 \quad (10.52)$$

的解. 若取 $\alpha = -n-1$,则这个方程可简化为

$$\frac{\mathrm{d}^2}{\mathrm{d}u^2}((1-u^2)f) + 2(n+1)\frac{\mathrm{d}}{\mathrm{d}u}(uf) = 0$$

$$(10.53)$$

通过积分,可得

$$\frac{\mathrm{d}}{\mathrm{d}u}((1-u^2)f) + 2(n+1)uf = A \quad (10.54)$$

这里 $A$ 是一个常数. 若取 $A = 0$,则这个方程是容易积分的. 分离变量,可得

$$\frac{(\mathrm{d}/\mathrm{d}u)((u^2-1)f)}{(u^2-1)f} = (n+1)\frac{2u}{u^2-1} =$$
$$(n+1)\frac{(\mathrm{d}/\mathrm{d}u)(u^2-1)}{u^2-1}$$

从而
$$(u^2-1)f = K(u^2-1)^{n+1}$$

因此
$$f(u) = K(u^2-1)^n \qquad (10.55)$$

这里 $K$ 是一个任意常数. $x(t)$ 的相应表达式是
$$x(t) = K\int_C \frac{(u^2-1)}{(t-u)^{n+1}} \mathrm{d}u$$

（2）方程(10.42)的多项式解. 因为 $n$ 是一个整数, 所以由式(10.55)给出的函数 $f(u)$ 是复变量 $u$ 的单值函数. 如果将 $C$ 取成闭回路, 那么式(10.51)中括号中的表达式不恒为 0. 但是, 要使由式(10.44)给出的函数 $x(t)$ 不恒为 0, 这个回路必须包含极点 $u = t$.

于是, 由全纯函数 $(u^2-1)^n$ 的各阶导数的公式可立刻得出
$$x(t) = (-1)^{n+1}\frac{2\mathrm{i}\pi}{n!}K \cdot \frac{\mathrm{d}^n}{\mathrm{d}t^n}(t^2-1)^n$$

这样一来, 得到的函数是一个 $n$ 次多项式. 容易验证, 它的确是方程(10.42)的解. 这就指出了, 问题(1)中在积分号下求微商是合理的.

为了得到勒让德多项式 $P_n(t)$, 我们需要取
$$K = \frac{(-1)^{n+1}}{2\mathrm{i}\pi \cdot 2^n}$$

（3）勒让德多项式的生成函数. 我们有
$$\lambda^n P_n(t) = \frac{1}{2\mathrm{i}\pi}\int_C \frac{\lambda^n(u^2-1)^n}{2^n(u-t)^{n+1}}\mathrm{d}u \qquad (10.56)$$

## Lagrange 内插公式

我们把曲线 $C$ 取为圆 $|u|=1$,在这个圆上沿逆时针方向积分. 固定 $t$, $|t|<1$. 当 $u$ 在圆上变化时,我们有
$$|u-t|>1-|t|$$
其中 $u$ 满足
$$\left|\frac{1-u^2}{2}\right|\leqslant 1$$
因此
$$\left|\frac{\lambda^n(u^2-1)^n}{2^n(u-t)^n}\right|<\frac{|\lambda|^n}{(1-|t|)^n}$$
当 $|\lambda|<1-|t|$ 时,上式的右端小于 1.

因此在 $C$ 上可以对几何级数 $\sum(\lambda^n(u^2-1)^n/2^n(u-t)^{n+1})$ 逐项积分. 这样一来
$$\sum_{n=0}^{\infty}\lambda^n P_n(t)=\frac{1}{2\mathrm{i}\pi}\int_C\sum_{n=0}^{\infty}\frac{\lambda^n(u^2-1)^n}{2^n(u-t)^{n+1}}\mathrm{d}u=$$
$$\frac{1}{2\mathrm{i}\pi}\int_C\frac{\mathrm{d}u}{u-t-(\lambda/2)(u^2-1)}$$

设 $u_1, u_2$ 是有理函数
$$\frac{1}{u-t-(\lambda/2)(u^2-1)}$$
的极点. 它们是 $\lambda$ 的有理函数. 当 $\lambda=0$ 时,其中的一个极点,比如说 $u_1$,等于 $t$. 当 $\lambda$ 充分小时,极点 $u_1$ 充分接近 $t$,因而它将保持在 $C$ 的内部. 类似地,第二个极点将保持在 $C$ 的外部. 在这些条件下,在 $C$ 的内部只有极点 $u_1$,于是根据留数定理,最后的积分等于 $1/(1-\lambda u_1)$.

现在,对小的 $\lambda$ 值,根式 $(1-2\lambda t+\lambda^2)^{1/2}$ 存在一个当 $\lambda=0$ 时取 1 的分支. 若我们用 $(1-2\lambda t+\lambda^2)^{1/2}$ 表示这个分支,则
$$u_1=\frac{1-(1-2\lambda t+\lambda^2)^{1/2}}{\lambda}$$

## Lagrange's Interpolation Formula

$$1 - \lambda u_1 = (1 - 2\lambda t + \lambda^2)^{1/2}$$

最后

$$\sum_{n=0}^{\infty} \lambda^n P_n(t) = \frac{1}{(1 - 2\lambda t + \lambda^2)^{1/2}}$$

对满足 $|t| < 1$ 的固定的 $t$ 值,当 $|\lambda|$ 充分小时,这一结果已经得证.但是,我们现在可以给出使展开式成立的更精确的条件.当 $|\lambda|$ 小于 $1 - 2\lambda t + \lambda^2$ 的零点的绝对值中最小的一个时,展开式是合理的.这时级数是一致收敛的,因为对无穷多个 $\lambda$ 值(趋向于 0)这两项相等,所以,由它们是全纯的可知,对一切 $\lambda$ 的值它们都相等.

(4) 我们希望证明,若 $P_n(t)$ 是微分方程

$$(1 - t^2)P''_n(t) - 2tP'_n(t) + n(n+1)P_n(t) = 0 \tag{10.57}$$

的解,则函数

$$h(\lambda, t) = \sum_{n=0}^{\infty} \lambda^n P_n(t)$$

是关于点 $M$ 的调和函数,点 $M$ 以 $\lambda$ 为径向向量,以 $\theta$ 为余纬度,这里 $t = \cos\theta$. 函数 $h(\lambda, t)$ 不依赖于经度 $\varphi$.

关于 $h(\lambda, t)$ 所得的表达式,这个结果是明显的,因为 $1/(1 - 2\lambda t + \lambda^2)^{1/2}$ 是由点 $M$ 到点 $(0, 0, 1)$ 的距离的倒数.因此,它是点 $M$ 的调和函数.但是我们希望不借助于解 (10.57) 来证明这个结果.

为此,我们把 $\Delta h$ 写为球坐标.若假定 $h$ 不依赖于 $\varphi$,并设 $t = \cos\theta$,则有

$$\lambda^2 \Delta h = \frac{\partial}{\partial \lambda}\left(\lambda^2 \frac{\partial h}{\partial \lambda}\right) + \frac{\partial}{\partial t}\left((1 - t^2)\frac{\partial h}{\partial t}\right)$$

现在

Lagrange 内插公式

$$\frac{\partial h}{\partial \lambda} = P_1 + \cdots + n\lambda^{n-1} P_n + \cdots$$

$$\lambda^2 \frac{\partial h}{\partial \lambda} = \lambda^2 P_1 + \cdots + n\lambda^{n+1} P_n + \cdots$$

$$\frac{\partial}{\partial \lambda}\left(\lambda^2 \frac{\partial h}{\partial \lambda}\right) = 2\lambda P_1 + \cdots + n(n+1)\lambda^n P_n + \cdots$$

若用 $\lambda^n$ 乘微分方程(10.57)的两端,并从 $n=0$ 到 $n=\infty$ 求和,则得到

$$(1-t^2)\frac{\partial^2 h}{\partial t^2} - 2t\frac{\partial h}{\partial t} + \frac{\partial}{\partial \lambda}\left(\lambda^2 \frac{\partial h}{\partial \lambda}\right) = 0$$

或

$$\frac{\partial}{\partial t}\left((1-t^2)\frac{\partial h}{\partial t}\right) + \frac{\partial}{\partial \lambda}\left(\lambda^2 \frac{\partial h}{\partial \lambda}\right) = 0$$

这个方程的左端是 $\lambda^2 \Delta h$. 这样一来,$\Delta h = 0$,所以 $h$ 是一个调和函数.

**注** 由这个结果容易推出,每一项 $\lambda^n P_n(t)$ 都是调和函数. $\lambda^n P_n(t)$ 是点 $M$ 的坐标的调和多项式,并且是 $n$ 次齐次的.

Lagrange's Interpolation Formula

# 拉格朗日评传[①]

附录 Ⅰ

> 我把数学看成是一件有意思的工作,而不是想为自己建立什么纪念碑.可以肯定地说,我对别人的工作比自己的更喜欢.我对自己的工作总是不满意.
> 
> —— 拉格朗日
> 
> 如果我继承可观的财产,我在数学上可能没有多少价值了.
> 
> —— 拉格朗日
> 
> 一个人的贡献和他的自负严格地成反比,这似乎是品行上的一个公理.
> 
> —— 拉格朗日
> 
> 在听到音乐的第三个音节之后,我就听不到什么东西了,我把我的思想集中在考虑问题,往往这样我解决了许多难题.
> 
> —— 拉格朗日

---

① 李学数.数学与数学家的故事[M].第4册.上海:上海科学技术出版社,2015:171-189.

**Lagrange 内插公式**

18 世纪有一位数学家曾被拿破仑（Napoléon Bonaparte）以"数学上崇高的金字塔"来形容和称赞,近百年来,数学领域的许多新成果都可以直接或间接地溯源于他的贡献.你知道他是谁吗?

他就是拉格朗日（Joseph-Louis Lagrange,1736—1813）.如果有机会翻看大学的物理力学书,你就会看到许多拉格朗日有关的发现、方法和定理.拉格朗日科学研究所涉及的领域极其广泛.他在数学上最突出的贡献是使数学分析与几何、与力学脱离开来,使数学更为独立,从此数学不再仅仅是其他学科的工具.

拉格朗日

拉格朗日在 1736 年 1 月 25 日诞生于意大利的都灵市（Turin）,1813 年 4 月 10 日去世于法国的巴黎,是法国最杰出的数学大师.

他的父亲是负责萨地拿区的军事官员,在当地算是有相当地位及财富的,他共有 11 个孩子,拉格朗日是长子,其他大部分都夭折,只有少数生存到成年.

拉格朗日在都灵学校念书时,要学一些古典文学、希腊文,在数学家雷韦利（Revelli）的教导下,读一点欧几里得（Euclid）的《几何原本》和阿基米德

(Archimedes)的一些几何工作.可是他对这些数学并不感兴趣.17岁时有一天,他读到英国数学家、天文学家哈雷(Edmond Halley)在《哲学会报》(*Philosophical Transactions*)发表的"近世代数在一些光学问题上的优点"(*On the excellence of the modern algebra in certain potical problems*),介绍牛顿(Isaac Newton)有关微积分的短文,引起了他对数学的兴趣,他开始研究和探索数学.

少年时,他的父亲因搞投机买卖,把家产用尽.拉格朗日后来回顾这段本来可以继承一大笔财产、转眼之间变成穷光蛋的日子时,这样评述:"这是好事,如果我继承了财产,可能我就不会搞数学了。"这是很可能的事,因为父亲一心想把他培养成一名律师,拉格朗日个人却对法律毫无兴趣.否则意大利多了一个纨绔子弟,而人类就少了一名杰出的数学家.

18岁时,拉格朗日用意大利语写了第一篇论文,内容是用牛顿二项式定理处理两函数乘积的高阶微商,寄给数学家法尼亚诺(Giulio Carlo de Toschi de Fagnano),后又用拉丁语书写寄给在柏林科学院任职的数学家欧拉(Leonhard Euler)——当时欧洲最著名的数学家.可是当年8月他看到了公布的莱布尼茨(Gottfried Wilhelm Leibniz)同伯努利(J. Bernoulli)的通信,披露的这个内容,即后来的莱布尼茨公式,他获知这一成果早在半个世纪前就被莱布尼茨取得了.这个并不幸运的开端并未使拉格朗日灰心,相反,更坚定了他投身数学分析领域的信心.

1755年8月12日拉格朗日19岁时,他写信给欧拉讲他解决了"等周问题",给出了用纯分析方法求变分

**Lagrange 内插公式**

极值的提要;欧拉在 9 月 6 日回信中称此工作很有价值. 拉格朗日本人也认为这是第一篇有意义的论文,对变分法创立有贡献. 这是 50 多年来众人讨论的问题,拉格朗日为了解决这个问题创立了变分学. 欧拉发现拉格朗日的方法比他以前找到的还要好,为了使这个年轻人能完成这项工作,他把自己的研究结果收起来不发表,并鼓励拉格朗日继续这方面的工作,于是就有了后来数学的一个新分支 —— 变分学.

欧拉

变分学是研究力学的一个重要工具. 拉格朗日用纯分析的方法求变分极值. 第一篇论文"极大和极小的方法研究"发展了欧拉所开创的变分法,为变分法奠定了理论基础. 变分法的创立,使拉格朗日在都灵声名大震,并且他在 19 岁时就掌握了当时的"现代数学分析". 都灵市的皇家炮兵学校请他当教授,他要教比他大许多的学生的数学,成为当时欧洲公认的第一流数学家. 1756 年,受欧拉的举荐,拉格朗日被任命为普鲁士科学院通讯院士.

他在 19 岁时写关于变分学的基础工作的时候,就已经决定以后用来处理固体和流体的力学问题.

## Lagrange's Interpolation Formula

你会问:"你是不是在兜售'神童天才论'?哪有这样聪明的人呢?我是否也能像他那样?"

我的回答是:世界这么大,各种人有各种各样的才能.有些人能在适当的条件和机会下,发挥自己的才华,做出对人类有贡献的事业,他就算是一个有用的人.有些人则像高尔基所说的不能燃烧的木材,在泥沼里逐渐腐烂.一个人什么时候有成就不是重要的事,最重要的是在他生命结束之前,他已做出了对人类有益的事.拉格朗日就是这样的一个人,或许这点我们可以向他学习.

1764 年,法国科学院悬赏征文,要求用万有引力解释月球天平动问题,结果拉格朗日的研究获奖.接着他又成功地运用微分方程理论和近似解法研究了科学院提出的一个复杂的六体问题(木星的四个卫星的运动问题),为此又一次于 1766 年获奖.

他在 23 岁时已经梦想写一本叫作《解析力学》的书,他想他的变分学可用来处理一般力学问题,就像牛顿所发现的重力原理可以用来处理天体力学一样.

达朗贝尔

10 年之后他写信给法国数学家达朗贝尔(Jean Le

**Lagrange 内插公式**

Rond d'Alembert, 1717—1783), 表示他 19 岁时发现的变分学是一项重要的工作, 由于这个发现他能够统一处理力学问题.

他的看法今天还证明是正确的.

## 22 岁创立一个学会

在 1758 年他建立了一个学会, 讨论物理、天文及数学的问题, 并连续出版 5 大册科学上的论著, 这些论著包含了他 9 年来不停的研究成果. 书完成之后, 他的健康也受损, 后来他常常感到忧郁.

他的第一册是关于声波的传播. 他在里面指出牛顿对声波看法的一个错误, 而且得到声波运动的微分方程.

在这册里还有一篇是关于弦振动问题的解说. 在这之前, 泰勒(Brook Taylor)、达朗贝尔及欧拉曾考虑过同样的问题, 可是没有得到全部的解答. 现在拉格朗日得到运动的曲线在任何时间 $t$ 是形如
$$y = a\sin(mt)\sin(nt)$$
然后他讨论回声、节拍及混声, 用到了概率论和变分学.

第二册是利用变分学来解决一些力学问题.

第三册是专讲解析力学的, 也用到变分学. 他也考虑一些积分学的问题, 并解决了法国数学家费马(Pierre de Fermat) 提出的一个数论问题: "如果 $n$ 是一个非平方整数, 找所有的 $x$ 使得 $x^2 n + 1$ 是平方数."

他也讨论了三个物体在互相吸引之下运动的一般

## Lagrange's Interpolation Formula

微分方程.

人们很早用望远镜发现月球总是有一面对着地球,月球绕地球转动,也会自转,为什么有以上奇怪的现象? 另外一个面为何羞答答地不让人们看到?

在1764年拉格朗日对以上的问题用力学来考虑,他用"虚功"解决了以上的问题.

1766年欧拉离开了普鲁士,他推荐拉格朗日继承他的职位. 腓特烈大帝(Frederic the Great) 亲自写聘书:"欧洲最伟大的国王希望欧洲最伟大的数学家能在他的宫廷里工作." 于是他应邀前往伯林,任普鲁士科学院数学部主任,一待就待了20年,开始了他一生科学研究的鼎盛时期,被腓特烈大帝称作"欧洲最伟大的数学家".

在这期间写下了他的名著 ——《解析力学》(*Analytique Mechanics*). 这是牛顿之后的一部重要的经典力学著作. 书中运用变分原理和分析的方法,建立起完整和谐的力学体系,使力学分析化了. 他在序言中宣称:力学已经成为分析的一个分支. 在柏林工作的前10年,拉格朗日把大量时间花在代数方程和超越方程的解法上,做出了有价值的贡献,推动了代数学的发展. 他提交给柏林科学院两篇著名的论文 ——"关于解数值方程"和"关于方程的代数解法的研究",把前人解三、四次代数方程的各种解法,总结为一套标准方法,即把方程化为低一次的方程(称辅助方程或预解式)以求解.

他在这20年里工作惊人,写了100~200篇的论文给柏林科学院、都灵学会及巴黎科学院,有一些还是厚厚的巨册. 他工作的方式是这样的:当他决定写东

Lagrange 内插公式

西,就拿起笔一直写下去,一笔呵成,很少有改动的地方,而且行文严谨文笔优美,很少错误. 他的《解析力学》,后来被爱尔兰的数学家和天文学家哈密顿(William Rowan Hamilton)称赞为"科学上的诗歌".

1783 年,拉格朗日的故乡建立了"都灵科学院",他被任命为名誉院长. 1786 年腓特烈大帝去世以后,他接受了法王路易十六的邀请,离开柏林,定居巴黎,直至去世.

这期间他参加了巴黎科学院成立的研究法国度量衡统一问题的委员会,并出任法国米制委员会主任. 1799 年,法国完成统一度量衡工作,制定了被世界公认的长度、面积、体积、质量的单位,拉格朗日为此做出了巨大的努力.

## 51 岁定居法国

拉格朗日的父亲最初希望他能成为一个律师,因为这个职业,生活较有保障,他也顺从地去念. 在大学他接触到物理和数学之后,就觉得自己应该是往科学方面发展的,于是不顾父亲的反对,从事数学的研究工作.

我想如果他不依照自己的兴趣和意念,而是照父亲所希望的道路走去,最后他也可能成为一个律师,不过是一个碌碌无为的律师,不可能在科学上有这样大的贡献.

他还很幸运地遇见了欧拉这位大师,欧拉不但在变分学上对拉格朗日的工作给予了很高的评价,而且

## Lagrange's Interpolation Formula

在他 23 岁时把他推选进柏林的科学院,给予他很大的鼓励.欧拉还设法和法国大数学家达朗贝尔联名向德皇推荐,使他能来德国成为"宫廷数学家".

直到 1786 年 8 月 17 日,德国腓特烈大帝去世,继承帝位的新皇对科学并不太重视,而且不太喜欢"外国科学家",拉格朗日就决定离开德国.

这时法国路易十六邀他来法国巴黎工作,并且成为法国科学院的一名成员.之后他便住在罗浮宫直到法国大革命发生.拉格朗日总结了 18 世纪的数学成果,同时又为 19 世纪的数学研究开辟了道路,堪称法国最杰出的承前启后的数学大师.

1767 年 9 月,拉格朗日同维多利亚·孔蒂(Vittoria Conti)结婚.他给达朗贝尔的信中说:"我的妻子是我的一个表妹,曾与我家人一起生活了很长时期,是一个很好的家庭妇女."但她体弱多病,未生小孩,久病后于 1783 年去世.小他 19 岁的皇后玛丽·安托瓦妮特(Marie Antoinette)了解他,并且希望他把那份失望孤独的心情排解出来.

他在 1781 年 9 月 21 日给达朗贝尔的信中说:"在我看来,似乎(数学)矿井已挖掘很深了,除非发现新矿脉,否则势必放弃它……"

到巴黎的前几年,他主要学习更广泛的知识,如形而上学、历史、宗教、医药和植物学等.1791 年,拉格朗日被选为英国皇家学会会员,又先后在巴黎高等师范学院和巴黎综合工科学校任数学教授.1795 年法国最高学术机构——法兰西研究院建立后,拉格朗日被选为科学院数理委员会主席.此后,他才重新进行研究工作,编写了一批重要的著作——《论任意阶数值方程

## Lagrange 内插公式

的解法》《解析函数论》和《函数计算讲义》,总结了那一时期的特别是他自己的一系列研究工作.

《解析函数论》

法国大革命发生后,他并没有离开巴黎,他想看这个革命实验是什么样子.1790年5月8日的制宪大会上通过了十进制的公制法,科学院建立相应的"度量衡委员会",拉格朗日为委员之一.8月8日,国民议会决定对科学院专政,3个月后又决定把拉瓦锡(Antoine Lavoisier,法国有名的化学家)、拉普拉斯(Pierre-Simonde Laplace)、库仑(Charles Augustin de Coulomb)等著名院士清除出科学院,但拉格朗日被保留.

革命政府对他是很照顾的,并没有使他受苦.1795年成立国家经度局,统一管理全国航海、天文研究和度量衡委员会,拉格朗日是委员之一.法国后来占领意大利的军事领袖还亲自向他父亲祝贺,"有一个以他的天才为人类文化贡献的儿子".1795年成立师范学院,他被聘请为教授.1797年拿破仑建立工艺学院(专门

训练军官的著名学院),他被聘请向数学根底不好的官兵讲解数学.拿破仑对他非常敬重,时常和他讨论哲学问题,并征求他关于数学在建设国家上的意见.

## 在解析几何上的贡献

17 世纪法国出了一位著名的哲学学,他的名字叫笛卡儿(René Descartes, 1596—1650).他不但从事哲学问题的探讨,也在数学及自然科学上有重要的发现.

他在数学上最大的贡献就是创立了"解析几何"这门新数学.在他之前千百多年来,众人研究几何问题,从来没有想到可以和代数方法结合在一起.而笛卡儿却是"异想天开"第一个提出:在平面上画两条互相垂直的直线,这直线的交点叫原点,然后从原点开始在两条直线上取单位长度,以后就可以在水平方向(称为 $x$ 轴)及垂直方向的直线(称为 $y$ 轴)定义所有的点与原点的距离.在原点右边的点和原点的距离是"正数",而左边的却是"负数",在上边的点与原点的距离是"正数",而底下那些点却是"负数".

由这里出发,平面上的任何点 $P$,可以用一对数偶 $(a,b)$ 表示,$a$ 代表从这点到 $x$ 轴作的垂直线的交点与原点的距离,而 $b$ 却代表从这点到 $y$ 轴作的垂直线的交点与原点的距离.

这样几何上研究的直线、圆等曲线就可以用代数方程如 $ax+by=c$ 或 $(x-d)^2+(y-e)^2=r^2$ 来表示了.

于是几何问题就可以借助代数工具来解决了.笛

### Lagrange 内插公式

卡儿的发现可以说是数学上的一场革命性的创见,对数学的推进有很重要的意义. 拉格朗日在他的《关于数学的基础课程》(Lecons Elémentaires sur les Mathematiques)一书里,相当正确地评价解析几何的重要性:"如果代数及几何继续照它们不同的道路前进,它们的进展将是缓慢的,而且它们的应用受到限制.

可是当这些科学结合在一起,它们各从对方吸收新鲜的活力,由此以更迅速的步伐走向完美."

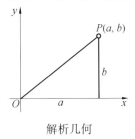

解析几何

拉格朗日在解析几何上有一些很美丽的发现. 在他的《解析力学》一书里他曾提出力学可以看成是四维空间的几何问题:其中三维是用来表示物体位置,另外一维是作为时间坐标. 而这种观点是在 1915 年爱因斯坦(Albert Einstein)应用在他的广义相对论后才普遍被人们所接受.

## 在微积分上的贡献

拉格朗日发现若函数 $f(x)$ 在区间 $[a,b]$ 满足以下条件:

(1) 在 $[a,b]$ 连续.

(2) 在 $(a,b)$ 可导.

则在 $(a,b)$ 中至少存在一点 $c$, 使 $f'(c) = [f(b) - f(a)]/(b-a)$.

在《解析函数论》及收入此书的一篇论文(1772年)中,拉格朗日试图把微分运算归结为代数运算,从而摈弃自牛顿以来一直令人困惑的无穷小量,为微积分奠定理论基础方面做出独特的尝试. 他又把函数 $f(x)$ 的导数定义成 $f(x+h)$ 的泰勒展开式中的 $h$ 项的系数,并由此为出发点建立全部分析学.

可是拉格朗日并未考虑到无穷级数的收敛性问题,他自以为摆脱了极限概念,其实只是回避了极限概念,因此并未达到使微积分代数化、严密化. 不过,他采用新的微分符号,以幂级数表示函数的处理手法对分析学的发展产生了影响,成为实变函数论的起点.

而且,拉格朗日还在微分方程理论中做出奇解为积分曲线族的包络的几何解释,提出线性变换的特征值概念等.

## 在数论上的一些成果

拉格朗日到柏林初期就开始研究数论,第一篇论文是"二阶不定问题的解"(*Sur la solution des problèmes in determines du seconde degrees*).

距今 2 000 多年前埃及亚历山大城的一位名叫丢番图(Diophantus)的数学家,曾经研究怎样的整数能表示两个平方数的和.

Lagrange 内插公式

据说真正的答案是由两位欧洲的数学家在 1 300 多年后才得到:一位是荷兰的吉拉德(Albert Girard),时间是在 1625 年;另外一位是稍后发现的法国数学家费马. 我们现在知道第一个公开的证法是欧拉在 1749 年给出的.

并不是所有的正整数都能表示为两个平方数的和,最简单的几个例子是:3,6,7,11 等.

欧拉发现:整数 $n = p_1^{a_1} p_2^{a_1} \cdots p_k^{a_k}$ 是可以表示成两个平方数的和,当且仅当素数 $p_i$ 是属于 $4k+3$ 的类型时 $a_i$ 必须是偶数.

吉拉德和费马同样认为:任何自然数都可以表示为最多四个平方数的和. 但是人们看不到他们的证法,欧拉曾经好几次试着证明这个结果,但都不成功. 拉格朗日在 1770 年,在学习欧拉以前这方面的工作之后给出了第一个证明. 他的证明在数论上算是非常的美丽.

$$1 = 1^2, 2 = 1^2 + 1^2, 3 = 1^2 + 1^2 + 1^2$$
$$4 = 2^2, 5 = 2^2 + 1^2, 6 = 2^2 + 1^2 + 1^2$$
$$7 = 2^2 + 1^2 + 1^2 + 1^2, 8 = 2^2 + 2^2, 9 = 3^2$$
$$10 = 3^2 + 1^2, 11 = 3^2 + 1^2 + 1^2$$
$$12 = 3^2 + 1^2 + 1^2 + 1^2, 13 = 3^2 + 2^2$$
$$14 = 3^2 + 2^2 + 1^2, 15 = 3^2 + 2^2 + 1^2 + 1^2$$

读者从以上的几个例子,可以相信这个结果的正确性吧!

1772 年拉格朗日在"一个算术定理的证明"(De monstration d'un théorème d'arthmétique)中,把欧拉 40 多年没有解决的费马的猜想"一个正整数能表示为最多四个平方数的和"发表出来.

另外他也发现了一个很漂亮的关于素数的结果:

## Lagrange's Interpolation Formula

对于任何整数 $n$，我们用 $n!$ 来表示这样的乘积 $n \times (n-1) \times (n-2) \times \cdots \times 3 \times 2 \times 1$。例如 $1! = 1$，$2! = 2 \times 1 = 2$，$3! = 3 \times 2 \times 1 = 6$，$4! = 4 \times 3! = 24$，$5! = 5 \times 4! = 120$，$6! = 6 \times 5! = 720$。

拉格朗日发现如果 $n$ 是素数（即除了 1 和它本身之外没有其他的约数），那么 $(n-1)! + 1$ 一定是 $n$ 的倍数。

我们看 $n = 2,3,5,7$ 的几个例子：

$n = 2$ 时有 $1! + 1 = 2$，这是 2 的倍数。

当 $n = 3$ 有 $2! + 1 = 3$，也是 3 的倍数。

取 $n = 5$ 有 $4! + 1 = 25$，是 5 的倍数。

取 $n = 7$, $6! + 1 = 721 = 103 \times 7$，明显是 7 的倍数。

同样在 1770 年英国数学家威尔逊（John Wilson）也发现这结果并给予证明。近代许多数论的书籍中称这结果为威尔逊定理，事实上应该是把拉格朗日和威尔逊并提才对。

在 1773 年发表的"质数的一个新定理的证明"（Démonstation d'un theorem nouveau concernant les nombres premiers）中，拉格朗日证明了这个著名的定理。

拉格朗日解决了方程 $x^2 - Ay^2 = 1$（$A$ 是一个非平方数）的全部整数解的问题，还讨论了更广泛的二元二次整系数方程

$$ax^2 + 2bxy + cy^2 + 2dx + 2ey + f = 0$$

并解决了整数解问题。

拉格朗日的这些研究成果丰富了数论的内容。

Lagrange 内插公式

## 在代数上的工作

拉格朗日试图寻找五次方程的预解函数,希望这个函数是低于五次方程的解,但未获得成功.然而,他的思想已蕴含着置换群概念,对后来阿贝尔(Niels Henrik Abel)和伽罗瓦(Evariste Galois)起到启发性的作用,最终解决了高于四次的一般方程为何不能用代数方法求解的问题.因而也可以说拉格朗日是群论的先驱.

他在方程式论上有一些工作.他在代数上最有名的一个定理就是关于群论子群的定理.

我们先讲一下群 $G$ 的定义.群是一个数学系统,$G$ 有一个二元运算"$*$",满足下面性质:

(1) 结合律 $(a*b)*c = a*(b*c)$.

(2) 有一个单位元 $e$,即对于任何在 $G$ 里的元素 $x$,有 $x*e = e*x = x$.

(3) 对于任何 $x$,我们一定能找到一个 $y$,使得 $x*y = y*x = e$.

比方说对所有的整数,它对加法运算组成一个群,这里单位元就是 0.

如果 $G$ 的子集 $H$ 对于该运算"$*$"是封闭的,而且本身也组成一个群,那么这子集就叫子群.

例如,前面的整数群的例子,所有的偶数集合组成一个子群.群可以有无限个元素.

拉格朗日发现,在有限群里,子群的元素个数一定是整个大群元素个数的约数.

## 在力学上的工作

拉格朗日力学是分析力学中的一种,由拉格朗日在 1788 年建立,是对经典力学的一种新的数学表述. 经典力学最初的表述形式由牛顿建立,它着重分析位移、速度、加速度、力等向量间的关系,又称为向量力学. 拉格朗日引入了广义坐标的概念,运用达朗贝尔原理,得到和牛顿第二定律等价的拉格朗日方程. 但拉格朗日方程具有更普遍的意义,适用范围更广泛. 并且,选取恰当的广义坐标,可以使拉格朗日方程的求解大大简化.

他还给出刚体在重力作用下,绕旋转对称轴上的定点转动(拉格朗日陀螺)的欧拉动力学方程的解,对三体问题的求解方法有重要贡献,解决了限制性三体运动的定型问题. 拉格朗日对流体运动的理论也有重要贡献,提出了描述流体运动的拉格朗日方法.

在流体力学里,有两种描述流体运动的方法:欧拉和拉格朗日方法. 欧拉法描述的是任何时刻流场中各种变数的分布,而拉格朗日法却是去追踪每个粒子从某一时刻起的运动轨迹.

拉格朗日的研究工作中,约有一半同天体力学有关. 他用自己在分析力学中的原理和公式,建立起各类天体的运动方程. 在天体运动方程的解法中,拉格朗日发现了三体问题运动方程的五个特解,即拉格朗日平动解. 此外,他还研究了彗星和小行星的摄动问题,提出了彗星起源假说等.

Lagrange 内插公式

在天体力学中,拉格朗日点(Lagrangian point)又称天平点是限制性三体问题的五个特解.例如,两个天体环绕运动,在空间中有五个位置可以放入第三个物体,并使其保持在两个天体的相应位置上.理想状态下,两个同轨道物体以相同的周期旋转,两个天体的万有引力与离心力在拉格朗日点平衡,使得第三个物体与前两个物体相对静止.一个小物体在两个大物体的引力作用下,在空间中的一点处,小物体相对于两大物体基本保持静止.这些点的存在由拉格朗日于1772年推导证明.

1906年首次发现运动于木星轨道上的小行星(见特罗央群小行星)在木星和太阳的作用下处于拉格朗日点上.在每个由两大天体构成的系统中,按推论有五个拉格朗日点,但只有两个是稳定的,即小物体在该点处即使受外界引力的干扰,仍然有保持在原来位置处的倾向.每个稳定点同两大物体所在的点构成一个等边三角形.

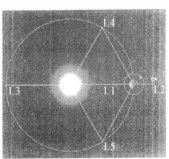

拉格朗日于1772年推导证明的两大天体构成的系统五个拉格朗日点

Lagrange's Interpolation Formula

拉格朗日在 1772 年发表的论文"三体问题"中，为了求得三体问题的通解，他用了一个非常特殊的例子作为问题的结果，即：如果某一时刻，三个运动物体恰恰处于等边三角形的三个顶点，那么给定初速度，它们将始终保持等边三角形队形运动. 1906 年，天文学家发现了第 588 号小行星和太阳正好等距离，它同木星几乎在同一轨道上超前 60° 运动，它们一起构成运动着的等边三角形. 同年发现的第 617 号小行星也在木星轨道上落后 60°左右，构成第二个拉格朗日正三角形. 20 世纪 80 年代，天文学家发现土星和它的大卫星构成的运动系统中也有类似的正三角形. 人们进一步发现，在自然界各种运动系统中，都有拉格朗日点.

## 拉格朗日的晚年

拉格朗日在柏林的时候，妻子患病，他专心地照顾她. 但沉疴不治，她不幸于 1783 年去世，这令他非常难过. 后来在巴黎时，他娶了法国天文学家勒莫尼耶 (Lemonnier) 的女儿.

拉格朗日很爱他的前妻，她的去世令他很消沉. 他来到法国后，勒莫尼耶作为拉格朗日的好朋友邀请他来家里吃饭聊天，拉格朗日那时已是 56 岁的人了，对于科学方面已有所贡献，他也不想再做什么重要的工作.

小他差不多 40 岁的勒莫尼耶的女儿勒妮 – 弗朗索瓦 – 阿德莱德 (Renée-Francoise-Adelaide) 却喜欢拉格朗日，希望他能振作起来，能继续从事科研的工

## Lagrange 内插公式

作.她希望他能把忧伤忘记,愿意嫁给他,照顾他的生活.她那种坚决以身相许的决心,使得丧偶 9 年的拉格朗日不得不在 1792 年娶她.

还好这位小姐是相当贤惠而且有才干的,拉格朗日结婚后有人照顾也变得振奋起来.日子过得简单、节约,虽未生儿育女,但家庭幸福.这样一直到 76 岁拉格朗日去世,他没有留下后代.

拉格朗日很喜欢音乐.他对朋友解释他喜欢音乐的理由:音乐使他沉静,他不再需要听一些闲聊,能帮助他进行思考.他说:"在听到音乐的第三个音节之后,我就听不到什么东西了,我把思想集中在考虑问题,往往这样解决了许多难题."

1799 年雾月政变后,拿破仑提名拉格朗日等著名科学家为上议院议员,1808 年他获得新设的荣誉军团勋章并被封为伯爵.

已经 70 岁的拉格朗日,想为《解析力学》的第二版做修改及扩充的工作.他不停地工作,就像年轻时那样,可是由于衰老,他的身体不容易受头脑指挥.有一天,妻子发现他昏迷在地上,由于跌倒,头部撞到桌角而受伤.他只能躺在床上,知道自己病重,但是他仍旧坚持工作,就像一个哲学家那样沉着.

在去世前两天他叫蒙日(Gaspard Monge)及其他朋友来到床前和他们交谈:"我的朋友们,昨天我就觉得病很重,我感到我快要死了,身体逐渐地衰弱.我感到我的力气逐渐消失,我将没有悲伤、没有遗憾地死去.死亡并不可怕,当它来时没有任何痛苦."

1813 年 4 月 3 日,拿破仑授予他帝国大十字勋章,但此时的拉格朗日已卧床不起,然后就昏迷了.他在

1813 年 4 月 10 日去世,活到了 76 岁,这个朴素无华的数学家为人类留下许多丰硕的成果,他可以说死而无憾了!

在葬礼上,由议长拉普拉斯代表上议院,院长拉塞佩德(Lacépède)代表法兰西研究院致悼词. 意大利各大学都举行了纪念活动,但柏林未进行任何活动,因当时普鲁士加入反法联盟. 拉格朗日死后埋葬在巴黎的圣贤祠里.

## 拉格朗日的著作

拉格朗日总结了 18 世纪的数学成果,同时又为 19 世纪的数学研究开辟了道路. 他的著作非常多,但未能全部收集. 他去世后,法兰西研究院集中了他留在学院内的全部著作,编辑出版了十四卷《拉格朗日文集》,由塞雷(J. A. Serret)主编,1867 年出版第一卷,到 1892 年才印出第十四卷.

第一卷收集他在都灵时期的工作,发表在《论丛》第一至四卷中的论文.

第二卷收集他发表在《论丛》第四、五卷及《都灵科学院文献》第一、二卷中的论文.

第三卷中有他在《柏林科学院文献》1768—1769 年、1770—1773 年发表的论文.

第四卷刊有他在《柏林科学院新文献》1774—1779 年、1781 年、1783 年发表的论文.

第五卷刊载上述刊物 1780—1783 年、1785—1786 年、1792 年、1793 年、1803 年发表的论文.

Lagrange 内插公式

第六卷载有他未在巴黎科学院或法兰西研究院的刊物上发表过的文章.

第七卷主要刊登他在师范学校的报告.

第八卷为 1808 年完成的《各阶数值方程的解法论述及代数方程式的几点说明》(*Traité des équations numériquesde tous les degrés, avec des notes sur plusieurs points de lathéorie des equations algébriques*)一书.

第九卷是 1813 年再版的《解析函数论,含有微分学的主要定理,不用无穷小,或正在消失的量,或极限与流数等概念,而归结为代数分析艺术》一书.

第十卷是 1806 年出版的《函数计算教程》一书.

第十一卷是 1811 年出版的《分析力学》第一卷,并由贝特朗(J. Bertrand)和达布(Gaston Darboux)做了注释.

第十二卷为《分析力学》的第二卷,仍由上述两人注释,此两卷书后来在巴黎重印(1965 年).

第十三卷刊载他同达朗贝尔的学术通讯.

第十四卷是他同孔多塞(Marie-Jean-Antoine-Nicolas Caritat de Condorcet)、拉普拉斯、欧拉等人的学术通讯,此两卷都由拉兰纳(L. Lalanne)做注释.

还计划出第十五卷,包含 1892 年以后找到的通讯,但未出版.

# 拉格朗日线性插值公式与梯形公式[①]

## 附录 II

### §1 拉格朗日线性插值公式

设 $P_1(a,f(a))$，$P_2(b,f(b))$ ($a \neq b$) 为连续曲线 $y = f(x)$ 上的两点，则过 $P_1$，$P_2$ 的直线方程为

$$L(x) = \frac{x-b}{a-b}f(a) + \frac{x-a}{b-a}f(b)$$

我们称 $L(x)$ 为函数 $f(x)$ 的线性拉格朗日插值多项式，而且有：

**定理 II.1** 设函数 $f(x)$ 在 $[a,b]$ 上连续，在 $(a,b)$ 内二阶可导，则存在 $\xi \in (a,b)$，使

---

[①] 苏化明.高等数学中的若干问题与方法[M].哈尔滨:哈尔滨工业大学出版社,2015:66-74.

## Lagrange 内插公式

$$f(x) = \frac{x-b}{a-b}f(a) + \frac{x-a}{b-a}f(b) + \frac{f''(\xi)}{2}(x-a)(x-b) \qquad (\text{II}.1)$$

**证法 1**  令

$$F(t) = f(t) - L(t) - \frac{(t-a)(t-b)}{(x-a)(x-b)} \cdot (f(x) - L(x)) \quad (a \leqslant t \leqslant b)$$

则 $F(t)$ 在 $[a,b]$ 上连续, 在 $(a,b)$ 内二阶可导. 容易验证 $F(x) = F(a) = F(b) = 0$. 由罗尔定理知, 存在 $\xi_1 \in (x,a), \xi_2 \in (a,b)$, 使 $F'(\xi_1) = F'(\xi_2) = 0$. 再次运用罗尔定理知, 存在 $\xi \in (\xi_1, \xi_2) \subset (a,b)$, 使 $F''(\xi) = 0$. 而

$$F''(t) = f''(t) - \frac{2}{(x-a)(x-b)}(f(x) - L(x))$$

所以

$$f(x) - L(x) = \frac{f''(\xi)}{2}(x-a)(x-b) \quad (a < \xi < b)$$

即式 ( II.1 ) 成立.

**证法 2**  令

$$G(t) = \begin{vmatrix} 1 & 1 & 1 & 1 \\ t & x & a & b \\ t^2 & x^2 & a^2 & b^2 \\ f(t) & f(x) & f(a) & f(b) \end{vmatrix} \quad (a \leqslant t \leqslant b)$$

则 $G(t)$ 在 $[a,b]$ 上连续, 在 $(a,b)$ 内二阶可导. 由行列式的性质可知 $G(x) = G(a) = G(b) = 0$, 仿证法 1, 反复运用罗尔定理知, 存在 $\xi \in (a,b)$ 使 $G''(\xi) = 0$, 而

## Lagrange's Interpolation Formula

$$G''(t) = \begin{vmatrix} 0 & 1 & 1 & 1 \\ 0 & x & a & b \\ 2 & x^2 & a^2 & b^2 \\ f''(t) & f(x) & f(a) & f(b) \end{vmatrix} =$$

$$2 \begin{vmatrix} 1 & 1 & 1 \\ x & a & b \\ f(x) & f(a) & f(b) \end{vmatrix} -$$

$$f''(t) \begin{vmatrix} 1 & 1 & 1 \\ x & a & b \\ x^2 & a^2 & b^2 \end{vmatrix}$$

将上式右端的两个三阶行列式展开并利用 $G''(\xi) = 0$ 即可得到式(Ⅱ.1).

式(Ⅱ.1)通常称为函数 $f(x)$ 的线性拉格朗日插值公式. 函数插值问题是函数逼近的重要内容之一,一般属于数值分析的范畴. 但从定理 Ⅱ.1 及其证明可以看出,线性拉格朗日插值公式也可以归属于微积分. 不仅如此,这一公式还可以用来解某些微积分问题.

**例 Ⅱ.1** (苏联大学生数学竞赛题,1977) 设函数 $f(x)$ 在 $[0,1]$ 上二阶可导,且 $f(0) = f(1) = 0$, $\min\limits_{0 \leqslant x \leqslant 1} f(x) = -1$, 证明: $\max\limits_{0 \leqslant x \leqslant 1} f''(x) \geqslant 8$.

**证明** 在式(Ⅱ.1)中取 $a = 0, b = 1$, 并设 $f(x_0) = -1 (0 < x_0 < 1)$, 则由式(Ⅱ.1)知 $f''(\xi) = \dfrac{2}{x_0(1 - x_0)}$. 由于

$$x_0(1 - x_0) \leqslant \left(\frac{1}{2}(x_0 + 1 - x_0)\right)^2 = \frac{1}{4}$$

故 $f''(\xi) \geqslant 8$, 因此 $\max\limits_{0 \leqslant x \leqslant 1} f''(x) \geqslant 8$.

**注** 若用泰勒公式证明本例,要用条件

## Lagrange 内插公式

$f(x_0) = -1$ 及 $f'(x_0) = 0$,而这里只要 $f(x_0) = -1$ 即可.

**例 Ⅱ.2** 设函数 $f(x)$ 在 $[a,b]$ 上连续且 $f(a) = f(b) = 0$. 又设 $f(x)$ 在 $(a,b)$ 内存在二阶导数, $f''(x) \leqslant 0$. 证明:在 $[a,b]$ 上, $f(x) \geqslant 0$.

**证明** 由 $f(a) = f(b) = 0$ 及式(Ⅱ.1)知

$$f(x) = \frac{1}{2}f''(\xi)(x-a)(x-b) \quad (a < \xi < b)$$

因为当 $a < x < b$ 时, $f''(x) \leqslant 0$, 又 $(x-a)(x-b) < 0$, 所以在 $[a,b]$ 上, $f(x) \geqslant 0$.

**例 Ⅱ.3** (华中师范大学,2003) 设 $f(x)$ 在 $[a,b]$ 上二阶可导,过点 $A(a,f(a))$ 与 $B(b,f(b))$ 的直线与曲线 $y = f(x)$ 相交于 $C(c,f(c))$,其中 $a < c < b$. 证明:在 $(a,b)$ 内至少存在一点 $\xi$, 使 $f''(\xi) = 0$.

**证明** 在式(Ⅱ.1)中取 $x = c$,则有

$$f(c) = \frac{c-b}{a-b}f(a) + \frac{c-a}{b-a}f(b) + \frac{f''(\xi)}{2}(c-a)(c-b) \quad (\text{Ⅱ}.2)$$

因为 $A,B,C$ 三点共线,所以

$$\frac{f(c)-f(a)}{c-a} = \frac{f(c)-f(b)}{c-b}$$

即

$$f(c) = \frac{c-b}{a-b}f(a) + \frac{c-a}{b-a}f(b) \quad (\text{Ⅱ}.3)$$

由式(Ⅱ.2),(Ⅱ.3)及 $a < c < b$, 所以在 $(a,b)$ 内至少存在一点 $\xi$, 使 $f''(\xi) = 0$.

**例 Ⅱ.4** 设 $f(x)$ 在 $[a,b]$ 上二阶可导且 $f''(x) > 0$, 证明:当 $a < x < b$ 时

## Lagrange's Interpolation Formula

$$\frac{f(x)-f(b)}{x-b} > \frac{f(b)-f(a)}{b-a} > \frac{f(a)-f(x)}{a-x}$$

(Ⅱ.4)

**证明** 将式(Ⅱ.1)改写成

$$\frac{f(x)-f(b)}{x-b} - \frac{f(b)-f(a)}{b-a} = \frac{1}{2}f''(\xi)(x-a)$$

则由 $a < x < b$ 及 $f''(x) > 0$ 知

$$\frac{f(x)-f(b)}{x-b} > \frac{f(b)-f(a)}{b-a} \quad (Ⅱ.5)$$

式(Ⅱ.1)还可以改定为

$$\frac{f(a)-f(x)}{a-x} - \frac{f(b)-f(a)}{b-a} = \frac{1}{2}f''(\xi)(x-b)$$

则由 $a < x < b$ 及 $f''(x) > 0$ 知

$$\frac{f(b)-f(a)}{b-a} > \frac{f(a)-f(x)}{a-x} \quad (Ⅱ.6)$$

由式(Ⅱ.5),(Ⅱ.6)知不等式(Ⅱ.4)成立.

类似于柯西中值定理为拉格朗日中值定理的推广,若将拉格朗日线性插值公式推广至两个函数,则有如下的:

**定理 Ⅱ.2** 设函数 $f(x), g(x)$ 在 $[a,b]$ 上连续,在 $(a,b)$ 内二阶可导且 $g''(x) \neq 0$. 若令

$$f_1(x) = \frac{x-b}{a-b}f(a) + \frac{x-a}{b-a}f(b)$$

$$g_1(x) = \frac{x-b}{a-b}g(a) + \frac{x-a}{b-a}g(b)$$

则存在 $\xi \in (a,b)$,使

$$\frac{f(x)-f_1(x)}{g(x)-g_1(x)} = \frac{f''(\xi)}{g''(\xi)} \quad (Ⅱ.7)$$

**证明** 令 $\dfrac{f(x)-f_1(x)}{g(x)-g_1(x)} = k$,则

## Lagrange 内插公式

$$f(x) - f_1(x) - k(g(x) - g_1(x)) = 0 \quad (\text{II}.8)$$

作辅助函数

$$\varphi(t) = f(t) - f_1(t) - k(g(t) - g_1(t)) \quad (a \leq t \leq b)$$

则由式(II.8)知 $\varphi(x) = 0$. 又易知 $\varphi(a) = \varphi(b) = 0$. 对 $\varphi(t)$ 反复运用罗尔定理知,存在 $\xi \in (a,b)$,使 $\varphi''(\xi) = 0$.

由于 $\varphi''(t) = f''(t) - kg''(t)$,又 $g''(t) \neq 0$,所以 $k = \dfrac{f''(\xi)}{g''(\xi)}$,因此式(II.7)成立.

特别式(II.7)中取 $g(x) = x^2$,则由式(II.7)可得式(II.1),故式(II.7)为式(II.1)的推广.

**例 II.5** 设 $f(x), g(x)$ 在 $[a,b]$ 上连续,在 $(a,b)$ 内二阶可导且 $g''(x) > 0$. 若 $f(a) = f(b) = g(a) = g(b) = 0$,又存在 $c \in (a,b)$ 使 $f(c) > g(c) > 0$,证明:存在 $\xi \in (a,b)$,使 $f''(\xi) > g''(\xi)$.

**证明** 由 $f(a) = f(b) = g(a) = g(b) = 0$ 及式(II.7)可知,存在 $\xi \in (a,b)$,使 $\dfrac{f(x)}{g(x)} = \dfrac{f''(\xi)}{g''(\xi)}$. 取 $x = c$,则由 $f(c) > g(c) > 0$ 及 $g''(x) > 0$ 知 $f''(\xi) > g''(\xi)$.

以下问题可利用定理 II.1 或定理 II.2 求解.

1. 设 $f(x)$ 在 $[a,b]$ 上二阶可导,$f(a) = f(b) = 0$. 证明:$\max\limits_{a \leq x \leq b} |f(x)| \leq \dfrac{1}{8}(b-a)^2 \max\limits_{a \leq x \leq b} |f''(x)|$.

2. 设 $f(x)$ 在 $[0,1]$ 上二阶可导,$f(0) = f(1) = 0$,$\max\limits_{a \leq x \leq 1} f(x) = 2$. 证明:存在 $\xi \in (0,1)$,使 $f''(\xi) \leq -16$.

3. 设函数 $f(x)$ 在 $[0,1]$ 上连续,在 $(0,1)$ 内二阶可导,若 $f(x)$ 在 $[0,1]$ 上的最小值 $-1$ 在 $(0,1)$ 内取

得,且 $f(0),f(1)$ 中至少有一个非负. 试证:至少存在一点 $\xi \in (0,1)$,使 $f''(\xi) > 2$.

4. 设函数 $f(x)$ 在 $[a,b]$ 上二阶可导,$f(a) = f(b) = 0$,且在某点 $c \in (a,b)$ 处有 $f(c) > 0$. 证明:存在 $\xi \in (a,b)$,使 $f''(\xi) < 0$.

5. 设 $f(x)$ 在 $[a,b]$ 上连续,在 $(a,b)$ 内二阶可导. 若 $a < c < b$. 证明:存在 $\xi \in (a,b)$,使

$$\frac{f(a)}{(a-b)(a-c)} + \frac{f(b)}{(b-a)(b-c)} + \frac{f(c)}{(c-a)(c-b)} = \frac{1}{2}f''(\xi)$$

6. 设函数 $f(x),g(x)$ 在 $[a,b]$ 上连续,在 $(a,b)$ 内二阶可导且 $g''(x) \neq 0$. 证明:存在 $\xi \in (a,b)$,使

$$\frac{f(b) - 2f\left(\frac{a+b}{2}\right) + f(a)}{g(b) - 2g\left(\frac{a+b}{2}\right) + g(a)} = \frac{f''(\xi)}{g''(\xi)}$$

## §2 梯形公式

**定理 Ⅱ.3** 设函数 $f(x)$ 在 $[a,b]$ 上有二阶连续导数,则存在 $\eta \in (a,b)$,使

$$\int_a^b f(x)\mathrm{d}x = \frac{b-a}{2}(f(a) + f(b)) - \frac{(b-a)^3}{12}f''(\eta)$$

(Ⅱ.9)

**证法1** 定理 Ⅱ.1 中的式(Ⅱ.1)两边对 $x$ 从 $a$ 到 $b$ 积分,得

$$\int_a^b f(x)\mathrm{d}x = \frac{b-a}{2}(f(a) + f(b)) +$$

**Lagrange 内插公式**

$$\frac{1}{2}\int_a^b f''(\xi)(x-a)(x-b)\,\mathrm{d}x$$

由于 $(x-a)(x-b)$ 在 $[a,b]$ 上不变号,故由积分第一中值定理知

$$\int_a^b f''(\xi)(x-a)(x-b)\,\mathrm{d}x =$$

$$f''(\eta)\int_a^b(x-a)(x-b)\,\mathrm{d}x =$$

$$-\frac{(b-a)^3}{6}f''(\eta)$$

其中 $\eta \in (a,b)$. 因此

$$\int_a^b f(x)\,\mathrm{d}x = \frac{b-a}{2}(f(a)+f(b)) -$$

$$\frac{(b-a)^3}{12}f''(\eta) \quad (a<\eta<b)$$

即式(Ⅱ.9)成立.

**注** 定理 Ⅱ.3 中 $f''(x)$ 连续的条件可减弱为 $f''(x)$ 在 $[a,b]$ 上可积.

**证法 2** 令

$$F(x) = \frac{x-a}{2}(f(a)+f(x)) - \int_a^x f(t)\,\mathrm{d}t$$

$$G(x) = (x-a)^3$$

则 $F(a) = G(a) = 0$. 在 $[a,b]$ 上对 $F(x), G(x)$ 运用柯西中值定理,故存在 $\eta_1 \in (a,b)$,使

$$\frac{F(b)}{G(b)} = \frac{F(b)-F(a)}{G(b)-G(a)} = \frac{F'(\eta_1)}{G'(\eta_1)} =$$

$$\frac{(\eta_1-a)f'(\eta_1)+f(a)-f(\eta_1)}{6(\eta_1-a)^2}$$

再令

$$F_1(x) = (x-a)f'(x)+f(a)-f(x)$$

$$G_1(x) = 6(x-a)^2$$

则 $F_1(a) = G_1(a) = 0$. 在 $[a,\eta_1]$ 上对 $F_1(x), G_1(x)$ 运用柯西中值定理,故存在 $\eta \in (a,\xi_1) \subset (a,b)$,使

$$\frac{F(b)}{G(b)} = \frac{F_1(\eta_1) - F_1(a)}{G_1(\eta_1) - G_1(a)} = \frac{F'_1(\eta)}{G'_1(\eta)} = \frac{f''(\eta)}{12}$$

即

$$F(b) = \frac{b-a}{2}(f(a)+f(b)) - \int_a^b f(x)\,\mathrm{d}x = \frac{(b-a)^3}{12}f''(\eta)$$

整理后即得式(Ⅱ.9).

**证法 3** 利用分部积分公式,有

$$\int_a^b f(x)\,\mathrm{d}x = \int_a^b f(x)\,\mathrm{d}(x-a) =$$
$$f(x)(x-a)\Big|_a^b - \int_a^b (x-a)f'(x)\,\mathrm{d}x \quad (Ⅱ.10)$$
$$\int_a^b f(x)\,\mathrm{d}x = \int_a^b f(x)\,\mathrm{d}(x-b) =$$
$$f(x)(x-b)\Big|_a^b - \int_a^b (x-b)f'(x)\,\mathrm{d}x \quad (Ⅱ.11)$$

式(Ⅱ.10)和(Ⅱ.11)两式相加后除以 2,得

$$\int_a^b f(x)\,\mathrm{d}x = \frac{b-a}{2}(f(a)+f(b)) - $$
$$\frac{1}{2}\int_a^b (x-a+x-b)f'(x)\,\mathrm{d}x =$$
$$\frac{b-a}{2}(f(a)+f(b)) - $$
$$\frac{1}{2}\int_a^b f'(x)\,\mathrm{d}(x-a)(x-b) =$$
$$\frac{b-a}{2}(f(a)+f(b)) + $$

**Lagrange 内插公式**

$$\frac{1}{2}\int_a^b f''(x)(x-a)(x-b)\,\mathrm{d}x$$

由于 $(x-a)(x-b)$ 在 $[a,b]$ 上不变号,故由积分第一中值定理知,存在 $\eta \in (a,b)$,使

$$\int_a^b f''(x)(x-a)(x-b)\,\mathrm{d}x =$$

$$f''(\eta)\int_a^b (x-a)(x-b)\,\mathrm{d}x =$$

$$-\frac{(b-a)^3}{6}f''(\eta)$$

因此

$$\int_a^b f(x)\,\mathrm{d}x = \frac{b-a}{2}(f(a)+f(b)) -$$

$$-\frac{(b-a)^3}{12}f''(\eta) \quad (a<\eta<b)$$

即式(Ⅱ.9)成立.

若记 $T = \frac{b-a}{2}(f(a)+f(b))$,则 $T$ 表示由直线 $x = a, x = b, y = 0, y = L(x) = \frac{x-b}{a-b}f(a) + \frac{x-a}{b-a}f(b)$ 所围成梯形图形的面积,因而称

$$T = \frac{b-a}{2}(f(a)+f(b)) \qquad (Ⅱ.12)$$

为近似计算积分 $\int_a^b f(x)\,\mathrm{d}x$ 的梯形公式,而将

$$R_T = \int_a^b f(x)\,\mathrm{d}x - \frac{b-a}{2}(f(a)+f(b)) =$$

$$-\frac{(b-a)^3}{12}f''(\eta) \qquad (Ⅱ.13)$$

称为用梯形公式近似表示 $\int_a^b f(x)\,\mathrm{d}x$ 的误差或余项.

## Lagrange's Interpolation Formula

容易验证,若函数 $f(x)$ 是一次多项式时,近似公式

$$\int_a^b f(x)\,\mathrm{d}x \approx \frac{b-a}{2}(f(a)+f(b)) \quad (\mathrm{II}.14)$$

精确成立,即此时有

$$\int_a^b f(x)\,\mathrm{d}x = \frac{b-a}{2}(f(a)+f(b)) \quad (\mathrm{II}.15)$$

反之,若式($\mathrm{II}.15$)对任意的 $a,b$ 成立,则 $f(x)$ 也一定是一次多项式函数.

**例 II.6** (浙江大学高等数学竞赛,1982)设函数 $f(x)$ 在区间 $[a,b]$ 上连续,且满足方程

$$\frac{1}{x_2-x_1}\int_{x_1}^{x_2} f(x)\,\mathrm{d}x = \frac{1}{2}(f(x_1)+f(x_2))$$

$x_1 \neq x_2$,且 $x_1, x_2 \in [a,b]$,求 $f(x)$.

**解** 当 $x \in [a,b]$ 时,由题设条件得

$$\frac{1}{x-a}\int_a^x f(t)\,\mathrm{d}t = \frac{1}{2}(f(x)+f(a))$$

即

$$\int_a^x f(t)\,\mathrm{d}t = \frac{1}{2}(x-a)(f(x)+f(a))$$

上式两边对 $x$ 求导数,得

$$f'(x) - \frac{1}{x-a}f(x) = -\frac{f(a)}{x-a}$$

解此一阶线性非齐次微分方程,得

$$f(x) = C(x-a) + f(a)$$

其中 $C$ 为任意常数.

令 $x=b$,得 $C = \dfrac{f(b)-f(a)}{b-a}$,所以

$$f(x) = \frac{f(b)-f(a)}{b-a}(x-a) + f(a) =$$

**Lagrange 内插公式**

$$\frac{x-b}{a-b}f(a) + \frac{x-a}{b-a}f(b) \quad (x \in [a,b])$$

此时 $f(x)$ 就是过 $(a, f(a))$, $(b, f(b))$ 两点的拉格朗日线性插值函数.

由上可知,使得式(Ⅱ.15)成立的充分必要条件为 $f(x)$ 是一次多项式函数,因此我们也称梯形公式具有一次代数精确度.

下面再举两个例子说明式(Ⅱ.9)的应用.

**例 Ⅱ.7** 设 $f(x)$ 在 $[a,b]$ 上有二阶连续导数且 $f''(x) \geqslant 0$,证明

$$\int_a^b f(x)\,\mathrm{d}x \leqslant \frac{b-a}{2}(f(a)+f(b)) \quad (\text{Ⅱ}.16)$$

**证明** 由于在 $[a,b]$ 上 $f''(x) \geqslant 0$,故由式(Ⅱ.9)即可得到式(Ⅱ.16). 由于 $f(x)$ 在 $[a,b]$ 上是下凸函数,因此式(Ⅱ.16)有明显的几何解释.

**例 Ⅱ.8** 设 $f(x)$ 在 $[a,b]$ 上有连续的二阶导数,对任意自然数 $n$,令 $x_k = a + k\dfrac{b-a}{n}$,其中 $0 \leqslant k \leqslant n$,有

$$\Delta_n = \frac{b-a}{2n}\left(f(a) + 2\sum_{k=1}^{n-1}f(x_k) + f(b)\right) - \int_a^b f(x)\,\mathrm{d}x$$

证明

$$\lim_{n \to \infty} n^2 \Delta_n = \frac{(b-a)^2}{12}(f'(b) - f'(a))$$

$$(\text{Ⅱ}.17)$$

**证明** 在 $[x_k, x_{k+1}]$ 上对 $f(x)$ 运用式(Ⅱ.9),有

$$\int_{x_k}^{x_{k+1}} f(x)\,\mathrm{d}x = \frac{b-a}{2n}(f(x_k) + f(x_{k+1})) -$$

$$\frac{(b-a)^3}{12n^3}f''(\eta_k) \quad (x_k < \eta_k < x_{k+1})$$

## Lagrange's Interpolation Formula

上式对 $k$ 从 $0$ 到 $n-1$ 求和,可得

$$\int_a^b f(x)\,dx = \frac{b-a}{2n}(f(a) + 2\sum_{k=1}^{n-1} f(x_k) + f(b)) - \frac{(b-a)^3}{12n^3}\sum_{k=0}^{n-1} f''(\eta_k)$$

由此知

$$n^2 \Delta_n = \frac{(b-a)^2}{12} \cdot \frac{b-a}{n} \sum_{k=0}^{n-1} f''(\eta_k)$$

所以

$$\lim_{n\to\infty} n^2 \Delta_n = \frac{(b-a)^2}{12} \int_a^b f''(x)\,dx = \frac{(b-a)^2}{12}(f'(b) - f'(a))$$

特别在式(Ⅱ.17)中取 $a=0, b=1, f(x) = \dfrac{1}{1+x}$,则有

$$\lim_{n\to\infty} n^2\left(\left(\frac{1}{n+1} + \frac{1}{n+2} + \cdots + \frac{1}{2n-1} + \frac{1}{2n}\right) + \frac{1}{4n} - \ln 2\right) = \frac{1}{16} \quad (Ⅱ.18)$$

下面我们将式(Ⅱ.9)作进一步推广.

**定理 Ⅱ.4**  设函数 $f(x), g(x)$ 在 $[a,b]$ 上有二阶连续导数且 $g''(x) \neq 0$,则存在 $\eta \in (a,b)$,使

$$\frac{\int_a^b f(x)\,dx - \dfrac{b-a}{2}(f(a) + f(b))}{\int_a^b g(x)\,dx - \dfrac{b-a}{2}(g(a) + g(b))} = \frac{f''(\eta)}{g''(\eta)} \quad (a < \eta < b) \quad (Ⅱ.19)$$

**证明**  令

Lagrange 内插公式

$$\frac{\int_a^b f(x)\,\mathrm{d}x - \frac{b-a}{2}(f(a)+f(b))}{\int_a^b g(x)\,\mathrm{d}x - \frac{b-a}{2}(g(a)+g(b))} = M$$

亦即

$$\int_a^b f(x)\,\mathrm{d}x - \frac{b-a}{2}(f(a)+f(b)) -$$

$$M\left(\int_a^b g(x)\,\mathrm{d}x - \frac{b-a}{2}(g(a)+g(b))\right) = 0$$

设

$$P(x) = \int_a^x f(t)\,\mathrm{d}t - \frac{x-a}{2}(f(a)+f(x)) -$$

$$M\left(\int_a^x g(t)\,\mathrm{d}t - \frac{x-a}{2}(g(a)+g(x))\right)$$

则有 $P(a) = P(b) = 0$. 对 $P(x)$ 在 $[a,b]$ 上运用罗尔定理知, 存在 $\eta_1 \in (a,b)$, 使 $P'(\eta_1) = 0$.

由于

$$P'(x) = \frac{1}{2}(f(x) - f(a) - (x-a)f'(x)) -$$

$$\frac{M}{2}(g(x) - g(a) - (x-a)g'(x))$$

所以 $P'(a) = 0$. 对 $P'(x)$ 在 $[a, \eta_1]$ 上再次运用罗尔定理知, 存在 $\eta \in (a, \eta_1) \subset (a,b)$, 使 $P''(\eta) = 0$, 即

$$(\eta - a)(f''(\eta) - Mg''(\eta)) = 0$$

所以 $M = \dfrac{f''(\eta)}{g''(\eta)}$, 因此式 (Ⅱ.19) 成立.

特别在式 (Ⅱ.19) 中取 $g(x) = x^2$, 即可得到式 (Ⅱ.9), 故式 (Ⅱ.19) 为式 (Ⅱ.9) 的推广.

下面的问题可利用定理 Ⅱ.3 或定理 Ⅱ.4 求解.

1. 设函数 $f(x)$ 在 $[a,b]$ 上有连续的二阶导数, 且

$$\frac{1}{b-a}\int_a^b f(x)\,\mathrm{d}x = \frac{1}{2}(f(a)+f(b)) \quad (a<b)$$

求证:存在 $x_0 \in (a,b)$,使 $f''(x_0)=0$.

2. 设函数 $f(x), g(x)$ 在 $[a,b]$ 上有连续的三阶导数,且 $g'''(x) \neq 0$. 证明:存在 $\eta \in (a,b)$,使

$$\frac{2(f(b)-f(a))-(b-a)(f'(a)+f'(b))}{2(g(b)-g(a))-(b-a)(g'(a)+g'(b))} = \frac{f'''(\eta)}{g'''(\eta)}$$

Lagrange 内插公式

# 一类含中介值定积分等式证明题的构造[①]

附录 Ⅲ

## 1. 引　言

众所周知,含中介值定积分等式证明问题是微积分学中的一类重要问题. 现有的文献(如文[1-3])主要是介绍含中介值定积分等式证明题的一些基本证明方法和技巧,而很少涉及如何编制和构造含中介值的新的定积分等式证明题.

本文主要讨论含中介值定积分等式证明题的编制和构造方法. 考虑到包含余项的数值求积公式实际上就是一个

---

[①]　郑华盛.一类含中介值定积分等式证明题的构造[J]. 数学实践与认识,2014,49(19):281-285.

含中介值的定积分等式,且目前数值分析及数值逼近文献(如[4-6])主要是介绍常用的左右矩形、中矩形、梯形及辛普森等牛顿－柯特斯公式,以及几类常用的高斯型数值求积公式,而对其他形式的数值求积公式探讨较少.基于此,本文利用拉格朗日和埃尔米特多项式插值理论,结合代数精度的概念,构造新的数值求积公式,并确定其余项,由此编制和构造一类新的含中介值定积分等式的证明题.之后,通过几个应用实例加以说明.

## 2. 主 要 结 果

**定义 Ⅲ.1**[6]　如果某个数值求积公式对于次数不超过 $m$ 的多项式均能准确地成立,但对 $m+1$ 次多项式不准确成立,则称该数值求积公式的代数精度为 $m$.

**引理 Ⅲ.1**[4-6]　设 $f(x) \in C^{n+1}[a,b]$,节点 $a \leq x_0 < x_1 < \cdots < x_m \leq b$,$P_n(x)$ 为满足插值条件:$P_n(x_i)=f(x_i)(i=0,1,\cdots,m)$ 及 $P'_n(x_j)=f'(x_j)(j=j_1,j_2,\cdots,j_p)$ 的 $n$ 次插值多项式,则 $\forall x \in [a,b]$,有

$$f(x) - P_n(x) = \frac{f^{(n+1)}(\xi_x)}{(n+1)!} \cdot W_{n+1}(x)$$

其中 $n=m+p$;当 $\{j_1,j_2,\cdots,j_p\} = \varnothing$(空集)时,记

$$p=0, W_{n+1}(x) = \prod_{i=0}^{m}(x-x_i)$$

而当 $\{j_1,j_2,\cdots,j_p\} \neq \varnothing$(空集)且 $0 \leq j_1 < j_2 < \cdots < j_p \leq m$ 时

**Lagrange 内插公式**

$$W_{n+1}(x) = \prod_{j=j_1}^{j_p}(x-x_j)^2 \cdot \prod_{\substack{0 \leq i \leq m \\ i \neq j_1,j_2,\cdots,j_p}}(x-x_i)$$

$$\xi_x \in (a,b)$$

**注记 1** 该引理 III.1 是将拉格朗日和埃尔米特插值多项式的余项归并为统一表达形式.

**定理 III.1** 设 $f(x) \in C^{n+1}[a,b]$,节点 $a \leq x_0 < x_1 < \cdots < x_m \leq b$,$\rho(x)$ 为 $[a,b]$ 上的权函数[4],数值求积公式

$$\int_a^b \rho(x) \cdot f(x)\mathrm{d}x \approx I_n(f) =$$

$$\sum_{i=0}^m A_i \cdot f(x_i) + \sum_{j=j_1}^{j_p} B_j \cdot f'(x_j)$$

的代数精度至少为 $n$,且 $W_{n+1}(x)$ 在 $[a,b]$ 上不变号(即 $\forall x \in [a,b]$,$W_{n+1}(x) \geq 0$ 或 $W_{n+1}(x) \leq 0$,且 $W_{n+1}(x)$ 不恒为 0),则至少存在一点 $\xi \in [a,b]$,使得

$$\int_a^b \rho(x) \cdot f(x)\mathrm{d}x = I_n(f) + \frac{K}{(n+1)!}f^{(n+1)}(\xi)$$

其中 $n = m+p$,$K = \int_a^b \rho(x) \cdot W_{n+1}(x)\mathrm{d}x$,$A_i(i=0,1,\cdots,m)$,$B_j(j=j_1,j_2,\cdots,j_p)$ 为依赖于权函数及对应节点的常数,$W_{n+1}(x)$ 及 $p$ 的含义同引理 III.1.

**证明** 由已知 $W_{n+1}(x)$ 在 $[a,b]$ 上不变号,不妨设 $\forall x \in [a,b]$,$W_{n+1}(x) \geq 0$ 且不恒为 0,则由 $\forall x \in [a,b]$,$\rho(x) \geq 0$,得 $\rho(x) \cdot W_{n+1}(x) \geq 0$ 且不恒为 0,于是有 $K \triangleq \int_a^b \rho(x) \cdot W_{n+1}(x)\mathrm{d}x > 0$. 因为 $f(x) \in C^{n+1}[a,b]$,即 $f^{(n+1)}(x)$ 在 $[a,b]$ 上连续,所以 $f^{(n+1)}(x)$ 在 $[a,b]$ 上有最大值 $M$ 与最小值 $m$,即 $\forall x \in [a,b]$,有 $m \leq f^{(n+1)}(x) \leq M$. 故对连续函数

## Lagrange's Interpolation Formula

$f^{(n+1)}(x)$ 用介值定理知,至少存在一点 $\xi \in [a,b]$,使得

$$\int_a^b \rho(x) f^{(n+1)}(\xi_x) W_{n+1}(x) \mathrm{d}x =$$

$$f^{(n+1)}(\xi) \int_a^b \rho(x) W_{n+1}(x) \mathrm{d}x =$$

$$K f^{(n+1)}(\xi)$$

而由引理 III.1 知,$\forall x \in [a,b]$,有

$$f(x) - P_n(x) = \frac{f^{(n+1)}(\xi_x)}{(n+1)!} \cdot W_{n+1}(x)$$

其中 $\xi_x \in (a,b)$.

又因为求积公式的代数精度至少为 $n$,所以有

$$\int_a^b \rho(x) P_n(x) \mathrm{d}x = I_n(P_n) =$$

$$\sum_{i=0}^m A_i \cdot P_n(x_i) + \sum_{j=j_1}^{j_p} B_j \cdot P'_n(x_j) =$$

$$\sum_{i=0}^m A_i \cdot f(x_i) + \sum_{j=j_1}^{j_p} B_j \cdot f'(x_j) = I_n(f)$$

从而得

$$\int_a^b \rho(x) f(x) \mathrm{d}x - I_n(f) =$$

$$\int_a^b \rho(x) (f(x) - P_n(x)) \mathrm{d}x =$$

$$\frac{K}{(n+1)!} f^{(n+1)}(\xi)$$

**注记2** 若定理 III.1 中 $W_{n+1}(x)$ 在 $[a,b]$ 上恒为 0,而其他条件不变,则定理 III.1 的结论仍然成立. 此时为特例:$f(x) = P_n(x)(\forall x \in [a,b])$,且 $K = 0$.

类似地,可证明得到:

**定理 III.2** 设 $f(x) \in C^{n_1+1}[a,b]$,节点 $a \leqslant x_0 <$

## Lagrange 内插公式

$x_1 < \cdots < x_m \leqslant b, \rho(x)$ 为 $[a,b]$ 上的权函数,数值求积公式

$$\int_a^b \rho(x)f(x)\,\mathrm{d}x \approx I_{n_1}(f) =$$

$$\sum_{i=0}^m A_i \cdot f(x_i) + \sum_{j=j_1}^{j_p} B_j \cdot f'(x_j) +$$

$$\sum_{j=j_1}^{j_p} C_{2j} f''(x_j) + \cdots + \sum_{j=j_1}^{j_p} C_{kj} f^{(k)}(x_j)$$

的代数精度至少为 $n_1$,且 $W_{n_1+1}(x)$ 在 $[a,b]$ 上不变号,则至少存在一点 $\xi \in [a,b]$,使得

$$\int_a^b \rho(x)f(x)\,\mathrm{d}x = I_{n_1}(f) + \frac{K_1}{(n_1+1)!} f^{(n_1+1)}(\xi)$$

其中

$$n_1 = m + kp$$

$$K_1 = \int_a^b \rho(x) W_{n_1+1}(x)\,\mathrm{d}x$$

$$W_{n_1+1}(x) = \sum_{j=j_1}^{j_p} (x-x_j)^{k+1} \prod_{\substack{0 \leqslant i \leqslant m \\ i \neq j_1, j_2, \cdots, j_p}} (x-x_i)$$

## 3. 应 用 实 例

下面,将本文方法用于编制和构造新的含中介值的定积分等式证明题,并给予证明.

**例 Ⅲ.1** 设 $f(x) \in C^3[a,b]$,则至少存在一点 $\xi \in [a,b]$,使

$$\int_a^b f(x)\,\mathrm{d}x = \frac{b-a}{4} \cdot \left( f(a) + 3f\left(\frac{a+2b}{3}\right) \right) +$$

## Lagrange's Interpolation Formula

$$\frac{f'''(\xi)}{216}(b-a)^4$$

**证明** 取 $\rho(x) \equiv 1$,首先构造数值求积公式

$$\int_a^b f(x)\,\mathrm{d}x \approx A_0 f(a) + A_1 \cdot f\left(\frac{a+2b}{3}\right)$$

使其具有尽可能高的代数精确度. 为此,分别取 $f(x)=1, x$ 使求积公式精确成立,联立求解得 $A_0 = \dfrac{b-a}{4}, A_1 = \dfrac{3(b-a)}{4}$. 把 $A_0, A_1$ 代入求积公式,取 $f(x)=x^2$,代入验算知求积公式精确成立;再取 $f(x)=x^3$,求积公式不精确成立,故求积公式

$$\int_a^b f(x)\,\mathrm{d}x \approx \frac{b-a}{4}\cdot\left(f(a) + 3f\left(\frac{a+2b}{3}\right)\right)$$

的代数精度为 2.

其次,构作二次插值多项式 $P_2(x)$,使满足

$$P_2(a)=f(a),\, P_2\left(\frac{a+2b}{3}\right)=f\left(\frac{a+2b}{3}\right)$$

$$P'_2\left(\frac{a+2b}{3}\right)=f'\left(\frac{a+2b}{3}\right)$$

则由引理 Ⅲ.1 知

$$W_3(x)=(x-a)\left(x-\frac{a+2b}{3}\right)^2 \geqslant 0 \quad (x\in[a,b])$$

且不恒为 0. 又

$$K=\int_a^b W_3(x)\,\mathrm{d}x = \frac{1}{36}(b-a)^4$$

故由定理 Ⅲ.1 得至少存在一点 $\xi \in [a,b]$,使

$$\int_a^b f(x)\,\mathrm{d}x - \frac{b-a}{4}\left(f(a)+3f\left(\frac{a+2b}{3}\right)\right) =$$

$$\frac{K}{3!}f'''(\xi)=\frac{f'''(\xi)}{216}(b-a)^4$$

## Lagrange 内插公式

**注记 2**  证明过程也是编制和构造含中介值定积分等式证明题的过程.

类似地,可编制和构造得到:设 $f(x) \in C^3[a,b]$,则至少存在一点 $\xi \in [a,b]$,使

$$\int_a^b f(x)\,\mathrm{d}x = \frac{b-a}{4}\left(3f\left(\frac{2a+b}{3}\right) + f(b)\right) - \frac{f'''(\xi)}{216}(b-a)^4$$

**例 III.2**  设 $f(x) \in C^3[a,b]$,则至少存在一点 $\xi \in [a,b]$,使

$$\int_a^b f(x)\,\mathrm{d}x = \frac{b-a}{3}(2f(a)+f(b)) + \frac{(b-a)^2}{6}f'(a) - \frac{f'''(\xi)}{72}(b-a)^4$$

**证明**  取 $\rho(x) \equiv 1$,构造如下形式的数值求积公式,使其具有尽可能高的代数精度

$$\int_a^b f(x)\,\mathrm{d}x \approx A_0 \cdot f(a) + A_1 \cdot f(b) + B_0 \cdot f'(a)$$

为此,分别取 $f(x) = 1, x, x^2$ 使求积公式精确成立,联立求解得

$$A_0 = \frac{2(b-a)}{3}, A_1 = \frac{b-a}{3}, B_0 = \frac{(b-a)^2}{6}$$

故得求积公式

$$\int_a^b f(x)\,\mathrm{d}x \approx \frac{b-a}{3} \cdot (2f(a)+f(b)) + \frac{(b-a)^2}{6}f'(a)$$

易于验证其代数精度为 2.

其次,构作二次插值多项式 $P_2(x)$,使满足 $P_2(a) = f(a), P'_2(a) = f'(a), P_2(b) = f(b)$,则由引理 III.1 知

$$W_3(x) = (x-a)^2(x-b) \leqslant 0 \quad (x \in [a,b])$$

且不恒为 0，又

$$K = \int_a^b W_3(x)\,dx = -\frac{1}{12}(b-a)^4$$

故由定理 Ⅲ.1 得至少存在一点 $\xi \in [a,b]$，使

$$\int_a^b f(x)\,dx - \left(\frac{b-a}{3}(2f(a)+f(b)) + \frac{(b-a)^2}{6}f'(a)\right) =$$

$$\frac{K}{3!}f'''(\xi) = -\frac{f'''(\xi)}{72}(b-a)^4$$

类似地，可编制和构造得到：设 $f(x) \in C^3[a,b]$，则至少存在一点 $\xi \in [a,b]$，使

$$\int_a^b f(x)\,dx = \frac{b-a}{3}(f(a)+2f(b)) - \frac{(b-a)^2}{6}f'(b) +$$

$$\frac{f'''(\xi)}{72}(b-a)^4$$

**例 Ⅲ.3** 设 $f(x) \in C^4[a,b]$，则至少存在一点 $\xi \in [a,b]$，使

$$\int_a^b f(x)\,dx = \frac{b-a}{2}(f(a)+f(b)) -$$

$$\frac{(b-a)^2}{12}(f'(b)-f'(a)) +$$

$$\frac{f^{(4)}(\xi)}{720}(b-a)^5$$

**证明** 取 $\rho(x) \equiv 1$，构造如下形式的数值求积公式，使其具有尽可能高的代数精度

$$\int_a^b f(x)\,dx \approx A_0 \cdot f(a) + A_1 \cdot f(b) +$$

$$B_0 \cdot f'(a) + B_1 \cdot f'(b)$$

为此，分别取 $f(x) = 1, x, x^2, x^3$ 使求积分式精确成立，联立求解得

**Lagrange 内插公式**

$$A_0 = A_1 = \frac{b-a}{2}, B_0 = \frac{(b-a)^2}{12}, B_1 = -\frac{(b-a)^2}{12}$$

故得到求积公式

$$\int_a^b f(x)\,dx \approx \frac{b-a}{2} \cdot (f(a)+f(b)) - \frac{(b-a)^2}{12} \cdot (f'(b)-f'(a))$$

易于验证其代数精度为 3.

其次,构作三次插值多项式 $P_3(x)$,使满足

$$P_3^{(l)}(a) = f^{(l)}(a), P_3^{(l)}(b) = f^{(l)}(b) \quad (l=0,1)$$

则由引理 Ⅲ.1 知

$$W_4(x) = (x-a)^2(x-b)^2 \geqslant 0 \quad (x \in [a,b])$$

且不恒为 0. 又

$$K = \int_a^b W_4(x)\,dx = \frac{1}{30}(b-a)^5$$

故由定理 Ⅲ.1 得至少存在一点 $\xi \in [a,b]$,使

$$\int_a^b f(x)\,dx - \left(\frac{b-a}{2}(f(a)+f(b)) - \frac{(b-a)^2}{12}(f'(b)-f'(a))\right) =$$

$$\frac{K}{4!}f^{(4)}(\xi) = \frac{f^{(4)}(\xi)}{720}(b-a)^5$$

类似地,可构造和证明:设 $f(x) \in C^6[a,b]$,则至少存在一点 $\xi \in [a,b]$,使

$$\int_a^b f(x)\,dx = \frac{b-a}{30} \cdot \left(7f(a) + 16f\left(\frac{a+b}{2}\right) + 7f(b)\right) +$$

$$\frac{(b-a)^2}{60}(f'(b)-f'(a)) +$$

$$\frac{f^{(6)}(\xi)}{604\,800}(b-a)^7$$

**例 Ⅲ.4** 设 $f(x) \in C^6[a,b]$，则至少存在一点 $\xi \in [a,b]$，使

$$\int_a^b f(x)\,dx = \frac{b-a}{2}(f(a)+f(b)) +$$

$$\frac{(b-a)^2}{10}(f'(a)-f'(b)) +$$

$$\frac{(b-a)^3}{120}(f''(a)+f''(b)) +$$

$$\frac{f^{(6)}(\xi)}{100\,800}(b-a)^7$$

证明 取 $\rho(x) \equiv 1$，构造如下形式的数值求积公式，使其具有尽可能高的代数精度

$$\int_a^b f(x)\,dx \approx A_0 \cdot f(a) + A_1 \cdot f(b) + B_0 \cdot f'(a) +$$

$$B_1 \cdot f'(b) + C_0 \cdot f''(a) + C_1 \cdot f''(b)$$

为此，分别取 $f(x) = 1, x, x^2, x^3, x^4, x^5$ 使求积公式精确成立，联立求解得 $A_0 = A_1 = \dfrac{b-a}{2}$, $B_0 = \dfrac{(b-a)^2}{10}$，

$B_1 = -\dfrac{(b-a)^2}{10}$, $C_0 = C_1 = \dfrac{(b-a)^3}{120}$. 故得公式

$$\int_a^b f(x)\,dx \approx \frac{b-a}{2}(f(a)+f(b)) +$$

$$\frac{(b-a)^2}{10}(f'(a)-f'(b)) +$$

$$\frac{(b-a)^3}{120}(f''(a)+f''(b))$$

易于验证其代数精度为 5.

其次，构作五次插值多项式 $P_5(x)$，使满足 $P_5^{(l)}(a) = f^{(l)}(a)$, $P_5^{(l)}(b) = f^{(l)}(b)$ ($l = 0, 1, 2$)，则由引理 Ⅲ.1 知

Lagrange 内插公式

$$W_6(x) = (x-a)^3(x-b)^3 \leqslant 0 \quad (x \in [a,b])$$

且不恒为 0. 又

$$K_1 = \int_a^b W_6(x)\,dx = \frac{1}{140}(b-a)^7$$

故由定理 Ⅲ.2 得至少存在一点 $\xi \in [a,b]$,使

$$\int_a^b f(x)\,dx - \Big(\frac{b-a}{2}(f(a)+f(b)) +$$

$$\frac{(b-a)^2}{10}(f'(a)-f'(b)) +$$

$$\frac{(b-a)^3}{120}(f''(a)+f''(b))\Big) =$$

$$\frac{K_1}{6!}f^{(6)}(\xi) = \frac{f^{(6)}(\xi)}{100\,800}(b-a)^7$$

**例 Ⅲ.5** 设 $f(x) \in C^4[a,b]$,则至少存在一点 $\xi \in [a,b]$,使

$$\int_a^b (x-a)f(x)\,dx = \frac{(b-a)^2}{20}(3f(a)+7f(b)) +$$

$$\frac{(b-a)^3}{60}(2f'(a)-3f'(b)) +$$

$$\frac{f^{(4)}(\xi)}{1\,440}(b-a)^6$$

**证明** 取 $\rho(x) = x - a$,首先构造数值求积公式

$$\int_a^b (x-a)f(x)\,dx \approx A_0 \cdot f(a) + A_1 \cdot f(b) +$$

$$B_0 \cdot f'(a) + B_1 \cdot f'(b)$$

使其具有尽可能高的代数精确度. 为此,分别取 $f(x) = 1, x-a, (x-a)^2, (x-a)^3$ 使公式精确成立,联立求解得

$$A_0 = \frac{3}{20}(b-a)^2, A_1 = \frac{7}{20}(b-a)^2$$

388

$$B_0 = \frac{(b-a)^3}{30}, B_1 = -\frac{(b-a)^3}{20}$$

把 $A_0, A_1, B_0, B_1$ 代入求积公式,再取 $f(x) = (x-a)^4$,代入验算知公式不精确成立,故求积公式

$$\int_a^b (x-a)f(x)\mathrm{d}x \approx \frac{(b-a)^2}{20}(3f(a)+7f(b)) + \frac{(b-a)^3}{60}(2f'(a)-3f'(b))$$

的代数精度为 3.

其次,构作三次插值多项式 $P_3(x)$,使满足

$$P_3^{(l)}(a) = f^{(l)}(a), P_3^{(l)}(b) = f^{(l)}(b) \quad (l=0,1)$$

则由引理 Ⅲ.1 知

$$W_4(x) = (x-a)^2(x-b)^2 \geq 0 \quad (x \in [a,b])$$

且不恒为 0.

又 $K = \int_a^b (x-a)W_4(x)\mathrm{d}x = \frac{1}{60}(b-a)^6$,故由定理 Ⅲ.1 得至少存在一点 $\xi \in [a,b]$,使

$$\int_a^b (x-a)f(x)\mathrm{d}x - \left(\frac{(b-a)^2}{20}(3f(a)+7f(b)) + \frac{(b-a)^3}{60}(2f'(a)-3f'(b))\right) =$$

$$\frac{K}{4!}f^{(4)}(\xi) = \frac{f^{(4)}(\xi)}{1\,440}(b-a)^6$$

类似地,可构造和证明:设 $f(x) \in C^3[a,b]$,则至少存在一点 $\xi \in [a,b]$,使

$$\int_a^b \sqrt{\frac{b-a}{x-a}} f(x)\mathrm{d}x = \frac{5}{3}(b-a)f\left(\frac{b+4a}{5}\right) + \frac{1}{3}(b-a)f(b) -$$

Lagrange 内插公式

$$\frac{16}{1\,575}f'''(\xi)(b-a)^4$$

## 4. 结 束 语

本文利用拉格朗日及埃尔米特多项式插值理论及代数精度的概念,给出了编制和构造一类含中介值定积分等式新题的方法,构造过程即为其证明过程. 证明过程中插值多项式不必具体求出来. 本文方法思路清晰且简洁,是一种实用的方法,也可用于构造更多类新题.

## 参考文献

[1] 同济大学应用数学系. 高等数学:上册,第 5 版[M]. 北京:高等教育出版社,2002:232-239.

[2] 邓乐斌. 数学分析的理论、方法与技巧[M]. 武汉:华中科技大学出版社,2005:225-236,252-256.

[3] 裴礼文. 数学分析中的典型问题与方法,第 2 版[M]. 北京:高等教育出版社,2006:240-243.

[4] 李岳生,黄友谦. 数值逼近[M]. 北京:人民教育出版社,1978:36-38,69-74,142-189,207.

[5] 张平文,李铁军. 数值分析[M]. 北京:北京大学出版社,2007:24-27,38-42,82-102.

[6] 李庆杨,王能超,易大义. 数值分析,第 5 版[M]. 北京:清华大学出版社,2008:25-27,35-38,97-127.

Lagrange's Interpolation Formula

# Some Pál Type Interpolation Problems

## 1. Introduction

Let $\{x_k\}_{k=1}^{n}$ denote the zeros of the polynomial $\pi_n(x) = (1 - x^2)P'_{n-1}(x)$, arranged in increasing order where $P_n(x)$ is the Legendre polynomial of degree $n$ with normalization $P_n(1) = 1$. If $\{\xi_k\}_{k=1}^{n-1}$ are the zeros of $\pi'_n(x)$, we can formulate the following closely related interpolation problems:

**Problem A** Does there exist a unique polynomial $P(x)$ of degree $\leq 2n - 2$ such that

391

Lagrange 内插公式

$$P(x_k) = a_k, \ k = 1, \cdots, n$$
$$P^{(\nu)}(\xi_k) = b_k, \ k = 1, \cdots, n-1 \quad (\text{IV}.1)$$

where $\{a_k\}_{k=1}^n$ and $\{b_k\}_{k=1}^n$ are arbitrary given real or complex numbers and $\nu (1 \leqslant \nu \leqslant n-1)$ is a given integer? If $P(x)$ is unique what are the fundamental polynomials of interpolation?

When $\nu \geqslant n$, the problem is not regular (i.e., there does not exist a unique $P(x)$) because then the Polyá condition (see [4]) is not satisfied. When $\nu = 1$, it is clear that the above problem is not regular for any $n \geqslant 2$. The unique existence of $P(x)$ in Problem A can be proved if we require $P(x)$ to be of degree $2n-1$ and add to (IV.1) the requirement that $P(a) = 0$ where $a \neq x_k (k = 1, \cdots, n)$ is a given real number. This was done by Pál [5] and later the convergence problem was studied by Eneduanya [3].

A problem analogous to Problem A can be obtained by interchanging $x_k$ with $\xi_k$ in (IV.1). More precisely, we have

**Problem B**  Does there exist a unique polynomial $P(x)$ of degree $\leqslant 2n-2$ such that

$$P(\xi_k) = a_k, \ k = 1, \cdots, n-1$$
$$P^{(\nu)}(x_k) = b_k, \ k = 1, \cdots, n \quad (\text{IV}.2)$$

for arbitrary given sequences $\{a_k\}$ and $\{b_k\}$ and a given integer $\nu (1 \leqslant \nu \leqslant n-2)$? If the problem is regular, find the fundamental polynomials.

Here Polyá condition requires that $\nu \leqslant n-2$.

Recently L. Szili [7] showed that Problem B is regular for $\nu = 1$ only when $n$ is even.

To put the problems in a historical perspective, we observe that J. Balazs and P. Turán [2] initiated the problem of $(0,2)$ interpolation on the zeros of $\pi_n(x)$ in 1957 and proved that it is regular only when $n$ is even. To distinguish this problem from Problems A and B, we use the notation $(0,2)$ where the semicolon indicates that values are prescribed on one set and second derivatives on another set of nodes.

The object of this note is to discuss the regularity of the problems A and B when $\nu = 2$. It will be shown that when $\nu = 2$, both problems are regular irrespective of the parity of $n$. This contrasts with the situation when $v = 1$ discussed by Pál [5] and Szili [7]. In Section 2 we state the preliminaries and the main results. In Section 3, we sketch the proofs of the two theorems. Sections 4 and 5 are devoted to the fundamental polynomials and how to find them.

## 2. Preliminaries and Main Results

We recall (see [6]) that $\pi_n(x)$ satisfies the differential equation
$$(1 - x^2)y'' + n(n - 1)y = 0 \qquad (\text{IV}.3)$$
with $\pi'_n(1) = -n(n - 1) = (-1)^{n+1}\pi'_n(-1)$. We can verify that

Lagrange 内插公式

$$\int_{-1}^{1}(1-x^2)P'_{k'-1}(t)P'_{j-1}(t)\,\mathrm{d}t = \frac{2k(k-1)}{2k-1}\delta_{jk}$$
(Ⅳ.4)

and

$$\int_{-1}^{1}(1-t)(P'_{n-1}(t)-P'_{n-1}(-1))P'_{k-1}(t)\,\mathrm{d}t =$$
$$(n-k)(n+k-1)(-1)^{n+k-1} \quad (Ⅳ.5)$$

We formulate the following lemma which is easy to prove:

LEMMA 1. If $g(x)$ is a polynomial of degree $\leq m$ and if $L_g(x)$ denotes the linear function interpolating $g(x)$ at $\pm 1$, then the only polynomial solution of the differential equation

$$(1-x^2)y'' - n(n-1)y = g(x) \quad (Ⅳ.6)$$

is given by

$$y = -\frac{1}{n(n-1)}L_g(x) + \int_{-1}^{1}(f(t)-L_g(t))K(x,t)\,\mathrm{d}t$$
(Ⅳ.7)

where

$$K(x,t) = -\sum_{k=2}^{m}\frac{(2k-1)\pi_k(x)P'_{k-1}(t)}{2k(k-1)\lambda_{n,k}} \quad (Ⅳ.8)$$

In particular if $g(x) = cx + D + \sum_{j=2}^{m}A_j\pi_j(x)$, then

$$y = -\frac{cx+D}{n(n-1)} - \sum_{j=2}^{m}\frac{A_j}{\lambda_{n,j}}\pi_j(x) \quad (Ⅳ.9)$$

where

$$\lambda_{n,j} = j(j-1) + n(n-1)$$

We shall prove

THEOREM 1. For $\nu = 2$, Problem A is regular

when $\{x_k\}_1^n$ are the zeros of $\pi_n(n)$ and $\{\xi_k\}_1^{n-1}$ are the zeros of $\pi'_n(x)$.

THEOREM 2. For $\nu = 2$, Problem B is regular when the nodes $\{x_k\}_1^n$, and $\{\xi_k\}_1^{n-1}$ are as in Theorem 1. For the proof of Theorem 2, we shall need

LEMMA 2. If $P(x) \in \pi_{2n-2}$ and if
$$\begin{cases} P(\xi_k) = 0, k = 1, \cdots, n-1 \\ P(-1) = P(1) = 0 \\ P''(x_k) = 0, k = 2, \cdots, n-1 \end{cases} \quad (\text{IV}.10)$$
then $P(x)$ is identically zero.

PROOF: From the first set of conditions in (IV.7) we may set $P(x) = \pi'_n(x)q(x)$ where $q(x) \in \pi_{n-1}$. Since $P(-1) = P(1) = 0$, it follows that $q(-1) = q(1) = 0$. From the last set of $n-2$ conditions in (IV.10), we can see easily (since $q(-1) = q(1) = 0$) that
$$(1 - x_k^2)q''(x_k) - n(n-1)q(x_k) = 0, k = 1, \cdots, n-1$$
Since $q(x) \in \pi_{n-1}$, we obtain
$$(1 - x^2)q''(x) - n(n-1)q(x) = 0$$
whence we get $q(x) \equiv 0$ by Lemma 1.

We shall now determine the polynomial $V_1(x)$ of degree $2n - 2$ which satisfies the following conditions
$$\begin{cases} V_1(\xi_k) = 0, k = 1, \cdots, n-1 \\ V''_1(x_k) = 0, k = 2, \cdots, n-1 \\ V_1(-1) = 1, V_1(1) = 0 \end{cases} \quad (\text{IV}.11)$$

LEMMA 3. The polynomial $V_1(x)$ satisfying (IV.11) is given by

Lagrange 内插公式

$$V_1(x) = \frac{\pi'_n(x)}{2\pi'_n(-1)}\left(1 - x - \sum_{k=2}^{n-1}(-1)^k d_k \pi_k(x)\right)$$

(Ⅳ.12)

where

$$d_k = \frac{(n-k)(n+k-1)(2k-1)}{k(k-1)\lambda_{n,k}}$$

PROOF: In view of (Ⅳ.11), we set

$$V_1(x) = \frac{(1-x)\pi'_n(x)}{2\pi'_n(-1)} + \pi'_n(x)q_1(x)$$

$$q_1(x) \in \pi_{n-1} \qquad (Ⅳ.13)$$

where $q_1(1) = q_1(-1) = 0$. From the second set of conditions on $V_1(x)$, after some simplification, we see that $q_1(x)$ must satisfy the following differential equation

$$(1 - x^2)q''_1(x) - n(n-1)q_1(x) = -\frac{(1-x)(P'_{n-1}(x) - P'_{n-1}(-1))}{n(n-1)}$$

From (Ⅳ.4) and (Ⅳ.5), it is easy to see that

$$(1 - x)(P'_{n-1}(x) - P'_{n-1}(-1)) = \sum_{j=2}^{n-1} A_j \pi_j(x)$$

where

$$A_k = \frac{(2k-1)(n-k)(n+k-1)(-1)^{n+k}}{2k(k-1)}$$

The result now follows from Lemma 1 and (Ⅳ.13).

Because the zeros of $\pi_n(x)$ and also those of $\pi'_n(x)$ are symmetric about the origin, the polynomial $V_n(x)$ of degree $2n - 2$ given by $V_n(x) = V_1(-x)$ will satisfy all the conditions of (Ⅳ.11) except the last two which become $V_n(1) = 1$, $V_n(-1) = 0$.

## 3. Proof of Theorem 1

We shall show that the only polynomial $P(x)$ of degree $\leq 2n - 2$ satisfying the homogeneous interpolation problem A is identically zero. Clearly then we may set $P(x) = \pi_n(x)q(x)$ where $q(x) \in \pi_{n-2}$. Since we require $P''(\xi_k) = 0$, $k = 1, \cdots, n - 1$, it follows after using (Ⅳ.3) that
$$(1 - \xi_k^2)q''(\xi_k) - n(n - 1)q(\xi_k) = 0, k = 1, \cdots, n - 1$$
Since $q(x) \in \pi_{n-2}$, we get
$$(1 - x^2)q''(x) - n(n - 1)q(x) \equiv 0$$
so that from Lemma 1, $q(x) \equiv 0$, which completes the proof.

**Proof of Theorem 2.**

We shall show that if $P(x)$ of degree $\leq 2n - 2$ satisfies $P(\xi_k) = 0, k = 1, \cdots, n - 1$ and $P''(x_k) = 0$, $k = 1, \cdots, n$, then $P(x)$ is identically zero. By Lemma 3, we set
$$P(x) = AV_1(x) + BV_n(x)$$
Then $P(\xi_k) = 0$, $k = 1, \cdots, n - 1$ and $P''(x_k) = 0$, $k = 2, \cdots, n - 1$. From $P''(-1) = P''(1) = 0$, we obtain
$$\begin{cases} AV''_1(-1) + BV''_n(-1) = 0 \\ A_1V''_1(1) + BV''_n(1) = 0 \end{cases} \quad (Ⅳ.14)$$
If $\Delta$ is the determinant of this system of equations, then since $V_n(x) = V_1(-x)$, we get
$$\Delta = (V''_1(-1) - V''_1(1))(V''_1(-1) + V''_1(1))$$

Lagrange 内插公式

From (IV.12), after some elementary calculations we obtain

$$V''_1(-1) = \frac{n(n-1)}{4}\left(\frac{n^2-n+2}{2} + \sum_{k=2}^{n-1}\alpha_{nk}\right)$$

$$V''_1(1) = \frac{(-1)^n n(n-1)}{4}\left(2 - \sum_{k=2}^{n-1}(-1)^k\alpha_{nk}\right)$$

where

$$\alpha_{nk} := \frac{(2k-1)(n-k)(n+k-1)}{n(n-1)\lambda_{nk}}(\lambda_{nk} + n(n-1))$$

From this we see easily that $V''_1(-1) \pm V''_1(1)$ are both $> 0$. Then $\Delta > 0$ implies that $A = B = 0$ which completes the proof.

## 4. Fundamental Polynomials for Problem A

We shall denote the fundamental polynomials by $\{L_{k,0}(x)\}_{k=1}^{n}$ and $\{L_{k,2}(x)\}_{k=1}^{n-1}$. Then every polynomial $Q(x) \in \pi_{2n-2}$ has the unique representation

$$Q(x) = \sum_{k=1}^{n} Q(x_k)L_{k,0}(x) + \sum_{k=1}^{n-1} Q''(\xi_k)L_{k,2}(x)$$

(1) Polynomials $L_{k,2}(x)$ ($k = 1,\cdots,n-1$)

Since $L_{k,2}(x) \in \pi_{2n-2}$ and since $L_{k,2}(x_j) = 0$, $j = 1,\cdots,n$ we have $L_{k,2}(x) = \pi_n(x)q_k(x)$, where $q_k(x) \in \pi_{n-2}$. From $L''_{k,2}(\xi_j) = \delta_{kj}$, $j = 1,\cdots,n-1$, we obtain the conditions

$$(1-\xi_j^2)q''_k(\xi_j) - n(n-1)q_k(\xi_j) = \frac{(1-\xi_j^2)}{\pi_n(\xi_j)}\delta_{kj}$$

(IV.15)

## Lagrange's Interpolation Formula

From (Ⅳ.15) it follows that the polynomial $q_k(x)$ satisfies the equation

$$(1-x^2)q''_k(x) - n(n-1)q_k(x) = \frac{\ell_k^*(x)}{P'_{n-1}(\xi_k)}$$

(Ⅳ.16)

where

$$\ell_k^*(x) = \frac{P_{n-1}(x)}{(x-\xi_k)P'_{n-1}(\xi_k)}$$

If we set

$$\ell_k^*(x) = c_0 + c_1 x + \sum_{k=2}^{n-2} c_j \pi_j(x)$$

where

$$c_0 = \frac{1}{2}(\ell_k^*(1) + \ell_k^*(-1))$$

$$c_1 = \frac{\ell_k^*(1) - \ell_k^*(-1)}{2}$$

and $c_j$ are determined on using (Ⅳ.4). Then $q_k(x)$ is given by (Ⅳ.9) so that

$$L_{k,2}(x) = -\frac{\pi_n(x)}{P'_{n-1}(\xi_k)} \sum_{j=0}^{n-2} \frac{c_j \pi_j(x)}{\lambda_{n,j}} \quad (Ⅳ.17)$$

where $\pi_0(x) = 1, \pi_1(x) = x$.

(2) Polynomials $L_{k,0}(x)$ $(k=1,\cdots,n)$

Since $L_{k,0}(x) \in \pi_{2n-2}$ and satisfies the conditions $L_{k,0}(x_j) = \delta_{kj}, j=1,\cdots,n$ and $L''_{k,0}(\xi_j)=0, j=1,\cdots,n-1$, we set

$$L_{k,0}(x) = \ell_k(x) + \pi_n(x)q_k(x), q_k(x) \in \pi_{n-2}$$

(Ⅳ.18)

where

Lagrange 内插公式

$$\ell_k(x) = \frac{\pi_n(x)}{(x - x_k)\pi'_n(x_k)}$$

Following the method in (1), we can derive the equations

$$(1 - \xi_j^2)q''_k(\xi_j) - n(n-1)q_k(\xi_j) = -\frac{(1 - \xi_j^2)}{\pi_n(\xi_j)}\ell''_k(\xi_j)$$

$$(j = 1, \cdots, n-1) \qquad (\text{IV}.19)$$

For $2 \leq k \leq n-1$, we can write the right side of (IV.19) as below

$$\frac{1}{\pi'_n(x_k)}\left(\frac{n^2 - n + 2}{\xi_j - x_k} + \frac{4x_k}{(\xi_j - x_k)^2} - \frac{2(1 - x_k^2)}{(\xi_j - x_k)^3}\right)$$

If we set

$$Q_{v,k}(x) := \frac{P_{n-1}(x_k) - P_{n-1}(x)}{P_{n-1}(x_k)(x - x_k)^v}, v = 1, 2$$

$$(\text{IV}.20)$$

and

$$Q_{3,k}(x) := \frac{Q_{1,k}(x)}{(x - x_k)^2} - \frac{n(n-1)}{2(1 - x_k^2)}\frac{P_{n-1}(x)}{P_{n-1}(x_k)(x - x_k)}$$

then it can be verified that each of the polynomials $Q_{v,k}(x)$ $(v = 1, 2, 3)$ is of degree $\leq n - 2$ and that

$$Q_{v,k}(\xi_j) = \frac{1}{(\xi_j - x_k)^v}, v = 1, 2, 3$$

It follows that if $2 \leq k \leq n-1$, then $q_k(x)$ satisfies the differential equation

$$(1 - x^2)q''_k(x) - n(n-1)q_k(x) = g_k(x)$$

where

$$g_k(x) = \frac{1}{\pi'_n(x_k)}((n^2 - n + 2)Q_{1,k}(x) + 4x_kQ_{2,k}(x) - 2(1 - x_k^2)Q_{3,k}(x))$$

### Lagrange's Interpolation Formula

It is easy to see from the symmetry of the nodes about the origin that $L_{n,0}(x) = L_{1,0}(-x)$. These polynomials can be determined in a similar way with suitable modification of $Q_{2,1}(x)$. More precisely when $k = 1$

$$Q_{2,1}(x) = ((-1)^n (P_{n-1}(x) - P_{n-1}(-1)) + (1+x)P'_{n-1}(-1)P_{n-1}(x))/(1+x)^2$$

and

$$g_1(x) = \frac{1}{\pi'_n(-1)}((n^2 - n + 2)Q_{1,1}(x) - 4Q_{2,1}(x))$$

The value of $q_k(x)$ can now be obtained from Lemma 1. We spare the reader the gruesome details.

## 5. Fundamental Polynomials (Problem B)

In this case we use the device used in the proof of Theorem 2. This method has also been used successfully in another case earlier [1]. More precisely we first determine the fundamental polynomials of a modified form of Problem B. We shall denote the fundamental polynomials of the modified problem by $\{U_{k,0}(x)\}_{k=1}^{n-1}$, $\{U_{k,2}(x)\}_{k=2}^{n-1}$, $V_1(x)$ and $V_n(x)$. The polynomial $V_1(x)$ is given by Lemma 3 and $V_n(x) = V_1(-x)$. Thus every polynomial $Q(x) \in \pi_{2n-2}$ can be uniquely represented thus

$$Q(x) = \sum_{k=1}^{n-1} Q(\xi_k) U_{k,0}(x) + \sum_{k=1}^{n} Q''(x_k) U_{k,2}(x) +$$

Lagrange 内插公式

$$Q(-1)V_1(x) + Q(1)V_n(x)$$

The explicit forms of $U_{k,0}(x)$, $U_{k,2}(x)$ can be obtained by the method used in Section 4. We can use these to find the basic polynomials of the Problem B which we denote by $\{\tilde{L}_{k,0}(x)\}_{k=1}^{n-1}$ and $\{\tilde{L}_{k,2}(x)\}_{k=1}^{n}$. It is easy to verify (as in [1]) that

$$\tilde{L}_{k,j}(x) = \frac{1}{\Delta} \begin{vmatrix} U_{k,j}(n) & V_1(x) & V_n(x) \\ U''_{k,j}(-1) & V''_1(-1) & V''_n(-1) \\ U''_{k,j}(1) & V''_1(1) & V''_n(1) \end{vmatrix}$$

$$j = 0,2$$

where $\Delta > 0$ is the determinant of the system (Ⅳ.14).

## References

[1] AKHLAGHI M R, CHAK A M, SHARMA A. (0, 3) Interpolation on the zeros of $\pi_n(x)$, Rocky Mountain J. Math. (to appear).

[2] BALAZS J, TURÁN P. Notes on Interpolation Ⅲ[J]. Acta Math. Acad. Sci. Hungar, 1957(8), 201-215.

[3] ENEDUANYA S A. On the convergence of interpolation polynomials[J]. Analysis Math, 1985(11),13-22.

[4] LORENTZ G G, JETTER K, RIEMENSCHNEIDER S. Birkhoff Interpolation, in "Encyclopaedia of Math." [M]. New Jersey: Addison-Wesley, 1983.

[5] PÁL I G. A new modification of the Hermite-Fejer interpolation[J]. Analysis Math, 1975(1): 197-205.

[6] SZEGÖ G. Orthogonal polynomials, Amer. Math. Soc. Coll. Publ. (New York, 1959).

[7] SZILI L. An interpolation process on the roots of the integrated Legendre polynomials[J]. Analysis Math. , 1983(9):235-245.

Lagrange 内插公式

# ERROR ANALYSIS OF RECURRENCE TECHNIQUE FOR THE CALCULATION OF BESSEL FUNCTION $I_\nu(x)$

## 1. INTRODUCTION

The modified Bessel function of the first kind $I_\nu(x)$ can be expanded in terms of $I_{\mu+2k}(x)$ ($k = 0, 1, \cdots$) [1].

$$I_\nu(x) = \sum_{k=0}^{\infty} \rho_k I_{\mu+2k}(x) \quad (\text{V}.1)$$

where

$$\rho_k = \left(\frac{x}{2}\right)^{\nu-\mu} \cdot \frac{(-1)^k \Gamma(\mu+k)\Gamma(\nu+1-\mu)(\mu+2k)}{k!\ \Gamma(\nu+1-\mu-k)\Gamma(\nu+k+1)}$$

$$(\text{V}.2)$$

## Lagrange's Interpolation Formula

From the above expansion, we can calculate $I_\nu(x)$ by using $I_{\mu+2k}(x)$ ($k = 0, 1, \cdots$) for $\mu \geq 0$ as follows.

Consider a function $G_{\mu+n}(x)$, which obey the recurrence relation

$$G_{\mu-1}(x) = \frac{2\mu}{x} G_\mu(x) + G_{\mu+1}(x) \quad (\text{V}.3)$$

and is defined such that

$$G_{\mu+m+1}(x) = 0, G_{\mu+m}(x) = \alpha \quad (\text{V}.4)$$

where $m$ is an appropriately chosen positive even integer and $\alpha$ is an arbitrarily chosen small constant. By successive application of recurrence relation (V.3), we generate $G_{\mu+m-1}(x), G_{\mu+m-2}(x), \cdots, G_\mu(x)$. Then for $n = 0, 1, \cdots, m/2$

$$I_{\mu+2n}(x) \approx e^x G_{\mu+2n}(x) / \sum_{k=0}^{m} \varepsilon_k G_{\mu+k}(x) \quad (\text{V}.5)$$

where

$$\varepsilon_k = 2\left(\frac{x}{2}\right)^{-\mu} \frac{(\mu + k)\Gamma(\mu + 1)\Gamma(2\mu + k)}{k! \; \Gamma(2\mu + 1)}$$

(V.6)

The efficient method for the calculation of $I_\mu(x)$ was studied by I. Ninomiya[2], S. Makinouchi[3] and T. Yoshida[4].

Ninomiya also gave the estimation of the error of the approximation.

Substituting Eq. (V.5) into the truncated form of Eq. (V.1), we can obtain an approximation to $I_\nu(x)$. This method is useful for computing both $I_\mu(x)$ and $I_\nu(x)$ ($\nu \neq \mu$) at the same time and/or for computing $I_\nu(x)$ in the case of $\nu < 0$. In this paper, the error

Lagrange 内插公式

analysis of this approximation to $I_\nu(x)$ is described. Using the summation theorem[5] of the generalized hypergeometric series, a tedious manipulation of the expression leads to a relatively simple form for the error.

## 2. METHOD AND ERROR ANALYSIS

Let $n$ be an integer and $\mu \geqslant 0$. The functions $I_{\mu+n}(x)$ and $\bar{K}_{\mu+n}(x) = (-1)^n K_{\mu+n}(x)$ ($K_\mu(x)$: the modified Bessel function of the second kind) both obey the same recurrence relation (V.3). Inversely the general solution of Eq. (V.3) is expressed in terms of

$$G_{\mu+n}(x) = \xi I_{\mu+n}(x) + \eta \bar{K}_{\mu+n}(x) \qquad (V.7)$$

with arbitrary constants $\xi$ and $\eta$. From Eq. (V.4), we can assume that

$$G_{\mu+m+1}(x) = \xi I_{\mu+m+1}(x) + \eta \bar{K}_{\mu+m+1}(x) = 0 \qquad (V.8)$$
$$G_{\mu+m}(x) = \xi I_{\mu+m}(x) + \eta \bar{K}_{\mu+m}(x) = \alpha \qquad (V.9)$$

Eliminating $\eta$ from Eqs. (V.7) and (V.8), we obtain

$$G_{\mu+n}(x) = \xi \left( I_{\mu+n}(x) - \frac{I_{\mu+m+1}(x) \bar{K}_{\mu+n}(x)}{\bar{K}_{\mu+m+1}(x)} \right)$$

$$(V.10)$$

From Eq. (V.10) and the relation

$$\sum_{k=0}^{\infty} \varepsilon_k I_{\mu+k}(x) = e^x \qquad (V.11)$$

we obtain

## Lagrange's Interpolation Formula

$$\sum_{k=0}^{m} \varepsilon_k \left( \frac{G_{\mu+k}(x)}{\xi} + \frac{I_{\mu+m+1}(x)\overline{K}_{\mu+k}(x)}{\overline{K}_{\mu+m+1}(x)} \right) +$$

$$\sum_{k=m+1}^{\infty} \varepsilon_k I_{\mu+k}(x) = e^x \qquad (V.12)$$

Eliminating $\xi$ in Eqs. (V.10) and (V.12)

$$I_{\mu+n}(x) =$$

$$\frac{e^x G_{\mu+n}(x)}{\sum_{k=0}^{m} \varepsilon_k G_{\mu+k}(x)} \left( 1 - e^{-x} \left( \sum_{k=0}^{m} \varepsilon_k \frac{I_{\mu+m+1}(x)\overline{K}_{\mu+k}(x)}{\overline{K}_{\mu+m+1}(x)} \right) + \right.$$

$$\left. \sum_{k=m+1}^{\infty} \varepsilon_k I_{\mu+k}(x) \right) \right) + \frac{I_{\mu+m+1}(x)\overline{K}_{\mu+n}(x)}{\overline{K}_{\mu+m+1}(x)} \qquad (V.13)$$

It is therefore found that the approximation to $I_\mu(x)$ with $p$ significant digits is expressed using $G_{\mu+m-1}(x)$, $G_{\mu+m-2}(x), \cdots, G_\mu(x)$ generated by successive application of recurrence relation with initial values (V.4) as

$$I_{\mu+n}(x) \approx e^x G_{\mu+n}(x) / \sum_{k=0}^{m} \varepsilon_k G_{\mu+k}(x) \quad (V.14)$$

if the following inequalities hold

$$|\Phi_{\mu,m}(x)| < 0.5 \times 10^{-p} \qquad (V.15)$$

and

$$\left| \frac{I_{\mu+m+1}(x) K_{\mu+n}(x)}{I_{\mu+n}(x) K_{\mu+m+1}(x)} \right| < 0.5 \times 10^{-p} \quad (V.16)$$

where

$$\Phi_{\mu,m}(x) =$$

$$e^{-x} \left( \sum_{k=0}^{m} \varepsilon_k \frac{I_{\mu+m+1}(x)\overline{K}_{\mu+k}(x)}{\overline{K}_{\mu+m+1}(x)} + \sum_{k=m+1}^{\infty} \varepsilon_k I_{\mu+k}(x) \right)$$

$$(V.17)$$

For the computation of $I_\nu(x)$ which is a main

## Lagrange 内插公式

object, from Eqs. (V.1) and (V.13), we obtain

$$I_\nu(x) = \sum_{k=0}^{\infty} \rho_k I_{\mu+2k}(x) = \frac{e^x \sum_{k=0}^{m/2} \rho_k G_{\mu+2k}(x)}{\sum_{k=0}^{m} \varepsilon_k G_{\mu+k}(x)} \cdot$$

$$\left(1 - e^{-x}\left(\sum_{k=0}^{m} \varepsilon_k \frac{I_{\mu+m+1}(x) \bar{K}_{\mu+k}(x)}{\bar{K}_{\mu+m+1}(x)} + \sum_{k=m+1}^{\infty} \varepsilon_k I_{\mu+k}(x)\right)\right) +$$

$$\frac{I_{\mu+m+1}(x)}{\bar{K}_{\mu+m+1}(x)} \sum_{k=0}^{m/2} \rho_k \bar{K}_{\mu+2k}(x) +$$

$$\sum_{k=m/2+1}^{\infty} \rho_k I_{\mu+2k}(x) \qquad (\text{V}.18)$$

Therefore the approximation to $I_\nu(x)$ with $p$ significant digits is given as

$$I_\nu(x) \approx \frac{e^x \sum_{k=0}^{m/2} \rho_k G_{\mu+2k}(x)}{\sum_{k=0}^{m} \varepsilon_k G_{\mu+k}(x)} \qquad (\text{V}.19)$$

if the following inequalities hold

$$|\Phi_{\mu,m}(x)| < 0.5 \times 10^{-p} \qquad (\text{V}.20)$$

and

$$|\Psi_{\nu,\mu,m}(x)| < 0.5 \times 10^{-p} \qquad (\text{V}.21)$$

where

$$\Psi_{\nu,\mu,m}(x) = \frac{1}{I_\nu(x)}\left(\frac{I_{\mu+m+1}(x)}{\bar{K}_{\mu+m+1}(x)} \sum_{k=0}^{m/2} \rho_k \bar{K}_{\mu+2k}(x) + \sum_{k=m/2+1}^{\infty} \rho_k I_{\mu+2k}(x)\right)$$

$$(\text{V}.22)$$

Note that $\Phi_{\mu,m}(x)$ is independent of $\nu$ and the

condition ( V . 15 ) in the computation of $I_\mu(x)$ is identical with the condition ( V . 20 ) in that of $I_\nu(x)$.

## 3. MODIFICATION OF EXPRESSION OF $\Phi_{\mu,m}(x)$

Let us rewrite the expression ( V . 17 ) of $\Phi_{\mu,m}(x)$

$$\Phi_{\mu,m}(x) = \mathrm{e}^{-x}\left(\sum_{k=0}^{m}\varepsilon_k\frac{I_{\mu+m+1}(x)\overline{K}_{\mu+k}(x)}{\overline{K}_{\mu+m+1}(x)} + \mathrm{e}^x - \sum_{k=0}^{m}\varepsilon_k I_{\mu+k}(x)\right) =$$

$$\frac{\mathrm{e}^x K_{\mu+m+1}(x) - \sum_{k=0}^{m}\varepsilon_k x^{-1}\overline{R}_{m-k,\mu+k+1}(x)}{\mathrm{e}^x K_{\mu+m+1}(x)} \qquad (\text{V}.23)$$

where

$$\overline{R}_{m-k,\mu+k+1}(x) = x(I_{\mu+k}(x)K_{\mu+m+1}(x) + (-1)^{m+k+2}I_{\mu+m+1}(x)K_{\mu+k}(x))$$

$$(\text{V}.24)$$

which is called the modified Lommel polynomial.

Now we rewrite the first term of the numerator of Eq. ( V . 23 ). Using the representation of $\mathrm{e}^x K_\mu(x)$ in terms of the Kummer's confluent function [6]

$$\mathrm{e}^x K_{\mu+m+1}(x) = \frac{1}{2}\sum_{k=0}^{2m+1} \cdot$$

$$\frac{\Gamma(2\mu+2m+2-k)\Gamma(\mu+m+1-k)}{k!\ \Gamma(2\mu+2m+2-2k)}\left(\frac{x}{2}\right)^{-\mu-1-m+k} +$$

$$\frac{\pi^{\frac{1}{2}}(-1)^{m+1}(2x)^{m+1}}{2\sin\mu\pi} \cdot$$

## Lagrange 内插公式

$$\left( \sum_{k=0}^{\infty} \frac{\Gamma(-\mu+m+k+\frac{3}{2})(2x)^{-\mu+k}}{(2m+k+2)!\,\Gamma(-2\mu+k+1)} - \sum_{k=0}^{\infty} \frac{\Gamma(\mu+m+k+\frac{3}{2})(2x)^{\mu+k}}{k!\,\Gamma(2\mu+2m+k+3)} \right) \quad (\text{V}.25)$$

Next we can modify the second term of the numerator of Eq. (V.23) as follows.

$$\sum_{k=0}^{m} \varepsilon_k x^{-1} \overline{R}_{m-k,\mu+k+1}(x) =$$

$$\frac{\pi}{2\sin\mu\pi} \sum_{k=0}^{m} \varepsilon_k (I_{\mu+k}(x) I_{-\mu-m-1}(x) - I_{\mu+m+1}(x) I_{-\mu-k}(x)) =$$

$$\frac{1}{2}\left(\frac{x}{2}\right)^{-m-1} \sum_{k=0}^{m} \varepsilon_k \left(\frac{x}{2}\right)^k \cdot$$

$$\sum_{n=0}^{[(m-k)/2]} \frac{\Gamma(m-k+1-n)\Gamma(\mu+m+1-n)}{n!\,\Gamma(m-k+1-2n)\Gamma(\mu+k+1+n)} \left(\frac{x}{2}\right)^{2n} =$$

$$\frac{1}{2}\left(\frac{x}{2}\right)^{-m-1} \sum_{l=0}^{m} \left(\frac{x}{2}\right)^l \frac{1}{(m-l)!} \cdot$$

$$\sum_{n=0}^{[l/2]} \varepsilon_{l-2n} \frac{(m-l+1+n)!\,\Gamma(\mu+m+1+n)}{n!\,\Gamma(\mu+l+1-n)} =$$

$$\left(\frac{x}{2}\right)^{-m-1-\mu} \frac{\Gamma(\mu+1)}{\Gamma(2\mu+1)} \sum_{l=0}^{m} \left(\frac{x}{2}\right)^l \frac{1}{(m-l)!} \cdot$$

$$\sum_{n=0}^{[l/2]} \frac{(\mu+l-2n)\Gamma(2\mu+l-2n)(m-l+n)!\,\Gamma(\mu+m+1-n)}{n!\,\Gamma(l-2n+1)\Gamma(\mu+l+1-n)} =$$

$$\left(\frac{x}{2}\right)^{-m-1-\mu} \frac{\Gamma(\mu+1)}{\Gamma(2\mu+1)} \sum_{l=0}^{m} \left(\frac{x}{2}\right)^l \frac{1}{(m-l)!} \cdot$$

$$\sum_{n=0}^{\infty} \frac{(\mu+l-2n)\Gamma(2\mu+l-2n)(m-l+n)!\,\Gamma(\mu+m+1-n)}{n!\,\Gamma(l-2n+1)\Gamma(\mu+l+1-n)} =$$

$$\left(\frac{x}{2}\right)^{-m-1-\mu} \frac{\Gamma(\mu+1)\Gamma(\mu+m+1)}{\Gamma(2\mu+1)} \sum_{l=0}^{m} \left(\frac{x}{2}\right)^l \frac{(\mu+l)\Gamma(2\mu+l)}{l!\,\Gamma(\mu+l+1)} \cdot$$

$$\sum_{n=0}^{\infty} \frac{\left(1-\frac{\mu+l}{2}\right)_n (m-l+1)_n \left(-\frac{l}{2}\right)_n \left(\frac{1}{2}-\frac{l}{2}\right)_n (-\mu-l)_n}{n! \left(-\frac{\mu+l}{2}\right)_n \left(\frac{1}{2}-\frac{2\mu+l}{2}\right)_n \left(1-\frac{2\mu+l}{2}\right)_n (-\mu-m)_n}$$

(V.26)

Using the summation theorem [5] of the generalized hyphergeometric series

$${}_5F_4\left(a, 1+\frac{a}{2}, b, c, d; \frac{a}{2}, 1+a-b, 1+a-c, 1+a-d; 1\right) =$$

$$\frac{\Gamma(1+a-b)\Gamma(1+a-c)\Gamma(1+a-d)\Gamma(1+a-b-c-d)}{\Gamma(1+a)\Gamma(1+a-b-c)\Gamma(1+a-b-d)\Gamma(1+a-c-d)}$$

(V.27)

we obtain

$$\sum_{k=0}^{m} \varepsilon_k x^{-1} R_{m-k,\mu+k+1}(x) =$$

$$\left(\frac{x}{2}\right)^{-m-1-\mu} \frac{\Gamma(\mu+1)\Gamma(\mu+m+1)\Gamma(-\mu-m)}{\Gamma(2\mu+1)\Gamma\left(\frac{1}{2}-\mu\right)} \cdot$$

$$\sum_{l=0}^{m} \left(\frac{x}{2}\right)^l \frac{\Gamma(2\mu+l)\Gamma\left(1-\mu-\frac{1}{2}\right)\Gamma\left(\frac{1}{2}-\mu-\frac{l}{2}\right)\Gamma\left(-\mu-m+l-\frac{1}{2}\right)}{l!\,\Gamma(\mu+l)\Gamma(1-\mu-l)\Gamma\left(-\mu-m+\frac{l}{2}\right)\Gamma\left(-\mu-m+\frac{l}{2}-\frac{1}{2}\right)} =$$

$$\frac{1}{2}\sum_{k=0}^{m} \frac{\Gamma(2\mu+2m+2-k)\Gamma(\mu+m+1-k)}{k!\,\Gamma(2\mu+2m+2-2k)} \left(\frac{x}{2}\right)^{-\mu-1-m+k}$$

(V.28)

By the aid of the summation theorem of the generalized hypergeometric series, double summation reduces to single summation. Thus it is found that this theorem plays a major role in simplification of the expression. Substituting Eqs. (V.25) and (V.28) into Eq. (V.

## Lagrange 内插公式

23), we obtain

$$\Phi_{\mu,m}(x) = \left[\frac{1}{2}\sum_{k=m+1}^{2m+1}\frac{\Gamma(2\mu+2m+2-k)\Gamma(\mu+m+1-k)}{k!\,\Gamma(2\mu+2m+2-2k)}\left(\frac{x}{2}\right)^{-\mu-1-m+k} + \frac{\pi^{\frac{1}{2}}(-1)^{m+1}(2x)^{m+1}}{2\sin\mu\pi}\cdot\right.$$

$$\left.\left(\sum_{k=0}^{\infty}\frac{\Gamma\!\left(-\mu+m+k+\frac{3}{2}\right)(2x)^{-\mu+k}}{(2m+k+2)!\,\Gamma(-2\mu+k+1)} - \sum_{k=0}^{\infty}\frac{\Gamma\!\left(\mu+m+k+\frac{3}{2}\right)(2x)^{\mu+k}}{k!\,\Gamma(2\mu+2m+k+3)}\right)\right]\Big/$$

$$(e^x K_{\mu+m+1}(x)) \qquad (\text{V}.29)$$

In the above equation, if $\mu \ll m$, the second part in [ ] is negligibly small compared to the first part. Also in the first part, if $x/m$ is small, the leading term (which corresponds to the case $k = m + 1$) is dominant. Therefore we obtain the following useful estimation of $\Phi_{\mu,m}(x)$

$$\Phi_{\mu,m}(x) \approx \frac{\Gamma(2\mu+m+1)\Gamma(\mu+1)}{(m+1)!\,\Gamma(2\mu+1)e^x K_{\mu+m+1}(x)}\left(\frac{x}{2}\right)^{-\mu}$$

$$(\text{V}.30)$$

The representation (V.29) and this estimation coincide with the result by I. Ninomiya [2]. He derived the same result by predicting the form of Eq. (V.28) and proving it by means of induction with a very tedious manipulation of the expression. Though our derivation is straightforward, we however need a tedious manipulation.

## 4. MODIFICATION OF EXPRESSION OF $\Psi_{\nu,\mu,m}(x)$

Now we shall consider the modification of the expression (V.22) of $\Psi_{\nu,\mu,m}(x)$.

$$\Psi_{\nu,\mu,m}(x) = \frac{1}{I_\nu(x)} \Big( \frac{I_{\mu+m+1}(x)}{\overline{K}_{\mu+m+1}(x)} \sum_{k=0}^{m/2} \rho_k \overline{K}_{\mu+2k}(x) +$$

$$I_\nu(x) - \sum_{k=0}^{m/2} \rho_k I_{\mu+2k}(x) \Big) =$$

$$\frac{1}{I_\nu(x) \overline{K}_{\mu+m+1}(x)} \{ I_\nu(x) \overline{K}_{\mu+m+1}(x) +$$

$$\sum_{k=0}^{m/2} \rho_k ( I_{\mu+m+1}(x) \overline{K}_{\mu+2k}(x) -$$

$$\overline{K}_{\mu+m+1}(x) I_{\mu+2k}(x) ) \} =$$

$$\frac{1}{I_\nu(x) \overline{K}_{\mu+m+1}(x)} \{ I_\nu(x) K_{\mu+m+1}(x) -$$

$$\sum_{k=0}^{m/2} \rho_k x^{-1} \overline{R}_{m-2k,\mu+2k+1}(x) \} \quad (V.31)$$

Let us rewrite the first term in $\{\ \}$ on the right hand of Eq. (V.31)

$$I_\nu(x) K_{\mu+m+1}(x) =$$

$$\frac{\pi I_\nu(x)}{2\sin(\mu+m+1)\pi} \{ I_{-\mu-m-1}(x) - I_{\mu+m+1}(x) \} =$$

$$\frac{(-1)^{m+1}\pi}{2\sin\mu\pi} \Big(\frac{x}{2}\Big)^\nu \sum_{i=0}^\infty \frac{(x/2)^{2i}}{i!\,\Gamma(\nu+i+1)} \cdot$$

$$\{ \Big(\frac{x}{2}\Big)^{-\mu-m-1} \sum_{j=0}^\infty \frac{(x/2)^{2j}}{j!\,\Gamma(-\mu-m+j)} -$$

413

## Lagrange 内插公式

$$\left(\frac{x}{2}\right)^{\mu+m+1}\sum_{j=0}^{\infty}\frac{(x/2)^{2j}}{j!\,\Gamma(\mu+m+2+j)}\Bigg\}=$$

$$\frac{(-1)^{m+1}\pi}{2\sin\mu\pi}\left(\frac{x}{2}\right)^{\nu}\sum_{n=0}^{\infty}\left(\frac{x}{2}\right)^{2n}\cdot$$

$$\Bigg\{\left(\frac{x}{2}\right)^{-\mu-m-1}\cdot$$

$$\sum_{l=0}^{n}\frac{1}{l!\,\Gamma(n-l+1)\Gamma(-\mu-m+l)\Gamma(\nu+n-l+1)}-$$

$$\left(\frac{x}{2}\right)^{\mu+m+1}\cdot$$

$$\sum_{l=0}^{n}\frac{1}{l!\,\Gamma(n-l+1)\Gamma(\mu+m+2+l)\Gamma(\nu+n-l+1)}\Bigg\}=$$

$$\frac{(-1)^{m+1}\pi}{2\sin\mu\pi}\left(\frac{x}{2}\right)^{\nu}\sum_{n=0}^{\infty}\left(\frac{x}{2}\right)^{2n}\cdot$$

$$\Bigg\{\left(\frac{x}{2}\right)^{-\mu-m-1}\cdot$$

$$\frac{1}{n!\,\Gamma(-\mu-m)\Gamma(\nu+n+1)}\sum_{l=0}^{\infty}\frac{(-n)_l(-\nu-n)_l}{l!\,(-\mu-m)_l}-$$

$$\left(\frac{x}{2}\right)^{\mu+m+1}\frac{1}{n!\,\Gamma(\mu+m+2)\Gamma(\nu+n+1)}\cdot$$

$$\sum_{l=0}^{\infty}\frac{(-n)_l(-\nu-n)_l}{l!\,(\mu+m+2)_l}\Bigg\} \qquad (\text{V}.32)$$

Using the relation

$$_2F_1(a,b;c;1)=\frac{\Gamma(c)\Gamma(c-a-b)}{\Gamma(c-a)\Gamma(c-b)} \qquad (\text{V}.33)$$

we obtain

$$I_\nu(x)K_{\mu+m+1}(x)=$$

$$\frac{(-1)^{m+1}\pi}{2\sin\mu\pi}\left(\frac{x}{2}\right)^{\nu}\sum_{n=0}^{\infty}\left(\frac{x}{2}\right)^{2n}\cdot$$

## Lagrange's Interpolation Formula

$$\left\{ \left(\frac{x}{2}\right)^{-\mu-m-1} \cdot \right.$$

$$\frac{\Gamma(\nu-\mu-m+2n)}{n!\ \Gamma(-\mu-m+n)\Gamma(\nu-\mu-m+n)\Gamma(\nu+n+1)} -$$

$$\left(\frac{x}{2}\right)^{\mu+m+1} \cdot$$

$$\left. \frac{\Gamma(\nu+\mu+m+2n+2)}{n!\ \Gamma(\mu+m+n+2)\Gamma(\nu+\mu+m+n+2)\Gamma(\nu+n+1)} \right\}$$

(V.34)

Next let us rewrite the second term of { } of Eq. (V.31).

$$\sum_{k=0}^{m/2} \rho_k x^{-1} \bar{R}_{m-2k,\mu+2k+1}(x) = \sum_{k=0}^{m/2} \rho_k \sum_{n=0}^{\frac{m-2k}{2}} \cdot$$

$$\frac{(m-2k-n)!\ \Gamma(\mu+m-n+1)}{n!\ (m-2k-2n)!\ \Gamma(\mu+2k+n+1)} \left(\frac{x}{2}\right)^{-m+2k+2n} =$$

$$\frac{1}{x}\left(\frac{x}{2}\right)^{-m} \sum_{n=0}^{m/2} \left(\frac{x}{2}\right)^{2n} \sum_{i=0}^{n} \rho_i \cdot$$

$$\frac{(m-n-i)!\ \Gamma(\mu+m-n+1+i)}{(m-2n)!\ \Gamma(n-i+1)\Gamma(\mu+n+1+i)} =$$

$$\frac{1}{x}\left(\frac{x}{2}\right)^{-m} \sum_{n=0}^{m/2} \left(\frac{x}{2}\right)^{2n} \sum_{i=0}^{\infty} \rho_i \cdot$$

$$\frac{(m-n-i)!\ \Gamma(\mu+m-n+1+i)}{(m-2n)!\ \Gamma(n-i+1)\Gamma(\mu+n+1+i)} =$$

$$\frac{1}{2}\left(\frac{x}{2}\right)^{\nu-\mu-m-1} \sum_{n=0}^{m/2} \left(\frac{x}{2}\right)^{2n} \cdot$$

$$\frac{\Gamma(\mu+1)\Gamma(m-n+1)\Gamma(\mu+m-n+1)}{n!\ (m-2n)!\ \Gamma(\nu+1)\Gamma(\mu+n+1)} \cdot$$

$$\sum_{i=0}^{\infty} \frac{(\mu)_i (\mu-\nu)_i \left(\frac{\mu}{2}+1\right)_i (\mu+m-n+1)_i (-n)_i}{i!\ \left(\frac{\mu}{2}\right)_i (n-m)_i (\nu+1)_i (\mu+n+1)_i} =$$

415

### Lagrange 内插公式

$$\frac{1}{2}\left(\frac{x}{2}\right)^{\nu-\mu-m-1}\sum_{n=0}^{m/2}\left(\frac{x}{2}\right)^{2n}\cdot$$

$$\frac{(-1)^n\Gamma(\mu+m-n+1)\Gamma(\nu-\mu-m+2n)}{n!\ \Gamma(\nu-\mu-m+n)\Gamma(\nu+n+1)}=$$

$$\frac{(-1)^{m+1}}{2\sin\mu\pi}\left(\frac{x}{2}\right)^{\nu-\mu-m-1}\sum_{n=0}^{m/2}\left(\frac{x}{2}\right)^{2n}\cdot$$

$$\frac{\Gamma(\nu-\mu-m+2n)}{n!\ \Gamma(-\mu-m+n)\Gamma(\nu-\mu-m+n)\Gamma(\nu+n+1)}$$
$$(\text{V}.35)$$

Note that we used Eq. (V.27) in the above reduction.

Substituting Eqs. (V.34) and (V.35) into Eq. (V.31), we obtain

$$\Psi_{\nu,\mu,m}(x)=$$

$$\frac{1}{I_\nu(x)K_{\mu+m+1}(x)}\Bigg[\frac{(-1)^{m+1}\pi}{2\sin\mu\pi}\Bigg\{\left(\frac{x}{2}\right)^{\nu-\mu-m-1}\sum_{n=\frac{m}{2}+1}^{\infty}\cdot$$

$$\frac{\Gamma(\nu-\mu-m+2n)(x/2)^{2n}}{n!\ \Gamma(-\mu-m+n)\Gamma(\nu-\mu-m+n)\Gamma(\nu+n+1)}-$$

$$\left(\frac{x}{2}\right)^{\nu+\mu+m+1}\cdot$$

$$\sum_{n=0}^{\infty}\frac{\Gamma(\nu+\mu+m+2n+2)(x/2)^{2n}}{n!\ \Gamma(\mu+m+n+2)\Gamma(\nu+\mu+m+n+2)\Gamma(\nu+n+1)}\Bigg\}\Bigg]=$$

$$\frac{1}{I_\nu(x)K_{\mu+m+1}(x)}\Bigg[\frac{(-1)^{m+1}\pi}{2\sin\mu\pi}\Bigg\{\left(\frac{x}{2}\right)^{\nu-\mu-m-1}\cdot$$

$$\sum_{n=\frac{m}{2}+1}^{m}\frac{\Gamma(\nu-\mu-m+2n)(x/2)^{2n}}{n!\ \Gamma(-\mu-m+n)\Gamma(\nu-\mu-m+n)\Gamma(\nu+n+1)}+$$

$$\left(\frac{x}{2}\right)^{\nu-\mu-m-1}\cdot$$

$$\sum_{n=m+1}^{\infty}\frac{\Gamma(\nu-\mu-m+2n)(x/2)^{2n}}{n!\ \Gamma(-\mu-m+n)\Gamma(\nu-\mu-m+n)\Gamma(\nu+n+1)}-$$

$$\left(\frac{x}{2}\right)^{\nu+\mu+m+1} \cdot$$

$$\sum_{n=0}^{\infty} \frac{\Gamma(\nu+\mu+m+2n+2)(x/2)^{2n}}{n! \ \Gamma(\mu+m+n+2)\Gamma(\nu+\mu+m+n+2)\Gamma(\nu+n+1)}\bigg\}\bigg]$$

(V.36)

Thus we can obtain the expression of $\Psi_{\nu,\mu,m}(x)$.

$$\Psi_{\nu,\mu,m}(x) =$$

$$\left[\frac{1}{2}\left(\frac{x}{2}\right)^{\nu-\mu-m-1} \sum_{n=\frac{m}{2}+1}^{m}\left(\frac{x}{2}\right)^{2n} \cdot\right.$$

$$\frac{(-1)^n \Gamma(\mu+m-n+1)\Gamma(\nu-\mu-m+2n)}{n! \ \Gamma(\nu-\mu-m+n)\Gamma(\nu+n+1)} +$$

$$\left\{\left(\frac{x}{2}\right)^{-\mu} \cdot\right.$$

$$\sum_{n=0}^{\infty} \frac{\Gamma(\nu-\mu+m+2n+2)(x/2)^{2n}}{(n+m+1)! \ \Gamma(-\mu+n+1)\Gamma(\nu-\mu+n+1)\Gamma(\nu+m+n+2)} -$$

$$\left(\frac{x}{2}\right)^{\mu} \cdot$$

$$\left.\sum_{n=0}^{\infty} \frac{\Gamma(\nu+\mu+m+2n+2)(x/2)^{2n}}{n! \ \Gamma(\mu+m+n+2)\Gamma(\nu+\mu+m+n+2)\Gamma(\nu+n+1)}\right\}$$

$$\left(\frac{x}{2}\right)^{\nu+m+1} \frac{(-1)^{m+1}\pi}{2\sin\mu\pi}\bigg] / \{I_\nu(x)K_{\mu+m+1}(x)\} \quad (V.37)$$

Consider the usual case $0 < \nu - \mu + 2 \ll m/2$. If $\nu - \mu$ is not close to an integer and $u \ll m$ then the second part in [ ] of Eq. (V.37) is negligibly small compared to the first part. Then in the first part. If $x/m^2$ is small, the leading term $\left(n = \frac{m}{2}+1\right)$ is dominant. Therefore we obtain the following estimation of $\Psi_{\nu,\mu,m}(x)$ in the case that $\nu - \mu$ is not close to an

417

Lagrange 内插公式

integer

$$\Psi_{\nu,\mu,m}(x) \approx \frac{\frac{1}{2}(-1)^{\frac{m}{2}+1}\left(\frac{x}{2}\right)^{\nu-\mu+1}\Gamma\left(\mu+\frac{m}{2}\right)\Gamma(\nu-\mu+2)}{\left(\frac{m}{2}+1\right)!\,\Gamma\left(\nu-\mu-\frac{m}{2}+1\right)\Gamma\left(\nu+\frac{m}{2}+2\right)I_\nu(x)K_{\mu+m+1}(x)}$$

(V.38)

The first part in [ ] of Eq. (V.37) vanishes in the case of $\nu - \mu = -1$ or $0$. It is found that if $\nu - \mu$ is an integer within $-1 \leqslant \nu - \mu \ll m/2$ then $\Psi_{\nu,\mu,m}(x)$ is extremely small.

# References

[1] WATSON G N. A Treatise on the Theory of Bessel Functions[M]. London: Cambridge Univ. Press, 1966: 139.

[2] NINOMIYA I. Computation of Bessel Functions by Recurrence, in: Numerical Method for a Computer[M]. Tokyo: Baihukan, 1967: 103-121.

[3] YOSHIDA T, UMENO M. Recurrence Techniques for the Calculation of Bessel Functions $I_n(z)$ with Complex Argument[J]. Information Processing in Japan, 1973(13):100-104.

[4] MAKINOUCHI S. Note on the Recurrence Techniques for the Calculation of Bessel Function $I_\nu(x)$[J]. Information Processing Society of Japan, 1965(5):247-252.

[5] SLATER L J. Generalized Hypergeometric Functions[M]. London: Cambridge Univ. Press, 1966:56.

[6] ABRAMOWITZ M, STEGUN I A. Handbook of Mathematical Functions[M]. New York: Dover, 1968:510.

Lagrange 内插公式

# 拉格朗日多项式在用直线法计算超音速区的流动中的应用

## 附录 VI

当某一空向曲面 $\Pi$ 前的亚跨音区流动求得以后,求 $\Pi$ 面后的超音速区流动问题就归结为求解双曲型方程组的初边值问题. 下面叙述用直线法来求解这一初边值问题的计算方案.

将基本方程对 $\dfrac{\partial p}{\partial \eta}, \dfrac{\partial \rho}{\partial \eta}, \cdots, \dfrac{\partial e_{v_i}}{\partial \eta}$ 解出,可得

$$\begin{cases} \dfrac{\partial p}{\partial \eta} = \dfrac{G_5 u + a^2(G_4 u - \rho G_1)}{u^2 - a^2} \\ \dfrac{\partial \rho}{\partial \eta} = \dfrac{1}{a^2 u}\left(-G_5 + u\dfrac{\partial p}{\partial \eta}\right) \\ \dfrac{\partial u}{\partial \eta} = \dfrac{1}{u}\left(G_1 - \dfrac{1}{\rho}\dfrac{\partial p}{\partial \eta}\right) \\ \dfrac{\partial v}{\partial \eta} = \dfrac{1}{u}G_2 \\ \dfrac{\partial w}{\partial \eta} = \dfrac{1}{u}G_3 \\ \dfrac{\partial c_i}{\partial \eta} = \dfrac{1}{u}G_{6,i} \quad (i=1,2,\cdots,l_1) \\ \dfrac{\partial e_{v_i}}{\partial \eta} = \dfrac{1}{u}G_{7,i} \quad (i=1,2,\cdots,l_2) \end{cases} \qquad (\text{VI}.1)$$

# Lagrange's Interpolation Formula

其中

$$\begin{cases} G_1 = -h_s \left[ \dfrac{c}{\varepsilon} \dfrac{\partial u}{\partial \xi} + \dfrac{\sigma}{\rho \varepsilon} \dfrac{\partial p}{\partial \xi} + \dfrac{w}{h_\varphi} \dfrac{\partial u}{\partial \psi} + a_s \right] \\[2pt] G_2 = -h_s \left[ \dfrac{c}{\varepsilon} \dfrac{\partial v}{\partial \xi} + \dfrac{\lambda}{\rho \varepsilon} \dfrac{\partial p}{\partial \xi} + \dfrac{w}{h_\varphi} \dfrac{\partial v}{\partial \psi} + a_n \right] \\[2pt] G_3 = -h_s \left[ \dfrac{c}{\varepsilon} \dfrac{\partial w}{\partial \xi} + \dfrac{\beta}{\rho \varepsilon} \dfrac{\partial p}{\partial \xi} + \dfrac{w}{h_\varphi} \dfrac{\partial w}{\partial \psi} + \right. \\[2pt] \qquad \left. \dfrac{1}{\rho h_\varphi} \dfrac{\partial p}{\partial \psi} + a_\varphi \right] \\[2pt] G_4 = -h_s \left[ \dfrac{\rho}{\varepsilon} \left( \sigma \dfrac{\partial u}{\partial \xi} + \lambda \dfrac{\partial v}{\partial \xi} + \beta \dfrac{\partial w}{\partial \xi} \right) + \dfrac{c}{\varepsilon} \dfrac{\partial \rho}{\partial \xi} + \right. \\[2pt] \qquad \left. \dfrac{\rho}{h_\varphi} \dfrac{\partial w}{\partial \psi} + \dfrac{w}{h_\varphi} \dfrac{\partial \rho}{\partial \psi} + b \right] \\[2pt] G_5 = -h_s \left[ \dfrac{c}{\varepsilon} \dfrac{\partial p}{\partial \xi} + \dfrac{w}{h_\varphi} \dfrac{\partial p}{\partial \psi} - \right. \\[2pt] \qquad \left. a^2 \left( \dfrac{c}{\varepsilon} \dfrac{\partial \rho}{\partial \xi} + \dfrac{w}{h_\varphi} \dfrac{\partial \rho}{\partial \psi} \right) - g \right] \\[2pt] G_{6,i} = -h_s \left[ \dfrac{c}{\varepsilon} \dfrac{\partial c_i}{\partial \xi} + \dfrac{w}{h_\varphi} \dfrac{\partial c_i}{\partial \psi} - \dfrac{w_i}{\rho} \right] \\[2pt] G_{7,i} = -h_s \left[ \dfrac{c}{\varepsilon} \dfrac{\partial e_{v_i}}{\partial \xi} + \dfrac{w}{h_\varphi} \dfrac{\partial e_{v_i}}{\partial \psi} - E_i \right] \end{cases}$$

与头部亚跨音区的计算相类似,我们考虑流动具有对称面的情况,且在 $\xi$ 方向将区域分成 $k_1$ 份,在 $\psi$ 方向将区域分成 $k_2$ 份.这样共有 $(k_1+1)(k_2+1)$ 条射线.未知量现有各射线上的流动参量以及各 $\psi$ 面上的激波形状,总共为 $l(k_1+1)(k_2+1)+k_2+1$ 个 $(l=5+l_1+l_2)$. 为进行计算,应建立同样数目的方程,若像亚跨音区那样,令基本方程在全部射线上成立,显然是不行的,因这时所得到的方程(包括边界条件)数将

**Lagrange 内插公式**

大于未知量数. 这一点是很自然的, 因现在方程在边界上的性质与亚跨音区不一样. 根据现在的特点, 我们采用如下的计算方案.

在每条内射线上 (即 $\xi \neq 0,1$), 令基本方程成立, 可得 $l(k_1 - 1)(k_2 - 1)$ 个方程.

在物面上取物面条件, 再取 $l - 2$ 个流特征关系和一个第二族波特征关系, 共得 $l(k_2 + 1)$ 个方程.

在激波上取激波条件及一个第一族波特征关系, 共得 $(l + 1)(k_2 + 1)$ 个方程.

总起来就得到 $l(k_1 + 1)(k_2 + 1) + k_2 + 1$ 个方程. 和亚跨音区计算相类似, 利用插值多项式将方程中 $\frac{\partial}{\partial \xi}, \frac{\partial}{\partial \psi}$ 的项变成这些射线上的量的线性组合, 于是我们的问题就归结为一个封闭的常微分方程组 —— 非线性方程组的求解.

现来具体叙述边界上方程的取法, 为了书写简单起见, 暂不考虑非平衡化学反应和振动松弛方程.

在物面 $\xi = 0$ 上. 为计算方便, 将它对 $\eta$ 求导化成微分方程的形式

$$\begin{cases} \frac{\partial u}{\partial \eta} n_1 + \frac{\partial v}{\partial \eta} n_2 + \frac{\partial w}{\partial \eta} n_3 = G \\ G = -\left( u \frac{\partial n_1}{\partial \eta} + v \frac{\partial n_2}{\partial \eta} + w \frac{\partial n_3}{\partial \eta} \right) \end{cases} \quad (\text{Ⅵ}.2)$$

这里

$$\boldsymbol{n}_b = \begin{pmatrix} n_1 \\ n_2 \\ n_3 \end{pmatrix}$$

是物面单位外法线向量 (即指向流场). 此外我们再取

## Lagrange's Interpolation Formula

三个独立的流特征关系,即

$$\begin{cases} u \cdot ① + v \cdot ② + w \cdot ③ = 0 \\ t_1 \cdot ① + t_2 \cdot ② + t_3 \cdot ③ = 0 \\ ⑤ = 0 \end{cases} \quad (\text{VI}.3)$$

这里 $\boldsymbol{t} = \begin{pmatrix} t_1 \\ t_2 \\ t_3 \end{pmatrix} = \dfrac{1}{V} \boldsymbol{V} \times \boldsymbol{n}_b$,①分别表示基本方程中第 $i$ 个方程的左端. 最后我们在物面再取一个沿第二族波特征面的相容关系. 波特征相容关系为

$$\rho a(① \cdot N_1 + ② \cdot N_2 + ③ \cdot N_3) - a^2 \cdot ④ - ⑤ = 0$$

即

$$\rho a\left(\left(u \frac{\partial u}{\partial \eta} + \frac{1}{\rho} \frac{\partial p}{\partial \eta}\right) N_1 + u \frac{\partial v}{\partial \eta} N_2 + u \frac{\partial w}{\partial \eta} N_3\right) -$$
$$a^2\left(u \frac{\partial \rho}{\partial \eta} + \rho \frac{\partial u}{\partial \eta}\right) - u \frac{\partial p}{\partial \eta} + a^2 u \frac{\partial \rho}{\partial \eta} =$$
$$\rho a(G_1 N_1 + G_2 N_2 + G_3 N_3) - a^2 G_4 - G_5 = -F$$

$$(\text{VI}.4)$$

其中

$$\boldsymbol{N} = \begin{pmatrix} N_1 \\ N_2 \\ N_3 \end{pmatrix}$$

满足条件

$$\boldsymbol{V} \cdot \boldsymbol{N} = a, \; |\boldsymbol{N}| = 1 \quad (\text{VI}.5)$$

满足上面条件的 $\boldsymbol{N}$ 可有无穷多个. 下面我们取位于某向量 $\boldsymbol{m}$ 和 $\boldsymbol{V}$ 所决定的平面内的 $\boldsymbol{N}$, 于是由(VI.5)可知, $\boldsymbol{N}$ 的具体表达式为

$$\boldsymbol{N} = b_1 \boldsymbol{m} + b_2 \boldsymbol{V} \quad (\text{VI}.6)$$

其中

**Lagrange 内插公式**

$$\begin{cases} b_1 = \pm\sqrt{\dfrac{V^2 - a^2}{(\boldsymbol{m}\cdot\boldsymbol{m})V^2 - (\boldsymbol{m}\cdot\boldsymbol{V})^2}} \\ b_2 = \dfrac{a - b_1(\boldsymbol{m}\cdot\boldsymbol{V})}{V^2} \\ V = |\boldsymbol{V}| \end{cases}$$

对物面,我们取 $\boldsymbol{m}$ 为物面单位外法线向量 $\boldsymbol{n}_b$,注意到 $\boldsymbol{n}_b\cdot\boldsymbol{V}=0$,这时对第二族波特征有

$$\boldsymbol{N} = \sqrt{1 - \dfrac{1}{M^2}}\,\boldsymbol{n}_b + \dfrac{1}{MV}\boldsymbol{V} \qquad (\text{Ⅵ}.7)$$

经整理和改写,物面上的方程可写成

$$\begin{cases} u\dfrac{u}{V}\dfrac{\partial u}{\partial \eta} + u\dfrac{v}{V}\dfrac{\partial v}{\partial \eta} + u\dfrac{w}{V}\dfrac{\partial w}{\partial \eta} + u\dfrac{1}{V}\dfrac{1}{\rho}\dfrac{\partial p}{\partial \eta} = \\ \dfrac{1}{V}(G_1 u + G_2 v + G_3 w) \equiv -H_1 \\[4pt] ut_1\dfrac{\partial u}{\partial \eta} + ut_2\dfrac{\partial v}{\partial \eta} + ut_3\dfrac{\partial w}{\partial \eta} + \dfrac{t_1}{\rho}\dfrac{\partial p}{\partial \eta} = \\ G_1 t_1 + G_2 t_2 + G_3 t_3 \equiv -H_2 \\[4pt] un_1\dfrac{\partial u}{\partial \eta} + un_2\dfrac{\partial v}{\partial \eta} + un_3\dfrac{\partial w}{\partial \eta} = Gu \equiv -H_3 \\[4pt] -\rho a\sqrt{1-\dfrac{1}{M^2}}\dfrac{n_1}{\rho}\dfrac{\partial p}{\partial \eta} + a^2\left(u\dfrac{\partial\rho}{\partial\eta} + \rho\dfrac{\partial u}{\partial\eta}\right) + \\ \left(u\dfrac{\partial p}{\partial\eta} - a^2 u\dfrac{\partial\rho}{\partial\eta}\right) = -\left(\rho a\sqrt{1-\dfrac{1}{M^2}}(H_3 + (n_1 G_1 + \right. \\ \left. n_2 G_2 + n_3 G_3)) - a^2 G_4\right) + G_5 \equiv -(J_4 + J_5) \\[4pt] u\dfrac{\partial p}{\partial\eta} - a^2 u\dfrac{\partial\rho}{\partial\eta} = G_5 \equiv -J_5 \end{cases}$$

$$(\text{Ⅵ}.8)$$

注意到矩阵

$$\boldsymbol{U} = \begin{pmatrix} u/V & n_1 & t_1 \\ v/V & n_2 & t_2 \\ w/V & n_3 & t_3 \end{pmatrix}$$

是正交矩阵,故在(Ⅵ.8)中将前三个方程分别乘以 $u/V, t_1, n_1$,然后相加可得

$$u\frac{\partial u}{\partial \eta} + \frac{1}{\rho}\left(\frac{u^2}{V^2} + t_1^2\right)\frac{\partial p}{\partial \eta} =$$

$$-\left(\frac{H_1 u}{V} + H_2 t_1 + H_3 n_1\right) \equiv -J_1$$

类似地可得

$$\begin{cases} u\dfrac{\partial v}{\partial \eta} + \dfrac{1}{\rho}\left(\dfrac{uv}{V^2} + t_1 t_2\right)\dfrac{\partial p}{\partial \eta} = \\ \qquad -\left(\dfrac{H_1 v}{V} + H_2 t_2 + H_3 n_2\right) \equiv -J_2 \\ u\dfrac{\partial w}{\partial \eta} + \dfrac{1}{\rho}\left(\dfrac{uw}{V^2} + t_1 t_3\right)\dfrac{\partial p}{\partial \eta} = \\ \qquad -\left(\dfrac{H_1 w}{V} + H_2 t_3 + H_3 n_3\right) \equiv -J_3 \end{cases} \quad (Ⅵ.9)$$

由此容易推得下列关系式

$$\begin{cases} \dfrac{\partial p}{\partial \eta} = \dfrac{-(J_4 + J_5)u + a^2 \rho J_1}{u\left(u - n_1 a\sqrt{1 - \dfrac{1}{M^2}}\right) - a^2 W_1} \\ \dfrac{\partial \rho}{\partial \eta} = \dfrac{J_5 + u\dfrac{\partial p}{\partial \eta}}{a^2 u} \\ \dfrac{\partial u}{\partial \eta} = \dfrac{-J_1 - \dfrac{W_1}{\rho}\dfrac{\partial p}{\partial \eta}}{u} \\ \dfrac{\partial v}{\partial \eta} = \dfrac{-J_2 - \dfrac{W_2}{\rho}\dfrac{\partial p}{\partial \eta}}{u} \\ \dfrac{\partial w}{\partial \eta} = \dfrac{-J_3 - \dfrac{W_3}{\rho}\dfrac{\partial p}{\partial \eta}}{u} \end{cases} \quad (Ⅵ.10)$$

其中

Lagrange 内插公式

$$\begin{cases} W_1 = \dfrac{u^2}{V^2} + t_1^2 \\ W_2 = \dfrac{uv}{V^2} + t_1 t_2 \\ W_3 = \dfrac{uw}{V^2} + t_1 t_3 \end{cases} \quad (\text{Ⅵ}.11)$$

在激波上,我们除了有激波关系式外,还用了沿第一族波特征面的相容关系. 现取 $m$ 为激波外法线向量 $\boldsymbol{n}_s$,于是激波上的第一族波特征相容关系仍为(Ⅵ.4),不过其中的 $N$ 现应取

$$\begin{cases} \boldsymbol{N} = b_1 \boldsymbol{n}_s + b_2 \boldsymbol{V} \\ b_1 = -\sqrt{\dfrac{V^2 - a^2}{(\boldsymbol{n}_s \cdot \boldsymbol{n}_s) V^2 - (\boldsymbol{n}_s \cdot \boldsymbol{V})^2}} \\ b_2 = \dfrac{a - b_1(\boldsymbol{n}_s \cdot \boldsymbol{V})}{V^2} \end{cases}$$

因激波上的量可由激波法线方向和来流方向决定(假定 $V_\infty = 1$),而对均匀来流来说,其方向只依赖于两个参数,亦即 $u_\infty, v_\infty, w_\infty$ 中只有两个是独立的,今设 $m_3 = -\dfrac{v_\infty}{u_\infty}, m_4 = -\dfrac{w_\infty}{u_\infty}$,且令 $m_1 = \dfrac{h_n}{h_s} f'_{1s}, m_2 = \dfrac{h_n}{h_\varphi} f'_{1\varphi}$,这里 $n = f_1(s,\varphi)$ 是激波方程,一撇表对下标变量的偏导数. 于是激波上的流动参量 $q$ 均可表成 $m_1, m_2, m_3, m_4$ 的函数,即

$$q = q(m_1, m_2, m_3, m_4) \quad (\text{Ⅵ}.13)$$

于是在激波 $\xi = 1$ 上有如下的关系式

$$\frac{\partial q}{\partial \eta} = \sum_{i=1}^{4} \frac{\partial q}{\partial m_i} \frac{\partial m_i}{\partial \eta} \quad (\text{Ⅵ}.14)$$

相应地,激波上的波特征相容关系(Ⅵ.4)可改写成

$$L_1\frac{\partial m_1}{\partial \eta}+L_2\frac{\partial m_2}{\partial \eta}+L_3\frac{\partial m_3}{\partial \eta}+L_4\frac{\partial m_4}{\partial \eta}=-F$$

(Ⅵ.15)

这里

$$L_i=\rho a\left[\left(u\frac{\partial u}{\partial m_i}+\frac{1}{\rho}\frac{\partial p}{\partial m_i}\right)N_1+u\frac{\partial v}{\partial m_i}N_2+u\frac{\partial w}{\partial m_i}N_3\right]-\rho a^2\frac{\partial u}{\partial m_i}-u\frac{\partial p}{\partial m_i}\quad(i=1,2,3,4)$$

(Ⅵ.16)

因为 $m_3, m_4$ 分别表示来流在坐标系 $(s,n,\varphi)$ 中的方向,故是已知的函数,从而 $\frac{\partial m_3}{\partial \eta},\frac{\partial m_4}{\partial \eta}$ 也是已知函数. 而

$$\frac{\partial m_2}{\partial \eta}=\frac{h_n}{h_\varphi}\frac{\partial(f'_{1\varphi})}{\partial \eta}+f'_{1\varphi}\frac{\partial\left(\frac{h_n}{h_\varphi}\right)}{\partial \eta}$$

由于 $f_1(s,\varphi)$ 与 $\xi$ 无关,故

$$\frac{\partial(f'_{1\varphi})}{\partial \eta}=\frac{\partial(f'_{1\varphi})}{\partial s}\frac{\partial s}{\partial \eta}+\frac{\partial(f'_{1\varphi})}{\partial \varphi}\frac{\partial \varphi}{\partial \eta}=\frac{\partial(f'_{1\varphi})}{\partial s}=\frac{\partial(f'_{1s})}{\partial \varphi}$$

若对每一个 $\varphi, f_1, f'_{1s}$ 均已知,则我们可利用拉格朗日插值多项式来计算 $f'_{1\varphi},\frac{\partial(f'_{1s})}{\partial \varphi}$,从而 $\frac{\partial m_2}{\partial \eta}$ 可视为已知. 于是我们将方程(Ⅵ.15)改写成

$$\frac{\partial m_1}{\partial \eta}=\frac{-F-\sum_{i=2}^{4}L_i\frac{\partial m_i}{\partial \eta}}{L_1}$$

(Ⅵ.17)

对方程(Ⅵ.1),(Ⅵ.10),(Ⅵ.17),激波条件中有

### Lagrange 内插公式

关 $\dfrac{\partial}{\partial \xi}, \dfrac{\partial}{\partial \psi}$ 项使用插值公式后,我们就得到所需的以射线上的流动参量和激波形状 $f_1(s,\varphi)$ 为未知量的全部方程.需注意的是方程(Ⅵ.17)是关于 $f_1$ 的二阶方程,因此关于 $f_1$ 的初始条件,要求给出 $f_1, f'_{1s}$. 当在某一空向曲面 $\Pi$ 上给定流动参量和 $f_1, f'_{1s}$ 后,就可以此作初值来求解上述方程组,逐步得到整个超音区流动的解.

至于插值多项式的构造,完全类似于亚跨音区计算中所述的方法,这里就不再重复了.

# 利用拉格朗日插值法求奇异积分方程的数值解[①]

附录 Ⅶ

## §1 引 言

我们知道,第一类奇异积分方程的求解可以化为下面关于柯西型奇异积分方程

$$\frac{1}{\pi}\int_{-1}^{1}\frac{(1-t^2)^{-\frac{1}{2}}y(t)\mathrm{d}t}{t-s}+$$

$$\lambda\int_{-1}^{1}(1-t^2)^{-\frac{1}{2}}k(s,t)y(t)\mathrm{d}t=$$

$$f(s) \quad (-1<s<1) \quad (\text{Ⅶ}.1)$$

的求解. 方程(Ⅶ.1)在附加条件

$$\frac{1}{2}\int_{-1}^{1}(1-t^2)^{-\frac{1}{2}}y(t)\mathrm{d}t=N$$

$$(\text{Ⅶ}.2)$$

---

① 杜金元. 关于利用内插型求积公式的奇异积分方程的数值解法(Ⅰ)[J]. 数学物理学报,1995,4(2):205-223.

## Lagrange 内插公式

下的近似解法已为不少作者研究. 这里, $k(s,t)$ 和 $f(s)$ 分别为 $[-1,1] \times [-1,1]$ 和 $[-1,1]$ 上的已知 $H$ 族函数, $N$ 是常数. 我们熟知, 如果 $\lambda$ 不是特征值, 那么解是唯一存在的.

1972 年, F. Erdogan 和 G. D. Gupta[1] 提出直接利用高斯 - 切比雪夫求积公式求解奇异积分方程 (Ⅶ.1) 和 (Ⅶ.2), 将求积公式应用于某个点集上, 这些方程就化为一个代数方程组

$$(A_n + \lambda C_n)y_n = f_n \quad (Ⅶ.3)$$

其中

$$A_n = (a_{i,j}), a_{i,j} = n^{-1}(t_j - s_i)^{-1}, a_{n,j} = n^{-1}$$
$$C_n = (c_{i,j}), c_{i,j} = \pi n^{-1} k(s_i, t_j), c_{n,j} = 0$$
$$y_n = [y_n(t_1), y_n(t_2), \cdots, y_n(t_n)]^T$$
$$f_n = [f(s_1), f(s_2), \cdots, f(s_{n-1}), N]^T$$
$$t_j = \cos \frac{(2j-1)\pi}{2n}, s_i = \cos \frac{i\pi}{n}$$
$$i = 1, 2, \cdots, n-1, j = 1, 2, \cdots, n$$

把方程组 (Ⅶ.3) 的解作为 (Ⅶ.1) 和 (Ⅶ.2) 的解在 $\{t_j\}_1^n$ 上的近似值, 在此基础上作出某种插值函数或插值多项式, 用以逼近所要求的奇异积分方程的解.

为了直接得到解在端点 $\pm 1$ 处的值, 1977 年 P. S. Theocaris 和 N. I. Ioakimidis[2] 采用 Lobatto- 切比雪夫求积公式代替高斯 - 切比雪夫求积公式, 亦可作出方程 (Ⅶ.1) 和 (Ⅶ.2) 的近似解.

奇异积分方程的这些数值解法具有简便的优点, 但重要的方面是研究方程组 (Ⅶ.3) 解的存在性及其由此所产生的近似解对方程 (Ⅶ.1) 和 (Ⅶ.2) 的解的收敛性. 这方面的工作近几年才为一些作者所讨论.

## Lagrange's Interpolation Formula

1980 年,N. I. Ioakimidis 和 P. S. Theocaris[3] 证明了利用方程组(Ⅶ.3)的解作拉格朗日插值所得近似解对奇异积分方程解的收敛性. 1981 年,A. Gerasoulis[4] 证实了(Ⅶ.3)在 $n$ 充分大时解的存在性. 1982 年他又证实了利用方程组(Ⅶ.3)的解作 Nyström 插值所得近似解对奇异积分方程解的收敛性[5]. 1983 年,R. P. Srivastav 和 Erica Jen[6] 在 $\lambda = 0$ 的情形改进了 Ioakimidis 和 Theocaris 的结果,同时他也考虑了 Lobatto- 切比雪夫方法的收敛性. 这些作者的工作都需要进一步假定 $k(s,t)$ 和 $f(s)$ 分别在 $[-1,1] \times [-1,1]$ 和 $[-1,1]$ 上具有连续的导数或者满足 $H$ 条件的导数甚至二阶导数. 当然这极大地超过了方程(Ⅶ.1)和(Ⅶ.2)的自然要求. 究其原因在于,他们往往注重于 Hunter 型求积公式[7] 的应用. 据作者所知,内插型求积公式的应用,至今尚未为人们所注意.

本文利用内插型求积公式来考虑方程(Ⅶ.1)和(Ⅶ.2)的近似解,这种方法的好处在于将 Nyström 插值与拉格朗日插值统一起来了,且仅需对已知函数作最自然的要求,确切地讲我们仅要求它们是 $D_2$ 族的函数(若

$$\int_0^1 \lg^{n-1}\frac{1}{x}\frac{\omega(f,x)}{x}\mathrm{d}x < +\infty$$

则称 $f \in D_n$[8]). 文中还给出了求出近似解的兰道 – 切比雪夫方法,这种方法已提文献中都没讨论过. 所有近似解的收敛速度都给出了一个估计,有趣的是我们的估计表明在端点±1 处收敛得更快,这在应用中具有重要的意义.

这里仅考虑 $\lambda = 0$ 的情形,此时,虽然所求的解在

Lagrange 内插公式

理论上可以由积分形式表出,但实际上要进一步计算往往是困难的,因而直接讨论具有简单形式的数值解是必要的.

## §2 内插型求积公式

为下文引用方便,本节首先将我们建立的几种古典权的 Paget-Elliott 型求积公式作一个简单的复述[7,9,10].

我们使用下列各记号

$t_j = \cos\dfrac{2j-1}{2n}\pi$ 为第一类切比雪夫多项式 $T_n(x)$ 的零点

$$T_n(x) = \cos n\theta, x = \cos\theta$$

$s_i = \cos\dfrac{i}{n}\pi$ 为第二类切比雪夫多项式 $U_{n-1}(\lambda)$ 的零点

$$U_{n-1}(x) = \dfrac{\sin n\theta}{\sin\theta}, x = \cos\theta$$

$\sigma_j = \cos\dfrac{2j}{2n+1}\pi$ 为关于权 $(1-x)^{\frac{1}{2}}(1+x)^{-\frac{1}{2}}$ 正交的多项式 $W_n(x)$ 的零点

$$W_n(x) = \dfrac{\sin\dfrac{2n+1}{2}\theta}{\sin\dfrac{\theta}{2}}, x = \cos\theta$$

$\tau_j = \cos\dfrac{2j-1}{2n+1}\pi$ 为关于权 $(1-x)^{-\frac{1}{2}}(1+x)^{\frac{1}{2}}$ 正交的多项式 $V_n(x)$ 的零点

$$V_n(x) = \frac{\cos\frac{2n+1}{2}\theta}{\cos\frac{\theta}{2}}, x = \cos\theta$$

Paget-Elliott-高斯-切比雪夫求积公式

$$\frac{1}{\pi}\int_{-1}^{1}\frac{(1-t^2)^{-\frac{1}{2}}f(t)}{t-s}\mathrm{d}t \approx$$

$$\frac{1}{n}\sum_{j=1}^{n}\frac{f(t_j)(U_{n-1}(s)-U_{n-1}(t_j))}{U_{n-1}(t_j)(s-t_j)} \quad (\text{VII}.4)$$

Paget-Elliott-Lobatto-切比雪夫求积公式

$$\frac{1}{\pi}\int_{-1}^{1}\frac{(1-s^2)^{-\frac{1}{2}}f(s)}{s-t}\mathrm{d}s \approx$$

$$\frac{1-T_n(t)}{2n(1-t)}f(1) -$$

$$\frac{1-(-1)^n T_n(t)}{2n(1+t)}f(-1) +$$

$$\frac{1}{n}\sum_{i=1}^{n-1}\frac{f(s_i)(T_n(t)-T_n(s_i))}{T_n(s_i)(t-s_i)} \quad (\text{VII}.5)$$

Paget-Elliott-Radau-切比雪夫求积公式

$$\frac{1}{\pi}\int_{-1}^{1}\frac{(1-\sigma^2)^{-\frac{1}{2}}f(\sigma)}{\sigma-\tau}\mathrm{d}\sigma \approx$$

$$\frac{1-V_n(\tau)}{(2n+1)(1-\tau)}f(1) +$$

$$\frac{2}{2n+1}\sum_{j=1}^{n}\frac{f(\sigma_j)(V_n(\tau)-V_n(\sigma_j))}{V_n(\sigma_j)(\tau-\sigma_j)} \quad (\text{VII}.6)$$

Paget-Elliott-高斯-雅可比求积公式

$$\frac{1}{\pi}\int_{-1}^{1}\frac{(1-s^2)^{\frac{1}{2}}f(s)}{s-t}\mathrm{d}s \approx$$

$$\frac{1}{n}\sum_{i=1}^{n-1}\frac{f(s_i)(1-s_i^2)(T_n(t)-T_n(s_i))}{T_n(s_i)(t-s_i)} \quad (\text{VII}.7)$$

## Lagrange 内插公式

我们再来给出另外两个内插型求积公式(其内插性稍后证明),后面也要用到

$$\frac{1}{\pi}\int_{-1}^{1}\frac{(1-t^2)^{\frac{1}{2}}f(t)}{t-s}\mathrm{d}t \approx$$

$$\frac{1}{n}\sum_{j=1}^{n}\frac{f(t_j)((1-s^2)U_{n-1}(s)-(1-t_j^2)U_{n-1}(t_j))}{U_{n-1}(t_j)(s-t_j)}$$

(Ⅶ.8)

$$\frac{1}{\pi}\int_{-1}^{1}\frac{(1-\tau^2)^{\frac{1}{2}}f(\tau)}{\tau-\sigma}\mathrm{d}\tau \approx \frac{2}{2n+1}\cdot$$

$$\sum_{j=1}^{n}\frac{(1+\tau_j)f(\tau_j)((1-\sigma)W_n(\sigma)-(1-\tau_j)W_n(\tau_j))}{W_n(\tau_j)(\sigma-\tau_j)}$$

(Ⅶ.9)

前三个求积公式将用于求出奇异积分方程的数值解.

我们知道,当 $s=s_i, t=t_j, \tau=\tau_j$ 时这些公式实与相应的 Hunter 型求积公式一致[7,10]. 这种情况下它们恰好就是具有最高代数精确度的求积公式[7]. 因此,我们将把这些点选作数值解法的配位点,因而本文所得数值解与传统数值解一致.

在数值解的收敛性讨论方面,我们与现有的方法不同. 本文将使用前述的后三个内插型求积公式而不使用 Hunter 型求积公式[4,5,7]. 即将看到对这种公式进行拉格朗日插值与 Nyström 插值完全一致,而且这三个求积公式的收敛性所需条件比 Hunter 型求积公式弱[11].

在文献[9]中,我们已经建立了内插求积公式(Ⅶ.7),在[10]中且讨论了其收敛性. 下面我们要给出更为精细的结果.

**定理 VII.1** 求积公式（VII.7）是内插型求积公式，若 $f \in D_1$，则求积公式（VII.4）对 $t \in [-1,1]$ 一致收敛，且

$$\|R_n^U(f,t)\|_\infty \leq \left(140 + \frac{12}{n^3}\right)\omega\left(f,\frac{1}{n-2}\right) +$$

$$54\lg n \omega\left(f,\frac{1}{n-2}\right) +$$

$$\frac{1}{n}\|f\|_\infty + \int_0^{\frac{1}{n^3}} \frac{\omega(f,x)}{x}dx$$

$$|R_n^U(f,\pm 1)| \leq 24\omega\left(f,\frac{1}{n-2}\right)$$

$$R_n^U(f,t) = \frac{1}{2}\int_{-1}^1 \frac{(1-s^2)^{\frac{1}{2}}f(s)}{s-t}ds -$$

$$\frac{1}{n}\sum_{i=1}^{n-1} \frac{(1-s_i^2)(T_n(s_i)-T_n(t))}{T_n'(s_i)(t-s_i)}f(s_i)$$

先证两个引理.

**引理 1** 若 $f \in D_1$，则

$$\left|\frac{1}{\pi}\int_{-1}^1 \frac{(1-s^2)^{\frac{1}{2}}f(s)}{s-t}ds\right| \leq$$

$$\begin{cases} \frac{1}{\pi}((2\pi + 4 + 2e^{-1})\|f\|_\infty + 6\|f\|_\infty \lg n + \\ \quad 2\int_0^{\frac{1}{n^3}} \frac{\omega(f,x)}{x}dx) \quad (-1 < t < 1) \\ \|f\|_\infty \quad (t = \pm 1) \end{cases}$$

**证明** 当 $t = \pm 1$ 时

$$\frac{1}{\pi}\int_{-1}^1 \frac{(1-s^2)^{\frac{1}{2}}f(s)}{s-t}ds \leq$$

$$\frac{1}{\pi}\|f\|_\infty \int_{-1}^1 (1-s)^{-\frac{1}{2}}(1+s)^{\frac{1}{2}}ds = \|f\|_\infty$$

## Lagrange 内插公式

当 $-1 < t < 1$,取 $0 < \varepsilon \leqslant \delta = \min\{1+t, 1-t\}$,为确定起见认定 $\delta = 1 - t$.

$$\left| \frac{1}{\pi} \int_{-1}^{1} \frac{(1-s^2)^{\frac{1}{2}} f(s)}{s-t} \mathrm{d}s \right| =$$

$$\frac{1}{\pi} \int_{-1}^{1} \frac{((1-s^2)^{\frac{1}{2}} - (1-t^2)^{\frac{1}{2}}) f(s)}{s-t} \mathrm{d}s +$$

$$(1-t^2)^{\frac{1}{2}} \frac{1}{\pi} \int_{-1}^{1} \frac{f(s)}{s-t} \mathrm{d}s \qquad (\text{Ⅶ}.10)$$

对于第一个积分有

$$\left| \frac{1}{\pi} \int_{-1}^{1} \frac{((1-s^2)^{\frac{1}{2}} - (1-t^2)^{\frac{1}{2}}) f(s)}{s-t} \mathrm{d}s \right| \leqslant$$

$$\frac{1}{\pi} \|f\|_{\infty} \int_{-1}^{1} \frac{|s+t|}{(1-s^2)^{\frac{1}{2}} + (1-t^2)^{\frac{1}{2}}} \mathrm{d}s \leqslant$$

$$\frac{2}{\pi} \|f\|_{\infty} \int_{-1}^{1} \frac{\mathrm{d}s}{(1-s^2)^{\frac{1}{2}}} =$$

$$2 \|f\|_{\infty} \qquad (\text{Ⅶ}.11)$$

对于第二个积分

$$(1-t^2)^{\frac{1}{2}} \frac{1}{\pi} \int_{-1}^{1} \frac{f(s)}{s-t} \mathrm{d}s =$$

$$\frac{(1-t^2)^{\frac{1}{2}}}{\pi} \left( \int_{-1}^{t-\delta} + \int_{t-\delta}^{t-s} + \int_{t-s}^{t+s} + \int_{t+s}^{1} \right) \frac{f(s)}{s-t} \mathrm{d}s \equiv$$

$$\frac{(1-t^2)^{\frac{1}{2}}}{\pi} (\Delta_1 + \Delta_2 + \Delta_3 + \Delta_4)$$

$$|\Delta_1| \leqslant \frac{2}{\sqrt{\delta}} \|f\|_{\infty}$$

$$|\Delta_2| \leqslant \|f\|_{\infty} \int_{t-\sqrt{\delta}}^{t-s} \frac{\mathrm{d}s}{t-s} = \|f\|_{\infty} \lg \frac{\sqrt{\delta}}{\varepsilon} =$$

$$\|f\|_{\infty} \left( \lg \frac{\delta}{\varepsilon} + \lg \delta^{-\frac{1}{2}} \right)$$

## Lagrange's Interpolation Formula

$$|\Delta_3| = \left|\int_{t-s}^{t+s} \frac{f(s)-f(t)}{s-t}\mathrm{d}s\right| \leqslant$$

$$2\int_0^s \frac{\omega(f,x)}{x}\mathrm{d}x$$

$$|\Delta_4| \leqslant \|f\|_\infty \int_{t+s}^1 \frac{\mathrm{d}s}{s-t} = \|f\|_\infty \lg\frac{\delta}{\varepsilon}$$

再注意到 $\sqrt{\delta}\lg\delta^{-\frac{1}{2}} \leqslant \mathrm{e}^{-1}$,我们有

$$\left|(1-t^2)^{\frac{1}{2}}\frac{1}{\pi}\int_{-1}^1 \frac{f(s)}{s-t}\mathrm{d}s\right| \leqslant$$

$$\frac{1}{\pi}((4+2\mathrm{e}^{-1})\|f\|_\infty + 2\|f\|_\infty\lg\frac{\delta}{\varepsilon} +$$

$$2\int_0^\varepsilon \frac{\omega(f,x)}{x}\mathrm{d}x) \qquad (\text{Ⅶ}.12)$$

同时注意到(Ⅶ.10),(Ⅶ.11)和(Ⅶ.12)可知

$$\left|\frac{1}{\pi}\int_{-1}^1 \frac{(1-s^2)^{\frac{1}{2}}f(s)}{s-t}\mathrm{d}s\right| \leqslant$$

$$\frac{1}{\pi}((2\pi+4+2\mathrm{e}^{-1})\|f\|_\infty + 2\|f\|_\infty\lg\frac{\delta}{\varepsilon} +$$

$$2\int_0^\varepsilon \frac{\omega(f,x)}{x}\mathrm{d}x) \qquad (\text{Ⅶ}.13)$$

于上式中令 $\varepsilon = \dfrac{\delta}{n^3}$ 便知引理 1 为真.

**引理 2** 求积公式(Ⅶ.7)的模

$$\lambda_n(t) \equiv \frac{1}{n}\sum_{i=1}^{n-1}\left|\frac{(1-s_i^2)(T_n(s_i)-T_n(t))}{T_n(s_i)(s_i-t)}\right| \leqslant$$

$$8 + \frac{8}{\pi}\lg n \quad (-1 < t < 1) \qquad (\text{Ⅶ}.14)$$

$$\lambda_n(\pm 1) = 1$$

**证明** $\lambda_n(\pm 1) = 1$ 只需具体计算. 例如

### Lagrange 内插公式

$$\lambda_n(1) = \frac{1}{n}\sum_{i=1}^{n-1}(1+s_i)(1-(-1)^i) =$$

$$\frac{2}{n}(m + \sum_{i=1}^{m} s_{2i-1}) = 1$$

$m$ 为 $n/2$ 的整数部分.

今证 $-1 < t < 1$ 的情况. 为此, 设

$$t = \cos\theta, \theta_m \leqslant \theta < \theta_{m+1}, \theta_i = \frac{i}{n}\pi$$

这时

$$\lambda_n(t) = \frac{1}{n}\sum_{i=1}^{m}\frac{\sin^2\theta_i |\cos n\theta_i - \cos n\theta|}{\cos\theta_i - \cos\theta} +$$

$$\frac{1}{n}\sum_{i=m+1}^{n-1}\frac{\sin^2\theta_i |\cos n\theta_i - \cos n\theta|}{\cos\theta - \cos\theta_i} \leqslant$$

$$\frac{1}{n}\sum_{i=1}^{m}\frac{\sin\theta_i |\cos n\theta_i - \cos n\theta|}{\cos\theta_i - \cos\theta} +$$

$$\frac{1}{n}\sum_{i=m+1}^{n-1}\frac{\sin\theta_i |\cos n\theta_i - \cos n\theta|}{\cos\theta - \cos\theta_i} \equiv$$

$$\Delta_1 + \Delta_2$$

$\Delta_1$ 和 $\Delta_2$ 可作同样估计, 我们仅对 $\Delta_1$ 作出估计

$$\Delta_1 = \frac{1}{n}\sum_{i=1}^{m-2}\frac{\sin\theta_i |\cos n\theta_i - \cos n\theta|}{\cos\theta_i - \cos\theta} +$$

$$\frac{1}{n}\frac{\sin\theta_{m-1} |\cos n\theta_{m-1} - \cos n\theta|}{\cos\theta_{m-1} - \cos\theta} +$$

$$\frac{1}{n}\frac{\sin\theta_m |\cos n\theta_m - \cos n\theta|}{\cos\theta_m - \cos\theta}$$

我们约定 $m=1$ 时上式仅有第三项, $m=2$ 时第一项不出现.

$\Delta_1$ 中的后两项不超过 4, 事实上

$$\frac{1}{n}\frac{\sin\theta_i |\cos n\theta_i - \cos n\theta|}{|\cos\theta_i - \cos\theta|} \leqslant$$

$$\frac{1}{n}\frac{\sin\theta_i}{\sin\frac{\theta_i+\theta}{2}}\left|\frac{\sin\frac{n(\theta-\theta_i)}{2}}{\sin\frac{\theta-\theta_i}{2}}\right| \leqslant$$

$$\frac{\sin\theta_i}{\sin\frac{\theta_i+\theta}{2}} \leqslant \frac{\sin\theta_i+\sin\theta}{\sin\frac{\theta_i+\theta}{2}} =$$

$$2\cos\frac{\theta-\theta_i}{2} \leqslant 2$$

又注意到函数 $\dfrac{\sin x}{\cos x - \cos\theta}$ 在 $0 \leqslant x < \theta$ 是递增的，所以

$$\Delta_1 \leqslant 4 + \frac{2}{\pi}\sum_{i=1}^{m-2}\int_{\theta_i}^{\theta_{i+1}}\frac{\sin\theta_i}{\cos\theta_i-\cos\theta}\mathrm{d}x \leqslant$$

$$4 + \frac{2}{\pi}\sum_{i=1}^{m-2}\int_{\theta_i}^{\theta_{i+1}}\frac{\sin x}{\cos x-\cos\theta}\mathrm{d}x \leqslant$$

$$4 + \frac{2}{\pi}\int_0^{\theta_{m-1}}\frac{\sin x}{\cos x-\cos\theta}\mathrm{d}x =$$

$$4 + \frac{2}{\pi}\lg\frac{1-\cos\theta}{\cos\theta_{m-1}-\cos\theta} \leqslant$$

$$4 + \frac{2}{\pi}\lg\frac{2}{\cos\theta_{m-1}-\cos\theta_m} =$$

$$4 + \frac{2}{\pi}\lg\frac{1}{\sin\frac{2m-1}{2n}\pi\sin\frac{\pi}{2n}} \leqslant$$

$$4 + \frac{4}{\pi}\lg\frac{1}{\sin\frac{\pi}{2n}}$$

为获得最后一个不等式，我们利用了 $\sin\dfrac{2m-1}{2n}\pi >$

**Lagrange 内插公式**

$\sin\dfrac{\pi}{2n}$,实因由约定 $m > 2$,故

$$\dfrac{\pi}{2n} < \dfrac{2m-1}{2n}\pi < \pi - \dfrac{\pi}{2n}$$

再由不等式

$$\sin x \geqslant \dfrac{2}{\pi}x \quad \left(0 \leqslant x \leqslant \dfrac{\pi}{2}\right) \qquad (\text{Ⅶ}.15)$$

得到

$$\Delta_1 \leqslant 4 + \dfrac{4}{\pi}\ln n$$

**定理 Ⅶ.1 的证明**　令 $f(s)$ 的 $n-2$ 次最佳逼近多项式为 $P_{n-2}(s)$,记

$$E_{n-2}(s) = f(s) - P_{n-2}(s)$$

由求积公式(Ⅶ.7)的内插性可知

$$R_n^U(f,t) = \dfrac{1}{\pi}\int_{-1}^{1}\dfrac{(1-s^2)^{\frac{1}{2}}E_{n-2}(s)}{s-t}\mathrm{d}s -$$

$$\dfrac{1}{n}\sum_{i=1}^{n-1}\dfrac{(1-s_i^2)(T_n(s_i)-T_n(t))}{T_n(s_i)(t-s_i)}E_{n-2}(s_i)$$

再由引理 1 和引理 2

$$\|R_n^U(f,t)\|_\infty \leqslant 11.6\|E_{n-2}\|_\infty + 4.5\lg n\|E_{n-2}\|_\infty +$$

$$\int_0^{\frac{1}{n^3}}\dfrac{\omega(E_{n-2},x)}{x}\mathrm{d}x \leqslant$$

$$11.6\|E_{n-2}\|_\infty + 4.5\lg n\|E_{n-2}\|_\infty +$$

$$\int_0^{\frac{1}{n^3}}\dfrac{\omega(f,x)}{x}\mathrm{d}x +$$

$$\int_0^{\frac{1}{n^3}}\dfrac{\omega(P_{n-2},x)}{x}\mathrm{d}x$$

由杰克逊定理[12]

$$\|E_{n-2}\|_\infty \leq 12\omega\left(f, \frac{1}{n-2}\right)$$

由 Markov 定理[12]

$$\|P_{n-2}\|_\infty \leq n^2(\|E_{n-2}\|_\infty + \|f\|_\infty)$$

最后得到

$$\|R_n^U(f,t)\|_\infty \leq \left(140 + \frac{12}{n^3}\right)\omega\left(f, \frac{1}{n-2}\right) +$$

$$54\lg n\omega\left(f, \frac{1}{n-2}\right) +$$

$$\frac{1}{n}\|f\|_\infty + \int_0^{\frac{1}{n^3}} \frac{\omega(f,x)}{x}dx$$

对于 $t = \pm 1$ 有更为精确的估计式

$$|R_n^U(f,\pm 1)| \leq 24\omega\left(f, \frac{1}{n-2}\right)$$

考虑到 $\lim_{n\to\infty}\omega\left(f, \frac{1}{n-2}\right)\lg n = 0$[8]，便知

$$\lim_{n\to\infty}\|R_n^U(f,t)\|_\infty = 0$$

关于求积公式(Ⅶ.8)我们有下面的定理.

**定理 Ⅶ.2** 求积公式(Ⅶ.8)是内插型求积公式,若 $f \in D_1$,则(Ⅶ.8)对 $s \in [-1,1]$ 一致收敛,且

$$\|R_n^T(f,s)\|_\infty \leq \left(140 + \frac{12}{n^3}\right)\omega\left(f, \frac{1}{n-1}\right) +$$

$$54\lg n\omega\left(f, \frac{1}{n-1}\right) +$$

$$\frac{1}{n}\|f\|_\infty + \int_0^{\frac{1}{n^3}} \frac{\omega(f,x)}{x}dx$$

$$|R_n^T(f,\pm 1)| \leq 24\omega\left(f, \frac{1}{n-1}\right)$$

$$R_n^T(f,t) =$$

**Lagrange 内插公式**

$$\frac{1}{\pi}\int_{-1}^{1}\frac{(1-t^2)^{\frac{1}{2}}f(t)\mathrm{d}t}{t-s} - $$

$$\frac{1}{n}\sum_{j=1}^{n}\frac{f(t_j)((1-s^2)U_{n-1}(s)-(1-t_j^2)U_{n-1}(t_j))}{U_{n-1}(t_j)(s-t_j)}$$

**证明** 式(Ⅶ.8)的内插性在 $n=1$ 时是自明的. 当 $n \geq 2$，在节点 $\{t_j\}_1^n$ 上作 $f(t)$ 的拉格朗日插值多项式

$$L_n^T(f,t) = \sum_{j=1}^{n}\frac{T_n(t)f(t_j)}{T'_n(t_j)(t-t_j)}$$

用 $L_n^T(f,t)$ 的奇异积分逼近 $f(t)$ 的奇异积分得到内插型求积公式

$$\frac{1}{\pi}\int_{-1}^{1}\frac{(1-t^2)^{\frac{1}{2}}f(t)}{t-s}\mathrm{d}t \approx$$

$$\sum_{j=1}^{n}\frac{1}{\pi}\int_{-1}^{1}\frac{(1-t^2)^{\frac{1}{2}}T_n(t)f(t_j)}{T'_n(t_j)(t-t_j)(t-s)}\mathrm{d}t =$$

$$\sum_{j=1}^{n}\frac{1}{\pi(t_j-s)T'_n(t_j)} \cdot$$

$$\left(\int_{-1}^{1}\frac{(1-t^2)^{\frac{1}{2}}T_n(t)}{t-t_j}\mathrm{d}t - \int_{-1}^{1}\frac{(1-t^2)^{\frac{1}{2}}T_n(t)}{t-s}\mathrm{d}t\right) =$$

$$\frac{1}{n}\sum_{j=1}^{n}\frac{f(t_j)((1-t_j^2)U_{n-1}(t_j)-(1-s^2)U_{n-1}(s))}{U_{n-1}(t_j)(t_j-s)}$$

为获得最后一个等式我们利用了文献[9]中建立的重要等式

$$\frac{1}{\pi}\int_{-1}^{1}\frac{(1-t^2)^{-\frac{1}{2}}T_n(t)P_n(t)}{t-s}\mathrm{d}t =$$

$$\frac{P_n(s)}{\pi}\int_{-1}^{1}\frac{(1-t^2)^{-\frac{1}{2}}T_n(t)}{t-s}\mathrm{d}t, P_n \in \pi_n$$

($\pi_n$ 表示不超过 $n$ 次的多项式族)，以及[13]

$$\frac{1}{\pi}\int_{-1}^{1}\frac{(1-t^2)^{-\frac{1}{2}}T_n(t)}{t-s}\mathrm{d}s = U_{n-1}(s)$$

$$T'_n(s) = nU_{n-1}(s)$$

剩下的 $\|R_n^T(f,s)\|_\infty$ 的估计类似于定理 VII.1,只需证实下面引理.

**引理 3** 求积公式(VII.8) 的模数

$$\lambda_n(s) \equiv$$
$$\frac{1}{n}\sum_{j=1}^n \left| \frac{(1-s^2)U_{n-1}(s) - (1-t_j^2)U_{n-1}(t_j)}{U_{n-1}(t_j)(s-t_j)} \right| \leqslant$$
$$8 + \frac{8}{\pi}\lg n \quad (-1 < s < 1)$$

$$\lambda_n(\pm 1) = 1$$

只需证 $-1 < s < 1$ 的情况,为此设

$$s = \cos\theta, \theta_m \leqslant \theta < \theta_{m+1}, \theta_j = \frac{2j-1}{2n}\pi$$

注意到[13]

$$(1-s^2)U_{n-1}(s) = \frac{1}{2}(T_{n-1}(s) - T_{n+1}(s))$$

$$U_{n-1}(t_j) = \frac{(-1)^{j-1}}{\sin\theta_j}$$

完全同引理 2 可证得

$$\|\lambda_n(s)\|_\infty \leqslant 8 + \frac{8}{\pi}\lg n$$

对于求积公式(VII.9) 也有下面定理.

**定理 VII.3** 求积公式(VII.9) 是内插型求积公式,若 $f \in D_1$,则(VII.9) 对 $\sigma \in [-1,1]$ 是一致收敛的,且

$$\|R_n^V(f,\sigma)\|_\infty \leqslant \left(234 + \frac{12}{n^3}\right)\omega\left(f,\frac{1}{n-1}\right) +$$

Lagrange 内插公式

$$88\lg n\omega\left(f, \frac{1}{n-1}\right) +$$

$$\frac{1}{n}\|f\|_\infty + \int_0^{\frac{1}{n^3}} \frac{\omega(f,x)}{x}dx$$

$$|R_n^V(f,-1)| < 36\omega\left(f, \frac{1}{n-1}\right)$$

$$|R_n^V(f,1)| \leq 2\|E_{2n-1}\|_\infty \leq 24\omega\left(f, \frac{1}{2n-1}\right)$$

$$R_n^V(f,\sigma) = \frac{1}{\pi}\int_{-1}^{1} \frac{(1-\tau^2)^{\frac{1}{2}}f(\tau)}{\tau-\sigma}d\tau - \frac{2}{2n+1} \cdot$$

$$\sum_{j=1}^{n} \frac{(1+\tau_j)f(\tau_j)((1-\sigma)W(\sigma)-(1-\tau_j)W_n(\tau_j))}{W_n(\tau_j)(\sigma-\tau_j)}$$

**证明**   在 $\{\tau_j\}_1^n$ 上作 $f(\tau)$ 的拉格朗日插值多项式

$$L_n^V(f,\tau) = \sum_{j=1}^{n} \frac{V_n(\tau)f(\tau_j)}{V'_n(\tau_j)(\tau-\tau_j)}$$

用 $L_n^V(f,\tau)$ 的奇异积分去逼近 $f(\tau)$ 的奇异积分得到

$$\frac{1}{\pi}\int_{-1}^{1} \frac{(1-\tau^2)^{\frac{1}{2}}f(\tau)}{\tau-\sigma}d\tau \approx$$

$$\sum_{j=1}^{n} \frac{1}{\pi}\int_{-1}^{1} \frac{(1-\tau^2)^{\frac{1}{2}}V_n(\tau)f(\tau_j)}{V'_n(\tau_j)(\tau-\tau_j)(\tau-\sigma)}d\tau =$$

$$\sum_{j=1}^{n} \frac{1}{\pi V'_n(\tau_j)(\sigma-\tau_j)} \cdot$$

$$\left(\int_{-1}^{1} \frac{(1-\tau^2)^{\frac{1}{2}}V_n(\tau)}{\tau-\sigma}d\tau - \int_{-1}^{1} \frac{(1-\tau^2)^{\frac{1}{2}}V_n(\tau)}{\tau-\tau_j}d\tau\right) =$$

$$\sum_{j=1}^{n} \frac{f(\tau_j)((1-\sigma)W_n(\sigma)-(1-\tau_j)W_n(\tau_j))}{V'_n(\tau_j)(\sigma-\tau_j)} =$$

$$\frac{2}{2n+1}\sum_{j=1}^{n} \frac{(1+\tau_j)f(\tau_j)((1-\sigma)W_n(\sigma)-(1-\tau_j)W_n(\tau_j))}{W_n(\tau_j)(\sigma-\tau_j)}$$

这里利用了

$$\frac{1}{\pi}\int_{-1}^{1}\frac{(1-\tau^2)^{\frac{1}{2}}V_n(\tau)}{\tau-\sigma}\mathrm{d}\tau =$$

$$\frac{1-\sigma}{\pi}\int_{-1}^{1}\frac{(1-\tau)^{-\frac{1}{2}}(1+\tau)^{\frac{1}{2}}V_n(\tau)}{\tau-\sigma}\mathrm{d}\tau$$

$$\frac{1}{\pi}\int_{-1}^{1}\frac{(1-\tau)^{-\frac{1}{2}}(1+\tau)^{\frac{1}{2}}V_n(\tau)}{\tau-\sigma}\mathrm{d}\tau = W_n(\sigma)$$

$$(1+\tau)V'_n(\tau) = \frac{2n+1}{2}W_n(\tau) - \frac{1}{2}V_n(\tau)$$

关于 $R_n^V(f,\sigma)$ 的估计需要下述引理

**引理 4**  求积公式(Ⅶ.9)的模数

$$\lambda_n(\sigma) \equiv \frac{2}{2n+1} \cdot$$

$$\sum_{j=1}^{n}\left|\frac{(1+\tau_j)((1-\sigma)W_n(\sigma) - (1-\tau_j)W_n(\tau_j))}{W_n(\tau_j)(\sigma-\tau_j)}\right| \leqslant$$

$$16 + \frac{16}{\pi}\lg n \quad (-1 < \sigma < 1)$$

$$\lambda_n(-1) < 2$$

$$\lambda_n(1) = 1$$

对于 $\lambda_n(1)$ 的估计只需注意到 $\sum_{j=1}^{n}\tau_j = \frac{1}{2}$.

要得到估计式 $\lambda_n(-1) \leqslant 3$ 是容易的,但对于估计式 $\lambda_n(-1) < 2$ 要进行细致的计算. 事实上

$$\lambda_n(-1) = \frac{2}{2n+1}\sum_{j=1}^{n}\left|2\sin^2\frac{\theta_j}{2} + (-1)^{n+j}(1-\tau_j)\right|$$

注意到

$$2\sin\frac{\theta_j}{2} \geqslant 2\sin^2\frac{\theta_j}{2} = 1-\tau_j$$

可知

Lagrange 内插公式

$$\lambda_n(-1) =$$

$$\frac{2}{2n+1}\sum_{j=1}^{n}\left(2\sin\frac{\theta_j}{2} + (-1)^{n+j}(1-\tau_j)\right) =$$

$$\frac{2}{2n+1}\left(\frac{1}{\sin\frac{\pi}{2(2n+1)}} + \frac{(-1)^n}{2}\left(\frac{1}{\cos\frac{\pi}{2n+1}} - 1\right)\right) \leqslant$$

$$\frac{2}{2n+1}\left(\frac{1}{\sin\frac{\pi}{2(2n+1)}} + \frac{1}{2}\left(\frac{1}{\cos\frac{\pi}{2n+1}} - 1\right)\right)$$

考虑 $\left(0, \frac{\pi}{6}\right]$ 上的函数

$$F(\theta) = \frac{1}{\sin\theta} + \frac{1}{2}\left(\frac{1}{\cos 2\theta} - 1\right) - \frac{\pi}{2\theta}$$

算得

$$F'(\theta) = -\frac{\cos\theta}{\sin^2\theta} + \frac{\sin 2\theta}{\cos^2 2\theta} + \frac{\pi}{2\theta^2} \geqslant$$

$$\frac{\pi}{2\theta^2} - \frac{\cos\theta}{\sin^2\theta} \geqslant \frac{\pi}{2\theta^2} - \frac{1}{\theta\sin\theta} =$$

$$\frac{\pi}{2\theta^2\sin\theta}\left(1 - \frac{\pi\theta}{2\sin\theta}\right) \geqslant 0$$

知

$$F(\theta) \leqslant F\left(\frac{\pi}{6}\right) < 0$$

这样

$$\lambda_n(-1) \leqslant \frac{2}{2n+1}\left(\frac{\pi}{2} \cdot \frac{2}{\pi}(2n+1)\right) = 2$$

今讨论 $-1 < \sigma < 1$,设

$$\sigma = \cos\theta, \theta_m \leqslant \theta < \theta_{m+1}, \theta_j = \frac{2j-1}{2n+1}\pi$$

且注意到

## Lagrange's Interpolation Formula

$$(1-\sigma)W_n(\sigma) = T_n(\sigma) - T_{n+1}(\sigma)$$

此时

$$\lambda_n(\sigma) =$$

$$\frac{2}{2n+1}\sum_{j=1}^{n}\left|(1+\cos\theta_j)\sin\frac{\theta_j}{2}(\cos n\theta - \cos n\theta_j + \cos(n+1)\theta_j - \cos(n+1)\theta)/(\cos\theta - \cos\theta_j)\right| =$$

$$\frac{2}{2n+1}\sum_{j=1}^{n}\left|\sin\theta_j\cos\frac{\theta_j}{2}(\cos n\theta - \cos n\theta_j + \cos(n+1)\theta_j - \cos(n+1)\theta)/(\cos\theta - \cos\theta_j)\right| \leq$$

$$\frac{2}{2n+1}\sum_{j=1}^{n}\left|\frac{\sin\theta_j(\cos n\theta - \cos n\theta_j)}{\cos\theta - \cos\theta_j}\right| +$$

$$\frac{2}{2n+1}\sum_{j=1}^{n}\left|\frac{\sin\theta_j(\cos(n+1)\theta - \cos(n+1)\theta_j)}{\cos\theta - \cos\theta_j}\right|$$

剩下的类似于引理 3 的估计,只需注意代替不等式(Ⅶ.15)而引用不等式

$$\sin x \geq \frac{\sqrt{3}}{\pi}x \quad (0 \leq x \leq \frac{\pi}{3})$$

同前,利用引理 1 和引理 4 立即可得到关于[ - 1, 1] 上的 $R_n^V(f,\sigma)$ 的估计式,但此处所得结果较相应的 $R_n^T(f,s)$ 和 $R_n^V(f,t)$ 为次.

有趣的是,我们可以得到 $R_n^V(f,1)$ 较定理 Ⅶ.1 和定理 Ⅶ.2 中相应结果更优良的估计

$$|R_n^V(f,1)| = \left|\frac{2}{2n+1}\sum_{j=1}^{n}(1+\tau_j)f(\tau_j) - \frac{1}{\pi}\int_{-1}^{1}(1-\tau)^{-\frac{1}{2}}(1+\tau)^{\frac{1}{2}}f(\tau)\mathrm{d}\tau\right|$$

这个误差就是经典的高斯 - 雅可比求积公式的误

Lagrange 内插公式

差[14]. 因而[15]

$$|R_n^V(f,1)| = |R_n^V(E_{2n-1},1)| \leqslant 2\|E_{2n-1}\|_\infty \leqslant 24\omega\left(f,\frac{1}{2n-1}\right)$$

我们指出,只要加以细致的分析和计算,所有已建立的定理中的估计式的常数是可以加以改善的.

## §3  数 值 解 法

我们讨论方程

$$\frac{1}{\pi}\int_{-1}^1 \frac{(1-t^2)^{-\frac{1}{2}}y(t)}{t-s}\mathrm{d}t = f(s) \quad (-1<s<1)$$

(Ⅶ.16)

在附加条件

$$\frac{1}{\pi}\int_{-1}^1 (1-t^2)^{-\frac{1}{2}}y(t)\mathrm{d}t = N \quad (Ⅶ.17)$$

下的数值解法.

**高斯 - 切比雪夫方法**

利用求积公式(Ⅶ.1)以及经典的高斯 - 切比雪夫求积公式于上面方程组,我们得到一个线性代数方程组

$$\begin{cases}\dfrac{1}{n}\sum_{j=1}^n \dfrac{y_n^G(t_j)}{t_j - s_i} = f(s_i) & (i=1,2,\cdots,n-1) \\ \dfrac{1}{n}\sum_{j=1}^n y_n^G(t_j) = N\end{cases}$$

写成矩阵的形式

$$A_n^G y_n^G = f_n^G \quad (Ⅶ.18)$$

$$A_n^G = (a_{i,j}^G), a_{i,j}^G = n^{-1}(t_j - s_i)^{-1}, a_{n,j}^G = n^{-1}$$
$$i = 1, 2, \cdots, n-1, j = 1, 2, \cdots, n$$
$$y_n^G = [y_n^G(t_1), y_n^G(t_2), \cdots, y_n^G(t_n)]^T$$
$$f_n^G = [f(s_1), f(s_2), \cdots, f(s_{n-1}), N]^T$$

不难验证 $A_n^G B_n^G = I_n$,这里 $I_n$ 为单位矩阵

$$B_n^G = (b_{j,i}^G), b_{j,i}^G = n^{-1}(1-s_i^2)(t_j - s_i)^{-1}, b_{i,n}^G = 1$$
$$i = 1, 2, \cdots, n-1, j = 1, 2, \cdots, n$$

事实上,注意到[14]

$$\frac{U_{n-1}(x)}{T_n(x)} = -\frac{1}{n}\sum_{j=1}^{n}\frac{1}{t_j - x}$$

将 $x = s_i$ 代入上式或上式的微分我们分别得到

$$\frac{1}{n}\sum_{j=1}^{n}\frac{1}{t_j - s_i} = 0$$

$$\frac{1}{n}\sum_{j=1}^{n}\frac{1}{(t_j - s_i)^2} = \frac{n}{1 - s_i^2}$$

由此

$$\sum_{j=1}^{n} a_{i,j}^G b_{j,k}^G = \sum_{j=1}^{n} n^{-2}(t_j - s_i)^{-1}(t_j - s_k)^{-1} = \delta_{i,k}$$
$$i = 1, \cdots, n-1; k = 1, 2, \cdots, n-1$$

$\delta_{i,k}$ 为 Kronecher 符号

$$\sum_{j=1}^{n} a_{i,j}^G b_{j,n}^G = \sum_{j=1}^{n} n^{-1}(t_j - s_i)^{-1} = 0$$

$$\sum_{j=1}^{n} a_{n,j}^G b_{j,n}^G = \sum_{j=1}^{n} n^{-1} = 1$$

今可得方程组(Ⅶ.18)的解为

$$y_n^G(t_j) = N - \frac{1}{n}\sum_{i=1}^{n-1}\frac{(1-s_i^2)f(s_i)}{s_i - t_j} \quad (j = 1, 2, \cdots, n)$$

由此,我们构造拉格朗日插值多项式 $y_n^G(t)$ 以作为方程(Ⅶ.16)和(Ⅶ.17)的近似解

<u>Lagrange 内插公式</u>

$$y_n^G(t) = N - \frac{1}{n}\sum_{i=1}^{n-1} \frac{f(s_i)(1-s_i^2)(T_n(t) - T_n(s_i))}{T_n(s_i)(t-s_i)}$$

(Ⅶ.19)

**Lobatto-切比雪夫方法**

我们再利用求积公式(Ⅶ.5)以及经典的 Lobatto-切比雪夫求积公式于方程(Ⅶ.16)和(Ⅶ.17),又可得到线性代数方程组

$$\begin{cases} \dfrac{1}{n}\sum_{i=1}^{n-1} \dfrac{y_{n+1}^L(s_i)}{s_i - t_j} + \dfrac{1}{2n}\Big(\dfrac{y_{n+1}^L(1)}{1-t_j} - \dfrac{y_{n+1}^L(-1)}{1+t_j}\Big) = f(t_j) \\ \qquad\qquad\qquad\qquad\qquad (j=1,2,\cdots,n) \\ \dfrac{1}{n}\sum_{i=1}^{n-1} y_{n+1}^L(s_i) + \dfrac{1}{2n}(y_{n+1}^L(1) + y_{n+1}^L(-1)) = N \end{cases}$$

(Ⅶ.20)

或者写成矩阵的形式

$$\boldsymbol{A}_{n+1}^L \boldsymbol{y}_{n+1}^L = \boldsymbol{f}_{n+1}^L \qquad (Ⅶ.21)$$

其中

$$\boldsymbol{A}_{n+1}^L = (a_{j,i}^L), a_{j,i}^L = n^{-1}(s_i - t_j)^{-1}$$
$$a_{j,n}^L = (2n)^{-1}(1 - t_j)^{-1}$$
$$a_{j,n+1}^L = -(2n)^{-1}(1 + t_j)^{-1}, a_{n+1,i}^L = n^{-1}$$
$$a_{n+1,n}^L = a_{n+1,n+1}^L = (2n)^{-1}$$
$$(i=1,2,\cdots,n-1; j=1,2\cdots,n)$$
$$\boldsymbol{y}_{n+1}^L = [y_{n+1}^L(s_1),\cdots,y_{n+1}^L(s_{n-1}),$$
$$\qquad y_{n+1}^L(1), y_{n+1}^L(-1)]^T$$
$$\boldsymbol{f}_{n+1}^L = [f(t_1), f(t_2),\cdots,f(t_n), N]^T$$

可以证明 $\boldsymbol{A}_{n+1}^L \boldsymbol{B}_{n+1}^L = \boldsymbol{I}_{n+1}$,而

$$\boldsymbol{B}_{n+1}^L = (b_{i,k}^L), b_{i,k}^L = n^{-1}(1-t_k^2)(s_i - t_k)^{-1}$$
$$b_{n,k}^L = n^{-1}(1-t_k^2)(1-t_k)^{-1}$$

$$b_{n+1,k}^L = -n^{-1}(1-t_k^2)(1+t_k)^{-1}$$
$$b_{i,n+1}^L = 1, b_{n,n+1}^L = b_{n+1,n+1}^L = 1$$
$$(i = 1,2,\cdots,n-1; k = 1,2,\cdots,n)$$

注意到[14]

$$\sum_{i=1}^{n-1} \frac{1}{s_i - t} + \frac{1}{2}\left(\frac{1}{1-t} - \frac{1}{1+t}\right) =$$
$$\frac{tU_{n-1}(t) - (1-t^2)U'_{n-1}(t)}{(1-t^2)U_{n-1}(t)} =$$
$$\frac{nT_n(t)}{(1-t^2)U_{n-1}(t)}$$

将 $t = t_j$ 代入上式或其微分分别有

$$\sum_{i=1}^{n-1} \frac{1}{s_i - t_j} + \frac{1}{2}\left(\frac{1}{1-t_j} - \frac{1}{1+t_j}\right) = 0$$
$$\sum_{i=1}^{n-1} \frac{1}{(s_i - t_j)^2} + \frac{1}{2}\left(\frac{1}{(1-t_j^2)} + \frac{1}{(1+t_j^2)}\right) = \frac{n^2}{1-t_j^2}$$

因而

$$\sum_{i=1}^{n+1} a_{j,i}^L b_{i,k}^L = n^{-2}(1-t_k^2)\Bigl(\sum_{i=1}^{n-1} \frac{1}{(s_i-t_j)(s_i-t_k)} +$$
$$\frac{1}{2}\frac{1}{(1-t_j)(1-t_k)} +$$
$$\frac{1}{2}\frac{1}{(1+t_j)(1+t_k)}\Bigr) =$$
$$\delta_{j,k} \quad (j = 1,2,\cdots,n; k = 1,2,\cdots,n)$$
$$\sum_{i=1}^{n+1} a_{n+1,i}^L b_{i,k}^L = n^{-2}(1-t_k^2)\Bigl(\sum_{i=1}^{n-1} \frac{1}{s_i - t_k} + \frac{1}{2}\cdot\frac{1}{1-t_k} -$$
$$\frac{1}{2}\cdot\frac{1}{1+t_k}\Bigr) = 0 \quad (k = 1,2,\cdots,n)$$
$$\sum_{i=1}^{n+1} a_{n+1,i}^L b_{i,n+1}^L = \sum_{i=1}^{n-1} n^{-1} + (2n)^{-1} + (2n)^{-1} = 1$$

**Lagrange 内插公式**

$$\sum_{i=1}^{n+1} a_{j,i}^L b_{i,n+1}^L =$$

$$n^{-1}\left(\sum_{i=1}^{n-1} \frac{1}{s_i - t_j} + \frac{1}{2}\left(\frac{1}{1 - t_j} - \frac{1}{1 + t_j}\right)\right) = 0$$

现在易知方程组(Ⅶ.20)的解为

$$y_{n+1}^L(s_i) = N + \frac{1}{n}\sum_{j=1}^{n} \frac{(1 - t_j^2)f(t_j)}{s_i - t_j}$$

$$(i = 1, 2, \cdots, n - 1)$$

$$y_{n+1}^L(1) = N + \frac{1}{n}\sum_{j=1}^{n}(1 + t_j)f(t_j)$$

$$y_{n+1}^L(-1) = N - \frac{1}{n}\sum_{j=1}^{n}(1 - t_j)f(t_j)$$

用上面这些值我们构造拉格朗日插值多项式 $y_{n+1}^L(s)$ 作为方程(Ⅶ.16)和(Ⅶ.17)的近似解,得到

$$y_{n+1}^L(s) = N - \frac{1}{n} \cdot$$

$$\sum_{j=1}^{n} \frac{f(t_j)((1 - s^2)U_{n-1}(s) - (1 - t_j^2)U_{n-1}(t_j))}{(s - t_j)U_{n-1}(t_j)} \quad (Ⅶ.22)$$

**兰道 – 切比雪夫方法**

如果我们仅关心区间 $[-1, 1]$ 某端点处的值,例如 $x = 1$,我们可以利用求积公式(Ⅶ.6)以及经典的兰道 – 切比雪夫求积公式于方程(Ⅶ.16)和(Ⅶ.17),我们得到线性代数方程组

$$\begin{cases} \dfrac{2}{2n + 1}\sum_{j=1}^{n} \dfrac{y_{n+1}^R(\sigma_j)}{\sigma_j - \tau_i} + \dfrac{1}{2n + 1}\dfrac{y_{n+1}^R(1)}{1 - \tau_i} = f(\tau_i) \\ \qquad\qquad\qquad (i = 1, 2, \cdots, n) \\ \dfrac{2}{2n + 1}\sum_{j=1}^{n} y_{n+1}^R(\sigma_j) + \dfrac{1}{2n + 1}y_{n+1}^R(1) = N \end{cases}$$

$$(Ⅶ.23)$$

亦即
$$A_{n+1}^R y_{n+1}^R = f_{n+1}^R$$

此处
$$A_{n+1}^R = (a_{i,j}^R), a_{i,j}^R = \frac{2}{2n+1}\frac{1}{\sigma_j - \tau_i}$$

$$a_{i,n+1}^R = \frac{1}{(2n+1)(1-\tau_i)}$$

$$a_{n+1,j}^R = \frac{2}{2n+1}, a_{n+1,n+1}^R = \frac{1}{2n+1}$$

$$(i=1,2,\cdots,n; j=1,2,\cdots,n)$$

$$y_{n+1}^R = [y_{n+1}^R(\sigma_1) + y_{n+1}^R(\sigma_2), \cdots,$$
$$y_{n+1}^R(\sigma_n), y_{n+1}^R(1)]^T$$

$$f_{n+1}^R = [f(\tau_1), f(\tau_2), \cdots, f(\tau_n), N]^T$$

只需注意到
$$(1-x)W'_n(x) = \frac{1}{2}W_n(x) - \frac{2n+1}{2}V_n(x)$$

$$(1+x)V'_n(x) = \frac{2n+1}{2}W_n(x) - \frac{1}{2}V_n(x)$$

同前的方法可证
$$A_{n+1}^{R-1} = B_{n+1}^R = (b_{j,k}^R)$$

$$b_{j,k}^R = \frac{2}{2n+1}(1-\tau_k^2)(\sigma_j - \tau_k)^{-1}$$

$$b_{n+1,k}^R = \frac{2}{2n+1}(1+\tau_k)$$

$$b_{j,n+1}^R = 1, b_{n+1,n+1}^R = 1$$

$$(j=1,2,\cdots,n; k=1,2,\cdots,n)$$

故(Ⅶ.23)的解为
$$y_{n+1}^R(\sigma_j) = N + \frac{2}{2n+1}\sum_{k=1}^n \frac{(1-\tau_k^2)f(\tau_k)}{\sigma_j - \tau_k}$$

$$(j=1,2,\cdots,n)$$

Lagrange 内插公式

$$y_{n+1}^R(1) = N + \frac{2}{2n+1}\sum_{k=1}^{n}(1+\tau_k)f(\tau_k)$$

由上面这些值我们构造拉格朗日插值多项式作为方程(Ⅶ.16)和(Ⅶ.17)的近似解,得到

$$y_{n+1}^R(\sigma) = N - \frac{2}{2n+1} \cdot$$

$$\sum_{j=1}^{n}\frac{(1+\tau_j)f(\tau_j)((1-\sigma)W_n(\sigma)-(1-\tau_j)W_n(\tau_j))}{W_n(\tau_j)(\sigma-\tau_j)}$$

(Ⅶ.24)

## §4  近似解的收敛性

我们定义下面三个积分算子

$$T°f = \frac{1}{\pi}\int_{-1}^{1}\frac{(1-t^2)^{-\frac{1}{2}}f(t)}{t-s}\mathrm{d}t \quad (-1 < s < 1)$$

$$U°f = \frac{1}{\pi}\int_{-1}^{1}\frac{(1-s^2)^{\frac{1}{2}}f(s)}{s-t}\mathrm{d}s \quad (-1 \leqslant t \leqslant 1)$$

$$Tf = \frac{1}{\pi}\int_{-1}^{1}(1-t^2)^{-\frac{1}{2}}f(t)\mathrm{d}t$$

由 Poincare-Bertrand 置换公式,文献[16]和[14]中引理2不难验证

$$U°T° = T - I \quad (Ⅶ.25)$$
$$T°U° = -I \quad (I\text{为单位算子}) \quad (Ⅶ.26)$$
$$TU° = 0 \quad (Ⅶ.27)$$

由此,我们知道方程(Ⅶ.16)在条件(Ⅶ.17)下具有唯一确定的解

$$y(t) = N - \frac{1}{\pi}\int_{-1}^{1}\frac{(1-s^2)^{\frac{1}{2}}f(s)}{s-t}\mathrm{d}s \quad (Ⅶ.28)$$

现在十分清楚,有了(Ⅶ.28),前节我们所得各种近似解的收敛性实质上就是§2中所讨论的各种求积公式的收敛性.这一点现有文献一直未加注意.

同时考虑到(Ⅶ.28)以及前两节的结果立即有下面一些定理.

**定理 Ⅶ.4**  若 $f \in D_2$,则高斯-切比雪夫方法所得近似解 $y_n^G(t)$ 在 $[-1,1]$ 上一致收敛于方程(Ⅶ.16)和(Ⅶ.17)的解 $y(t)$,且

$$|y(t) - y_n^G(t)| \leqslant$$

$$\left(140 + \frac{12}{n^3}\right)\omega\left(f, \frac{1}{n-2}\right) +$$

$$54\lg n\,\omega\left(f, \frac{1}{n-2}\right) +$$

$$\frac{1}{n}\|f\|_\infty + \int_0^{\frac{1}{n^3}} \frac{\omega(f,x)}{x}\mathrm{d}x \quad (-1 < t < 1)$$

$$|y(\pm 1) - y_n^G(\pm 1)| \leqslant 24\omega\left(f, \frac{1}{n-2}\right)$$

**定理 Ⅶ.5**  若 $f \in D_2$,则 Lobatto-切比雪夫方法所得近似解 $y_{n+1}^L(t)$ 在 $[-1,1]$ 上一致收敛于方程(Ⅶ.16)和(Ⅶ.17)的解 $y(t)$,且

$$|y(t) - y_{n+1}^L(t)| \leqslant \left(140 + \frac{12}{n^3}\right)\omega\left(f, \frac{1}{n-1}\right) +$$

$$54\lg n\,\omega\left(f, \frac{1}{n-1}\right) +$$

$$\frac{1}{n}\|f\|_\infty + \int_0^{\frac{1}{n^3}} \frac{\omega(f,x)}{x}\mathrm{d}x$$

$$(-1 < t < 1)$$

$$|y(\pm 1) - y_{n+1}^L(\pm 1)| \leqslant 24\omega\left(f, \frac{1}{n-1}\right)$$

## Lagrange 内插公式

**定理 VII.6** 若 $f \in D_2$,则兰道 - 切比雪夫方法（右端点 1 处）所得近似解 $y_{n+1}^R(t)$ 在 $[-1,1]$ 上一致收敛于方程（VII.16）和（VII.17）的解 $y(t)$,且

$$|y(t) - y_{n+1}^R(t)| \leq \left(234 + \frac{12}{n^3}\right)\omega\left(f, \frac{1}{n-1}\right) +$$

$$88\lg n \omega\left(f, \frac{1}{n-1}\right) +$$

$$\frac{1}{n}\|f\|_\infty + \int_0^{\frac{1}{n^3}} \frac{\omega(f, x)}{x} dx$$

$$(-1 < t < 1)$$

$$|y(-1) - y_{n+1}^R(-1)| \leq 36\omega\left(f, \frac{1}{n-1}\right)$$

$$|y(1) - y_{n+1}^R(1)| \leq 24\omega\left(f, \frac{1}{2n-1}\right)$$

关于左端点 -1 处的兰道 - 切比雪夫方法亦有类似结果.

注意,这里所给定理的条件比 §2 中相应的定理条件要强些,这主要是由于奇异积分方程（VII.16）本身的要求所致. 事实上要得（VII.28）, $f \in D_1$ 一般是不够的,而 $f \in D_2$ 是充分的[8].

我们定义,若近似解 $y_n(t)$ 与方程（VII.16）和（VII.17）的精确解 $y(t)$ 在点 $t_0$ 处满足 $y_n(t_0) = y(t_0)$,则称 $y_n(t_0)$ 是精确的,若 $y_n(t) \equiv y(t)$,则称 $y_n(t)$ 是精确的.

由前两节结果以及（VII.28）我们又有

**定理 VII.7** 若 $f \in \pi_n$,则 $y_{n+2}^G(t), y_{n+2}^L(t), y_{n+2}^R(t)$ 是精确的,若 $f \in \pi_{2n+1}$,则 $y_{n+2}^R(1)$ 是精确的.

以上定理表明高斯 - 切比雪夫方法,Lobatto- 切比雪夫方法和兰道 - 切比雪夫方法具有 $n-2$ 次代数

精确度.

最近,Srivastav 和 Erica Jen[6]证实$f \in C^1[-1,1]$时$y_n^G$与$y_{n+1}^L$逐点收敛于$y(t)$,当$f' \in H[-1,1]$时它们一致收敛于$y(t)$. 当然,我们这里的结果更好些.

我们顺便给出下面的推论.

**推论** 若$f^{(m)} \in H^\alpha(0 < \alpha \leq 1)$,则

$$\| y(t) - y_n^G(t) \|_\infty = O(n^{1-m-\alpha}\lg n)$$

$$| y(\pm 1) - y_n^G(\pm 1) | = O(n^{1-m-\alpha})$$

$$\| y(t) - y_{n+1}^L(t) \|_\infty = O(n^{1-m-\alpha}\lg n)$$

$$| y(\pm 1) - y_{n+1}^L(\pm 1) | = O(n^{1-m-\alpha})$$

$$\| y(t) - y_{n+1}^R(t) \|_\infty = O(n^{1-m-\alpha}\lg n)$$

$$| y(\pm 1) - y_{n+1}^R(\pm 1) | = O(n^{1-m-\alpha})$$

这个推论包含了 Ioakimidis 和 Theicaris 的相应结果[3],估计式比那里为强. 当然这些作者都没有考虑兰道 – 切比雪夫方法.

# 参考文献

[1] ERDOGAN F, GUPTA G D. On the Numerical Solution of Singular Integral Equations[J]. Quart. Appl. Math. , 1972(29):525-534.

[2] THEOCARIS P S, IOAKIMIDIS N I. Numerical Integration Methods for the Solution of Singular Integral Equations[J]. Quart. Appl. Math, 1977(35):173-183.

[3] IOAKIMIDIS N I, THEOCARIS P S. On Convergence of Two Direct Methods for Solution

of Cauchy Type Singular Integral Equations of the First Kind[J]. BIT., 1980(20):83-87.

[4] GERASOULIS A. On the Existence of Approximate Solutions For Singular Integral Equations of Cauchy Type Discretized by Gauss-Chebyshev Quadrature Formulae[J]. BIT., 1981(21):377-380.

[5] GERASOULIS A. Singular Integral Equations-The Convergence of the Nyström Interpolant of the Gauss-Chebyshev Methods[J]. BIT., 1982(22):200-210.

[6] SRIVASTAV R P. Erica, Jen, On the Polynomials Interpolating Approximate Solutions of Singular Integral Equations[J]. Appl. Anal, 1983(14):275-285.

[7] 杜金元. 奇异积分的数值计算[J]. 华中师范大学学报(自然科学版),2001,1:10.

[8] 杜金元. Cauchy型积分的一种边值定理及其应用[J]. 数学杂志,1982,2(2):115-126.

[9] 杜金元. 高阶奇异积分的求积公式(即将发表于数学年刊).

[10] 杜金元. 高阶奇异积分的求积公式(Ⅱ)(即将发表于数学年刊).

[11] 杜金元. 高阶奇异积分求积公式的收敛性[J]. 武汉大学学报(自然科学版),1984(2):17-26.

[12] НАТАНСОН И П. 函数构造论:上册[M]. 北京:科学出版社,1958.

[13] ERDELYI A. Higher Transcendental Functions,

Vol. Ⅱ [M]. New York: McGraw-Hill Book Go, 1953.

[14] LU CHIEN-KE. A Class of Quadrature Formulas of Chebyshev Type for Singular Integrals J[J]. Math, Anal. Appl, 1984(100):416-435.

[15] HILDEBRAND F B. Introduction to Numerical Analysis[M]. New York:McGraw-Hill, 1974.

[16] МУСХЕЛИШВДЛИ Н И. 奇异积分方程[M]. 上海:上海科学技术出版社,1966.